普通高等教育"十四五"环境工程类专业基础课系列教材
"互联网+"创新教育教材

环境工程原理

主编　曹　利　卜龙利

编写　刘嘉栋　杨生炯

西安交通大学出版社
XI'AN JIAOTONG UNIVERSITY PRESS

国家一级出版社
全国百佳图书出版单位

内容简介

"环境工程原理"是环境工程专业本科生的主要专业基础课程之一。本书以环境工程领域污染物净化控制涉及的"三传"(动量传递、热量传递、质量传递)和"一反"(反应工程)问题为核心,介绍了主要单元操作的基本原理、计算方法、典型设备和化学及生物反应工程的基本理论。全书共包括 10 个章节,分别为绪论、流体流动、流体输送机械、机械分离、传热与传热设备、传质过程基础、吸收与吸收设备、干燥、化学反应工程原理及生物反应工程原理。本书每章都编有适量的例题及习题,帮助学生加强对内容的理解与巩固吸收。

本书可作为高等学校环境工程专业、环境科学专业等相关专业环境工程原理课程的教材,也可作为相关专业研究生学习及科研、设计和生产部门相关人员的参考书。

图书在版编目(CIP)数据

环境工程原理/曹利,卜龙利主编.— 西安:西安交通大学出版社,2022.10
ISBN 978-7-5693-2539-3

Ⅰ.①环…　Ⅱ.①曹…②卜…　Ⅲ.①环境工程学-高等学校-教材
Ⅳ.①X5

中国版本图书馆 CIP 数据核字(2021)第 277952 号

书　　名	环境工程原理	
	HUANJING GONGCHENG YUANLI	
主　　编	曹　利　卜龙利	
责任编辑	祝翠华　王建洪	
责任校对	史菲菲	
封面设计	任加盟	
出版发行	西安交通大学出版社	
	(西安市兴庆南路 1 号　邮政编码 710048)	
网　　址	http://www.xjtupress.com	
电　　话	(029)82668357　82667874(市场营销中心)	
	(029)82668315(总编办)	
传　　真	(029)82668280	
印　　刷	西安明瑞印务有限公司	
开　　本	787mm×1092mm　1/16　印张 22.375　字数 558 千字	
版次印次	2022 年 10 月第 1 版　2022 年 10 月第 1 次印刷	
书　　号	ISBN 978-7-5693-2539-3	
定　　价	59.80 元	

发现印装质量问题,请与本社市场营销中心联系。
订购热线:(029)82665248　(029)82667874
投稿热线:(029)82665379
读者信箱:xj_rwjg@126.com

前言

"环境工程原理"是环境工程专业学生一门重要的专业基础课,是在高等数学、物理学、物理化学等课程的基础上开设的。通过学习大气污染控制工程、水污染控制工程、固体废弃物处理处置工程等工程中涉及的污染物控制的传递理论和单元操作,为后续专业课的学习打好坚实的工程基础。

本书是在西安建筑科技大学环境工程原理教学团队多年教学实践的基础上精心编写的。

本书在编写过程中,面向环境工程领域,对动量传递、热量传递及质量传递过程的单元操作进行了甄选,单元操作典型,注重与环境工程专业实际的结合,并考虑后续专业课程的学习内容,避免重复,力求少而精。如污染控制的原理是将污染物从废水、废气和废渣中分离出来,废水、废气乃至流态化的固体废物均属流体范畴,内容编排选取流体流动与流体输送机械;流体输送及非均相混合物分离内容选取沉降和过滤的机械分离;热量传递内容选取传热与传热设备;质量传递内容选取环境工程领域常用的单元操作如吸收;传热传质共涉的单元操作选取干燥。区别于以往孤立的三个传递过程的学习,本书增加了动量传递、热量传递及质量传递之间的联系的内容,便于学生对"三传"过程和内在联系的理解。"三传"过程的实现是在反应器中进行的,因此,污染物的净化控制必然要涉及反应速率及反应器,限于教学时数,这部分内容仅介绍简单的化学与生物反应工程原理。因不同院校的环境工程专业各具特色,建议授课老师结合专业特点以及课程设置,在满足教学指导委员会规定的教学基本要求前提下,确定重点授课内容。

本教材共10章,参加本书编写的主要人员有曹利(第1~3章、第6~8章)、卜龙利(第4~5章)、刘嘉栋和杨生炯(第9章)、刘嘉栋(第10章)。曹利对全书内容进行了统稿、审核与定稿。在本书的编写过程中,西安建筑科技大学研究生刘霞、陶婉毅、赵思蕊等对书中的文字、图表、公式进行了大量的核对工作,在此对她们表示衷心的感谢!

本书在编写过程中参考了大量的文献资料,在此对这些著作的作者表示感谢。由于编者学识有限,书中难免有不足之处,恳请读者批评指正。

编 者

2022.4

目录

第1章

绪　论

1.1　环境污染与污染控制技术

环境污染是人类面临的主要环境问题之一,主要是由于人类活动造成的污染物进入环境引起大气、水体、土壤和生物的污染,导致环境质量恶化。

环境污染物的种类繁多,从污染物的存在形态可分为气态污染物(废气)、液态污染物(污水、废水、废液)、固态污染物(固体废物、受污染土壤)。下面简单介绍不同类型污染物的常用治理技术。

▷ 1.1.1　大气污染与污染控制技术

1. 大气中的主要污染物及其危害

大气污染物的种类很多,按其存在状态可分为两大类:气溶胶状态污染物和气体状态污染物。

气体介质和悬浮在其中的分散粒子所组成的系统称为气溶胶,通常有粉尘、烟、飞灰、霾、雾等。

气体状态污染物是以分子状态存在的污染物,简称气态污染物。气态污染物的种类很多,总体上可以分为五大类:以二氧化硫为主的含硫化合物、以一氧化氮和二氧化氮为主的含氮化合物、碳氧化物(CO、CO_2)、有机化合物(挥发性有机化合物($VOCs$),一般是 $C_1 \sim C_{10}$ 化合物)及卤素化合物(HCl、HF)等。

大气污染物不仅对人体健康、植物、器物和材料等有重要影响,同时对大气能见度和气候有重要影响。

2. 大气污染控制技术

大气污染控制技术可分为分离法和转化法两大类。分离法是利用污染物与空气的物理性质的差异使污染物从空气或废气中分离的一类办法,主要用于气溶胶状态污染物的控制;转化法是利用化学或生物反应,使污染物转化成无害物质或易于分离的物质,从而使空气或废气得到净化处理的方法,主要用于气态污染物的控制。常见的大气污染控制技术见表 1-1。

表 1-1 大气污染控制技术

处理技术	主要原理	主要去除对象
机械除尘	重力沉降、惯性力沉降、离心沉降	气溶胶状态污染物
过滤除尘	物理拦截	
静电除尘	静电沉降	
湿式除尘	惯性碰撞、洗涤	
吸收法	物理溶解或化学反应	气态污染物
吸附法	物理吸附或化学吸附	
催化转化法	氧化或还原反应	
生物法	生物降解	
燃烧法	燃烧反应	
等离子体法	氧化还原反应	
紫外光照射(催化)法	氧化还原反应	
稀释法	扩散	所有污染物

▶ 1.1.2 水污染与污染控制技术

1. 水中的主要污染物及其危害

水污染根据污染物的不同可分为物理性污染、化学性污染和生物性污染三大类。污水中的物理性和化学性污染物种类多、成分复杂多变、物理化学性质多样,因此可处理性差异大。按照化学性质通常可将水中的主要污染物分为无机污染物和有机污染物(含可生物降解性污染物和难生物降解性污染物)。

按照物理形态可将水中的主要污染物分为悬浮固体(粒径 $0.1 \sim 0.45 \ \mu m$)、胶体性物质(粒径 $0.001 \sim 0.1 \ \mu m$)及溶解性物质。

水中无机污染物包括氮磷等植物营养性物质、非金属(如砷、氰等)、金属与重金属(如汞、镉、铬等),以及主要因无机物的存在而形成的酸碱度。氮磷是导致湖泊、水库、海湾等封闭性水域富营养化的主要元素。许多重金属对人体和水生生物有直接的毒害作用。

污水中的可生物降解有机污染物(多为天然化合物)排入水体后,在微生物的作用下被降解,从而消耗水中的溶解氧,引起水体的缺氧和水生动物的死亡,破坏水体功能。在厌氧条件下有机物被微生物降解产生 H_2S、NH_3、低级脂肪酸等有害或恶臭物质。另外,H_2S 会与铁等形成黑色沉淀,引起水体的"黑臭"现象。

难生物降解性污染物,如卤代烃、芳香族化合物、多氯联苯等,一般具有毒性大、化学及生物学稳定性强,易于在生物体内富集等特点,排入环境后长时间滞留,并通过生物链对人体造成危害。近年来,由持久性有机污染物(persistent organic pollutants,POPs)、内分泌干扰物(endocrine disrupting chemicals,EDCs)及药品和个人护理用品(pharmaceuticals and personal care products,PPCPs)等新兴污染物引起的环境问题备受人们关注。

2. 水污染控制技术

水污染控制技术包括城市污水处理、工业废水处理、污染水体修复、地下水污染治理等,其基本目的是利用各种技术,将水中的污染物分离去除或将其分解转化为无害物质,使水得到净化。水处理方法种类繁多,归纳起来可以分为物理法、化学法和生物法三大类。

物理法是利用物理作用分离水中污染物的一类方法,在处理过程中不改变污染物的化学性质。

化学法是利用化学反应的作用处理水中污染物的一类方法,在处理过程中通过改变污染物在水中的存在形式,使之从水中去除或者是使污染物彻底氧化分解,转化为无害物质,从而达到水质净化和污水处理的目的。

生物法是利用生物,特别是微生物的作用使水中的污染物分解,转化为无害或有价值物质的一类方法。

各种水处理方法的原理及去除对象如表1-2、表1-3及表1-4。

表1-2 水的物理处理法

处理技术	主要原理	主要去除对象
过滤(筛网过滤)	物理阻截	粗大颗粒、悬浮物
过滤(砂滤)		悬浮物
沉淀	重力沉降	相对密度大于1的颗粒物
离心分离	离心沉降	
气浮	浮力作用	相对密度小于1的颗粒物
汽提法	污染物在不同相间的分配	有机污染物
吹脱法		
萃取法		
吸附法	界面吸附	可吸附性污染物
反渗透	渗透压	无机盐等
膜分离	物理截流等	较大分子污染物
电渗析法	离子迁移	无机盐
蒸发浓缩	水与污染物的蒸发性差异	非挥发性污染物

表1-3 水的化学处理法

处理技术	主要原理	主要去除对象
化学沉淀法	化学反应、固液分离	无机污染物
中和法	酸碱化学反应	酸性、碱性污染物
氧化法	氧化反应	还原性污染物、有害微生物(消毒)
还原法	还原反应	氧化性污染物
电解法	电解反应	氧化、还原性污染物

续表

处理技术	主要原理	主要去除对象
超临界分解法	热分解、氧化还原反应、游离基反应等	几乎所有的有机污染物
离子交换法	离子交换	离子性污染物
混凝法	电中和、吸附架桥作用	胶体性污染物、大分子污染物

表 1-4　水的生物处理法

处理技术		主要原理	主要去除对象
好氧处理法	活性污泥法	生物吸附、生物降解	可生物降解性有机污染物、还原性无机污染物（NH_4^+ 等）
	生物膜法		
	流化床法		
生态技术	氧化塘	生物吸附、生物降解	有机污染物、氮、磷、重金属
	土地渗滤	生物吸附、土壤吸附	
	湿地系统	生物吸附、土壤吸附、植物吸收	
厌氧处理法	厌氧消化池	生物吸附、生物降解	可生物降解性有机污染物、氧化态无机污染物（NO_3^-，SO_4^{2-}）
	厌氧接触法		
	厌氧生物滤池		
	高效厌氧反应器(UASB)		

▷1.1.3　固体废物及处理处置与资源化

1. 固体废物的种类及其危害

根据《中华人民共和国固体废物污染环境防治法》的定义，固体废物是指在生产、生活和其他活动中产生的丧失原有利用价值或者虽未丧失利用价值但被抛弃或者放弃的固态、半固态和置于容器中的气态的物品、物质以及法律、行政法规规定纳入固体废物管理的物品、物质。在工业生产活动中产生的固体废物被定义为工业固体废物；在日常生活中或者为日常生活提供服务的活动中产生的固体废物，以及法律、行政法规规定视为生活垃圾的固体废物被定义为生活垃圾。

固体废物对环境的危害主要包括以下几个方面：①通过降水的淋溶和地表径流的渗滤，污染土壤、地下水和地表水，从而危害人体健康；②因飞尘、微生物作用产生的恶臭，以及化学反应产生的有害气体等污染空气；③固体废物的存放和填埋处理占据大面积的土地等。

2. 固体废物处理处置技术

固体废物的处置技术通常与其中所含可利用物质的回收、综合利用联系在一起。常用的固体废物处理处置技术见表 1-5。

表1-5 固体废物处理处置技术

处理技术	主要原理	主要去除对象
压实	压强(挤压)作用	高孔隙率固体废物
破碎	冲击、剪切、挤压破碎	大型固体废物
分选	重力作用、磁力作用	所有固体废物
脱水/干燥	过滤、干燥	含水量高的固体废物
中和法	中和反应	酸性、碱性废渣
氧化还原法	氧化还原	氧化还原性废渣(如铬渣)
固化法	固化与隔离作用	有毒有害固体废物
堆肥	生物降解	有机垃圾
焚烧	燃烧反应	有机固体废物
填埋处理	隔离作用	无机等稳定性固体废弃物

3.固体废物资源化技术

废物的资源化途径可分为物质的再生利用和能源转化。根据资源化对象的性质及其存在形式和含量,需采取不同的资源化技术。表1-6中列举了几种废物资源化技术及其原理。

表1-6 废物资源化技术

资源化技术	主要原理	应用对象
焚烧	燃烧反应	有机固体废物的能源化
堆肥	生物降解	城市垃圾还田
离子交换	离子交换	工业废水、废液中金属的回收;废酸的再生利用
溶剂萃取	萃取	
电解	电化学反应	
沉淀	沉淀	
蒸发浓缩	挥发	废酸的再生利用
沼气发酵	生物降解	高浓度有机废水、废液利用

▶ 1.1.4 土壤污染与污染控制技术

1.土壤污染物及其危害

土壤中的污染物主要有重金属、挥发性有机物和原油等。土壤的重金属污染主要是由于人为活动或自然作用释放出的重金属经过物理、化学或生物的过程,在土壤中逐渐积累而造成的。土壤的有机污染主要是由化学品的泄漏、非法投放、原油泄漏等造成的。但是,与大气污染和水污染不同,土壤污染通常是局部性的污染,但是在一定情况下,通过地下水的扩散,也会造成区域性污染。

土壤污染的危害主要有：①通过雨水淋溶作用，可能导致地下水和周围地表水体的污染；②污染土壤通过土壤颗粒物等形式能直接或间接地被人或动物所吸入；③通过植物吸收而进入食物链，对食物链上的生物产生毒害作用等。

2. 土壤染控制技术

由于土壤的化学成分以及物理结构复杂，因此污染土壤的净化比废水与废气处理困难得多。污染土壤的控制技术可分为物理法、化学法和生物法。几种代表性的土壤净化方法见表1-7。

表 1-7　土壤净化与污染控制技术

处理技术	主要原理	主要去除对象
客土法	稀释	所有污染物
隔离法	物理隔离（防止扩散）	
清洗法（萃取法）	溶解	溶解性有机物
吹脱法（通气法）	挥发	挥发性有机物
热处理法	热分解、挥发	有机污染物
电化学法	电场作用（移动）	离子或极性污染物
焚烧法	燃烧反应	有机污染物
微生物净化法	生物降解	可降解性有机污染物
植物净化法	植物转化、植物挥发、植物吸收/固定	胶体性污染物、大分子污染物

1.2 "环境工程原理"课程的主要内容

在环境污染控制工程领域，无论是废气处理、污水处理，还是固体废物处理处置，都涉及动量传递、热量传递及质量传递现象。例如，在流体输送、流体中颗粒物的沉降分离、污染物的过滤净化等过程中均存在以流体力学为基础的流体流动（即动量传递现象）；在加热、冷却、干燥、蒸发、蒸馏等过程及管道、设备保温中均涉及以热量传递理论为基础的热量传递现象；在吸收、吸附、萃取、膜分离及化学反应和生物反应等过程中均存在以质量传递理论为基础的质量传递现象。

对于污染物控制，实际就是利用化学和生物反应，使污染物转化为无毒无害或易于分离的物质。例如，沉淀反应常用于水中重金属的沉淀分离，氧化反应用于还原性无机污染物和有机污染物的氧化分解，催化还原反应常用于烟气脱硝，化学吸收常用于烟气脱硫，生物降解反应常用于有机废水、挥发性有机废气、恶臭气体和有机固体废物的处理，生物硝化、反硝化常用于水中氮的处理等。要将这些化学和生物反应原理应用于污染物控制，必须借助适宜的装置，即反应器，内容涉及反应器的基本类型、操作原理及设计计算方法。

因此，系统掌握"三传"过程（即动量传递、热量传递及质量传递）及涉及反应器的反应工程理论，对优化污染物的分离和转化过程，优化反应器的结构形式、操作方式、工艺条件以及提高净化效率具有重要意义。

"环境工程原理"是环境工程专业本科生的主要专业基础课程之一,为专业必修课。课程在充分吸收和借鉴流体力学、传递过程原理、化工原理、反应工程原理教材的基础上,结合环境工程专业特点,以分离和转化原理为主,对污染物控制工程中涉及的动量传递、热量传递、质量传递、反应工程的基本理论及典型反应器设计进行重点学习,从而为相关专业课程的学习打下良好的理论基础。其主要内容包括:

(1)以流体力学为基础,包括流体流动、流体输送、过滤、沉降、离心分离、固体流态化等。

(2)以热量传递理论为基础,包括热传导、对流换热及换热设备。

(3)以质量传递理论为基础,包括吸收与吸收设备。进行这些操作的目的一般是将混合物分离,故它们又称分离过程(或操作)。

(4)以热量、质量同时传递理论为基础的固体干燥过程。

(5)化学与生物反应工程原理,包括化学反应动力学及反应器、微生物反应动力学及反应器。

1.3 常用物理量及其表示方法

在环境工程中,无论是分离过程,还是反应过程,往往需要描述物质含量及过程的速率,因此常用到浓度、流量、流速、通量等物理量。

➢ 1.3.1 浓度

物质浓度有多种表示方法。对于混合物,组分 A 的浓度可以用单位体积混合物中含有组分 A 的质量或物质的量表示,计算基准可以是混合物的总量或混合物中惰性组分的量。

1. 质量浓度与物质的量浓度

(1)质量浓度:单位体积混合物中某组分的质量称为该组分的质量浓度,以符号 ρ 表示,常用单位有 mg/L、μg/m³、mg/m³ 和 kg/m³ 等。组分 A 的质量浓度定义式为

$$\rho_A = \frac{m_A}{V} \tag{1-1}$$

式中,ρ_A 为组分 A 的质量浓度,kg/m³;m_A 为混合物中组分 A 的质量,kg;V 为混合物的体积,m³。

若混合物由 N 个组分组成,则混合物的总质量浓度为

$$\rho = \sum_{i=1}^{N} \rho_i \tag{1-2}$$

质量浓度和密度均可用符号 ρ 表示,但两者本质不同。质量浓度是混合物中某物质含量的多少;密度则是物质的质量与其体积之比,是物质本身的属性。

(2)物质的量浓度:单位体积混合物中某组分的物质的量的浓度,以符号 C 表示,常用单位有 kmol/m³、mol/m³、mol/L 等。组分 A 的物质的量浓度定义式为

$$C_A = \frac{n_A}{V} \tag{1-3}$$

式中,C_A 为组分 A 的物质的量浓度,kmol/m³;n_A 为混合物中组分 A 的物质的量,kmol。

若混合物由 N 个组分组成,则混合物的总物质的量浓度为

$$C = \sum_{i=1}^{N} C_i \tag{1-4}$$

组分 A 的质量浓度与物质的量浓度的关系为

$$C_A = \frac{\rho_A}{M_A} \tag{1-5}$$

式中,M_A 为组分 A 的摩尔质量,kg/kmol。

2. 质量分数与摩尔分数

(1)质量分数:混合物中某组分的质量与混合物总质量之比称为该组分的质量分数,以符号 w 表示。组分 A 的质量分数定义式为

$$w_A = \frac{m_A}{m} \tag{1-6}$$

式中,w_A 为组分 A 的质量分数;m 为混合物的总质量,kg。

若混合物由 N 个组分组成,则有

$$\sum_{i=1}^{N} w_i = 1 \tag{1-7}$$

在水处理中,常见污水中的污染物浓度一般较低,常用的质量浓度单位为 mg/L、μg/L,也常用 ppm、ppb 等非法定计量单位[①]。1 L 污水的质量可以近似认为等于 1000 g,因此在实际应用中,常常通过式(1-8)、式(1-9)进行质量浓度和质量分数间的换算,即

$$1 \text{ mg/L 组分 A 的质量分数} = 1 \text{ mg}/1000 \text{ g} = 1 \times 10^{-6} \text{(质量分数)} = 1 \text{ ppm} \tag{1-8}$$
$$1 \text{ } \mu\text{g/L 组分 A 的质量分数} = 1 \text{ } \mu\text{g}/1000 \text{ g} = 1 \times 10^{-9} \text{(质量分数)} = 1 \text{ ppb} \tag{1-9}$$

对于大气污染控制过程,经常用体积分数来表示气体中污染物的浓度。若气体混合物中有 1/1000000 的体积为污染物时,如 1 m^3 气体混合物中有 1 mL 污染物时,则气态污染物浓度为 10^{-6}(体积分数)。同理,1 μL/m^3 气态污染物浓度为 10^{-9}(体积分数)。实际应用中,体积分数与质量浓度之间也可进行换算。

在混合气体中,组分 A 的体积分数与质量浓度 ρ_A(kg/m^3)之间的关系与混合物的压力、温度以及组分 A 的相对分子质量有关。若混合物可看成理想气体,则符合理想气体状态方程,即

$$pV_A = n_A RT \tag{1-10}$$

式中,p 为混合气体的绝对压力,Pa;V_A 为组分 A 的体积,m^3;n_A 为组分 A 的物质的量,mol;R 为理想气体常数,8.314 J/(mol·K);T 为混合气体的热力学温度,K。

根据质量浓度的定义,有

$$\rho_A = \frac{m_A}{V} = \frac{n_A M_A}{V} \times 10^{-3}$$

则

$$V = \frac{n_A M_A}{\rho_A} \times 10^{-3}$$

---

① 1 ppm $= 10^{-6}$, 1 ppb $= 10^{-9}$。

由理想气体状态方程式(1-10),得

$$V_A = \frac{n_A R T}{p}$$

因此可得体积分数与质量浓度的关系为

$$\frac{V_A}{V} = \frac{RT \times 10^3}{pM_A} \rho_A \tag{1-11}$$

(2)摩尔分数:混合物中某组分的物质的量与混合物总物质的量之比称为该组分的摩尔分数,以符号 x 表示。组分 A 的摩尔分数定义式为

$$x_A = \frac{n_A}{n} \tag{1-12}$$

式中,x_A 为组分 A 的摩尔分数;n 为混合物总物质的量,mol。

若混合物由 N 个组分组成,则有

$$\sum_{i=1}^{N} x_i = 1 \tag{1-13}$$

当混合物为气液两相体系时,常以 x 表示液相中某组分的摩尔分数,以 y 表示气相中某组分的摩尔分数。

组分 A 的质量分数与摩尔分数的关系为

$$x_A = \frac{\dfrac{w_A}{M_A}}{\displaystyle\sum_{i=1}^{N} \dfrac{w_i}{M_i}} = 1 \tag{1-14}$$

$$w_A = \frac{x_A M_A}{\displaystyle\sum_{i=1}^{N} (x_i M_i)} \tag{1-15}$$

3. 质量比与摩尔比

在某些过程中,混合物的总质量或总物质的量是变化的,这时如采用质量分数或摩尔分数计算就不太方便。例如,用水吸收空气中的氨,氨作为溶质可溶解于水中,而空气则不溶于水,此时可将空气看作惰性组分,吸收液中的水亦可看作惰性组分。随着吸收过程的进行,混合气体及混合液体的总质量或总物质的量是变化的,而混合气体及液体中惰性组分的质量或物质的量不变。此时,用以惰性组分为基准的质量比或摩尔比来表示气液相组成进行计算则比较方便。

(1)质量比:混合物中某组分的质量与混合物中惰性组分质量之比,以符号 X_m 表示。组分 A 的质量比定义式为

$$X_{mA} = \frac{m_A}{m - m_A} \tag{1-16}$$

式中,X_{mA} 为组分 A 的质量比;$m - m_A$ 为混合物中惰性组分的质量,kg。

质量比与质量分数的关系为

$$X_{mA} = \frac{w_A}{1 - w_A} \tag{1-17}$$

（2）摩尔比：混合物中某组分的物质的量与混合物中惰性组分物质的量之比称为该组分的摩尔比，以符号 X 表示。组分 A 的摩尔比定义式为

$$X_A = \frac{n_A}{n - n_A} \tag{1-18}$$

式中，X_A 为组分 A 的摩尔比；$n - n_A$ 为混合物中惰性组分的物质的量，mol。

摩尔比与摩尔分数的关系为

$$X_A = \frac{x_A}{1 - x_A} \tag{1-19}$$

同样，当混合物为气液两相体系时，常以 X 表示液相中某组分的摩尔比，以 Y 表示气相中某组分的摩尔比，即

$$Y_A = \frac{y_A}{1 - y_A} \tag{1-20}$$

以上讨论了混合物中组分浓度的表示方法，实际使用中可根据计算方便的原则选用。

▷ 1.3.2　流量

单位时间内流过流动截面的流体体积，称为体积流量，以 q_V 表示，单位为 m³/s。若某一流体在时间 t 内流过流动截面的流体体积为 V，则

$$q_V = \frac{V}{t} \tag{1-21}$$

当流体为气体时，由于气体的体积流量随温度和压力的变化而变化，因此工程中采用质量流量较为方便。单位时间内流过流动截面的流体质量称为质量流量，以 q_m 表示，单位为 kg/s。若流体密度为 ρ，则

$$q_m = q_V \rho \tag{1-22}$$

▷ 1.3.3　流速

单位时间内流体在流动方向上发生的位移称为流速，以 u 表示，单位为 m/s。流速是矢量，在直角坐标系中，x，y，z 三个轴方向上的投影分别为 u_x，u_y，u_z。若流体流动与空间的三个方向有关，称为三维流动；与两个方向有关，则称为二维流动；仅与一个方向有关，则称为一维流动。流体在直管内的流动可看成是与管轴平行的一维流动。

在流动截面上各点的流速称为点流速。对于实际流体，由于流体具有黏性，一般情况下各点流速不相等，其在同一截面上的点流速的变化规律称为速度分布。工程上为了计算方便，通常采用截面上各点流速的平均值，称为主体平均流速 u，简称平均流速。

流量与流速的关系为

$$u = \frac{q_V}{A} \tag{1-23}$$

式中，A 为流过截面的面积，m²。

环境工程中经常使用圆形管道输送液体或气体，若以 d 表示管道的内径，则上式变为

$$u = \frac{q_V}{\frac{\pi}{4}d^2}$$

于是

$$d = \sqrt{\frac{4q_V}{\pi u}} \qquad\qquad (1-24)$$

对于指定的流量,选择流速后就可以确定输送管路的管径。一般情况下,液体的流速为 $0.5 \sim 3.0 \ \text{m/s}$,气体的流速为 $10 \sim 20 \ \text{m/s}$。

➤ 1.3.4 通量

单位时间内通过单位面积的物理量称为该物理量的通量。通量是表示传递速率的重要物理量。例如,单位时间内通过单位面积的热量,称为热量通量,单位为 $\text{J/(m}^2 \cdot \text{s)}$;单位时间内通过单位面积的某组分的物质的量,称为该组分的传质通量,单位为 $\text{kmol/(m}^2 \cdot \text{s)}$;同理,单位时间通过单位面积的动量,称为动量通量,单位为 N/m^2。

1.4 单位及单位换算

任何物理量都是由数字和单位联合表达的。目前,国际制单位(SI)已被广泛采用。但工程制单位在生产、设计中使用仍很普遍,而且常用的一些物理、化学数据有许多仍以物理制单位表示。因此,必须正确掌握不同单位制种对应单位之间的换算。

同一物理量用不同单位制的单位度量时,其数值比称为换算系数。例如,$1 \ \text{m}$ 长的管用英尺度量时为 $3.2808 \ \text{ft}$,因此英尺相对于米的换算系数为 3.2808;$1 \ \text{Pa}$ 的压力用大气压 atm 度量时为 0.99×10^{-5},因此大气压 atm 相对于 Pa 的换算系数为 0.99×10^{-5}。注意,对于温度的单位换算不能采用"转化系数"方法,须遵循其特殊规律。

工程中常用单位的换算系数可从附录 A 查得。复杂单位的换算系数无表可查时,可以将其分解成简单的单位逐个换算。

习 题

1-1 $1 \ \text{m}^3$ 水中溶解 $0.01 \ \text{kmol CO}_2$,试求溶液中 CO_2 的摩尔分数(假设水的密度为 $1000 \ \text{kg/m}^3$)。

1-2 对 $300 \ \text{kg}$ 湿物料进行干燥,使其含水质量分数从 $w_1 = 40\%$ 降至 $w_2 = 10\%$,试计算除去的水分质量。

1-3 假设在 $25 \ ℃$ 和 $1.013 \times 10^5 \ \text{Pa}$ 的条件下,某地区 SO_2 的小时平均浓度为 0.15×10^{-6} (体积分数),若环境空气污染物浓度限值为 $150 \ \mu\text{g/m}^3$,问该地区空气质量是否符合要求?

1-4 已知 $20 \ ℃$ 下苯在空气中的饱和蒸气压为 $9.9 \ \text{kPa}$,试求空气中苯的含量(分别以摩尔分数 y_A、质量分数 w_A、摩尔浓度 C_A 及质量浓度 ρ_A 表示)。

本章主要符号说明

C——物质的量浓度,$kmol/m^3$;

d——管径,m;

m——质量,kg;

M——摩尔质量,kg/kmol;

n——物质的量,kmol;

p——压力,Pa;

q_m——质量流量,kg/s;

q_V——体积流量,m^3/s;

R——理想气体常数,$J/(mol \cdot K)$;

T——温度,K;

u——流速,m/s;

w——质量分数;

X_m——质量比;

X——摩尔比;

V——体积,m^3;

ρ——密度,kg/m^3。

第2章

流体流动

气体和液体统称为流体。环境工程的大多数过程是在流体流动下进行的,如流体的输送、气体和液体中颗粒物的分离、反应器中污染物的去除等。同时,涉及传热、传质过程以及物化和生化反应的过程,通常也使流体处于流动状态,达到强化传递效率的目的。因此,必须掌握流体流动的基本原理,这也是环境工程原理中非常重要的内容。

体积不随压力及温度变化的流体,称为不可压缩性流体;体积随压力及温度变化的流体,则称为可压缩性流体。实际流体都是可压缩的,但由于液体的体积随压力及温度变化很小,所以一般把它当作不可压缩流体;气体的体积随压力及温度变化大,应当属于可压缩流体。但是,如果压力或温度变化率很小时,通常也可以将气体当作不可压缩流体处理。

本章重点介绍流体在管内的流动规律及其应用,并运用这些原理去分析和计算流体的输送问题。

2.1 流体静力学

流体静力学是研究流体在外力作用下的平衡规律,即研究流体在外力作用下处于静止或相对静止的规律。流体静力学在生产中有着广泛应用,例如压力、液面的测量等。本节主要讨论流体静力学的基本原理及应用。

➢ 2.1.1 流体的压力

流体垂直作用于单位面积上的力,称为流体的压强,习惯上也称为流体的压力。作用于整个面积上的力称为总压力。在静止流体中,从各方向作用于某一点的压力大小均相等。

在国际单位制中,压力的单位为 $N \cdot m^{-2}$,称为帕斯卡,以 Pa 表示。1 atm = 101325 Pa(760 mmHg)。

压力有两种计量基准:以绝对真空为基准所计量的压力,称为绝对压力(简称绝压),是流体的真实压力;以外界大气压为基准所计量的压力,称为表压。工程上用压力表测得的流体压力就是流体的表压,它是流体的绝对压力与外界大气压力的差值,即

$$表压 = 绝对压力 - 当地大气压$$

表压为正值时,通常称为正压;为负值时,则称为负压。通常把其负值改为正值,称为真空度。

真空度与绝对压力的关系为

$$真空度＝当地大气压－绝对压力$$

测量负压的压力表又称为真空表。绝对压力、表压和真空度的关系如图 2-1 所示。为避免混淆，在写流体压力时要注明是绝对压力、表压，还是真空度。

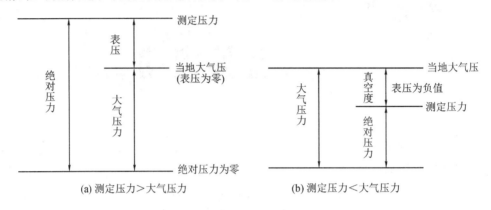

(a) 测定压力＞大气压力   (b) 测定压力＜大气压力

图 2-1 绝对压力、表压和真空度的关系

▷ 2.1.2 流体的密度

单位体积流体的质量，称为流体的密度，其表达式为

$$\rho = \frac{m}{V} \tag{2-1}$$

式中，ρ 为流体的密度，kg/m^3；m 为流体的质量，kg；V 为流体的体积，m^3。

流体的密度是物性之一，可从有关的物理化学手册中查得。一些常见流体的密度可参见本书附录 B～F。

影响流体密度大小的因素主要有流体的种类、压力、温度等。其中，液体的密度基本上不随压力而变（压力极高除外），但随温度稍有变化。通常温度升高，液体体积膨胀，密度变小。因此在手册上查取液体密度时，要注意所指的温度。

气体的密度一般随压力、温度有较明显的变化。在压力不是很高或极低时，其密度可近似按照理想气体状态方程计算。由

$$pV = nRT = \frac{m}{M}RT \tag{2-2}$$

得

$$\rho = \frac{m}{V} = \frac{pM}{RT} \tag{2-3}$$

式中，p 为气体的压力（绝对压力），kPa；M 为气体的摩尔质量，$kg/kmol$；T 为气体的热力学温度，K；R 为摩尔气体常数，$R \approx 8.314 \ kJ/(kmol \cdot K)$；$n$ 为气体的物质的量，$kmol$。

因为标准状态下（101.3 kPa、273 K），1 kmol 气体的体积为 22.4 m³，故气体密度也可以采用下式计算：

$$\rho = \frac{M}{22.4} \times \frac{p}{101.3} \times \frac{273}{T} = 0.1203 \frac{Mp}{T} \tag{2-4}$$

化工过程中遇到的流体大多为混合物,而手册中一般仅提供纯物质的密度,混合物的密度可通过纯物质的密度计算,方法如下。

液体混合时,体积往往有所改变。假设混合液为理想溶液,则其体积等于各组分单独存在时的体积之和。若混合液中各组分的密度为已知,则以 1 kg 混合液为基准,混合液的密度 ρ_m 可用下式近似计算:

$$\frac{1}{\rho_\mathrm{m}} = \sum_{i=1}^{n} \frac{w_i}{\rho_i} \tag{2-5}$$

式中,ρ_i 为同温同压下组分 i 的密度,$\mathrm{kg/m^3}$;w_i 为混合液中组分 i 的质量分数,量纲 1。

当气体混合物接近理想气体时,其密度仍可按式(2-3)计算,但式中的气体摩尔质量 M 应以混合气体的平均摩尔质量 M_m 代替;也可按下式计算:

$$\rho_\mathrm{m} = \sum_{i=1}^{n} \rho_i y_i \tag{2-6}$$

式中,y_i 为组分 i 的摩尔分数,量纲 1。

▷ 2.1.3 流体静力学基本方程式

现在讨论流体在重力和压力作用下的平衡规律,这时流体处于相对静止状态。由于重力可以看作是不变的,起变化的是压力,所以实际上是讨论静止流体内部压力(压强)变化的规律。描述这一规律的数学表达式,称为流体静力学基本方程式。

1. 静压强

在静止流体中,作用于某一点不同方向上的压强在数值上是相等的,即一点的压强只要说明它的数值即可。当然,空间各点的静压强,其数值不同,可以用如下的方程描述:

$$p = f(x, y, z) \tag{2-7}$$

2. 流体微元的受力平衡

从静止流体中取一立方体流体微元,其中心点 A 的坐标为 (x, y, z)。立方体各边分别与坐标轴 Ox、Oy、Oz 平行,边长分别为 δx、δy、δz,如图 2-2 所示。

作用于此流体微元上的力有两种:

(1)表面力 设六面体中心点 A 处的静压强为 p,沿 x 方向作用于 $abcd$ 面上的压强为 $(p - \frac{1}{2} \times \frac{\partial p}{\partial x} \delta x)$,作用于 $a'b'c'd'$ 面上的压强为 $(p + \frac{1}{2} \times \frac{\partial p}{\partial x} \delta x)$。因此,作用于该两面上的压力分别为

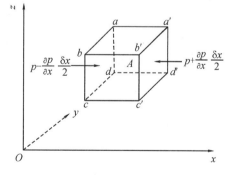

图 2-2 流体微元的受力平衡

$$(p - \frac{1}{2} \times \frac{\partial p}{\partial x} \delta x) \delta y \delta z$$

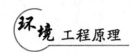

和

$$(p + \frac{1}{2} \times \frac{\partial p}{\partial x} \delta x) \delta y \delta z$$

对于其他面,也可以写出相应的表达式。

(2)体积力 设作用于单位质量流体上的体积力在 x 轴方向上的分量为 X,则微元所受的体积力在 x 轴方向的分量为 $X \rho \delta x \delta y \delta z$。同理,在 y 轴方向及 z 轴方向上微元所受的体积力分别为 $Y \rho \delta x \delta y \delta z$ 和 $Z \rho \delta x \delta y \delta z$。

设流体处于静止状态,外力之和必等于零。对 x 轴方向,可写成

$$(p - \frac{1}{2} \times \frac{\partial p}{\partial x} \delta x) \delta y \delta z - (p + \frac{1}{2} \times \frac{\partial p}{\partial x} \delta x) \delta y \delta z + X \rho \delta x \delta y \delta z = 0$$

各项均除以微元体的流体质量 $\rho \delta x \delta y \delta z$,可得

$$X - \frac{1}{\rho} \frac{\partial p}{\partial x} = 0 \qquad (2-8.\text{a})$$

同理,在另外两个方向上有

$$Y - \frac{1}{\rho} \frac{\partial p}{\partial y} = 0 \qquad (2-8.\text{b})$$

$$Z - \frac{1}{\rho} \frac{\partial p}{\partial z} = 0 \qquad (2-8.\text{c})$$

式(2-8)称为欧拉方程。等式左边为单位质量流体所受的体积力和压力。

若将该微元移动 $\mathrm{d}l$ 距离,此距离对 x,y,z 轴的分量分别为 $\mathrm{d}x,\mathrm{d}y,\mathrm{d}z$,将上列方程组分别乘以 $\mathrm{d}x,\mathrm{d}y,\mathrm{d}z$ 并相加,可得

$$(X\mathrm{d}x + Y\mathrm{d}y + Z\mathrm{d}z) - \frac{1}{\rho} \left(\frac{\partial p}{\partial x}\mathrm{d}x + \frac{\partial p}{\partial y}\mathrm{d}y + \frac{\partial p}{\partial z}\mathrm{d}z \right) = 0 \qquad (2-9)$$

表示两种力对微元流体所做功之和为零。由于静止流体压强仅与空间位置有关,而与时间无关,因此式(2-9)左侧第二项括号内即为压强的全微分 $\mathrm{d}p$,于是有

$$\frac{\mathrm{d}p}{\rho} = X\mathrm{d}x + Y\mathrm{d}y + Z\mathrm{d}z \qquad (2-10)$$

3. 平衡方程在重力场中的应用

如流体所受的体积力仅为重力,并取 z 轴方向与重力方向相反,则有

$$X=0, \quad Y=0, \quad Z=-g$$

代入式(2-10),得

$$\mathrm{d}p + \rho g \mathrm{d}z = 0$$

设流体为不可压缩流体,将上式分离变量,积分得

$$\frac{p}{\rho} + gz = 常数 \qquad (2-11)$$

对于静止流体中任意两点 1 和 2,如图 2-3 所示,有

$$\frac{p_1}{\rho} + gz_1 = \frac{p_2}{\rho} + gz_2 \qquad (2-12)$$

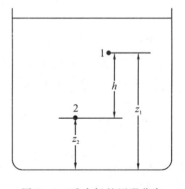

图 2-3 重力场的压强分布

或

$$p_2 = p_1 + \rho g(z_1 - z_2) = p_1 + \rho g h \qquad (2-13)$$

注意,式(2-11)、式(2-12)及式(2-13)三式仅适用于在重力场中静止的不可压缩流体。上述各式表明静压强仅与垂直位置有关,这是因为流体仅处于重力场中。若流体处于离心力场中,则静压强分布将遵循不同的规律。流体中,液体的密度随压强的变化很小,可认为是不可压缩流体;气体则不然,具有较大的可压缩性,但是,若压强变化不大,密度可近似地取其平均值而视为常数,此时,式(2-11)、式(2-12)及式(2-13)仍可使用。

2.1.4 流体静力学方程式的应用

静力学原理在工程实际中应用相当广泛,在此仅介绍依据静力学原理制成的仪表。下面主要介绍该方程式在压力测量方面的应用。

1. U 形管压差计

U 形管液柱压差计结构如图 2-4 所示。在一根 U 形的玻璃管内装入液体,称为指示液。指示液要与被测流体不互溶,且其密度比被测流体要大。常用的指示液有汞、四氯化碳、水和液体石蜡等。将 U 形管两端与管路中的两截面相连通,若作用于 U 形管两端的压力 p_1 和 p_2 不等(图中 $p_1 > p_2$),则指示液在 U 形管的两端出现高度差 R。利用 R 的数值,再根据静力学方程式,就可算出流体两点之间的压力差。

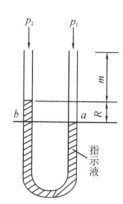

图 2-4 U 形管液柱压差计

在图 2-4 中,U 形管下部的液体是密度为 ρ_0 的指示液,上部为被测流体,密度为 ρ。图中 a,b 两点的压力是相等的,因为这两点都在同一种静止液体(指示液)的同一水平面上。通过这个关系,便可求出 $(p_1 - p_2)$ 的值。

根据流体静力学方程,从 U 形管右侧来计算可得

$$p_a = p_1 + (m+R)\rho g$$

同样考虑 U 形管左侧,计算可得

$$p_b = p_2 + m\rho g + R\rho_0 g$$

因为 $\qquad\qquad p_a = p_b$

所以

$$p_1 + (m+R)\rho g = p_2 + m\rho g + R\rho_0 g$$

$$p_1 - p_2 = R(\rho_0 - \rho)g \qquad (2-14)$$

测量气体时,由于气体的密度比指示液的密度小得多,式(2-14)中的 ρ 可以忽略,于是上式化简为

$$p_1 - p_2 = R\rho_0 g \qquad (2-15)$$

图 2-5 所示是倒 U 形管压差计。该压差计是利用被测量液体本身作为指示液的。压力差 $(p_1 - p_2)$ 可根据液柱高度差 R 进行计算。

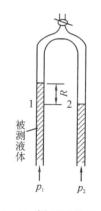

图 2-5 倒 U 形管压差计

2. 斜管压差计

当被测系统压强差很小时,为了提高读数的精度,可将液柱压差计倾斜,采用如图 2-6 所

示的斜管压差计。此压差计的读数 R' 与 U 形管压差计的读数 R 的关系为

$$R' = \frac{R}{\sin\alpha} \qquad\qquad (2-16)$$

式中,α 为倾斜角,其值越小,则 R 值放大为 R' 的倍数越大。

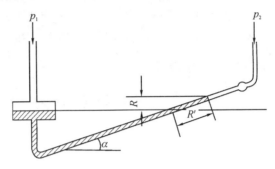

图 2-6 斜管压差计

3.微差压差计

若斜管压差计所示的读数仍然很小,则可采用微差压差计,其结构如图 2-7 所示。在 U 形管中放置两种密度不同、互不相溶的指示液(A 和 C),管的上端有扩张室,扩张室有足够大的截面积,当读数 R 变化时,两扩张室中液面不会有明显的变化。

根据流体静力学方程,可推出

$$p_1 - p_2 = \Delta p = Rg(\rho_A - \rho_C) \qquad (2-17)$$

式中,ρ_A、ρ_C 分别为重、轻两种指示液的密度,kg/m^3。

从上式可以看出,对于一定的压差,$(\rho_A - \rho_C)$ 越小,则读数越大,所以应该使用两种密度接近的指示液。

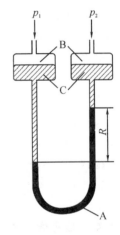

图 2-7 微差压差计

2.2 管内流动的基本方程式

工业上流体大多沿密闭的管路系统(包括密闭的通道、容器和设备)流动,因此了解管内流体的流动规律十分重要。反映管内流体流动规律的基本方程有连续性方程和伯努利方程,本节主要围绕这两个方程进行讨论。

➤ 2.2.1 稳定流动与不稳定流动

流体在管路中流动时,若任一点处的流速、压力、密度等与流动有关的物理参数都不随时间改变,就称为稳定(稳态、定态)流动。反之,只要有一个物理参数随时间而变,就属于不稳定(非稳态、非定态)流动。例如,水自变动水位的贮水槽中经小孔流出,则水的流出速度随槽内水面的高低而变化。

连续生产过程中的流体流动,多可视为稳定流动;在开工或停工阶段,则属于不稳定流动。

本章以分析稳定流动为主。

2.2.2 连续性方程式

设流体在如图 2-8 所示的管道中连续稳定流动,从截面 1-1 流入,从截面 2-2 流出,管道内任意处都没有流体积累和漏损。根据质量守恒定律可知,从截面 1-1 流入的流体质量流量 q_{m1} 应等于从截面 2-2 流出的流体质量流量 q_{m2},即

$$q_{m1} = q_{m2}$$

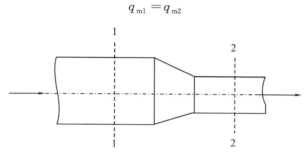

图 2-8 连续性方程式的推导

即

$$\rho_1 u_1 A_1 = \rho_2 u_2 A_2 \qquad (2-18)$$

推广到该管路系统的任意截面,则有

$$\rho u A = 常数 \qquad (2-19)$$

式(2-19)称为管内稳定流动时的连续性方程式。若流体不可压缩,ρ 为常数,则式(2-19)可简化为

$$u A = 常数 \qquad (2-20)$$

可见,在连续稳定的不可压缩流体的流动中,流体速度与管路的截面积成反比。截面积越大,流速越小,反之亦然。

对于圆管,由式(2-20)可得

$$\frac{\pi}{4} d_1^2 u_1 = \frac{\pi}{4} d_2^2 u_2$$

或

$$\frac{u_1}{u_2} = \frac{A_2}{A_1} = \left(\frac{d_2}{d_1}\right)^2 \qquad (2-21)$$

式中,d_1、d_2 分别为管路上截面 1、截面 2 处的管内径,m。

上式说明不可压缩流体在管路中的流速与管路内径的平方成反比。

2.2.3 伯努利方程式

伯努利方程式是管内流体流动的机械能衡算式。

假定流体无黏性(即在流动过程中无摩擦损失),在图 2-9 所示的管路内稳定流动,在管截面上流体质点的速度分布是均匀的。流体的压力、密度都取在管截面上的平均值,流体质量流量为 q_m,管截面为 A。在管路中取一微管段 dx,微管段中的流体质量为 dm。作用于此微管段的力有以下两个:

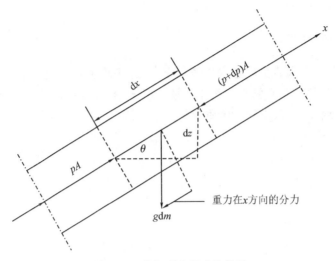

图 2-9 伯努利方程式的推导

(1)作用于管段两端的总压力,分别为 pA 和 $-(p+\mathrm{d}p)A$。

(2)质量为 $\mathrm{d}m$ 的流体,其重力为 $g\,\mathrm{d}m$。因为 $\mathrm{d}m=\rho A\mathrm{d}x$,$\mathrm{d}z=\mathrm{d}x\sin\theta$,所以重力沿 x 方向的分力为

$$g\,\mathrm{d}m\sin\theta=g\rho A\mathrm{d}x\sin\theta=g\rho A\mathrm{d}z$$

由上述可知,作用于微管段流体上端各力沿 x 方向的分力之和为

$$pA-(p+\mathrm{d}p)A-g\rho A\mathrm{d}z=-A\mathrm{d}p-g\rho A\mathrm{d}z \tag{2-22}$$

另外,流体流经管路时,不仅压力发生变化,而且动量也要发生变化。流体流经微管段的流速为 u,流出的流速为 $(u+\mathrm{d}u)$,因此,动量的变化速率为

$$q_{\mathrm{m}}\mathrm{d}u=\rho Au\mathrm{d}u \tag{2-23}$$

根据动量原理,作用于微管段流体上的力的合力等于流动的动量变化的速率,由式(2-22)、式(2-23)可得

$$-A\mathrm{d}p-g\rho A\mathrm{d}z=\rho Au\mathrm{d}u \tag{2-24}$$

化简得

$$g\,\mathrm{d}z+\frac{\mathrm{d}p}{\rho}+u\mathrm{d}u=0 \tag{2-25}$$

对于不可压缩流体,ρ 为常数,对上式积分得

$$gz+\frac{1}{2}u^2+\frac{p}{\rho}=\text{常数} \tag{2-26}$$

式(2-26)称为伯努利方程,适用于不可压缩非黏性的流体,通常把这种流体称为理想流体,故上式又称为理想流体伯努利方程式。

式(2-26)等号左边由 gz、$u^2/2$ 及 p/ρ 三项所组成。gz 为单位质量流体所具有的位能,J/kg;$u^2/2$ 为单位质量流体所具有的动能,J/kg;p/ρ 为单位质量流体所具有的静压能,J/kg。位能、静压能及动能均属于机械能,三者之和称为总机械能或总能量。式(2-26)表明,这三种形式的能量可以相互转换,但总能量不会有所变化,即三项之和为一常数。所以,式(2-26)是单位质量流体能量守恒方程式。

若将式(2-26)各项均除以重力加速度 g,则得

$$z + \frac{1}{2g}u^2 + \frac{p}{\rho g} = 常数 \qquad (2-27)$$

式(2-27)中各项的单位均为 m,即单位重量流体所具有的能量。式(2-27)为单位重量流体能量守恒方程式。因式中的 z、$u^2/2g$ 及 $p/\rho g$ 量纲都是长度,所以各种单位质量流体的能量都可以用流体液柱的高度表示。因此,在流体力学中常把单位重量流体的能量称为压头,z 称为位压头,$u^2/2g$ 称为动压头或速度压头,$p/\rho g$ 称为静压头,而 $(z + u^2/2g + p/\rho g)$ 为总压头。

对于气体,若管路两截面间压力差很小,如 $(p_1 - p_2) \leqslant 0.2p_1$,密度 ρ 变化也很小,此时伯努利方程式仍适用。计算时,密度可采用两截面的平均值,可以作为不可压缩流体处理。

当气体在两截面间的压力差较大时,应考虑流体压缩性的影响,必须根据过程的性质(等温或绝热)按热力学方法处理,在此不做深入讨论。

▷ 2.2.4 实际流体机械能衡算式

1. 实际流体机械能衡算式

实际流体由于有黏性,管截面上流体质点的速度分布是不均匀的。因此,要将伯努利方程推广应用到黏性流体,管内流体的流速必须取管截面上的平均流速。另外,黏性流体流动时因内摩擦而导致机械能损失,常称阻力损失。外界也可对控制体内流体加入机械能,如用流体输送机械等。此两项在做机械能衡算时均须计入。这样,对截面 1-1 与 2-2 间作机械能衡算可得

$$z_1 + \frac{1}{2g}u_1^2 + \frac{p_1}{\rho g} + H = z_2 + \frac{1}{2g}u_2^2 + \frac{p_2}{\rho g} + \sum H_f \qquad (2-28)$$

式中,H 为外加压头,m;$\sum H_f$ 为压头损失,m。

上式亦可写成如下形式:

$$z_1 g + \frac{1}{2}u_1^2 + \frac{p_1}{\rho} + W = z_2 g + \frac{1}{2}u_2^2 + \frac{p_2}{\rho} + \sum h_f \qquad (2-29)$$

其中,W 为单位质量流体的外加机械能,$W = gH$,J/kg;$\sum h_f$ 为单位质量流体的机械能损失,$\sum h_f = g \sum H_f$,J/kg。

式(2-28)、式(2-29)均为实际流体机械能衡算式,习惯上也称它们为伯努利方程式。

2. 伯努利方程的应用

伯努利方程是流体流动的基本方程式,它的应用很广泛,可用来分析和解决与流体输送有关的问题,还可用于流体流动过程中流量的测定以及调节阀流通能力的计算等。

使用伯努利方程解题时,应注意以下几点:

(1)作示意图　为有助于正确解题,在计算前常根据题意画出示意流程图。

(2)选取截面　根据题意选取两个截面,以确定衡算系统的范围。两截面应与流动方向垂直,截面之间的流体必须连续、稳定流动,且在所选取的截面上,已知条件应最多,并包含要求的未知数在内。通常选取系统进、出口处截面作为输入、输出截面。

(3)基准面的选取　选取基准水平面的目的是为了确定流体位能的大小。由于等号两边

都有位能,故基准面可以任意选取而不影响计算结果,但为了计算方便,一般选取相应于选定的截面之中较低的一个水平面为基准面,这样,该截面的位能为零。

(4)单位必须一致 在用伯努利方程式之前,应把有关物理量换算成一致的单位,然后进行计算。

(5)压力 两截面的压强除要求单位一致外,还要求表示方法一致。从伯努利方程式的推导过程得知,式中两截面的压强应为绝对压强,但由于式中所反映的是压强差($\Delta p = p_2 - p_1$)的数值,且绝对压强 = 大气压强 + 表压强,因此两截面的压强也可以同时用表压强来表示。

下面举例说明伯努利方程式的应用。

例2-1 从高位槽向塔内加料,高位槽和塔内的压力均为大气压,如图2-10所示。要求料液在管内以0.5 m/s的速度流动。试求高位槽的液面应该比塔入口处高出多少米?(已知料液在管内的总压头损失为1.2 m液柱)

解:设高位槽液面为1-1截面,料液的入塔口为2-2截面,在这两个截面之间应用伯努利方程,有

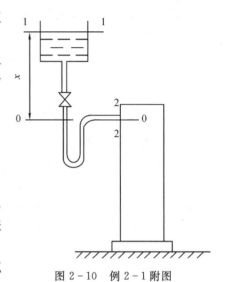

图2-10 例2-1附图

$$z_1 + \frac{1}{2g}u_1^2 + \frac{p_1}{\rho} = z_2 + \frac{1}{2g}u_2^2 + \frac{p_2}{\rho g} + \sum H_f$$

以料液的入塔口水平面0-0为基准面,则有$z_1 = x$,$z_2 = 0$。因两截面处的压力相同,则有$p_1 = p_2 = 0$(表压)。

高位槽截面与管截面相差很大,故高位槽截面的流速与管内流速相比,其值很小,可以忽略不计,即$u_1 = 0$。已知$u_2 = 0.5$ m/s,总压头损失$\sum H_f = 1.2$ m液柱。

将已知数据代入伯努利方程,得

$$x = \frac{0.5^2}{2 \times 9.81} + 1.2 = 1.21 \text{(m)}$$

计算结果表明,动压头数值很小,位压头主要用于克服流体的内摩擦力。

2.3 流体的流动现象

由前述可知,在使用伯努利方程进行管路计算时,必须知道机械能损失的数值。本节将讨论产生机械能损失的原因及管内速度分布,为下一节讨论机械能损失计算提供必要的基础。

2.3.1 牛顿黏性定律与流体的黏度

1. 牛顿黏性定律

前已述及,流体具有流动性,即没有固定形状,在外力作用下其内部产生相对运动。另外,在运动的状态下,流体还有一种抗拒内在的向前运动的特性,称为黏性。黏性是流动性的

反面。

以水在管内流动为例,管内任一截面上各点
的速度并不相同,中心处的速度最大;愈靠近管
壁速度愈小;在管壁处水的质点附于管壁上,其
速度为零。其他流体在管内流动时也有类似的
规律。所以,流体在圆管内流动时,实际上是被
分割成无数极薄的圆筒层,一层套着一层,各层
以不同的速度向前运动,如图 2-11 所示。由于

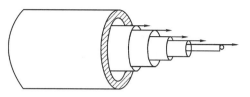

图 2-11 流体在圆管内分层流动示意图

各层速度不同,层与层之间发生了相对运动。速度快的流体层对相邻的速度较慢的流体层产
生了一个推动其向前进方向的力;同时,速度慢的流体层对速度快的流体层也作用一个大小相
等、方向相反的力,从而阻碍较快流体层向前运动。这种运动着的流体内部相邻两流体层间的
相互作用力,称为流体的内摩擦力。它是流体黏性的表现,又称为黏滞力或黏性摩擦力。流体
流动时的内摩擦,是流动阻力产生的依据,流体流动时必须克服内摩擦力而做功,从而使流体
的一部分机械能转变为热能而损失掉。

如图 2-12 所示,设有上下两块平行放置且面积很大
而相距很近的平板,板间充满了某种静止的液体。若将下
板固定,对上板施加一个恒定的外力,使上板以较小的速度
做平行于下板的等速运动。此时,两板间的液体就会分成
无数平行的薄层而运动,黏附在上板底面的一薄层液体也
以速度 u 随上板运动,其下各层液体的速度依次降低,黏附
在下板表面的液层速度为零。

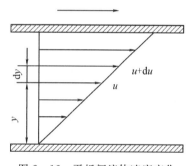

图 2-12 平板间流体速度变化

如图 2-12 所示,若 y 处流体层的速度为 u,在其垂直
距离为 dy 处的临近流体层的速度为 $u+du$,则 du/dy 表
示速度沿法线方向上的变化率,称为速度梯度。实验证明,
对于一定的液体,两流体层之间单位面积上的内摩擦力(或称剪应力)τ 与垂直于流动方向的
速度梯度成正比,即

$$\tau = \pm \mu \frac{du}{dy} \qquad (2-30)$$

式(2-30)表示的关系称为牛顿黏性定律。其中 μ 为比例系数,称为黏性系数或动力黏
度,简称黏度,单位为 Pa·s。剪应力又称动量通量,由于 y 轴的正向可有两种取法,故对于同
一问题,du/dy 值可正可负。习惯上,把剪应力作正值处理,当 du/dy 为正时,取正号;当
du/dy 为负时,则取负号,表明动量传递的方向和速度梯度的方向相反。

由式(2-30)可知,当 $du/dy=1$ 时,$\mu=\tau$,所以黏度的物理意义为:当 $du/dy=1$ 时,单位
面积上所产生的内摩擦力大小。显然,流体的黏度越大,在流动时产生的内摩擦力也就越大。

在流体力学中,还经常把流体黏度 μ 与密度 ρ 之比称为运动黏度,用符号 ν 表示,其单位为
m^2/s。各种液体和气体的黏度数据均由实验测定。同一温度下,气体黏度远小于液体黏度。

温度对流体黏度的影响很大。当温度升高时,液体的黏度减小,而气体的黏度增大。压力
对液体黏度的影响很小,可忽略不计,而气体的黏度在压力不是极高或极低的条件下,可以认
为与压力无关。

2. 流体中的动量传递

如图 2-12 所示,沿流体流动方向相邻两流体层由于速度的不同,其动量也不同,速度较快的流体层中的流体分子在随机运动的过程中,部分进入速度较慢的流体层中,与速度较慢的流体分子互相碰撞,使速度较慢的分子速度加快,动量增大。同时,速度较慢的流体层中,亦有同量分子进入速度较快的流体层。因此,流体层之间的分子交换,使动量从速度大的流体层向速度小的流体层传递。由此可见,分子动量传递是由于流体层之间速度不等,动量从速度大处向速度小处传递。这与在物体内部因温度不同,有热量从温度高处向温度低处传递是相似的。

牛顿黏性定律表达式(2-30)就是表示这种分子动量传递的。假定 $\mathrm{d}u/\mathrm{d}y$ 为正值,将式(2-30)改写成下列形式:

$$\tau = \frac{\mu}{\rho} \frac{\mathrm{d}(\rho u)}{\mathrm{d}y}$$

由于 $\nu = \dfrac{\mu}{\rho}$,则

$$\tau = \nu \frac{\mathrm{d}(\rho u)}{\mathrm{d}y} \tag{2-31}$$

式中,$\rho u = \dfrac{mu}{V}$ 为单位体积的动量,$\dfrac{\mathrm{d}(\rho u)}{\mathrm{d}y}$ 为动量梯度。而剪应力的单位可表示为

$$[\tau] = \frac{\mathrm{N}}{\mathrm{m}^2} = \frac{\mathrm{kg} \cdot \mathrm{m/s}^2}{\mathrm{m}^2} = \frac{\mathrm{kg} \cdot \mathrm{m/s}}{\mathrm{m}^2 \cdot \mathrm{s}}$$

因此,剪应力可看作单位时间单位面积的动量,称为动量传递速率,则式(2-31)表明分子动量传递速率与动量梯度成正比。

3. 非牛顿型流体

上面讨论的是一类在流动中形成的剪应力与速度梯度的关系完全符合牛顿黏性定律的流体,这类流体称为牛顿型流体,例如水、空气就属于这一类流体。但工业中还有多种流体并不服从牛顿黏性定律,如某些高分子溶液或悬浮液等,这类流体称为非牛顿型流体。非牛顿型流体在此不做讨论,本书提到的流体都是牛顿型流体。

▶ 2.3.2 流体流动类型与雷诺数

1. 层流和湍流

雷诺在 1883 年通过实验揭示出流动的两种截然不同的类型,其实验装置如图 2-13 所示。在保持恒定液面的水槽内安装一根玻璃管。玻璃管的液体入口为喇叭状,出口有调节水流量的阀门,水槽上方的小瓶内充有有色液体作为指示剂。实验时有色液体从瓶中流出,经喇叭口中心处的针状细管流入管内。从指示剂的流动情况,可以观察到管内水流中质点的运动情况。

实验发现,当水的流速较小时,管中心的有色液体在管内沿轴线方向成一条轮廓清晰的细直线,平稳地流

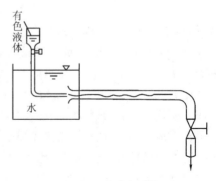

图 2-13 雷诺实验装置

过整根玻璃管,与旁侧的水丝毫不相混合,如图 2-14(a)所示;当开大阀门使水流速度逐渐增大到一定数值时,呈直线流动的有色细流便开始出现波动,而呈波浪形细线,并且不规则波动,如图 2-14(b)所示;速度继续增大到某临界值后,细线开始抖动、弯曲,最后被冲断向四周散开,使整个玻璃管中的水呈现均匀的颜色,如图 2-14(c)所示。显然,此时流体的流动状况已发生了显著的变化。

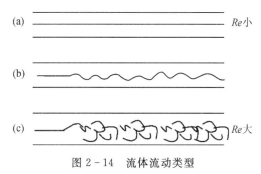

图 2-14 流体流动类型

以上实验表明,流体在管路中的流动状态可分为两种类型。当流体在管中流动时,若其质点始终沿着与管轴平行的方向做直线运动,如图 2-14(a)所示,质点之间不混合。因此,充满整个管的流体,就如一层一层的同心圆筒在平行地流动,这种状态就称为层流或滞流。当流体在管路中流动时,若指示剂与水迅速混合,如图 2-14(c)所示,这表明流体质点除了沿管路方向向前流动外,各质点的运动速度大小和方向都随时发生变化,质点间相互碰撞,相互混合,这种流动状态称为湍流或紊流。

2. 雷诺数 Re

两种不同流型对流体中发生的动量、热量和质量的传递将产生不同的影响,为此工程设计上需要能够事先判定流型。对管流而言,实验表明,流动的几何尺寸(管径 d)、流体的平均速度 u 及流体性质(密度 ρ 和黏度 μ)对流型从层流到湍流的变化有影响。雷诺发现可以将这些影响因素综合成一个无量纲的数群 $\dfrac{du\rho}{\mu}$ 作为流型的判断,此数群被称为雷诺数,用符号 Re 表示。根据大量实验得出:

① $Re \leqslant 2000$ 时,流动为层流,此区称为层流区;

② $Re \geqslant 4000$ 时,一般出现湍流,此区称为湍流区;

③ $2000 < Re < 4000$ 时,流动可能是层流,也可能是湍流,该区称为过渡区。例如,流体进入管子之前,若有截面突然改变,有障碍物存在、锐角入口、外来的轻微震动等,都易促成湍流的发生。

雷诺数的物理意义是表征惯性力与黏性力之比。惯性力加剧湍动,黏性力则抑制湍动。流体的速度大或黏度小,Re 便大,表示惯性力占主导地位,流体易处于紊乱的流动状态;雷诺数愈大,湍动程度便愈剧烈。流体的速度小或黏度大,Re 便小,小到临界值以下,则黏性力占主导地位,流体会处于层流流动状态。雷诺数在研究动量传递、热量传递及质量传递中非常重要。

在两根不同的管中,当流体流动的 Re 相同时,只要流体边界的几何条件相似,流体流动状态就相同,这称为流体流动的相似原理。

例 2-2 某含尘气体输送管路,内径 $d = 310$ mm,风速 $u = 12$ m/s,空气温度为 20 ℃。试判断风管内气体的流动类型。

解:查附录 E,20 ℃空气的黏度为 18.1×10^{-6} Pa·s,密度为 1.205 kg/m³,管中雷诺数为

$$Re = \frac{du\rho}{\mu} = \frac{0.31 \times 12 \times 1.205}{18.1 \times 10^{-6}} = 2.48 \times 10^5 > 4000$$

故风管中气体的流动类型为湍流。

例 2 - 3 20 ℃的水在 φ76 mm×3 mm 的管路中流动,如管中流速为 1 m/s,求:(1)管路中水的流动类型;(2)管路内水保持层流状态的最大流速。

解: (1)查附录 D,20 ℃水的黏度为 1.004×10^{-3} Pa·s,密度为 998.2 kg/m³,管子内径 $d = 76 - 2 \times 3 = 0.07$ m,管中雷诺数为

$$Re = \frac{du\rho}{\mu} = \frac{0.07 \times 1 \times 998.2}{1.004 \times 10^{-3}} = 6.96 \times 10^4 > 4000$$

故管路中水的流动类型为湍流。

(2)要保持管路内水保持层流状态,则

$$Re = \frac{du_{max}\rho}{\mu} = 2000$$

解得水保持层流的最大流速为

$$u_{max} = \frac{\mu Re}{d\rho} = \frac{1.004 \times 10^{-3} \times 2000}{0.07 \times 998.2} = 0.03 \; (m/s)$$

▶ 2.3.3　流体在圆管内的速度分布

圆管内的流动在工程上最为常见(无论是层流还是湍流),其速度分布的特点为:紧贴管壁处速度为零,离开管壁后速度渐增,到管中心处速度达到最大;但速度在管截面上的分布规律,层流和湍流是不同的。

1. 流体在圆管中层流时的流动分析

根据实验可以测得层流流动时的速度分布。沿着管径测定不同半径处的流速,可以发现层流时速度分布为抛物线形状,管中心的速度最大,越靠近管壁速度越小,管壁处速度为零,平均速度约为最大速度的一半,如图 2-15 所示。

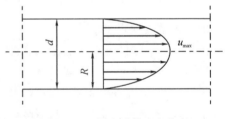

图 2-15　层流时的速度分布

实验证明,层流速度的抛物线分布规律,并不是流体刚流入管口就立刻形成的,而是经过一段距离后才能充分发展成抛物线形状的。流体在流入管口之前,其速度分布是均匀的,在进入管口后,靠近管壁的一层非常薄的流体层因附着在管壁上,其速度突然降为零。流体在继续流动的过程中,靠近管壁的各层流体由于黏性的作用而逐渐滞缓下来。由于各截面上的流量为一定值,管中心处各点的速度必然增大。当流体深入一定距离之后,管中心速度等于平均速度的两倍时,层流速度分布的抛物线规律才算完全形成,尚未形成抛物线规律的这一段称为层流的进口起始段,X_0 为进口起始段长度。实验证明,$X_0 = 0.05 \, dRe$ 为进口起始段长度。

(1)速度分布方程式　以水平等管径内的流动为例,分析其受力。如图 2-16 所示,流体在半径为 R 的水平管中做稳态流动。在流体

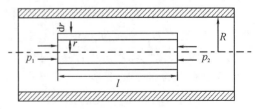

图 2-16　速度分布方程式推导

中任取一半径为 r、长度为 l 的圆柱形流体段。在水平方向作用于此圆柱体的力有两端的总压力及圆柱体周围表面上的内摩擦力。

作用于两端截面上的总压力分别为

$$F_1 = \pi r^2 p_1$$

$$F_2 = \pi r^2 p_2$$

式中，p_1、p_2 分别为左、右端面上的压力，N/m^2。

流体作层流流动时的内摩擦力服从牛顿黏性定律，由式（2-30）可得：

$$F = -2\pi r l \mu \frac{\mathrm{d}u_r}{\mathrm{d}r}$$

由于流体作等速流动，根据牛顿第二定律，上述诸力的合力为零，即

$$\pi r^2 p_1 - \pi r^2 p_2 - \left(-2\pi r l \mu \frac{\mathrm{d}u_r}{\mathrm{d}r}\right) = 0$$

故

$$\frac{\mathrm{d}u_r}{\mathrm{d}r} = -\frac{\Delta p}{2\mu l} r$$

式中，Δp 为圆柱体两端的压差（$p_1 - p_2$）。

由于 ΔP、μ、l 在一定条件下都是常量，故可积分如下：

$$u_r = \left(-\frac{\Delta p}{2\mu l}\right) \frac{r^2}{2} + C \qquad (2-32)$$

由于紧贴管壁上的流体点速度为零：$r = R$，$u_r = 0$，带入上式可得积分常数

$$C = \frac{\Delta p}{4\mu l} R^2$$

再代回到式（2-32）中，得到

$$u_r = \frac{\Delta p}{4\mu l}(R^2 - r^2) \qquad (2-33)$$

式（2-33）为流体在圆管中层流时的速度分布方程。由此式可知，速度分布为抛物线形状。

（2）最大流速　在管轴上，点速度 u 达到最大值 u_{max}。将 $r = 0$ 代入上式，得

$$u_{max} = \frac{\Delta p}{4\mu l} R^2 \qquad (2-34)$$

将式（2-34）代入式（2-33），得

$$u = u_{max}\left(1 - \frac{r^2}{R^2}\right) \qquad (2-35)$$

式（2-33）或式（2-35）即为管内稳定层流时的速度分布表达式，虽然是从水平管推导得到的，但对非水平管径同样适用。

（3）流量　根据管截面的速度分布，可求得通过管路整个截面的体积流量。取半径 r 处厚度为 $\mathrm{d}r$ 的一个微小环形面积，通过环形截面积的体积流量为

$$\mathrm{d}q_V = (2\pi r \mathrm{d}r)u_r$$

将 u_r 用式（2-33）代入，求得

$$dq_V = \frac{\Delta p}{4\mu l}(R^2 - r^2)(2\pi r \, dr)$$

在整个截面上积分,可得管中的流量如下:

$$\int_0^{q_V} dq_V = \frac{\pi \Delta p}{2\mu l} \int_0^R (R^2 r - r^3) \, dr$$

$$q_V = \frac{\pi \Delta p}{2\mu l} \left(\frac{R^4}{2} - \frac{R^4}{4} \right)$$

故

$$q_V = \frac{\pi R^4 \Delta p}{8\mu l}$$

(4)平均流速　管截面上的平均流速为

$$u = \frac{q_V}{\pi R^2} = \frac{\frac{\pi R^4 \Delta p}{8\mu l}}{\pi R^2} = \frac{\Delta p}{8\mu l} R^2 \tag{2-36}$$

将式(2-36)与式(2-34)比较,得

$$u = \frac{1}{2} u_{max} \tag{2-37}$$

即层流时平均速度等于管中心处最大速度的1/2。

以管径 d 代替式(2-36)中的半径 R,并改写为

$$\Delta p = 32 \frac{\mu l u}{d^2} \tag{2-38}$$

式(2-38)称为哈根-泊肃叶方程式,此式表明,在层流流动时,用以克服摩擦阻力的压力差 Δp 与平均流速 u 的一次方成正比。

2. 流体在圆管中湍流时的流动分析

图2-17是湍流时的速度分布示意图,与层流时(图2-15)相比,中部较为平坦,两边近壁处则较陡峭,即速度分布可以分成两部分,管中心部分与靠近管壁部分。管中心部分为湍流主体,流体质点除了沿管路轴线方向流动外,还在截面上存在径向脉动,产生漩涡。因此,流速较快的质点带动较慢的质点,同时速度较慢的质点阻滞着速度较快的质点运动。这样,流体质点间进行着湍流动量传递,使管截面上的速度分布比较均匀,且 Re 越大,近壁区以外的速度分布越均匀。

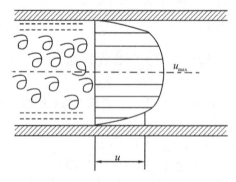

图2-17　湍流时流体在圆管中的速度分布

由于湍流速度的复杂性,其管内的时均速度分布式目前尚不能从理论上导出,只能借助实验数据用经验公式近似地表达,以下为一种常用的指数形式的经验式:

$$u = u_{max} \left(1 - \frac{r}{R} \right)^{\frac{1}{n}} \tag{2-39}$$

式中,n 值与 Re 大小有关,雷诺数愈大,n 值也愈大。当 Re 约为 1.1×10^5 时(工程上易见到),$n=7$,称为湍流速度分布的1/7次方定律。

2.4　管内流体流动的摩擦阻力损失

输送流体的管路是由管子、管件、阀门及流体输送机械等组成的。无论是直管还是管件，都对流动有一定的阻力，会消耗一定的机械能。管径、管长及管件、阀门种类的不同，会使流体的摩擦阻力损失大小不同。直管造成的机械能损失称为直管阻力损失（或称沿程阻力损失），以 h_f 表示；管件造成的机械能损失称为局部阻力损失，以 h_f' 表示。直管阻力损失与局部阻力损失之和称为总摩擦阻力损失，即

$$\sum h_f = h_f + h_f' \tag{2-40}$$

▶ 2.4.1　流体在直管中的摩擦阻力

当流体流经等直径的直管时，动能没有改变。由伯努利方程式可知，此时流体的摩擦阻力损失应为

$$h_f = \left(z_1 g + \frac{p_1}{\rho}\right) - \left(z_2 g + \frac{p_2}{\rho}\right) \tag{2-41}$$

因此，只要测出一直管段两截面上的静压能与位能，就能求出流体经两截面之间的摩擦阻力损失。

对于水平等直径管路，只要测出两截面上的静压能，就可以知道两截面之间的摩擦阻力损失。

$$h_f = \frac{p_1 - p_2}{\rho} \tag{2-42}$$

流体在直管中作层流或湍流流动时，因其流动状态不同，两者产生摩擦损失的原因也不同。层流流动时，摩擦损失计算式可以从理论推导得出；而湍流流动时，其计算式需要用理论与实验相结合的方法求得。下面分别介绍层流与湍流时的直管摩擦阻力损失的计算方法。

1. 层流的摩擦阻力损失计算

流体层流时摩擦损失的计算式，可由前面介绍的哈根-泊肃叶方程式 $\Delta p = 32\dfrac{\mu l u}{d^2}$ 导出。

将此式等号两侧除以流体密度 ρ，求得摩擦阻力损失为

$$h_f = \frac{\Delta p}{\rho} = 32\frac{\mu l u}{d^2 \rho}$$

将上式变为

$$h_f = \left[\frac{64}{\dfrac{d u \rho}{\mu}}\right]\left(\frac{l}{d}\right)\frac{u^2}{2}$$

得到流体摩擦阻力损失计算式

$$h_f = \lambda\left(\frac{l}{d}\right)\frac{u^2}{2} \tag{2-43}$$

式中

$$\lambda = \frac{64}{\dfrac{du\rho}{\mu}} = \frac{64}{Re} \qquad\qquad (2-44)$$

式(2-44)为层流时摩擦系数 λ 与 Re 的关系,经实验证明与实际完全符合。λ 称为摩擦系数或摩擦因数。

2. 湍流的摩擦阻力损失计算

1)管壁粗糙度的影响

工业生产所用的管子按管材的性质和加工情况大致可分为光滑管与粗糙管两大类。通常将玻璃管、黄铜管、铅管及塑料管等视为光滑管,将钢管和铸铁管视为粗糙管。对于同一种材料制成的管路,由于使用时间的不同、腐蚀及沾污程度的不同,管壁的粗糙度会发生变化。

流体层流流动时,由于流速较小,管壁粗糙度的大小对流体的速度分布没有影响,所以对流体的摩擦阻力损失或摩擦系数 λ 值没有影响。在湍流流动的条件下,管壁粗糙度对摩擦损失则有影响。

管壁粗糙面凸出部分的平均高度称为绝对粗糙度,以 ε 表示。在流体湍流流动条件下,如果层流底层的厚度 δ_b 大于壁面的绝对粗糙度 ε,如图 2-18(a)所示,则流体如同流过光滑管壁($\varepsilon=0$),这种情况的流动称为光滑管流动;随着流体的 Re 增大,湍流主体的区域扩大,层流底层厚度 δ_b 变薄,如果 $\delta_b < \varepsilon$,如图 2-18(b)所示,则管壁表面有一部分较高的突出点穿过层流底层,伸入湍流主体,阻挡流体的流动,产生漩涡,使摩擦阻力损失增大。Re 越大,层流底层越薄,壁面上较小的突出点也会越伸入湍流主体中;当 Re 增大到一定程度,层流底层很薄,壁面的突出点全部伸入湍流主体中,这种情况下的流体流动称为完全湍流,管子称为完全粗糙管。

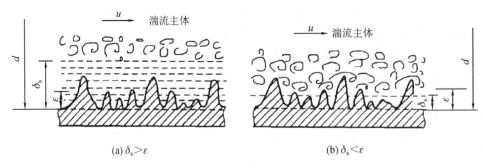

d—管内径;ε—绝对粗糙度;δ_b—层流底层厚度。

图 2-18　流体流过粗糙管壁的情况

可见,在一定的 Re 条件下,管壁粗糙度越大,流体的摩擦阻力损失就越大。

表 2-1 列出了某些常用工业管道的绝对粗糙度,计算中相对粗糙度 ε/d 可由下表中的绝对粗糙度 ε 与管内径 d 求出。

表 2-1 某些工业管路的绝对粗糙度

	管路类别	绝对粗糙度 ε/mm		管路类别	绝对粗糙度 ε/mm
金属管	无缝钢管、黄铜管及铝管	0.01～0.05	非金属管	干净玻璃管	0.0015～0.01
	新的无缝钢管或镀锌铁管	0.1～0.2		橡皮软管	0.01～0.03
	新的铸铁管	0.3		木管	0.25～1.25
	具有轻度腐蚀的无缝钢管	0.2～0.3		陶土排水管	0.45～6.0
	具有显著腐蚀的无缝钢管	0.5 以上		很好整平的水泥管	0.33
	旧的铸铁管	0.85 以上		石棉水泥管	0.03～0.8

2)λ 与 Re 及 ε/d 的关联图

摩擦系数 λ 与 Re 及 ε/d 的函数关系由实验确定,如图 2-19 所示。

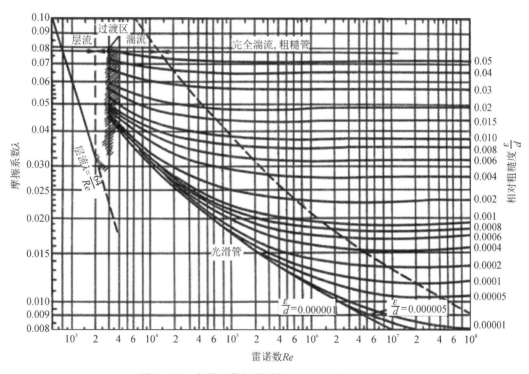

图 2-19 摩擦系数与雷诺数及相对粗糙度的关系

根据雷诺数范围可将图 2-19 分为四个区域:

(1)层流区($Re \leqslant 2000$) $\lambda = \dfrac{64}{Re}$,λ 与 Re 为直线关系,而与 ε/d 无关。h_f 与 u 的一次方成正比。

(2)过渡区($2000 < Re < 4000$) 流动类型不稳定,摩擦系数波动。为安全起见,λ 按湍流计算。

(3)湍流区($Re>4000$) 流动进入湍流区,光滑管曲线移到虚线区域,摩擦系数 λ 与 Re、ε/d 均有关系。摩擦因数 λ 随 Re 的增大而减小。至足够大的 Re 后(高度湍流),λ 不再随 Re 而变化,其值仅取决于相对粗糙度 ε/d。相对粗糙度可按下式计算:

$$\frac{1}{\sqrt{\lambda}} = 1.74 - 2lg\left(2 \times \frac{\varepsilon}{d}\right) \tag{2-45}$$

(4)完全湍流区 图中虚线以上的区域。当 Re 增加至足够大后,λ 不再随雷诺数 Re 而变化,其值仅取决于相对粗糙度 ε/d。从式 $h_f = \lambda\left(\frac{l}{d}\right)\frac{u^2}{2}$ 可知,流体的阻力 h_f 与流速 u 的平方成正比,此区常称为充分湍流区或阻力平方区。

2.4.2 非圆形管的当量直径

前面介绍了圆管内流体的摩擦损失计算,实际工业过程中还会遇到非圆形管道,例如有些气体输送管道是方形的,套管换热器两根同心圆管间的通道是环形的,而计算 Re 及 h_f 的式子中的都是圆管的直径 d,需要用非圆形管的当量直径 d_e 代替,按下式进行计算:

$$d_e = \frac{4A}{\Pi} \tag{2-46}$$

式中,A 为流通截面积;Π 为润湿周边长度。

对于圆形管,

$$d_e = 4 \times \frac{\pi d^2/4}{\pi d} = d$$

对于套管的环隙,若外管的内径为 d_2,内管的外径为 d_1,则

$$d_e = 4 \times \frac{\pi(d_2^2 - d_1^2)/4}{\pi(d_1 + d_2)} = d_2 - d_1$$

对于边长分别为 a 与 b 的矩形管,

$$d_e = 4 \times \frac{ab}{2(a+b)}$$

2.4.3 管路上的局部阻力

流体输送管路除了直管,还有阀门和弯头、三通及异径管等管件,当流体流过阀门和管件时,由于流动方向和流速大小的改变,会产生涡流,湍流程度增大,使摩擦阻力损失显著增大。和直管摩擦阻力的沿程均匀分布不同,这种由阀门和管件所产生的流体摩擦阻力集中在管件阀门所在处,因而称为局部阻力损失。

局部阻力损失的计算通常采用局部阻力系数法与当量长度法两种近似计算方法。

1. 局部阻力系数法

可近似地认为局部阻力损失服从平方定律

$$h_f' = \zeta \frac{u^2}{2} \tag{2-47}$$

式中,ζ 称为局部阻力系数,其值由实验测定。常用阀门和管件的 ζ 值见表 2-2。

表 2-2 管件和阀件的局部阻力系数与当量长度值(适用于湍流)

名　称		阻力系数 ζ	当量长度与管径之比 l_e/d	名　称		阻力系数 ζ	当量长度与管径之比 l_e/d
弯头	45°	0.35	17	闸阀	全开	0.17	9
	90°	0.75	35		半开	4.5	225
三通		1	50	截止阀	全开	6.0	300
回弯头		1.5	75		半开	9.5	475
管接头		0.04	2	止逆阀	球式	70	3500
活接头		0.04	2		摇板式	2	100
角阀,全开		2	100	水表	盘式	7	350

流体从小管径管路流进大管径管路的突然扩大或从大管径管路流进小管径管路的突然缩小,这两种情况如图 2-20 所示,其中 ζ 值可以分别用下列两式计算:

突然扩大时

$$\zeta = (1 - \frac{A_1}{A_2})^2 \qquad (2-48.a)$$

突然缩小时

$$\zeta = 0.5(1 - \frac{A_2}{A_1})^2 \qquad (2-48.b)$$

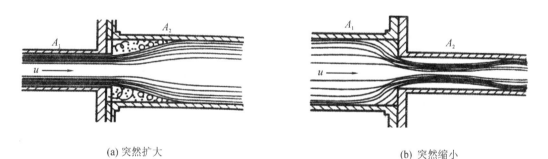

(a) 突然扩大　　　　　　　　　　　　(b) 突然缩小

图 2-20 突然扩大和突然缩小

由式(2-48.a)可知,当 $A_1 = A_2$ 时,$\zeta = 0$,即等直径的直管无此项局部阻力损失;当流体从管路流入截面较大的容器或气体从管路排放到大气中,即 $\frac{A_1}{A_2} \approx 0$ 时,由式(2-48.a)可知 $\zeta = 1$;当流体自容器进入管的入口,是自很大的截面突然缩小到很小的截面,相当于 $\frac{A_2}{A_1} \approx 0$ 时,由式(2-48.b)可知 $\zeta = 0.5$。

2. 当量长度法

可近似地认为流体流过管件或阀门所产生的局部阻力损失相当于某个长度的直管形成的阻力损失,即

$$h_f' = \lambda \frac{l_e}{d} \frac{u^2}{2} \qquad (2-49)$$

式中,l_e 为管件的当量长度,由实验测得,通常用 l_e/d 值表示。部分常用管件和阀门的 l_e/d 值见表 2-2。

必须注意,对于突然扩大和缩小,式(2-48)和式(2-49)中的 u 用小管截面的平均速度。

2.5 管路计算

▶2.5.1 管路系统中的总流动阻力(总能量损失)

管路系统的总流动阻力包括直管的摩擦阻力与管件、阀门等处的局部阻力,若系统中管道尺寸不变,则求总流动阻力 $\sum h_f$ 的计算式为

$$\sum h_f = \left[\lambda \left(\frac{\sum l_i + \sum l_{ei}}{d} \right) + \sum \zeta_i \right] \frac{u^2}{2} \qquad (2-50)$$

式中,$\sum h_f$ 为系统中的总流动阻力,J/kg;$\sum l_i$ 为系统中直管的总长度,m;$\sum l_{ei}$ 为系统中所有管件、阀门的当量长度,m;$\sum \zeta_i$ 为系统中所有的局部阻力系数之和。

若管路由若干直径不同的管子组成,则流体在各段管内的流速不同,故应按照式(2-43)分段计算,各段流动阻力之和为总流动阻力。

管路系统的计算将以例题加以说明。

▶2.5.2 简单管路系统的计算

简单管路是由单根管子及管件组成的流体输送系统。简单管路的计算问题主要有三类:摩擦损失计算、输送能力(流量)计算及管径计算。解决这些问题需要用到三个表示管路中各参数之间关系的方程,分别如下:

质量守恒式

$$q_V = \frac{\pi}{4} d^2 u \qquad (2-51.a)$$

机械能衡算式

$$z_1 + \frac{p_1}{\rho g} = \left(z_2 + \frac{p_2}{\rho g} \right) + \left(\lambda \frac{l}{d} + \sum \zeta \right) \frac{u^2}{2} \qquad (2-51.b)$$

摩擦系数计算式

$$\lambda = f\left(Re, \frac{\varepsilon}{d} \right) \qquad (2-51.c)$$

1. 摩擦损失计算:已知 l、d、ε/d、q_V(或 u),求 $\sum h_f$

例 2-4 如图 2-21 所示,有两个敞口水槽,其底部用一水管相连,水从水槽 1 经水管流入水槽 2,管路中的流量为 40 m³/h,无缝钢管管径为 φ89 mm×4 mm,管长 100 m,管路中有 3 个 90°标准弯头,一个 180°回弯头,一个闸阀(全开),管壁绝对粗糙度取 0.3 mm。水的密度是 1000 kg/m³,黏度为 1 mPa·s。试问两水槽液位差是多少?

解： $d_{内} = 89 - 2 \times 4 = 0.081$（m）

$$u = \frac{q_V}{\frac{\pi d^2}{4}} = \frac{40/3600}{0.785 \times 0.081^2} = 2.16 \text{（m/s）}$$

自截面 1—1 到截面 2—2 列伯努利方程式：

$$gz_1 + \frac{p_1}{\rho} + \frac{u_1^2}{2} = gz_2 + \frac{p_2}{\rho} + \frac{u_2^2}{2} + \sum h_f$$

其中，$p_1 = p_2 = 0$（表压），$z_1 - z_2 = H$，$u_1 = u_2 = 0$，化简上式得

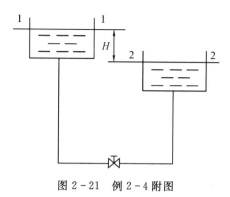

图 2—21　例 2—4 附图

$$gH = \sum h_f$$

$$Re = \frac{du\rho}{\mu} = \frac{0.081 \times 2.16 \times 1000}{1 \times 10^{-3}} = 1.75 \times 10^5 > 4000$$

为湍流。

管壁相对粗糙度为

$$\frac{\varepsilon}{d} = \frac{0.3 \times 10^{-3}}{0.081} = 0.0037$$

由 Re 和 ε/d，查图 2—19 得摩擦系数 $\lambda = 0.028$。

查表 2—2 得到有关管件的局部阻力系数：$90°$ 标准弯头，$\zeta_1 = 0.75$；$180°$ 回弯头，$\zeta_2 = 1.5$；闸阀（全开），$\zeta_3 = 0.17$。进口突然收缩，$\zeta_4 = 0.5$；出口突然扩大，$\zeta_5 = 1$。

$$\sum h_f = \left[\lambda \frac{l}{d} + \sum \zeta_i \right] \frac{u^2}{2}$$

$$= \left(0.028 \times \frac{100}{0.081} + 3 \times 0.75 + 1.5 + 0.17 + 0.5 + 1 \right) \times \frac{2.16^2}{2}$$

$$= 93.28 \text{（J/kg）}$$

因此两水槽液面的高差为

$$H = \frac{\sum h_f}{g} = \frac{93.28}{9.81} = 9.51 \text{（m）}$$

2. 流量计算： 已知 l、d、ε/d、$\sum h_f$，求 q_V（或 u）

例 2—5　图 2—22 为一输水管路，其中 p_a 为大气压。液面 1 至截面 3 全长 300 m（包括局部阻力的当量长度），截面 3 至液面 2 间有一闸阀，其间的直管阻力可以忽略。输水管为 $\phi 60$ mm$\times 3.5$ mm 水煤气管，$\varepsilon/d = 0.004$，水温 20 ℃（密度为 1000 kg/m³，黏度为 1 mPa·s）。在闸门全开时，试求：(1)管路的输水量 q_V；(2)截面 3 的表压 p_3，mH₂O。

解：(1)本题为管路输送能力问题，输送管路的总阻力损失已经给定。

自截面 1—1 到截面 2—2 列伯努利方程式：

$$gz_1 + \frac{p_1}{\rho} + \frac{u_1^2}{2} = gz_2 + \frac{p_2}{\rho} + \frac{u_2^2}{2} + \sum h_f$$

其中，$p_1 = p_2 = 0$（表压），$z_1 - z_2 = 10$ m，$u_1 = u_2 = 0$，化简上式得

$$gH = \sum h_f$$

因此，

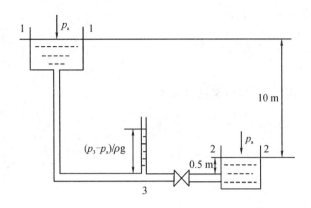

图 2 - 22　例 2 - 5 附图

$$\sum h_f = g\Delta z = 9.81 \times 10 = 98.1 (J/kg)$$

设流动已进入阻力平方区,取初值 $\lambda_1 = 0.0028$。

局部阻力系数:闸阀全开,$\zeta = 0.17$;进口突然缩小:$\zeta = 0.5$;出口突然扩大:$\zeta = 1.0$。

因为

$$\sum h_f = \left[\lambda\frac{l}{d} + \sum\zeta_i\right]\frac{u^2}{2} = 98.1$$

所以

$$u = \sqrt{\frac{2 \times 98.1}{\lambda\dfrac{l}{d} + \sum\zeta_i}} = \sqrt{\frac{2 \times 98.1}{0.028 \times \dfrac{300}{0.053} + 0.5 + 0.17 + 1.0}} = 1.11 \ (m/s)$$

$$Re = \frac{du\rho}{\mu} = \frac{0.053 \times 1.11 \times 1000}{1 \times 10^{-3}} = 58830$$

由 Re 和 ε/d,查图 2 - 19 得摩擦系数 $\lambda = 0.028$,与假设值 λ_1 相同,故流速 $u = 1.11$ m/s 正确。

管路流量:

$$q_V = \frac{\pi}{4}d^2u = 0.785 \times 0.053^2 \times 1.1 = 2.43 \times 10^{-3}(m^3/s)$$

(2)为求截面 3 处的表压,自截面 3 - 3 至截面 2 - 2 列伯努利方程式:

$$gz_3 + \frac{p_3}{\rho} + \frac{u_3^2}{2} = gz_2 + \frac{p_a}{\rho} + \frac{u_2^2}{2} + \sum h_f$$

由于直管部分阻力可忽略,以水柱高度表示的截面 3 的表压为

$$\frac{p_3 - p_a}{\rho g} = (z_2 - z_3) + \left(\sum\zeta_i - 1\right)\frac{u^2}{2g} = 0.5 + 0.17 \times \frac{1.11^2}{2 \times 9.81} = 0.51 \ (m)$$

通过例 2 - 5 可见,已知管径 d、管长 l、管件及阀门的布置和机械能损失,确定管路的输送能力问题,在已知条件下,要计算流体的输送量,必须要先知道流速 u,而 u 又受摩擦系数 λ 的影响,λ 值取决于 Re,Re 又受 u 影响。这样,λ 和 u 之间的关系比较复杂,难以直接求出,计算此类问题,需采用试差法进行求解。

由于管路中流体流动多为湍流状态,其摩擦系数 λ 一般为 $0.02 \sim 0.03$,变化不大,因此,

用试差法求 u，一般先假设 λ 为一常数，根据伯努利方程得到试差方程，求出 u，然后计算出 Re，根据相对粗糙度 ε/d，从图 2-19 查得 λ。若查得的 λ 与假设的 λ 相等或接近，则假设正确，计算出的 u 有效，进而求出流量；否则，应重新进行 λ 的假设，直至由图 2-19 查得的 λ 和假设值相等或接近。

3. 管径计算：已知 l、$\sum h_{\mathrm{f}}$、ε、q_V，求 d

由质量衡算式(2-51.a)可知，对一定流量，管径 d 与 $\sqrt{u}$ 成反比。流速 u 越小，管径越大，设备投资费用就越大；反之，流速越大，管路设备费用减小，但输送流体所需的能量则越大，意味着操作费用的增加。

原则上，为确定最优管径，可选用不同的流速作为方案计算，从中找出经济、合理的最佳流速(或管径)。对于车间内部的管路，可根据表 2-3 列出的经济流速范围，经验性地选用流速，然后计算管径，再根据管道标准进行圆整。

表 2-3 某些流体在管道中的常用流速范围

流体种类及状况	常用流速范围 /(m/s)	流体种类及状况	常用流速范围 /(m/s)
自来水(0.3 MPa)	1~1.5	一般气体(常压)	10~20
水及低黏度液体(0.1~1.0 MPa)	1.5~3	低压气体	8~15
黏度较大的液体	0.5~1	压强较高的气体	15~25
工业供水(0.8 MPa 以下)	1.5~3	饱和水蒸气(0.8 MPa 以下)	40~60
锅炉供水(0.8 MPa 以下)	>3	饱和水蒸气(0.3 MPa 以下)	20~40
过热水蒸气	30~50	易燃易爆的低压气体	<8

在选择流速时，应考虑流体的性质。黏度较大的流体流速应取得低些；含有固体悬浮物的液体，为防止管路的堵塞，流速不能取得太低。密度大的液体，流速应取得低；而密度很小的气体，流速可比液体取得大得多。气体输送中，容易获得压强的气体流速可高；而一般气体输送的压强得来不易，流速不宜取得太高。对于真空管路，流速的选择必须保证产生的压降低于 Δp 允许值。有时，最小管径要受到结构上的限制，如支撑在跨距 5 m 以上的普通钢管，管径不应小于 40 mm。

▷ 2.5.3 复杂管路系统的计算

复杂管路是由简单管路组成的，区别于简单管路的基本点是存在着分流与合流。

1. 并联管路

并联管路如图 2-23 所示，它是在主管某处分为几支，然后又汇合成一主管路。并联管路有以下特点：

(1)主管中的流量等于并联的各支管流量之和，对于不可压缩流体有

$$q_V = q_{V1} + q_{V2} + q_{V3} \tag{2-52}$$

(2)图 2-23 所示的并联管路中，A 与 B 两截面之间的压力降，是由流体在各个分支管

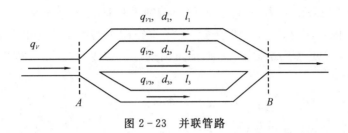

图 2-23 并联管路

中克服流体的摩擦阻力而造成的。因此,并联管路中,单位质量流体不论通过哪一根支管,摩擦损失都应该相等,即

$$h_f = h_{f1} = h_{f2} = h_{f3} \qquad (2-53)$$

因此在计算并联管路的摩擦阻力损失时,只需计算一根支管的摩擦阻力损失即可。

因

$$u = \frac{q_V}{\dfrac{\pi d^2}{4}}$$

故

$$h_f = \lambda \frac{l}{d} \frac{u^2}{2} = \frac{8\lambda l q_V^2}{\pi^2 d^5}$$

将上式带入式(2-53),有

$$\frac{8\lambda_1 l_1 q_{V1}^2}{\pi^2 d_1^5} = \frac{8\lambda_2 l_2 q_{V2}^2}{\pi^2 d_2^5} = \frac{8\lambda_3 l_3 q_{V3}^2}{\pi^2 d_3^5} = h_{fAB}$$

故各支管的流量比为

$$q_{V1} : q_{V2} : q_{V3} = \sqrt{\frac{d_1^5}{\lambda_1 l_1}} : \sqrt{\frac{d_2^5}{\lambda_2 l_2}} : \sqrt{\frac{d_3^5}{\lambda_3 l_3}} \qquad (2-54)$$

2. 分支和汇合管路

分支管路和汇合管路如图 2-24 所示,其特点如下:

(1)主管中的流量为各支路流量之和;

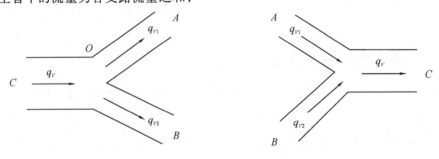

(a) 分支管路　　　　　　　　　　　　　　(b) 汇合管路

图 2-24　分支管路和汇合管路

(2)流体在各支管流动终了时的总机械能与能量损失之和相等。

具体计算请参考有关资料。

2.6 流量测定

在环境领域,无论是科学研究还是工程运行,流体的流量都是重要的参数之一。测量流量的仪表多种多样,大多是根据流体流动时各种机械能相互转换原理设计的。下面介绍几种常用的流量计测量原理、构造及应用等。

➤ 2.6.1 测速管

测速管又称皮托管(Pitot tube),是用来测量管路中的流体的点速度的。其结构如图 2-25 所示,它由两根弯成直角的同心套管所组成,内管壁无孔,在外管前端壁面四周开有若干个测压小孔,两管之间环隙的端点是封闭的。为了减小误差,测速管的前端经常做成半球形以减少涡流。测量时,测速管可以放在管截面的任一位置上,并使其管口正对着管道中流体的流动方向,压差计的两端分别与测速管的内管与套管环隙相连。

设在测速管前一段距离的点 1 处流速为 u_1,压力为 p_1。当流体流至测速管管口点 2 处时,因内管内原已充满被测流体,故流体到达管口 2 处即被截住,速度降为零。于是动能转化为静压能,使压力增至 p_2。因此,内管所测得的是静压能 p_1/ρ 和动能 $u_1^2/2$ 之和,合称冲压能,即

$$\frac{p_2}{\rho} = \frac{p_1}{\rho} + \frac{u_1^2}{2}$$

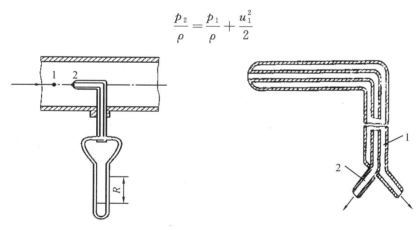

1—静压管;2—冲压管。

图 2-25 测速管

外管壁上的测压小孔与流体流动方向平行,所以外管测得的是流体静压能 p_1/ρ。故压差计的读数反映出冲压能与静压能之差,即

$$\frac{\Delta p}{\rho} = \frac{p_2}{\rho} - \frac{p_1}{\rho} = \left(\frac{p_1}{\rho} + \frac{u_1^2}{2}\right) - \frac{p_1}{\rho} = \frac{u_1^2}{2}$$

故得

$$u_1 = \sqrt{\frac{2\Delta p}{\rho}} \qquad\qquad (2-55)$$

若该压差计的读数为 R，指示液的密度为 ρ_0，流体的密度为 ρ，将压差计的计算式 $\Delta p = R(\rho_0 - \rho)g$ 代入式(2-55)得

$$u_1 = \sqrt{\frac{2gR(\rho_0 - \rho)}{\rho}} \qquad\qquad (2-56.\text{a})$$

若被测的流体为气体，因 $\rho_0 \gg \rho$，则上式可简化为

$$u_1 = \sqrt{\frac{2gR\rho_0}{\rho}} \qquad\qquad (2-56.\text{b})$$

测速管测得的是流体的点速度。因此，利用测速管可以测出管截面上流体的速度分布。要想得到管截面上的平均速度 u，可用测速管测出管中心处的最大速度 u_{max}，计算出 Re_{max}，然后查图 2-26，求出平均流速。图中的 $Re_{max} = \dfrac{d u_{max} \rho}{\mu}$，$d$ 为管道内径。

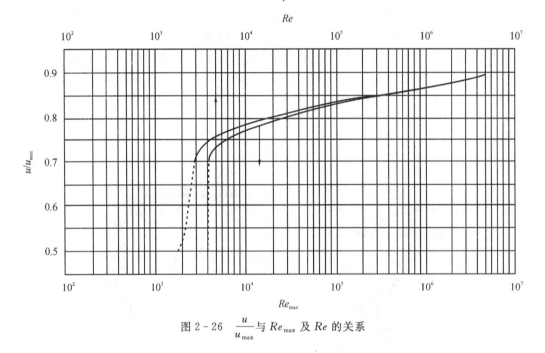

图 2-26 $\dfrac{u}{u_{max}}$ 与 Re_{max} 及 Re 的关系

测速管的优点是对流体的阻力较小，适用于测量大直径管路中的气体流速；测速管不能直接测出平均流速，且读数较小，常需配用微差压差计。当流体中含有固体杂质时，会将测压孔堵塞，故不宜采用测速管。

例 2-6 在内径为 300 mm 的管道中，以测速管测量管内空气的流量。测量点处的温度为 20 ℃，真空度为 490 Pa，大气压强为 98.66×10^3 Pa。测速管插至管道的中心线处。测压装置为微差压差计，指示液是油和水，其密度分别为 835 kg/m³ 和 998 kg/m³，测得的读数为 80 mm。试求空气的质量流量(以每小时计)。

解：(1)管中心处空气的最大流速。

根据式(2-56.a)知，管中心处的流速为

$$u_r = u_{\max} = \sqrt{\frac{2gR(\rho_A - \rho_C)}{\rho}}$$

空气在测量点处的压强 $= 98660 - 490 = 98170$ Pa，则

$$\rho = \frac{29}{22.4} \times \frac{273}{(273+20)} \times \frac{98170}{101330} = 1.17 \ (\text{kg/m}^3)$$

将已知值代入 $u_{\max}$ 的计算式，得

$$u_{\max} = \sqrt{\frac{2gR(\rho_A - \rho_C)}{\rho}} = \sqrt{\frac{2 \times 9.81 \times 0.08 \times (998-835)}{1.17}} = 14.8 \ (\text{m/s})$$

(2)测量点处管截面的空气平均速度。

由附录 E 查得 20 ℃时空气的黏度为 18.1×10^{-6} Pa·s。按最大速度计的雷诺准数 $Re_{\max}$ 为

$$Re_{\max} = \frac{du_{\max}\rho}{\mu} = \frac{0.3 \times 14.8 \times 1.17}{1.81 \times 10^{-5}} = 2.87 \times 10^5$$

查图 2-26，当 $Re_{\max} = 2.87 \times 10^5$ 时，$u/u_{\max} = 0.84$，故空气的平均流速为

$$u = 0.84 u_{\max} = 0.84 \times 14.8 = 12.4 \ (\text{m/s})$$

(3)空气的质量流量

$$q_m = 3600 \times \frac{\pi}{4} d^2 u\rho = 3600 \times \frac{\pi}{4} \times 0.3^2 \times 12.4 \times 1.17 = 3690 \ (\text{kg/h})$$

▷ 2.6.2 孔板流量计

孔板流量计是在管路中安装一片中央带有圆孔的孔板构成的，其构造如图 2-27 所示。

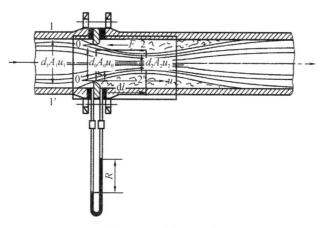

图 2-27 孔板流量计

当流体在截面 $1-1'$ 处（截面积为 A_1），速度为 u_1。当流体流过孔板的开孔（截面积为 A_0）时，由于截面积减小，流速增大，孔处的流速以 u_0 表示。流体从孔板开孔流出后，由于惯性作用，截面继续收缩。达到孔板后面的 $2-2'$ 截面处（截面积为 A_2），其截面收缩到最小，而流速最大，以 u_2 表示。流体截面的最小处称为缩脉。流体在缩脉处的流速最高，即动能最大，而相应的静压强就最低。因此，当流体以一定的流量流经小孔时，会产生一定的压强差，流量愈大，所产生的压强差也就愈大。所以，可以利用测量压强差的方法来度量流体流量。

截面 $1-1'$ 和 $2-2'$ 可认为是均匀流。暂时不计阻力损失,在 $1-1'$ 与 $2-2'$ 截面列伯努利方程式:

$$\frac{p_1}{\rho} + \frac{u_1^2}{2} = \frac{p_2}{\rho} + \frac{u_2^2}{2}$$

$$\frac{u_2^2 - u_1^2}{2} = \frac{p_1 - p_2}{\rho} \tag{2-57}$$

根据连续性方程式,有

$$A_1 u_1 = A_0 u_0 = A_2 u_2$$

将上式代入式(2-57),整理后得

$$u_0 = \frac{1}{A_0 \sqrt{\dfrac{1}{A_2^2} - \dfrac{1}{A_1^2}}} \sqrt{\frac{2(p_1 - p_2)}{\rho}} \tag{2-58}$$

在推导上式时,没有考虑两截面间的机械能量损失,实际上,机械能量损失是不能忽略的;同时方程式中缩脉处的流体截面积 A_2 是个未知量,为便于使用,可用开孔面积 A_0 和孔口流速 u_0 代替 A_2 和 u_2。由于这两个原因,在流量方程中还要加入一个校正系数 C_1,即

$$u_0 = \frac{C_1}{\sqrt{1 - \left(\dfrac{A_0}{A_1}\right)^2}} \sqrt{\frac{2(p_1 - p_2)}{\rho}} \tag{2-59}$$

若采用图 2-27 所示的 U 形管压差计测量,当压差计读数为 R,指示液密度为 ρ_0 时,有

$$p_1 - p_2 = Rg(\rho_0 - \rho)$$

考虑到压差计的连接位置紧靠孔口,不能反映 $(p_1 - p_2)$ 的真实值,在上式中引入另一校正系数 C_2,代入式(2-59),得

$$u_0 = \frac{C_1 C_2}{\sqrt{1 - \left(\dfrac{A_0}{A_1}\right)^2}} \sqrt{\frac{2Rg(\rho_0 - \rho)}{\rho}}$$

令

$$C_0 = \frac{C_1 C_2}{\sqrt{1 - \left(\dfrac{A_0}{A_1}\right)^2}}$$

则管道中的流量为

$$q_V = u_0 A_0 = C_0 A_0 \sqrt{\frac{2Rg(\rho_0 - \rho)}{\rho}} \tag{2-60}$$

式中,C_0 为流量系数,无量纲,由实验测定,或查图 2-28 确定。

流量系数 C_0 与流体的 Re、测压口的位置、面积比 m($m = A_0/A_1$)有关,如图 2-28 所示。图中横坐标 $Re = \dfrac{d_1 u_1 \rho}{\mu}$,其中的 d_1、u_1 是管路内径和流速。可见,对于给定的 m 值,当 Re 超过某个值后,C_0 趋于定值。孔板流量计所测定的流动范围一般应取在 C_0 为定值的区域。对于设计合适的孔板流量计,常用的 C_0 值为 $0.6 \sim 0.7$。

孔板流量计结构简单、安装方便;当流量有较大变化时,可方便调换孔板以调整测量条件。

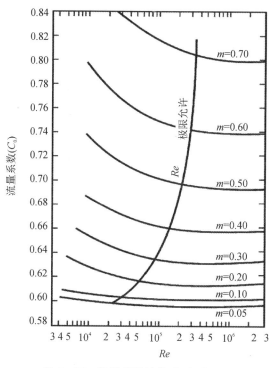

图 2-28　孔板流量计的 C_0 与 Re、m

其缺点是阻力损失大,这是由于流体与孔板的摩擦阻力,尤其是缩脉后流道突然扩大形成大量漩涡造成的;而且孔口边缘容易腐蚀和磨损,所以孔板流量计应定期进行校正。

为了减少流体流经节流元件时的能量损失,可以用一段渐缩渐扩管代替孔板,这样构成的流量计称为文丘里流量计或文氏流量计,如图 2-29 所示。

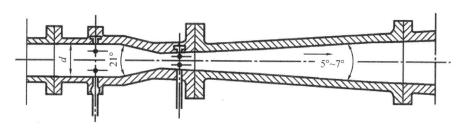

图 2-29　文丘里流量计

文丘里流量计上游的测压口(截面 d 处)距管径开始收缩处的距离至少应为 1/2 管径,下游测压口设在最小流通截面处(称为文氏喉)。由于有渐缩段和渐扩段,流体在其内的流速改变平缓,涡流较少,喉管处增加的动能可于其后渐扩的过程中大部分回成静压能,所以能量损失相比孔板大大减少。

文丘里管的主要优点是能耗少,大多用于低压气体的输送。

2.6.3 转子流量计

转子流量计应用很广,其结构如图 2-30 所示。转子流量计由一根截面积逐渐向下缩小的锥形玻璃管和一个能上下移动而比流体重的转子所构成。流体由玻璃管底部流入,经过转子与玻璃管间的环隙,由顶部流出。

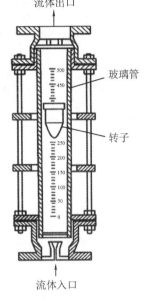

对于一定的流量,转子会停于一定位置。这说明作用于转子的上升力(即作用于转子下端与上端的压力差 $\Delta p A_f$)与转子的净重力(转子的重力 $V_f \rho_f g$ 与流体对转子的浮力 $V_f \rho g$ 之差)相等,即

$$\Delta p A_f = (\rho_f - \rho) V_f g \qquad (2-61)$$

或

$$\Delta p = (\rho_f - \rho) V_f g / A_f \qquad (2-62)$$

式中,A_f 为转子最大直径处的截面积,m^2;V_f 为转子体积,m^3;ρ_f 为转子材料密度,kg/m^3;ρ 为流体密度,kg/m^3;Δp 为转子下端与上端的压力差,Pa。

从上式可知,对于一定转子和流体,其 A_f、V_f 及 ρ_f 等数值都是一定的,不论转子静止时停在什么位置,其 Δp 总是一定的,与流量无关。当流量增大到某一定值时,在转子与玻璃管环隙处的流速增大使压差 Δp 增大,即上升力 $\Delta p A_f$ 增大。而净重力 $V_f (\rho_f - \rho) g$ 没有改变。因此转子的上升力大于静重力,则转子上升到一定位置重新处于平衡状态。此时,Δp 又降至由式(2-62)所示的数值。

图 2-30 转子流量计

转子流量计的测量原理与孔板流量计基本相同,仿照孔板流量计的流量公式写出转子流量计体积流量的计算式,即

$$q_V = C_R A_R \sqrt{\frac{2\Delta p}{\rho}}$$

将式(2-62)代入上式,得

$$q_V = C_R A_R \sqrt{\frac{2(\rho_f - \rho) V_f g}{A_f \rho}} \qquad (2-63)$$

式中,A_R 为环隙的截面积,m^2;C_R 为转子流量系数,由实验测定。

转子流量计的流量系数 C_R 与 Re 及转子形状有关,对于转子形状一定的流量计,C_R 与 Re 的关系需由实验确定。图 2-31 为三种不同形状转子构成的流量计的 C_R 与 Re 的关系。

转子流量计在出厂时根据 20 ℃的水或 20 ℃、0.1 MPa 的空气进行实际标定,并将流量值刻在玻璃管上。如果被测流体的条件与标定的条件不符,则需进行换算。在同一刻度下,不同流体的流量之比为

$$\frac{q_V}{q_{V0}} = \sqrt{\frac{\rho_0 (\rho_f - \rho)}{\rho (\rho_f - \rho_0)}} \qquad (2-64)$$

式中,下标"0"表示出厂标定流体。

转子流量计读取流量方便,流体阻力小,测量精

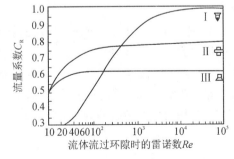

图 2-31 转子流量计的流量系数

确度较高,对不同流体的适用性广,能用于腐蚀性流体的测量,且不易发生故障,但耐温和耐压性差。

安装转子流量计时应注意,转子流量计必须竖直安装,倾斜 $1°$ 将造成 0.8% 的误差,且流体流动的方向必须自下向上。

孔板流量计、文丘里流量计与转子流量计的主要区别在于:前面两种流量计的节流口面积不变,流体流经节流口所产生的压强差随流量不同而变化,因此可通过测量计的压差计读数来反映流量的大小,这类流量计统称为差压流量计;后者是使流体流经节流口所产生的压强差保持恒定,而节流口的面积随流量而变化,以由此变动的截面积来反映流量的大小,即根据转子所处位置的高低来读取流量,故此类流量计又称为截面流量计。

习　题

2-1　用真空泵测量某台离心泵进口的真空度为 30 kPa,出口用压力表测量的表压为 170 kPa,若当地大气压力为 101 kPa,试求它们的绝对压力各为多少。

2-2　当地大气压为 760 mmHg 时,测得某体系的表压为 200 mmHg,试计算该体系的绝对压力和真空度各为多少。

2-3　苯和甲苯的混合蒸气可视为理想气体,其中含苯 0.60(体积分数)。试求 30 ℃、$102×10^3$ Pa 绝对压强下该混合蒸气的平均密度。

2-4　在 20 ℃下,将苯与甲苯按 5:5 的体积比进行混合,求其混合液的密度。

2-5　某气柜满装时可装混合气体 4000 m³,已知混合气体组成(体积分数)为:H_2 0.4,N_2 0.3,CO 0.2,CO_2 0.08,CH_4 0.02,操作压力的表压为 5.5 kPa,温度为 30 ℃。试求:(1)混合气体在操作条件下的密度;(2)混合气体的物质的量(kmol)。

2-6　如习题 2-6 附图所示,有一端封闭的管子,装入若干水后,倒插入常温水槽中,管中水柱较水槽液面高出 2 m,当地大气压力为 101.3 kPa。试求:(1)管子上端空间的绝对压力;(2)管子上端空间的表压;(3)管子上端空间的真空度;(4)若将水换成四氯化碳,管中四氯化碳液柱较槽的液面高出多少米?

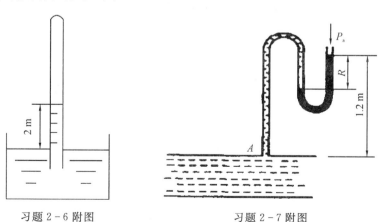

习题 2-6 附图　　　　　　　　　习题 2-7 附图

2-7　用习题 2-7 附图所示的 U 形压差计测量管路 A 点的压强,U 形压差计与管路连接导管中充满水,指示剂为汞,读数 $R=120$ mm,当地大气压 P_a 为 101.3 kPa。试求:(1)A

点的绝对压强,Pa;(2)A 点的表压,Pa。

2-8 从一根主管向两支管输送 20 ℃的水。要求主管中水的流速约为 1.0 m/s,支管 1
与支管 2 中水的流量分别为 20 t/h 和 10 t/h。试计算主管的内径,并从无缝钢管规格表中选
择合适的管径,最后计算出主管内的流速。

2-9 若用压力表测得输送水、油(密度为 880 kg/m^3)、98%硫酸(密度为 1830 kg/m^3)的
某段水平等直径管路的压力降均为 49 kPa。试问三者的压头损失的数值是否相等? 各为多
少米液柱?

2-10 如习题 2-10 附图所示,水从高位槽流出,高位槽液面距管路出口的垂直距离 H
保持为 5 m 不变,管路中装一个球形阀。管路直径为 20 mm,长度为 24 m(包括除球形阀外的
局部阻力的当量长度)。已知阀门全开时($\zeta=6.4$),管内流速为 2.49 m/s,$\lambda=0.02$。求:
(1)水面上方的压强 P_0 及管路的阻力损失;(2)当阀门关小时($\zeta=20$),λ 不变,流量为多少?

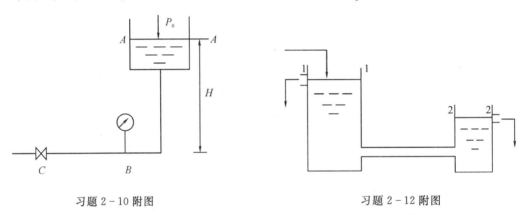

习题 2-10 附图　　　　　　　　　　　习题 2-12 附图

2-11 质量流量为 16200 kg/h 的某水溶液在 ϕ50 mm×3 mm 的钢管中流过。已知溶
液的密度为 1186 kg/m^3,黏度为 2.3×10^{-3} Pa·s,试判断该溶液的流动类型,并计算层流时
的最大流速 $u_{\max}$。

2-12 密度 900 kg/m^3,黏度 75 cP 的某种油品,以 120 m^3/h 的流量在连接两容器间的
光滑管中流动,钢管直径 ϕ114 mm×4.5 mm,总长为 15 m(包括局部当量长度)(如习题 2-12
附图所示)。取钢管壁面绝对粗糙度为 0.15 mm。求:(1)两容器液面差为多少? (2)若在两
容器连接管口装一阀门,调节此阀的开度使流量减为原来的 1/3,且已知阀门的局部阻力系数
$\zeta=9.5$,其他条件不变,求直管阻力 h_f 以及容器液面差。

2-13 将密度为 800 kg/m^3 的油品,从贮槽 1 放
至贮槽 2,两槽液面均与大气相通。除 AB 段外,直管
长为 290 m(包括直管长度和所有局部阻力的当量长
度),管子直径为 0.20 m,两贮槽液面位差为 9 m,油的
黏度为 85 cP,A、B 两处的压力表读数分别为 66 kPa 和
15.5 kPa。求此管路系统的输油量为多少(m^3/h)? 假
设为定态流动,流程图见习题 2-13 附图。

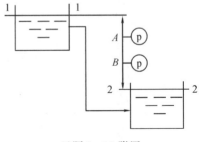

习题 2-13 附图

2-14 温度为 20 ℃、流量为 5 L/s 的水,在
ϕ57 mm×3.5 mm 的直管中流动,试判断流动类型。

在相同条件下,若将水改为运动黏度为 $4.4~\mathrm{cm^2/s}$ 的油,流动类型会改变吗?

2－15 质量流量相同的两液体,分别流经同一均匀直管,已知 $\rho_1=2\rho_2$,黏度 $\mu_1=4\mu_2$,试比较:(1)两液体的雷诺数 Re_1 与 Re_2;(2)流动为层流时的摩擦阻力 h_{f1} 与 h_{f2}。

2－16 水的温度为 $10~℃$,流量为 $330~\mathrm{L/h}$,在 $\phi 57~\mathrm{mm}\times 3.5~\mathrm{mm}$、长度 $100~\mathrm{m}$ 的直管中流动,此管为光滑管。试计算:(1)管路的摩擦损失;(2)若流量增加到 $990~\mathrm{L/h}$,其摩擦损失为多少?

2－17 如习题 2－17 附图所示,用一高位槽向用水处输水,上游管径为 $50~\mathrm{mm}$,长 $80~\mathrm{m}$,途中设 $90°$ 弯头 5 个,然后突然收缩变为 $40~\mathrm{mm}$ 的管子,长 $20~\mathrm{m}$,设有 $1/2$ 开启的闸阀一个。水温 $20~℃$,为使输水量达到 $3\times 10^{-3}~\mathrm{m^3/s}$,求高位槽的液位高度 H。

2－18 如习题附图 2－18 所示,有黏度 $1.7~\mathrm{mPa\cdot s}$、密度为 $765~\mathrm{kg/m^3}$ 的液体,从高位槽经直径为 $\phi 114~\mathrm{mm}\times 4~\mathrm{mm}$ 的钢管流入表压为 $0.16~\mathrm{MPa}$ 的密闭低位槽中。液体在钢管中的流速为 $1~\mathrm{m/s}$,钢管的相对粗糙度 $\varepsilon/d=0.002$,管路上的阀门当量长度 $l_e=50d$。两液槽的液面保持不变,试求两液槽液面的垂直距离 H。

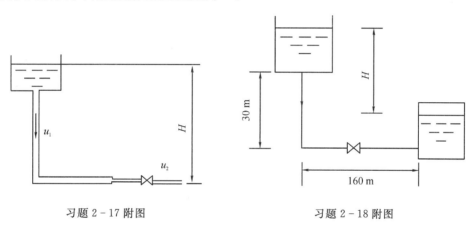

| 习题 2－17 附图 | 习题 2－18 附图 |

2－19 如习题 2－19 附图所示管路,用一台泵将液体从低位槽送至高位槽。输送流量要求为 $2.5\times 10^{-3}~\mathrm{m^3/s}$,高位槽上方气体压强为 $0.2~\mathrm{MPa}$(表压),两槽液面高度差为 $6~\mathrm{m}$,液体密度为 $1100~\mathrm{kg/m^3}$。管道直径为 $\phi 40~\mathrm{mm}\times 3~\mathrm{mm}$,总长(包括局部阻力)为 $50~\mathrm{m}$,摩擦系数 λ 为 0.024。求泵给每牛顿液体提供的能量为多少?

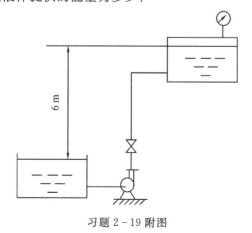

习题 2－19 附图

2-20 某三根并联管路,如习题 2-20 附图所示,管长分别为 8 m、12 m、10 m(包括局部阻力的当量长度),三根管路的管径分别为 100 mm、150 mm 和 120 mm,直管阻力系数 λ 均为 0.025。求三根管子的流量之比为多少? 若并联管路两端的压差为 2 kPa,求总流量为多少(m^3/h)?

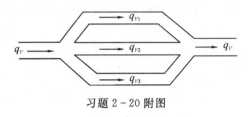

习题 2-20 附图

2-21 如习题 2-21 附图所示,水槽中的水由管 C 与 D 放出,两根管的出水口位于同一水平,阀门全开。其中 2 个管段管径、管长(包括管件的当量长度)分别为:AB 段管径 50 mm,管长为 20 m;BC 段管径 25 mm,管长 7 m;BD 段管径 25 mm,管长 11 m。试计算阀门全开时,管 C 与 D 的流量比值,摩擦系数均取 0.03。

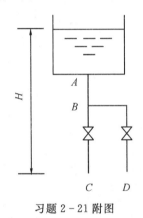

习题 2-21 附图

2-22 在一内径为 300 mm 的管道中,用皮托管测定平均相对分子量为 60 的气体流速。管内气体的温度为 40 ℃,压强为 101.3 kPa,黏度 0.02 mPa·s。已知在管路同一横截面上测得皮托管水柱最大读数为 30 mm。问此时管路内气体的平均速度为多少?

2-23 有一内径为 $d=50$ mm 的管子,用孔板流量计测量水的流量,孔板的孔流量系数 $C_0=0.62$,孔板内孔直径 $d_0=30$ mm,U 形压差计的指示液为汞。若 U 形压差计 $R=180$ mm,则管中水的流量为多少? 已知 U 形压差计最大读数 $R_{max}=250$ mm,若用上述 U 形压差计,当需测量的最大水流量为 $q_{Vmax}=15$ m^3/h 时,则孔板的孔径应该用多大?(假设孔板的孔流量系数不变)

2-24 某一不锈钢转子流量计($\rho_{钢}=7920$ kg/m^3),测量流量的刻度范围为 250～2500 L/h。若测定四氯化碳($\rho_{CCl_4}=1590$ kg/m^3)时,试问能测定的最大流量为多少? 若将转子改为铅($\rho_{铅}=10670$ kg/m^3)时,保持转子的形状和大小不变,试问此时测定四氯化碳的最大流量为多少?(流量系数可近似看作常数)

本章主要符号说明

A——管道截面积，m^2；

C_0、C_R——流量系数，无量纲；

d——管内直径，m；

d_e——当量直径，m；

g——自由落体加速度，m/s^2；

H——外加压头，m；

H_f——压头损失，m；

l——管长，m；

l_e——局部阻力当量长度，m；

M——摩尔质量，kg/kmol；

m——质量，kg；

p——压力（压强），Pa；

q_V——体积流量，m^3/s（m^3/h 或 L/h）；

r——半径，m；

R——摩尔气体常数（8.314 kJ/(kmol·K)）；

Re——雷诺数，无量纲；

T——热力学温度，K；

t——温度，℃；

u——流速，m/s；

z——高度，位压头；

μ——黏性系数，Pa·s；

ρ——密度，kg/m^3；

ε——绝对粗糙度；

ζ——局部阻力系数；

λ——摩擦系数；

下标：

max——最大。

第3章

流体输送机械

为了将流体由低能位向高能位输送,必须使用各种流体输送机械。用以输送流体的机械叫流体输送机械,其中输送液体的通称为泵,输送气体的一般称为风机(通风机、鼓风机、压缩机,个别气体输送机械称为真空泵)。本章主要介绍常用输送机械的工作原理和特性,以便恰当地选择和使用这些流体输送机械。

3.1 概述

▷ 3.1.1 输送流体所需的能量

图 3-1 所示为包括了输送机械在内的某管路系统。为将液体由低能位 1 处向高能位 2 处输送,单位重量流体所需补加的能量为 H,则

$$z_1 + \frac{p_1}{\rho g} + \frac{u_1^2}{2g} + H = z_2 + \frac{p_2}{\rho g} + \frac{u_2^2}{2g} + \sum H_f$$

移项可得

$$H = \Delta z + \frac{\Delta p}{\rho g} + \frac{\Delta u^2}{2g} + \sum H_f \qquad (3-1)$$

对于特定的管路系统,$\Delta z + \dfrac{\Delta p}{\rho g}$ 为固定值,与管路中的液体流量 q_V 无关。

令

$$H_0 = \Delta z + \frac{\Delta p}{\rho g} \qquad (3-2)$$

因液体贮槽与高位槽的截面积比管路截面大很多,故槽中液体流速很小,可忽略不计,即 $\dfrac{\Delta u^2}{2g} \approx 0$,则式(3-1)可简化为

$$H = H_0 + \sum H_f$$

由第 2 章可知,

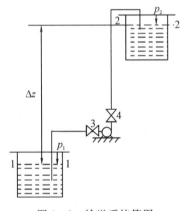

图 3-1 输送系统简图

$$\sum H_{\mathrm{f}} = \sum \left[\left(\lambda \frac{l}{d} + \zeta \right) \frac{u^2}{2g} \right]$$

将输送管路中的流速 $u = \dfrac{q_V}{\dfrac{\pi}{4} d^2}$ 代入上式得

$$\sum H_{\mathrm{f}} = \sum \left[\frac{8 \left(\lambda \dfrac{l}{d} + \zeta \right)}{\pi^2 d^4 g} \right] q_V^2$$

或

$$\sum H_{\mathrm{f}} = K q_V^2 \tag{3-3}$$

式中，系数 $K = \sum \dfrac{8 \left(\lambda \dfrac{l}{d} + \zeta \right)}{\pi^2 d^4 g}$，其数值由管路特性决定。当管内流动已进入阻力平方区，系数 K 是一个与管内流量无关的常数。将式（3-3）代入（3-1），化简，得

$$H = H_0 + K q_V^2 \tag{3-4}$$

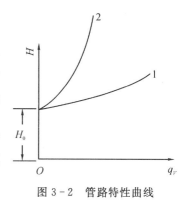

图 3-2　管路特性曲线

上式称为管路特性方程式，它表明管路中流体的流量与所需补加能量的关系。管路特性方程式如图 3-2 中的曲线所示，图中曲线称为管路特性曲线。

由式（3-4）可知，需向流体提供的能量用于提高流体的势能和克服管路的阻力损失，其中阻力损失项与被输送的流体流量有关。显然，低阻管路系统的特性曲线较为平坦（曲线1），高阻管路的特性曲线较为陡峭（曲线2）。

3.1.2　流体输送机械的主要技术指标

压头和流量是流体输送机械的主要技术指标。输送流体，必须达到规定的输送量。为此，需补给单位重量输送流体以足够的能量，其数量应与式（3-4）中的 H 值相等。通常将输送机械向单位重量流体提供的能量称为该机械的压头或扬程。

许多流体输送机械在不同流量下其压头不同，压头和流量的关系由输送机械本身的特性决定。讨论流体输送机械特性的中心问题就是讨论压头和流量的关系，这是本章的主要内容。

3.1.3　流体输送机械的分类

实际生产过程中涉及的流体可能有强腐蚀性、有毒、易燃易爆、高温或低温以及含有固体悬浮物等，其性质千差万别。在不同场合下，对输送量和补加能量的要求也相差悬殊。为适应不同情况下的流体输送要求，需要不同结构和特性的流体输送机械。

根据工作原理的不同，流体输送机械通常分为动力式（叶轮式），包括离心式、轴流式等；容积式（正位移式），包括往复式、旋转式等；其他不属于上述两类的形式，如喷射式等。气体的密度及压缩性与液体有显著区别，从而导致气体与液体输送机械在结构和特性上不尽相同。

3.2　离心泵

离心泵是应用最为广泛的液体输送机械,这是因为离心泵具有以下优点:①结构简单,操作容易,便于调节和自控;②流量均匀,效率较高;③流量和压头的适用范围较广;④适用于输送腐蚀性或含有悬浮物的液体。

➤ 3.2.1　离心泵的工作原理

离心泵的种类很多,但因工作原理相同,构造大同小异,其基本部件是旋转的叶轮和固定的泵壳(见图3-3)。叶轮是离心泵直接对液体做功的部件,具有若干弯曲叶片(一般为4~8片)的叶轮安装在泵壳内并紧固于泵轴上,泵轴可由电动机带动旋转。泵壳中央的吸入口与吸入管路相连接,在吸入管路底部装有底阀。泵壳上的液体压出口与排出管路相连接,其上装有调节阀。

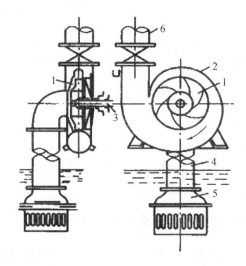

1—叶轮;2—泵壳;3—泵轴;4—吸入管;5—底阀;6—压出管。

图3-3　离心泵的结构

离心泵在启动前需先向壳内充满被输送的液体,启动后泵轴带动叶轮一起旋转,迫使叶片间的液体旋转。液体在惯性离心力的作用下自叶轮中心被甩向外周并获得了能量,使流向叶轮外周的液体的静压强增高,流速增大,可高达15~25 m/s。液体离开叶轮进入泵壳后,因壳内流道逐渐扩大而使液体减速,部分动能转换成静压能。于是,具有较高压强的液体从泵的排出口沿切向方向进入排出管路(见图3-4),被输送到所需的场所。当液体自叶轮中心甩向外周时,在叶轮中心产生低压区。由于贮槽液面上方的压强大于泵吸入口的压强,致使液体被吸进叶轮中心。因此,只要叶轮不断地旋转,液体便连续地被吸入

图3-4　液体在泵内的流动

和排出。由此可见,离心泵之所以能输送液体,主要是依靠高速旋转的叶轮,液体在惯性离心力的作用下获得了能量以提高压强。

离心泵启动时,若泵内存有空气,由于空气密度很低,旋转后产生的离心力小,因而叶轮中心区所形成的低压不足以将贮槽内的液体吸入泵内,即使启动离心泵也不能输送液体。此种现象称为气缚,表示离心泵无自吸能力,所以在启动前必须向泵壳内灌满液体。离心泵装置中吸入管路的底阀的作用是防止启动前灌入的液体从泵内流出,滤网可以阻拦液体中的固体颗粒被吸入而堵塞管道和泵壳。排出管路上装有调节阀,可供开工、停工和调节流量时使用。

➤ 3.2.2 离心泵的主要性能参数

为了正确选择和使用离心泵,需要了解离心泵的性能。离心泵铭牌上一般列有下述参数:转速、流量、扬程、轴功率、效率,有些还包括汽蚀余量,这些就是离心泵的主要性能参数。铭牌上所列的数字是指泵在最高效率下的值,即设计值。

1. 流量

泵的流量(又称送液能力)是指单位时间内泵所输送的液体体积,单位有 m^3/s、m^3/min 或 m^3/h。

2. 扬程 H

泵的扬程(又称压头)是指单位重量(1 N)液体流经泵所获得的能量,单位为 J/N。目前,在生产中,扬程的单位仍习惯用被输送液体的液柱高度(m)表示(1 m = 1 J/N)。对于一定的泵和一定的液体,在一定转速下,泵的扬程 H 与流量 q_V 有关。

泵的 H 与 q_V 的关系可用实验方法测定,装置如图 3-5 所示。在泵的进、出口管路处分别安装真空表和压力表,在这两处管路截面 1、2 间列伯努利方程,得

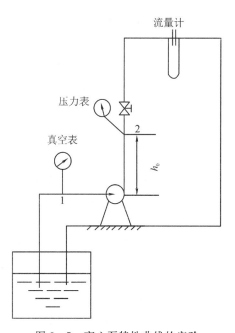

图 3-5 离心泵特性曲线的实验

$$0 + \frac{p_V}{\rho g} + \frac{u_1^2}{2g} + H = h_0 + \frac{p_M}{\rho g} + \frac{u_2^2}{2g} + \sum H_f$$

$$(3-5)$$

式中,h_0 为压力表与真空表间垂直距离,m;p_M 为压力表读数(表压),Pa;p_V 为真空表读数(负表压值),Pa;u_1、u_2 为吸入管、排出管中液体流速,m/s;$\sum H_f$ 为两截面间管路中的压头损失,m。

由于两截面间管路很短,其压头损失 $\sum H_f$ 可忽略不计。又因两截面的动压头差 $\frac{u_2^2-u_1^2}{2g}$ 很小,通常也可不计。则式(3-5)可写为

$$H = h_0 + \frac{p_M - p_V}{\rho g}$$

$$(3-6)$$

3. 轴功率与有效功率

功率是指单位时间内所做的功,如果在 1 s 内把 1 N 重的物体提高 1 m,就对物体做了 1 N·m 的功,则功率等于 1 (N·m)/s 或 1 W。

泵的功率有输入的轴功率 P 与输出的有效功率 P_e。轴功率是指泵轴所需的功率。离心泵一般用电动机驱动,其轴功率就是电动机传给泵轴的功率。有效功率是指单位时间内液体从泵中叶轮获得的有效能量。因为离心泵排出的液体质量流量为 $q_V\rho$,所以泵的有效功率为

$$P_e = q_V \rho g H \tag{3-7}$$

式中,P_e 为有效功率,W;q_V 为泵的流量,m^3/s;ρ 为液体密度,kg/m^3;H 为泵的扬程,m;g 为重力加速度,m/s^2。

4. 效率 η

离心泵工作时,泵内存在各种功率损失,致使从电动机输入的轴功率 P 不能全部转化变为液体的有效功率 P_e,二者之差即为泵内损失功率,其大小用泵的效率 η 来衡量。泵的效率等于有效功率与轴功率之比,其表达式为

$$\eta = \frac{P_e}{P} \tag{3-8}$$

η 值反映出泵工作时机械能损失的相对大小,一般为 $0.6 \sim 0.85$,大型泵可达 0.90。

泵内造成功率损失的原因有:①泵内的流体流动摩擦损失(又称水力损失),使叶轮给出的能量不能全部被液体获得,仅获得有效扬程 H;②泵内有部分高压液体泄露到低压区,使排出的液体流量小于流经叶轮的流量而造成功率损失,称为流量损失(又称容积损失);③泵轴与轴承之间的摩擦以及泵轴密封处的摩擦等造成的功率损失,称为机械损失。

离心泵启动或运转时可能超过正常负荷,所配电动机的功率应比泵的轴功率大些。电动机功率大小在泵样本中有说明。

▷ 3.2.3 离心泵的特性曲线

1. 离心泵的特性曲线

离心泵的 H、P、η 与 q_V 之间的关系曲线称为特性曲线,其数值通常是指额定转速和标定状况(大气压 101.325 kPa,20 ℃清水)下的数值,可用实验测得。通常在泵的产品样本中附有泵的主要性能参数和特性曲线,供选泵和操作参考。图 3-6 为某离心水泵的特性曲线。

(1)$H - q_V$ 曲线　表示 H 与 q_V 的关系,通常 H 随 q_V 的增大而减小。不同型号的离心泵,$H - q_V$ 曲线的形状有所不同。有的离心泵 $H - q_V$ 曲线较平坦,其特点是流量变化较大而压头变化不大;而有的泵 $H - q_V$ 曲线陡峭,当流量变动很小时扬程变化很大,适于扬程变化大而流量变化小的情况。

(2)$P - q_V$ 曲线　表示 P 与 q_V 的关系,P 随 q_V 的增大而增大。显然当 $q_V = 0$ 时,P 最小。因此,启动离心泵时,应关闭出口阀,使电

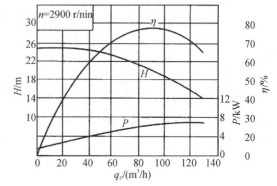

图 3-6　某离心水泵的特性曲线

动机的启动电流减至最小,以保护电动机。待转动正常后再开启出口阀,调节到所需的流量。

(3)$\eta - q_V$ 曲线 表示 η 与 q_V 的关系,开始 η 随 q_V 的增大而增大,达到最大值后,又随 q_V 的增大而下降。曲线上最高效率点即为泵的设计工况点,在该点所对应的扬程和流量下操作最为经济。实际生产中,泵不可能正好在设计工况点下运转,所以各种离心泵都规定一个高效区,一般取最高效率以下 7% 范围内为高效区。工程上也将离心泵最高效率点定为额定点,与该点对应的流量称为额定流量。

2. 离心泵的转速对特性曲线的影响

离心泵的特性曲线是在一定转速 n 下测定的,当 n 改变时,泵的流量 q_V、扬程 H 及功率 P 也相应改变。对同一型号泵,同一种液体,在效率 η 不变的情况下,q_V、H、P 随 n 的变化关系如下:

$$\frac{q_{V2}}{q_{V1}} = \frac{n_2}{n_1}, \quad \frac{H_2}{H_1} = \left(\frac{n_2}{n_1}\right)^2, \quad \frac{P_2}{P_1} = \left(\frac{n_2}{n_1}\right)^3 \tag{3-9}$$

式中,q_{V1}、H_1、P_1 及 q_{V2}、H_2、P_2 分别为 n_1 及 n_2 时的特性参数。

3. 液体黏度和密度的影响

离心泵生产厂提供的特性曲线是用 20 ℃清水测得的。当被输送液体的黏度及密度与水相差较大时,必须对特性曲线进行校正。

1)黏度的影响

离心泵用于输送黏度大于水的液体时,泵的流量、扬程都减小,轴功率增大,效率下降,即泵的特性曲线会发生变化。黏度越大,其变化越明显。产生变化的原因有以下几点:

①因为液体黏度增大,叶轮内液体流速降低,使流量降低;

②因为液体黏度增大,液体流经泵内时的流动摩擦损失增大,使扬程减小;

③因为液体黏度增大,叶轮前、后盖板与液体间的摩擦而引起的能量损失增大,使所需的轴功率增大。

④通常,当液体的运动黏度大于 20×10^{-6} m$^2 \cdot$ s^{-1} 时,需对离心泵的特性曲线进行修正(可参考相关离心泵方面的专著),然后再选用泵。

2)密度的影响

离心泵的流量 q_V 等于叶轮周边出口截面积与液体在周边处的径向速度的乘积,这些因素不受液体密度的影响,所以对同一种液体的密度变化,泵的流量不会发生改变。离心泵的扬程 H 与液体密度也无关。液体在泵内在离心力作用下从低压 p_1 变为高压 p_2 而排出,所以 $(p_2 - p_1)$ 与液体密度成正比。因为 $(p_2 - p_1)$ 与 ρg 分别与密度 ρ 成正比,所以 $\frac{p_2 - p_1}{\rho g}$ 与密度无关。因此,泵的扬程

$$H \propto \frac{p_2 - p_1}{\rho g}$$

与液体密度无关。泵的轴功率 P 与液体密度 ρ 的变化关系,由式(3-7)及式(3-8)可知为

$$P = \frac{q_V \rho g H}{\eta}$$

故轴功率 P 随密度 ρ 的增大而增大。

▷ 3.2.4 离心泵的工作点与流量调节

安装在管路中的泵的输液量即为管路的流量,在该流量下泵提供的扬程必须等于管路所要求的压头。因此,离心泵的实际工作情况(流量、压头)是由泵特性和管路特性共同决定的。

1. 工作点

若管路内的流动处于阻力平方区,安装在管路中的离心泵的工作点的扬程和流量必同时满足管路特性方程和泵的特性方程。

管路特性方程

$$H = f(q_V) \tag{3-10}$$

泵的特性方程

$$H = \varphi(q_V) \tag{3-11}$$

联立求解式(3-10)、式(3-11),即得管路特性曲线与泵特性曲线的交点,此交点为泵的工作点。

2. 流量调节

离心泵在指定的管路上工作时,由于生产任务发生变化,导致泵的工作流量与生产要求不相适应;或已选好的离心泵在特定的管路中运转时,所提供的流量不一定符合输送任务的要求。对于这两种情况,都需要对泵进行流量调节,实质上是改变泵的工作点。由于泵的工作点由泵的特性和管路特性所决定,因此改变两种特性曲线之一均可达到调节流量的目的。

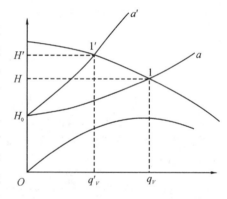

图 3-7 改变阀门开度调节流量示意

1)改变阀门开度

改变离心泵出口管路上调节阀门的开度,实际是改变式(3-4)中管路阻力系数的 K 值,从而改变管路特性曲线的位置,使调节后的管路特性曲线与泵特性曲线的交点移至适当位置,满足流量调节的要求。如图 3-7 所示,关小阀门,管路特性曲线由 a 移至 a',工作点由 1 移至 $1'$,流量由 q_V 减小至 q'_V。

采用阀门来调节流量快速简便,且流量可以连续变化,适合连续生产的特点,因此应用十分广泛。其缺点是,当阀门关小时,因流动阻力加大需要额外消耗一部分能量,且在调节幅度较大时离心泵往往在低效区工作,因此经济性差。但是对于调节幅度不大而经常需要改变流量时,此法尤为适用。

2)改变泵的转速

改变泵的转速,实质上是改变泵的特性曲线。如图 3-8 所示,泵原来的转速为 n,工作点

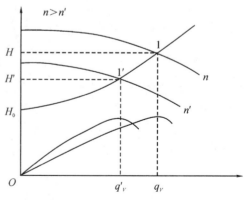

图 3-8 改变泵转速调节流量示意

为 1,若将泵的转速降低到 n',则泵的特性曲线移到线 n',工作点由 1 移至 $1'$,流量和压头都变小。这种调节方法能保持管路特性曲线不变。由式(3-9)可知,流量随转速下降而减小,动力消耗也相应降低,因此从能量消耗来看是比较经济的,这对大功率泵是重要的。

例 3-1 用某离心泵将地面敞口水池中的水输送至塔中。水池面距塔内进水管间的垂直高度差为 7.5 m,塔内压强为 0.21 atm(表压),已知阀全开时,管路总阻力以 $0.04q_V^2$ 表示。该泵的特性曲线方程为 $H=13.5-0.0082q_V^2$(流量 q_V 的单位均为 m^3/h)。试求:(1)阀全开时,最大流量是多少?(2)若要求流量为 7.8 m^3/h,拟用关小阀门的方法解决,已知该泵在 $V=7.8$ m^3/h 时的效率 $\eta=0.40$,则因关小阀门而消耗的功率为多少?(水温 20 ℃)

解:(1)阀全开时,依管路特性曲线
$$H=7.5+(0.21\times10)+0.040q_V^2=9.6+0.040q_V^2$$
泵的工作特性曲线
$$H=13.5-0.0082q_V^2$$
联立求解,得
$$q_{V\max}=9.0 \ (m^3/h)$$
(2)阀关小,使流量为 7.8 m^3/h。
泵提供的扬程
$$H=13.5-0.0082q_V^2=13.5-0.0082\times7.8^2=13.0 \ (m)$$
若按阀全开计,管路所需压头为
$$H=9.6+0.040q_V^2=9.6+0.040\times7.8^2=12.0 \ (m)$$
因阀关小而多消耗的压头
$$\Delta H=13.0-12.0=1.0 \ (m)$$
查附录 D,20 ℃时水的密度为 998.2 kg/m^3。
则阀因关小损失的轴功率
$$\Delta P=\frac{q_V\rho g\Delta H}{\eta}=\frac{(7.8/3600)\times998.2\times9.81\times1.0}{0.40}=53.0 \ (W)$$
可以看出,额外消耗的轴功率全部用来克服阀关小所引起的阻力上了。

3. 离心泵的并联和串联操作

在实际生产中,当单台离心泵不能满足输送任务要求时,可采用离心泵的并联或串联操作。

1)离心泵的并联操作

对一定的管路系统,使用一台离心泵流量太小,不能满足要求时,可采用两台型号相同的离心泵并联操作,如图 3-9(a)所示。

设将两台型号相同的离心泵并联操作,各自的吸入管路相同,则两泵的流量和压头相同,且具有相同的管路特性曲线。在同一压头下,两台并联泵的流量等于单台泵的两倍。于是,根据单台泵特性曲线Ⅰ,保持其纵坐标不变、使横坐标加倍,可求得两台泵并联操作的特性曲线Ⅱ,如图 3-9(b)所示。

并联泵的流量 $q_{V\#}$ 和压头 $H_\#$ 由合成特性曲线与管路特性曲线的交点 B 决定。由图 3-9(b)可见,B 点的扬程 $H_\#$ 比单台泵操作时的 $H_\#$ 高一些;由于管路阻力损失的增加,两

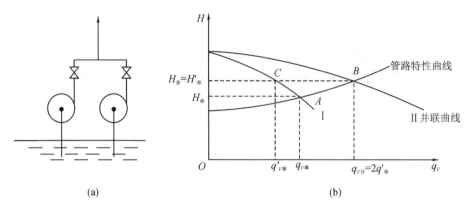

图 3-9　泵的并联操作

台并联泵的总输送量 $q_{V并}$ 必小于原单泵输送量 $q_{V单}$（A 点）的两倍，是 C 点 $q'_{V单}$ 的两倍。

2）离心泵的串联操作

为了使管路系统的输液距离增大、流量增多（高阻力管路系统），需要提高泵的扬程。为此，可采用两台型号相同的离心泵串联操作，如图 3-10(a)所示。

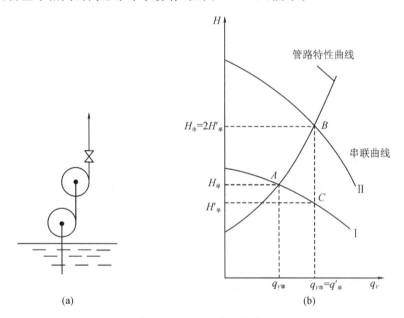

图 3-10　泵的串联操作

两台相同型号的泵串联工作时，每台泵的压头和流量也是相同的。因此，在同样的流量下，串联泵的压头为单台泵的两倍。将单台泵的特性曲线Ⅰ的纵坐标加倍，横坐标不变，可求得两泵串联操作的特性曲线Ⅱ，如图 3-10(b)所示。

同理，串联泵的总流量和总压头也是由工作点 B 所决定的。B 点的流量 $q_{V串}$ 比单台泵操作时的 $q_{V单}$ 增多了，其扬程 $H_串$ 比单台泵操作时的 $H_单$ 也增大了，但达不到 $H_单$ 的两倍，是 C 点扬程 $H'_单$ 的两倍。

▷ 3.2.5 离心泵的汽蚀现象与安装高度

1. 汽蚀现象

在图 3-11 所示的管路中,在液面 0-0 与泵进口附近截面 1-1 之间列出伯努利方程,有

$$\frac{p_1}{\rho g} = \frac{p_0}{\rho g} - H_g - \frac{u_1^2}{2g} - \sum H_f \tag{3-12}$$

式中,p_0 为贮槽液面上方的压力,Pa(当贮槽敞口时,为当地大气压);p_1 为泵入口截面 1-1 的压力,Pa;H_g 为泵的安装高度,m。

由此式可知,当液面上方 p_0 一定时,若泵的安装高度 H_g 越高,或吸收液管路内流速 u_1 与压头损失 $\sum H_f$ 越大,则 p_1 越小。因此,提高泵的安装位置,叶轮进口处的压强可能降至被输送液体该温度下的饱和蒸气压(p_V),引起液体部分汽化。

实际上,泵中压强最低处位于叶轮内缘叶片的背面。泵的安装位置高至液面 0-0 一定距离,首先在该处发生汽化现象。含气泡的液体进入叶轮后,因压强升高,气泡立即凝聚。气泡的消失产生局部真空,周围液体以高速涌向气泡中心,造成冲击和振动。尤其当气泡的凝聚发生在叶片表面附近时,众多液体质点犹如细小的高频水锤撞击着叶片;另外气泡中还可能带有氧气等,对金属材料发生化学腐蚀作用,使叶轮表面呈现海绵状、鱼鳞状破坏。泵在

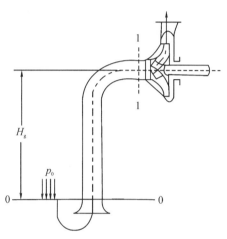

图 3-11 离心泵的安装高度

这种状态下长期运转,将导致叶片的过早损坏,这种现象称为泵的汽蚀。

离心泵开始发生汽蚀时,由于汽蚀区域较小,对泵的正常工作没有明显影响。但当汽蚀发展到一定程度时,气泡产生量较大,泵内液体流动的连续性遭到破坏,泵的流量、扬程和效率均会明显下降,严重时不能正常操作。

为避免发生汽蚀,就要求泵的安装高度不能太高,以保证叶轮中各处压强高于液体的饱和蒸气压。我国的离心泵样本中,采用"汽蚀余量",又称净正吸上高度(net positive suction head,NPSH),对泵的安装高度 H_g 加以限制。

2. 有效汽蚀余量与必需汽蚀余量

1)有效汽蚀余量 Δh_a

为了避免汽蚀发生,液体经吸入管到达泵入口处所具有的压头($p_1/\rho g + u_1^2/2g$)不仅能使液体被推进叶轮入口,而且应大于液体在工作温度下的饱和蒸气压,其差值为有效富余压头,常称为有效汽蚀余量(available NPSH)Δh_a,单位为 m(液柱),表达式为

$$\Delta h_a = \left(\frac{p_1}{\rho g} + \frac{u_1^2}{2g}\right) - \frac{p_V}{\rho g} \tag{3-13}$$

2)必需汽蚀余量 Δh_r

必需汽蚀余量(required NPSH)Δh_r 表示液体从泵入口到叶轮内最低压力点处的全部压

头损失。显然，Δh_r 越小，泵越不容易发生汽蚀，因为泵入口处的富余压头 Δh_a 在用于压头损失 Δh_r 后，所剩余的压头越多。这表示液体流到叶轮内最低压力点时，其压头高于 $p_V/\rho g$ 越多，所以越不易发生汽蚀。

判别汽蚀的方法：$\Delta h_a > \Delta h_r$ 时，不汽蚀；$\Delta h_a = \Delta h_r$ 时，开始发生汽蚀；$\Delta h_a < \Delta h_r$ 时，严重汽蚀。

3. 离心泵的最大安装高度

由式(3-12)、式(3-13)求得

$$H_g = \frac{p_0}{\rho g} - \frac{p_V}{\rho g} - \Delta h_a - \sum H_f \tag{3-14}$$

随着泵的安装高度 H_g 增高，有效汽蚀余量 Δh_a 将减小。当 Δh_a 减少到与必需汽蚀余量 Δh_r 相等时，则开始发生汽蚀，此时的安装高度称为最大安装高度，以 $H_{g\max}$ 表示。将式(3-14)改写为

$$H_{g\max} = \frac{p_0}{\rho g} - \frac{p_V}{\rho g} - \Delta h_r - \sum H_f \tag{3-15}$$

4. 允许汽蚀余量与最大允许安装高度

为了保证泵的安全操作，不发生汽蚀，在必需汽蚀余量 Δh_r 上加上一个安全余量 0.3 m，作为允许汽蚀余量 Δh，即

$$\Delta h = \Delta h_r + 0.3$$

离心泵规格表中列出的汽蚀余量就是允许汽蚀余量 Δh。

将式(3-15)中的 Δh_r 用 Δh 代替，则得最大允许安装高度计算式

$$H_{g允许} = \frac{p_0}{\rho g} - \frac{p_V}{\rho g} - \Delta h - \sum H_f \tag{3-16}$$

泵的实际安装高度 H_g 必须低于或等于最大允许安装高度 $H_{g允许}$。

▷ 3.2.6 离心泵的类型、选择与使用

1. 离心泵的类型

由于生产中被输送液体的性质、压强和流量等差异很大，为了适应各种不同的要求，离心泵的类型也是多种多样的。按输送液体的性质，离心泵可分为清水泵、耐腐蚀泵、油泵和杂质泵等。下面对这些泵做简要介绍，具体可参阅泵的产品样本。

(1)清水泵　凡是输送清水和物性与水相近、无腐蚀性且杂质很少的液体的泵都称清水泵，其特点是结构简单，操作容易。最普通的清水泵是单级单吸式，其系列代号为"IS"。如果要求的压头较高，可采用多级离心泵，其系列代号为"D"；如要求的流量较大，可采用双吸式离心泵，系列代号为"Sh"。

(2)耐腐蚀泵　输送酸、碱和浓氨水等腐蚀性液体时，必须用耐腐蚀泵。耐腐蚀泵中所有与腐蚀性液体接触的各种部件(叶轮、泵体)都须用耐腐蚀材料制造。用于耐腐蚀泵的材料有：高硅铸铁、不锈钢、各种合金钢、塑料、陶瓷、玻璃等，耐腐蚀泵的系列代号为"F"。注意，用陶瓷、玻璃、橡胶等材料制造的耐腐蚀泵，多为小型泵，不属于"F"系列。

(3)油泵　输送石油产品的泵称为油泵。油品的一个重要特点是易燃、易爆，因而对油泵

的重要要求是密封完善。输送高温油品(200 ℃以上)的油泵还应具有良好的冷却措施,其密封圈、轴承、支座等都装有水夹套,用冷却水冷却,以防其受热膨胀。泵的吸入口与排出口均向上,以便从液体中分离出的气体不积存于泵内。热油泵的主要部件都用合金钢制造,冷油泵可用铸铁。过去一直使用 Y 型离心油泵,双吸式系列代号为"YS"。

(4)杂质泵 输送含有固体颗粒的悬浮液、稠厚的浆液等的泵称为杂质泵,它又细分为污水泵、砂泵、泥浆泵等。对这种泵的要求是不易堵塞、易拆卸、耐磨。它在构造上的特点是叶轮流道宽,叶片数少(一般 2~5 片),有些泵壳内还衬以耐磨又可更换的钢护板。

2. 离心泵的选择

离心泵的选择,一般可按下列的方法与步骤进行:

(1)确定输送系统的流量与压头 液体的输送量一般为生产任务所规定,如果流量在一定范围内波动,选泵时应按最大流量考虑。根据输送系统管路的安排,用伯努利方程式计算在最大流量下管路所需的压头。

(2)选择泵的类型与型号 首先应根据输送液体的性质和操作条件确定泵的类型,然后按已确定的流量和压头从泵的样本或产品目录中选出合适的型号。需要注意的是,如果没有适合的型号,考虑到操作条件的变化和备有一定的余量,应选定泵的流量和压头都稍大的型号。若有数台可满足工艺要求的泵可供挑选,应把轴功率最低的作为首选。泵的型号选出后,应列出该泵的各种性能参数。

(3)核算泵的轴功率 如果输送液体的黏度和密度与水相差很大,则应核算泵的流量与轴功率。

例 3-2 用内径为 100 mm 的钢管抽取河水送入一贮水池中,水从贮水池水面下送入池内。池中水面比河面高 15 m,管路的总长度(包括局部阻力的当量长度在内)为 100 m,抽水量为 50 m^3/h,已知管路的摩擦系数为 0.03,试选择一台合适的离心泵。

解: 在河面与池面之间列伯努利方程:

$$z_1 + \frac{1}{2g}u_1^2 + \frac{p_1}{\rho g} + H = z_2 + \frac{1}{2g}u_2^2 + \frac{p_2}{\rho g} + \sum H_f$$

其中 $p_1 = p_2$,$z_1 = 0$,$z_2 = 15$ m,$u_1 = u_2 = 0$。

可得泵的扬程

$$H = \Delta z + \sum H_f = \Delta z + (\lambda \frac{l}{d})\frac{u^2}{2g}$$

管内流速

$$u = \frac{q_V}{A} = \frac{50}{3600 \times 0.785 \times 0.1^2} = 1.77 \ (m/s)$$

所以

$$H = 15 + \frac{0.03 \times 100 \times 1.77^2}{2 \times 9.8 \times 0.1} = 19.8 \ (mH_2O)$$

根据 $q_V = 50$ m^3/h 和 $H = 19.8$ mH_2O,查附录L,可选用 IS100-80-125 型泵,其性能参数如下:$q_V = 60$ m^3/h,$H = 24$ mH_2O,$n = 2900$ r/min,$P = 5.86$ kW,$\eta = 67\%$。

3.3 其他类型泵

▷ 3.3.1 往复泵

1. 工作原理

往复泵是一种容积式泵,是依靠活塞的往复运动将能量传递给液体,从而完成液体输送任务的装置。图3-12所示为曲柄连杆机构带动的往复泵,主要由泵缸、活柱(或活塞)和活门组成。活柱在外力推动下作往复运动,由此改变泵缸内的容积和压强,交替地打开和关闭吸入、压出活门,达到输送液体的目的。

2. 往复泵的类型

按照动力来源不同,可将往复泵分类如下:

(1)电动式往复泵 由电动机驱动,是往复泵中最常见的一种。电动机通过减速箱和曲柄连杆机构与泵相连,把旋转运动转变为往复运动。

(2)汽动式往复泵 直接由蒸汽机驱动,泵的活塞和蒸汽机的活塞共同连在一根活塞杆上,构成一个总的机组。

按照作用方式不同,可将往复泵分类如下:

(1)单级往复泵 如图3-12所示,活柱往复一次只吸液一次和排液一次。

(2)双动往复泵 如图3-13所示,活柱两边都在工作,每个行程均在吸液和排液。

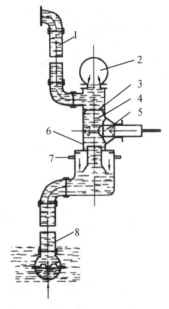

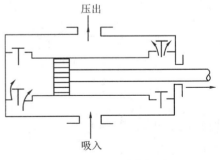

1—压出管路;2—压出空气室;3—压出活门;4—缸体;
5—活柱;6—吸入活门;7—吸入空气室;8—吸入管路。

图3-12 往复泵的作用原理   图3-13 双动往复泵

3. 往复泵的流量

往复泵的流量原则上应等于单位时间内活塞在泵缸中扫过的体积,它与往复频率、活塞面积和行程及泵缸数有关。

活塞的往复运动若由等速旋转的曲柄机构变换而得,则其速度变化服从正弦曲线规律。在一个周期内,泵的流量也必经历同样的变化,如图 3-14 所示。单动泵的排液是周期性间断进行的。在排液阶段,由于电动机的旋转运动变为活塞的往复运动,其瞬时流量不均匀,形成半波形曲线,如图 3-14(a) 所示。双动泵虽然能不间断排液,但流量仍不均匀,如图 3-14(b) 所示。采用 3 台单动泵连接在同一根曲轴的 3 个曲柄上(三联),各台泵活塞运动的相位差为 $2\pi/3$,可改善流量的均匀程度,如图 3-14(c) 所示。

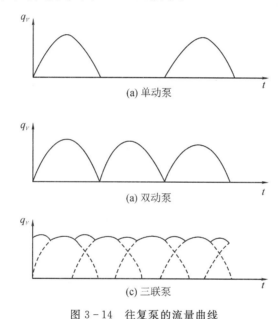

(a) 单动泵

(a) 双动泵

(c) 三联泵

图 3-14 往复泵的流量曲线

在泵的进、出口处装有空气室是提高管路中流量均匀性的另一方法。空气室利用气体的压缩和膨胀来储存或放出部分液体,以减小管路中流量的不均匀性。空气室的设置可使流量较为均匀,但不可能完全消除流量的波动。

4. 往复泵的流量调节

理论上,往复泵的流量就是单位时间内活塞扫过的体积,与管路特性无关,往复泵提供的压头则只决定于管路情况,见图 3-15。但实际上,随着泵内压力越大,泵内泄漏量也越多,因而,流量随压头增大而略有减小。

离心泵可用出口阀门来调节流量,但对往复泵却不能采用。因为往复泵属于正位移泵,其流量与管路特性无关,安装调节阀非但不能改变流量,还会

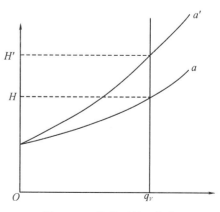

图 3-15 往复泵的工作点

造成危险,一旦出口阀门完全关闭,泵缸内的压强将急剧上升,导致机件破损或电机烧毁。

往复泵的流量调节方法如下:

(1)旁路调节 如图 3-16 所示,改变旁路阀的开度,以增减泵出口回流到进口处的流量来调节管路系统的流量。当泵出口的压力超过规定值时,旁路管线上的安全阀会被高压液体顶开,液体流回进口处,使泵出口处减压,以保护泵和电机。这种调节简便,但是会增加功率消耗。

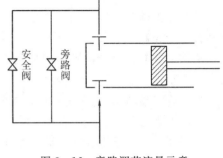

图 3-16 旁路调节流量示意

(2)改变原动机转速 以调节活塞的往复频率。

(3)改变活塞(或柱塞)的行程 例如计量泵,它是往复泵的一种,靠偏心轮使电机的旋转运动变为柱塞的往复运动。在一定转速下,改变偏心轮的偏心距,以改变柱塞的行程,可精确调节流量。若用一台电机带动几台计量泵,可使每台泵的液体按一定比例输出。故这种泵又称为比例泵。

把液体吸入泵腔内,再用减小容积的方式,使液体受推挤以高压排出,这类泵称为容积式泵或正位移泵。往复泵是正位移泵的一种,往复泵的许多特性是正位移泵的共同特性。例如,理论流量由活塞面积、行程及往复频率决定,而与管路特性无关;泵对流体提供的压头只由管路特性决定。这些性质称为正位移特性。

➢ 3.3.2 齿轮泵

齿轮泵也属正位移泵,其结构如图 3-17 所示。其中图(a)为一般的齿轮泵,泵壳中有一对相互啮合的齿轮,将泵内空间分成互不相通的吸入腔和排出腔。齿轮旋转时,封闭在齿穴和泵壳间的液体被强行压出。齿轮脱离啮合时形成真空并吸入液体,排出腔则产生管路需要的压强。此种齿轮泵容易制造,工作可靠,有自吸能力,但流量和压头有些波动,且有噪音和振动。为消除后一缺点,近年来已逐步使用内啮合式的齿轮泵,如图 3-17(b)所示,它较一般齿轮泵工作平稳,但制造稍复杂。

齿轮泵的流量较小,但可产生较高的压头,大多用来输送涂料等黏稠液体甚至膏状物料,

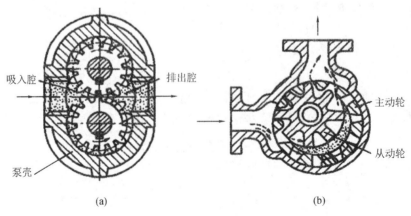

(a)　　　　　　　　　　　　(b)

图 3-17 齿轮泵

但不宜输送含有粗颗粒的悬浮液。

▶3.3.3 旋涡泵

　　旋涡泵是一种特殊类型的离心泵,它由泵壳和叶轮组成。其叶轮如图 3-18(a)所示,它是一个圆盘,四周铣有凹槽而构成叶片,呈辐射状排列。叶片数目可多达几十片。泵内结构情况如图 3-18(b)所示,流道用隔舌将吸入口和排出口分开。泵壳内充满液体后,当叶轮旋转时,叶片推着液体向前运动的同时,叶片槽中的液体在离心力作用下,甩向流道,流道内的液体压力增大,导致流道与叶片槽之间产生旋涡流。叶片带着液体从吸入口流到排出口的过程中,经过多次的旋涡流作用,液体压力逐渐增大,最后达到出口压力而排出。

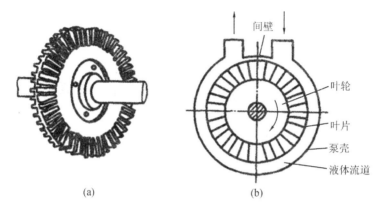

图 3-18　旋涡泵

　　流量较小时,旋涡流作用次数较多,扬程和功率均较大;当流量增大时,扬程急剧降低,故旋涡泵一般适于小流量液体的输送。因为流量小时功率大,所以旋涡泵在启动时不用关闭出口阀,并且流量调节应采用旁路回流调节法。在相同的叶轮直径和转速条件下,旋涡泵的扬程为离心泵的 2～4 倍。由于泵内流体的旋涡流作用,流动摩擦损失增大,所以旋涡泵的效率较低,一般为 30%～40%。

　　旋涡泵构造简单、制造方便、扬程较高,适用于要求输液量小、压头高而黏度不大的液体,也可以作为耐腐蚀泵使用(其叶轮和泵壳等用不锈钢或塑料等材料制造)。

3.4　气体输送机械

　　气体输送机械有许多与液体输送机械相似之处,但是气体具有可压缩性和比液体小得多的密度(约为液体密度的 1/1000 左右),使得气体输送机械具有某些不同于液体输送机械的特点。

　　因气体具有可压缩性,故在输送机械内当气体压力变化时,其体积和温度将随之发生变化,这些变化对气体输送机械的结构、形状有很大影响。因此,气体输送机械除按照其结构和作用原理进行分类外,还根据它所能产生的进、出口压强差或压缩比进行分类,以便于选择。压缩比为气体排出与吸入压力(绝对压力)的比值。气体输送机械按出口压力或压缩比的大小可分为四类。

(1)通风机　出口表压不大于 15 kPa,压缩比不大于 1.15;

(2)鼓风机　出口表压为 15~300 kPa,压缩比为 1.1~4;

(3)压缩机　出口表压在 300 kPa 以上,压缩比大于 2;

(4)真空泵　用于抽出设备内的气体,排到大气中,使设备内产生真空,排出压力为大气压或略高于大气压,压缩比范围很大,真空度根据所需而定。

以上气体输送机械的作用大体有三种:

(1)流通空气　要求流量较大,但风压不高。所需风机用来克服气体在通风管道中流动的阻力。

(2)产生压强较高的气体　如对锅炉、高炉或塔器的鼓风等,一般风量不大,但风机出口的压强较高,以克服气体流过设备的阻力。

(3)产生负压　要求风机吸风,用于除尘、蒸发、过滤机干燥等单元操作。

▶ 3.4.1　离心式通风机

常用的通风机有离心式和轴流式两种,轴流式通风机的送气量较大,但风压较低,常用于通风换气,而离心式通风机使用广泛。

1. 离心式通风机的工作原理与基本结构

离心式通风机的工作原理和离心泵类似,其构造也与离心泵大同小异,图 3-19 为一低压离心式通风机。气体被吸入通风机后,流经旋转的叶轮的过程中,在离心力的作用下,其静压和速度都有提高。当气体进入机壳内流道时,流速逐渐减慢而转变为静压,进一步提高了静压,因此气体流经通风机提高了机械能。对于通风机,习惯上将压头表示为单位体积气体所获得的能量,单位为 N/m²,与压强相同。所以,风机的压头称为全压(又称风压)。根据所产生的全压大小,离心式通风机又可分为低压、中压及高压离心式通风机。

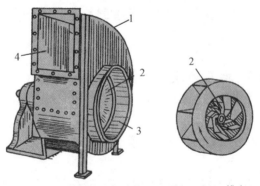

1—机壳;2—叶轮;3—吸入口;4—排出口。

图 3-19　离心式通风机

为适应输送量大和压头高的要求,通风机的叶轮直径一般是比较大的。通风机的叶片形状并不一定是后弯的,为产生较高压头也有径向或前弯叶片。前弯叶片可使结构紧凑,但效率低,功率曲线陡升,易造成原动机过载。因此,所有高效风机都是后弯叶片。

2. 离心式通风机的性能参数

离心式通风机的性能参数主要包括流量、风压及功率和效率。

(1)流量(又称风量) 指单位时间通过风机进口的气体体积,即体积流量,以 q_V 表示,单位为 m^3/s、m^3/min 或 m^3/h。注意,风量须按进口状况计量。

通风机内的气体压力变化不大,一般可忽略气体的压缩性。所以,通风机的体积流量是指单位时间内流过通风机内任一处或管路的气体体积。

(2)风压(全压) 单位体积气体流经通风机后获得的总机械能,称为通风机的全风压,以 p_T 表示,单位为 J/m^3($1 J/m^3 = 1 N \cdot m/m^3 = 1 N/m^2 = 1 Pa$)。全风压可由实验测定,在不加说明时,通风机的风压都是指全风压。

如取 $1 m^3$ 气体为计算基准,忽略气体的压缩性,对通风机进、出口截面(分别以下标 1、2 表示)作能量衡算:

$$\rho g z_1 + \frac{\rho u_1^2}{2} + p_1 + \rho g H = \rho g z_2 + \frac{\rho u_2^2}{2} + p_2 + \rho g \sum H_f \tag{3-17}$$

忽略两截面间的位差($z_2 - z_1$)和阻力损失 $\sum H_f$,则得通风机对单位重量(1 N)气体所提供的总机械能(压头)为

$$H = \frac{p_2 - p_1}{\rho g} + \frac{u_2^2 - u_1^2}{2g} \tag{3-18}$$

给上式各项同乘以 ρg,得全风压

$$p_T = \rho g H = (p_2 - p_1) + \left(\frac{\rho u_2^2 - \rho u_1^2}{2} \right) = p_S + p_K \tag{3-19}$$

式中各项为单位体积气体所具有的机械能,均为压力的单位。可以看出,通风机的全风压由两部分组成:压差($p_2 - p_1$)称为静风压 p_S,$\dfrac{\rho u_2^2 - \rho u_1^2}{2}$ 称为动风压 p_K。在离心泵中,泵的进出口处动能差很小,可以忽略;但在离心通风机中,气体出口速度很大,动能差不能忽略。因此,与离心泵相比,通风机的性能参数多了个动风压 p_K。

和离心泵一样,通风机在出厂前,必须通过试验确定其特性曲线(见图 3-20)。风机性能图表上所列出的风压,是按 $\rho_0 = 1.2 kg/m^3$ 的空气("标定状况",即 20 ℃ 及 101.3 kPa)确定出的,称为标定风压 p_{T0},即 $p_{T0} = \rho_0 g H$。在选择风机时,需将实际全风压 p_T 换算成标定风压 p_{T0}。若 ρ 为实际输送气体的密度,则全压换算公式如下:

$$p_{T0} = p_T \left(\frac{\rho_0}{\rho} \right) = p_T \left(\frac{1.2}{\rho} \right) \tag{3-20}$$

注意,通风机性能表上的风量也是指标定状况下的数值,以 q_{V0} 表示,在风机选型前还应将操作条件下的风量换算为标定状况下的风量。若操作条件下的风量为 q_V、密度为 ρ,换算式如下:

$$q_{V0} = q_V \frac{\rho}{\rho_0} = q_V \left(\frac{\rho}{1.2} \right) \tag{3-21}$$

(3)功率和效率 通风机的轴功率的计算式与离心泵的类似,有效功率计算式为

$$P_e = p_T q_V \tag{3-22}$$

式中,P_e 为有效功率,W;p_T 为全风压,Pa;q_V 为风量,m^3/s。

轴功率

$$P = \frac{P_e}{\eta} \tag{3-23}$$

式中，P 为轴功率，W；η 为全风压效率。

3. 离心式通风机的特性曲线

与离心泵一样，离心式通风机的性能参数也可用特性曲线表示。图 3-20 为典型的离心式通风机特性曲线。包括 p_T-q_V、p_S-q_V、η-q_V 及 P-q_V 四条曲线。

4. 离心式通风机的选用

与选用离心泵类似，选用通风机时，首先根据所输送的气体的种类、性质（如清洁空气、易燃气体、腐蚀性气体、含尘气体、高温气体等）与风压范围，确定风机类型，然后根据所要求的风量与风压，从产品样本或规格目录中的特性曲线或性能表格中查得适宜的设备尺寸。

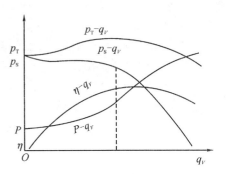

图 3-20　离心式通风机的特性曲线

例 3-3　15 ℃的空气直接由大气（1.013×10^5 Pa）进入风机且通过内径为 800 mm 的水平管道送到炉子底部，炉底的表压为 1.08×10^4 Pa。空气输送量为 20000 m³/h（15 ℃，1.013×10^5 Pa），直管长度与管件及阀门的当量长度之和为 100 m，管壁绝对粗糙度可取 0.3 mm。现有一台离心式通风机，其转速 $n = 2900$ r/min，风压 $P_T = 12650$ Pa，风量 $q_V = 21800$ m³/h，复核该风机是否可用。

解：查附录 E 内插得 15 ℃的空气 $\rho = 1.226$ kg/m³，$\mu = 17.9 \times 10^{-6}$ Pa·s。

空气流速

$$u = \frac{q_V}{A} = \frac{20000}{3600 \times 0.785 \times 0.8^2} = 11.06 \ (\text{m/s})$$

$$Re = \frac{du\rho}{\mu} = \frac{0.8 \times 11.06 \times 1.226}{17.9 \times 10^{-6}} = 6.1 \times 10^5$$

$$\frac{\varepsilon}{d} = \frac{0.3}{800} = 0.000375$$

查图 2-19 得 $\lambda = 0.015$，

$$\rho g \sum H_f = \rho \frac{\lambda l u^2}{2d} = \frac{1.226 \times 0.015 \times 100 \times 11.06^2}{2 \times 0.8} = 141 \ (\text{Pa})$$

则风机全风压

$$p_T = p_2 - p_1 + \frac{\rho u_2^2 - \rho u_1^2}{2} + \rho g \sum H_f$$

$$= 10.8 \times 10^3 + \frac{1.226 \times 11.06^2}{2} + 141 = 11016 \ (\text{Pa})$$

则标定风压为

$$p_{T0} = p_T \left(\frac{1.2}{\rho}\right) = \frac{1.2 \times 11016}{1.226} = 10782 \ (\text{Pa})$$

标定风量

$$q_{V0} = q_V\left(\frac{\rho}{1.2}\right) = 20000 \times \frac{1.226}{1.2} = 20433 \text{（m}^3/\text{h）}$$

该条件下所需风机的风量及风压均低于现有风机,因此现有风机适用。

▷ 3.4.2 鼓风机和压缩机

1. 鼓风机

在工厂中常用的鼓风机有旋转式和离心式两种类型。

1)罗茨鼓风机

罗茨鼓风机是最常用的一种旋转式鼓风机,其工作原理与齿轮泵极为相似。如图 3-21 所示,在机壳内有两个转子,两转子之间、转子与机壳之间缝隙很小,使转子既能自由运动,又无过多的泄漏。两转子的旋转方向相反,可使气体从机壳一侧吸入,另一侧排出,若改变两转子的旋转方向,则吸入口和排出口互换。

因为罗茨鼓风机属容积式风机,故其具有与容积式泵(如往复泵)相同的特点,如风量与压头基本无关而与转速成正比,因此,当出口压力提高(一定限度内)时,若转速一定,则风量仍可保持大体不变,故又名定容式鼓风机。

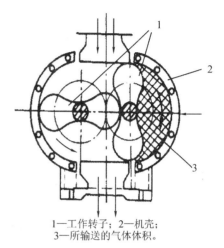

1—工作转子; 2—机壳;
3—所输送的气体体积。

图 3-21 罗茨鼓风机

罗茨鼓风机出口处应安装稳压气柜与安全阀,流量调节一般采用旁路或改变转速,出口阀不可完全关闭。罗茨鼓风机工作时,温度不能过高(一般不超过 80 ℃),否则因转子受热膨胀易发生卡住现象。

2)离心鼓风机

离心鼓风机又称透平鼓风机,其工作原理与离心通风机相同,但由于单级通风机不可能产生很高风压(一般不超过 50 kPa),故压头较高的离心鼓风机都是多级的,其结构和多级离心泵类似。

单级离心鼓风机的出口表压多在 30 kPa 以内,多级离心鼓风机可到 300 kPa。离心鼓风机的选用方法与离心通风机相同。

2. 压缩机

生产中所用的压缩机主要有离心式和往复式两大类。

1)离心式压缩机

为达到更高的出口压力,要使用压缩机。其特点是转速高(一般都在 5000 r·min⁻¹ 以上),故能产生高达 1 MPa 以上的出口压力。由于压缩比高,采用多级叶轮,其绝热压缩所产生的热量很大,气体排出温度可达 100 ℃ 以上,因此需要冷却装置进行降温,使其接近等温压缩。冷却方法有两种:①在机壳外侧安装冷水夹套;②使多级叶轮分成几段,每段有 2～3 级叶轮,段与段之间设有中间冷却器,从第 1 段引出热气体,经中间冷却器降温后,再进入第 2 段叶轮,如此类推。气体体积逐级缩小很多,所以叶轮直径和宽度也逐级缩小。

离心式鼓风机和压缩机的特点为:气体流量大而均匀;效率高;运转平稳可靠;结构紧凑,尺寸小;气体不与润滑系统接触,不会被油污染。

2)往复式压缩机

往复式压缩机的基本构造和工作原理与往复泵类似。由于气缸内活塞的往复运动,使气体完成吸入、压缩和排出工作循环。

与往复泵一样,往复式压缩机的排气量也是脉动的。为使管路内流量稳定,压缩机出口应连接气柜,以缓冲排气的脉动,使气体输出均匀稳定。气柜兼起沉降作用,气体中夹带的油沫和水沫在气柜中沉降,定期排放。为安全起见,气柜要安装压力表和安全阀。压缩机的吸入口需装过滤器,以免吸入灰尘杂物,造成机件的磨损。

➤ 3.4.3 真空泵

从真空容器中抽气,加压后排向大气的压缩机即为真空泵。真空泵的类型很多,下面简单介绍几种常用的真空泵。

1. 往复真空泵

往复真空泵的构造与往复压缩机并无显著区别,只是真空泵在低压下操作,汽缸内外压差很小,所用的阀门必须更为轻巧、启闭方便;当所达到的真空度较高时,如95%的真空度,则压缩比为20,压缩比很大,故余隙必须很小。为了降低余隙的影响,在汽缸左右两端之间设置平衡气道,当活塞排气阶段终了,平衡气道连通时间很短,残留于余隙中的气体可从活塞一侧流到另一侧,以减小其影响。

往复真空泵有干式与湿式之分。干式真空泵只抽吸气体,可以达到96%~99.9%的真空;湿式真空泵能同时抽吸气体与液体,但只能达到80%~85%的真空。

2. 水环真空泵

如图3-22所示,水环真空泵的外壳为圆形,泵壳内装一偏心的转子,转子上有叶片。泵内装有一定量的水,当转子转动时形成水环,故称为水环真空泵。由于转子偏心安装而使叶片之间形成许多大小不等的小室。在转子的右半部,这些密封的小室体积扩大,气体便通过右边的进气口被吸入。当转子旋转到左半部,小室的体积逐渐缩小,气体便由左边的排气口被压出。水环真空泵最高可达85%的真空。这种泵的结构简单、紧凑,没有阀门,经久耐用。但是,为了维持泵内液封以及冷却泵体,运转时需不断向泵内充水。所产生的真空度受泵体内水的温度限制。当被抽吸的气体不宜与水接触时,可以换用其他液体,称为液环真空泵。

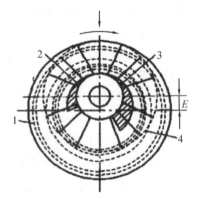

1—水环;2—排气口;
3—吸入口;4—转子。

图3-22 水环真空泵

3. 液环真空泵

液环真空泵又称纳氏泵,其结构如图3-23所示。液环真空泵外壳呈椭圆形,其中装有叶轮,叶轮带有很多爪形叶片。当叶轮旋转时,液体在离心力作用下被甩向四周,沿壁成一椭圆形液环。壳内充液量应使液环在椭圆短轴处充满泵壳与叶轮的间隙,而在长轴方向上形成两个月牙形的工作腔。和水环一样,工作腔也是由一些大小不同的密封室组成的。但是,水环泵的工作腔只有一个,是由于叶轮的偏心造成的,而液环泵的工作腔有两个,是由于泵壳的椭圆形状所形成的。由于叶轮的旋转运动,每个工

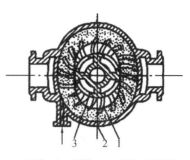

1—叶轮;2—泵体;3—气体分配器。

图3-23　液环真空泵

作腔内的密封室逐渐由小变大,从吸入口吸进气体,然后由大变小,将气体强行排出。

液环泵除用作真空泵外,也可用作压缩机,产生的压强(表压)可高达0.5~0.6 MPa。

由于液环泵在工作时,所输送的气体不与泵壳直接接触,因此,只要叶轮采用耐腐蚀材料制造,液环泵便可输送腐蚀性气体。当然,泵内所充液体不能与气体发生化学反应。例如,当输送氯气时,壳内充以硫酸;而在输送空气时,泵内充水即可。

4. 喷射泵

喷射泵是利用流体高速流动时动能和静压能的相互转换来达到流体输送的目的,它可输送液体,亦可输送气体。如用于抽真空,此时称为喷射式真空泵。

喷射泵的工作流体可为水,亦可为水蒸气,前者称为水喷射泵,后者称为水蒸气喷射泵。图3-24所示为水蒸气喷射泵。

单级蒸气喷射泵仅能达到90%的真空度,若要得到更高的真空,可采用多级蒸气喷射泵,工程上最多采用五级蒸气喷射泵,其极限真空(绝压)可达1.3 Pa。

喷射泵的优点是工作压强范围广,抽气量大,构造简单、紧凑,适应性强(可抽吸含有灰尘以及腐蚀性、易燃、易爆的气体等),其缺点是效率很低,一般只有10%~25%。因此,喷射泵一般不作输送用,多用于抽真空。

真空泵的主要性能参数:极限剩余压力,这是真空泵所能达到的最低绝压;抽气速率,这是真空泵在剩余压力下单位时间内所吸入的气体体积,亦即真空泵的生产能力,单位为 m^3/h。真空泵的选用即根据这两个指标。

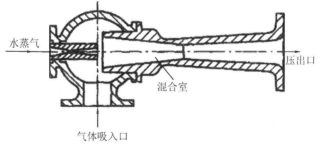

水蒸气

压出口

混合室

气体吸入口

图3-24　单级水蒸气喷射泵

习　题

3-1　用离心泵从江中取水送入贮水池内,池中水面高出江面 20 m,管路长度(包括所有局部阻力的当量长度)为 45 m,水温 20 ℃,管壁相对粗糙度 $\varepsilon/d=0.001$,要求输水量为 20~25 m³/h。试选择:(1)适当管径;(2)合适的离心泵。

3-2　有一台离心泵的额定流量为 16.8 m³/h,扬程为 18 m。试问此泵是否能将密度为 1060 kg/m³,流量为 250 L/min 的液体从敞口贮槽向上输送到表压为 30 kPa 的设备中? 敞口贮槽与高位设备的液位垂直距离为 8.5 m,管路的管径为 $\phi75.5$ mm×3.75 mm,管长为 124 m(包括直管长度与所有管件的当量长度),摩擦系数为 0.03。

3-3　如习题 3-3 附图所示,用离心泵将水由贮槽 A 送往高位槽 B,两槽均为敞口,且液位恒定。已知输送管路为 $\phi45$ mm×2.5 mm,在出口阀门全开的情况下,整个输送系统管路总长为 20 m(包括所有局部阻力的当量长度),摩擦系数可取为 0.02。在输送范围内该泵的特性方程为 $H=18-6\times10^5 q_V^2$(q_V 的单位为 m³/s,H 的单位为 m)。试求:(1)阀门全开时离心泵的流量与压头;(2)现关小阀门使流量减为原来的 80%,写出此时的管路特性方程,并计算由于阀门开度减少而多消耗的功率(设泵的效率为 65%,忽略其变化)。

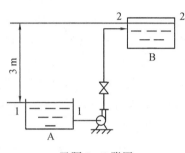

习题 3-3 附图

3-4　某离心泵用 20 ℃清水进行性能实验,测得其体积流量为 600 m³/h,出口压强表读数为 0.3 MPa,吸入口真空表读数为 0.03 MPa,两表间垂直距离为 500 mm,吸入管和压出管内径分别为 350 mm 和 310 mm。试求对应此流量的泵的扬程。

3-5　一台离心泵在转速为 1450 r/min 时,送液能力为 22 m³/h,扬程为 25 m,现转速调至 1300 r/min,试求此时泵的流量和压头。

3-6　某输送管路系统,需选一台泵。操作条件:流量 $q_V=115$ m³/h,阀全开时所需压头 $H=18.4$ m。现库存两台可供使用的泵,其性能参数如下表所示。试分析选何者更好。

泵型号	流量/(m³/h)	扬程/m	转速/(r/min)	泵效率/%
IS125-100-250	60	21.5		63
	100	20	1450	76
	120	18.5		77
IS100-80-160	60	36		70
	100	32	2900	78
	120	28		75

3-7　用型号 IS65-50-125 的离心泵,将敞口水槽中的水送出,吸入管路的压头损失为 4 m(H_2O),当地环境大气压力的绝对压力为 98 kPa。试求:(1)水温 20 ℃时泵的安装高度;

（2）水温 80 ℃时泵的安装高度。

3－8　以 80Y－60 型离心式油泵输送汽油。根据工作情况和泵的特性曲线已确定流量为 50 m³/h。操作时油温 20 ℃，汽油在此温度下的蒸气压为 193 mmHg，密度为 650 kg/m³。已知低位油槽液面上方压强为 752 mmHg（绝压），吸入管路在该流量时的阻力为 3.35 m。查得在该流量时 $\Delta h=3.2$ m。问：泵的最大安装高度为多少米？

3－9　用离心泵输送 80 ℃热水，有两种方案，如习题 3－9 附图所示，若两方案的管路长度（包括局部阻力的当量长度）相同，离心泵的汽蚀余量 $\Delta h=2$ m。试问这两种流程方案是否能完成输送任务？为什么？（环境大气压力为 101.33 kPa。）

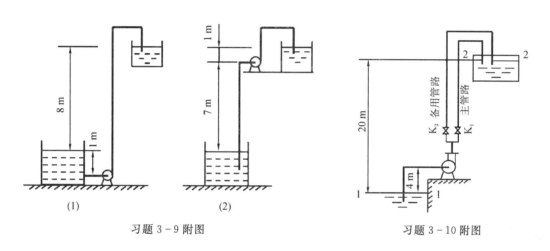

习题 3－9 附图　　　　　　　　习题 3－10 附图

3－10　用离心泵将池中清水送至常压塔，其流程如习题 3－10 附图所示。泵的安装高度为 4 m，吸入管长度为 12 m（包括所有局部阻力当量长度）；排出管路由主管路和备用管路并联组成，其长度均为 376 m（包括所有局部阻力当量长度）。管径均为 $\phi 89$ mm×4 mm。摩擦系数为 0.026，泵的性能参数见下表。试求：(1)备用管路上阀门关闭时的送水量（$\rho=1000$ kg/m³）；(2)夏天水温为 35 ℃（$\rho=994$ kg/m³），要求送水量为 60 m³/h。此时，启用备用管路能否达到如上要求？需采用何措施？

$q_V/(\mathrm{m^3/h})$	H/m	$\Delta h_r/\mathrm{m}$
30	62	2.5
45	57	3.7
60	40	5.0
70	44.5	6.4

3－11　用离心泵将水库中的水送至灌溉渠，两液面维持恒差 16 m，管路系统的压头损失可表示为 $H_f=5.2\times10^5 q_V^2$（q_V 的单位为 m³/s）。库房里有两台规格相同的离心泵，单台泵的特性方程为 $H=38-4.2\times10^5 q_V^2$。试计算两台泵如何组合操作能获得较大的输水量。

3－12　有一台离心式通风机进行性能实验，测得的数据有：空气温度为 20 ℃，风机出口的表压为 230 Pa，入口的真空度为 150 Pa，送风量为 3900 m³/h。吸入管与排出管的内径分别为 300 mm 及 250 mm,风机转速为 1450 r/min,所需轴功率为 0.81 kW。试求风机的全风压、静风压及全风压效率。

3-13 某通风机以 800 r/min 做性能测定实验时,得到的数据如下表所示:

$q_V/(m^3/h)$	0	1500	3000	6000	9000	12000
p_T/Pa	706	579	559	688	785	804

将此风机安装于某输气管路系统中。已知当 $q_V = 8 \times 10^3$ m^3/h 时,输气管路进、出口之间的静压头差为 294 Pa,速度头差与摩擦压头共计 539 Pa。试求此风机运转时的实际输气量与全风压。

本章主要符号说明

d——管内直径,m;

g——自由落体加速度,m/s^2;

H——泵的扬程,m;

H_g——泵的安装高度,m;

H_f——压头损失,m;

Δh_a——有效汽蚀余量,m;

Δh_r——必需汽蚀余量,m;

Δh——允许汽蚀余量,m;

l——管长,m;

q_V——体积流量,m^3/s(m^3/h 或 L/h);

n——转速,r/min;

p——压力,Pa;

p_M——压力表读数(表压),Pa;

p_V——饱和蒸气压,真空表的负表压,Pa;

p_S——静风压,Pa;

p_K——动风压,Pa;

P——轴功率,W;

P_e——有效功率,W;

p_T——全风压,Pa;

u——速度,m/s;

R——压缩比;

η——泵效率;

ζ——局部阻力系数;

ρ——密度,kg/m^3;

下标:

max——最大。

第4章

机械分离

自然界中的流体一般都是非均相混合物,流体中悬浮着分散相的"粒子",譬如河水携带有泥沙、空气中含有灰尘,要想得到单一相的水或空气,就需要把分散的粒子同流体分开,这就是流体非均相混合物的分离问题。

非均相分离的方法有多种,当非均相分离输入机械能时,这样的非均相分离称为机械分离。机械分离应用面广的原因主要是能耗低和分离效果较好。譬如,净化挟带泥沙和固体杂物的河水,采用絮凝沉降与砂滤可得到浊度3以下的清洁水,这种机械分离方法因能耗低而被自来水厂普遍采用。然而,当非均相分离的分离程度要求很高时,单独的机械分离已不能胜任,此时机械分离可作为预处理步骤。本章讨论的非均相分离只限于机械分离。

研究机械分离的主要基础理论是颗粒流体力学,即探讨颗粒与流体相对运动规律的学科,而颗粒流体力学的研究范畴比机械分离涉及的范围更广。基于掌握基础学科知识对加深理解单元操作原理的重要性,本章拟以介绍颗粒流体力学为主线,讲解颗粒床层特性、过滤及离心等机械分离方法,并结合有关的机械分离问题进行讨论。通过本章学习,了解流体通过固定床层压降的数学模型及参数估值,理解悬浮液过滤速率方程及计算式,掌握叶滤机与板框式压滤机过滤、洗涤过程计算和最大产率问题,了解颗粒重力沉降与离心沉降速度、旋风除尘机理及旋风分离器类型,了解固体流态化现象及其流体力学特性。

4.1 颗粒及颗粒床层的特性

自然界的空气和水体中不可避免地存在着固体颗粒,大到人眼可见的灰尘和泥沙,小到灰霾和胶体。一旦这些颗粒物的含量超过安全限值,就会对生态环境和人体健康造成危害。譬如2009年9月澳大利亚悉尼的沙尘暴(见图4-1)对交通的影响、2010年4月冰岛火山喷发后飞灰扩散对欧洲航空出行的影响以及我国黄河水体中大量泥沙对鱼类生存的影响等。因此,在讲述机械分离方法前,需要对颗粒及

图4-1 2009年9月澳大利亚悉尼的沙尘暴

颗粒床层的特性予以介绍和解释。

▷ 4.1.1 单颗粒的几何特性

1. 球形颗粒

球形是最简单、有对称性的几何形状。在研究流体对颗粒做相对运动的各种参量变化规律时,球形颗粒一般被选为典型的形状。球形颗粒的体积、表面积及比表面积可按下式计算:

$$\left.\begin{array}{l} V = \dfrac{\pi}{6} d_{\mathrm{p}}^{3} \\[2mm] S = \pi d_{\mathrm{p}}^{2} \\[2mm] a = \dfrac{S}{V} = \dfrac{6}{d_{\mathrm{p}}} \end{array}\right\} \tag{4-1}$$

式中,V 为颗粒体积,m^3;S 为颗粒表面积,m^2;a 为颗粒比表面积,m^{-1};d_{p} 为球形颗粒的直径,m(下标 p 指 particle,粒子)。

依据公式 4-1 可知,对于球形颗粒,只需单参量 d_{p} 就可描述其各个几何性质了。

2. 非球形颗粒

非球形颗粒的形状无穷无尽,无法用文字叙述或是数字描述来确切表达其颗粒的形状特点。工程上一般采用在某一方面与原颗粒等效的球形颗粒直径作为该颗粒的当量直径,并以形状系数(球形度)表示其形状特点。

(1)等体积当量直径 $d_{\mathrm{e,v}}$:与非球形颗粒体积相等的球的直径。若非球形颗粒的体积为 V,则 $d_{\mathrm{e,v}}$ 可由下式算得:

$$d_{\mathrm{e,v}} = \sqrt[3]{\dfrac{6V}{\pi}} \tag{4-2}$$

(2)形状系数 Ψ:与非球形颗粒等体积的球的表面积与该非球形颗粒表面积之比。若非球形颗粒表面积为 S,则

$$\Psi = \pi \dfrac{d_{\mathrm{e,v}}^{2}}{S} \tag{4-3}$$

因同体积颗粒中球形的表面积最小,故 $\Psi \leqslant 1$。

依据 $d_{\mathrm{e,v}}$ 及 Ψ 两个参量,可计算出非球形颗粒的体积、表面积及比表面积。

$$\left.\begin{array}{l} V = \dfrac{\pi}{6} d_{\mathrm{e,v}}^{3} \\[2mm] S = \dfrac{\pi d_{\mathrm{e,v}}^{2}}{\Psi} \\[2mm] a = \dfrac{S}{V} = \dfrac{6}{\Psi d_{\mathrm{e,v}}} \end{array}\right\} \tag{4-4}$$

例 4-1 试写出边长为 a 的正方体颗粒的当量直径 $d_{\mathrm{e,v}}$ 和形状系数 Ψ 的计算式。

解:边长为 a 的正方体的体积 $V = a^3$,表面积 $S = 6a^2$,则

$$d_{\mathrm{e,v}} = \sqrt[3]{\dfrac{6V}{\pi}} = \sqrt[3]{\dfrac{6a^3}{\pi}} = a\sqrt[3]{\dfrac{6}{\pi}}$$

$$\Psi = \pi \frac{d_{e,v}^2}{S} = \frac{\pi a^2 \left(\dfrac{6}{\pi}\right)^{\frac{2}{3}}}{6a^2} = \sqrt[3]{\frac{\pi}{6}}$$

▷ 4.1.2 筛分分析与颗粒群的几何特性

把许多固体颗粒堆积在容器中,可构成颗粒固定床(fixed bed)。欲了解颗粒床的几何特性,首先要进行筛分分析和确定颗粒的粒度分布。

1. 筛分分析

筛子的平壁面开有许多一定形状、大小的孔,当固体颗粒群在筛面上进行充分的滑动与翻动时,小颗粒会穿过筛孔而大颗粒被截留在筛面上,从而使固体颗粒群被分成大颗粒群与小颗粒群,这样的操作称为筛分。当把若干个不同孔眼大小的筛子,按孔眼大的在上、孔眼小的在下的顺序叠放起来,将颗粒物料从最上一层筛子的上方加入,经充分筛分,颗粒物料将按粒径大小进行详细的筛分,分别称量各部分的颗粒质量,即可确定颗粒物料中不同粒径范围内颗粒的质量分率的分布状况,这样的操作称为筛分分析。

在工业生产和科研中,一般使用的筛都是标准筛,目前常用的有泰勒制、日本制、德国制及苏联制等标准筛。泰勒制标准筛通用于欧美各国,在世界上用得最广,我国亦使用泰勒制标准筛。各种标准筛的筛网均由金属丝编织而成,孔为正方形,金属丝的材料、粗细、网孔大小都有严格规定。泰勒制标准筛的筛号指沿丝线走向 1 英寸(25.4 mm)的长度上所具有的孔数。以泰勒制 80 号筛为例,规定的金属丝线直径为 0.142 mm,则孔的边长为[25.4 −(80×0.142)]/80=0.1755(mm)。另外,泰勒制标准筛还规定相邻两筛号筛子的孔面积之比为$\sqrt{2}$。

对干燥的颗粒物料进行筛分分析时,首先将筛子按孔眼上大下小的顺序叠置,最下层筛子的下面是无孔的底盘;然后将颗粒物料从最上层筛子上方加入,用振荡器令整组筛子以一定的频率和振幅振动,规定时间后结束振荡;最后对各号筛子上汇集的颗粒进行称量。对某一号筛子而言,截留在该筛面上的颗粒质量 G_i 称为筛余量,通过该号筛的颗粒质量称为筛过量;若颗粒物料总质量为 G,令 $G_i/G = x_i$,则 x_i 称为该号筛的筛余量质量分数,截留在筛面上的颗粒平均直径按该号筛筛孔边长与上层筛筛孔边长的算术平均值计,即 $d_{p,I} = (d_i + d_{i-1})/2$;某号筛的筛过量应为该号筛以下各层筛及底盘的筛余量之和。

根据此原始数据作出的颗粒粒径分布状况的表达方式有三种,分别简述如下。

1)表格式

以对一堆不同粒径的石英砂样品进行筛分分析为例,其原始数据所得结果可通过表 4-1 所示的列表方式予以表达。

表 4-1　石英砂筛分数据表

编号	筛号范围	平均粒径 d_p/mm	筛余量质量分数 x	筛孔尺寸 d/mm	筛过量质量分数 F
1	9/10	1.816	0.04	1.651	0.96
2	10/12	1.524	0.06	1.397	0.90
3	12/14	1.283	0.24	1.168	0.66
4	14/16	1.080	0.22	0.991	0.44

编号	筛号范围	平均粒径 d_p/mm	筛余量质量分数 x	筛孔尺寸 d/mm	筛过量质量分数 F
5	16/20	0.912	0.25	0.833	0.19
6	20/24	0.767	0.16	0.701	0.03
7	24/28	0.645	0.02	0.589	0.01
8	28	0.295	0.01	0	0

以表 4-1 中 12/14 号筛数据予以说明：12/14 表示颗粒通过 12 号筛而截留在 14 号筛上；平均粒径 $d_p = 1.283$ mm 指截留在 14 号筛上的颗粒平均直径，是 12 号与 14 号筛孔边长的算术平均值；筛余量质量分数 $x = 0.24$ 指截留在 14 号筛上的颗粒质量分数；筛孔尺寸 $d = 1.168$ mm 是 14 号筛的筛孔边长；筛过量质量分数 $F = 0.66$ 是对 14 号筛而言的。

表格式的粒径分布表达法的优点是数据准确，缺点是不如图线法表达直观，难以从样品分析中得到内含的规律性。

2）分布函数曲线

分布函数 F 即筛过量质量分数（见表 4-1）。以表 4-1 中的筛孔尺寸 d 为横坐标，筛过量质量分数 F 为纵坐标，将各组 $(d, F)_i$ 数据在图上标点；因颗粒全部通过 9 号筛，所以 9 号筛的 $F = 1$，而 9 号筛的筛孔尺寸 $d = 1.981$ mm，故可在图中增添点 $(1.981, 1)$；将图中各点连成光滑曲线，即得分布函数曲线，如图 4-2 所示。

实验所得的 $(d, F)_i$ 数据标出的点是离散的，由这些点连成光滑曲线即构成连续函数曲线。对于这样的连续曲线，每号筛子的筛孔尺寸 d_i 与该号筛的筛余颗粒平均粒径 $d_{p,i}$ 的差别消失了，这可从假想相邻筛号的筛孔尺寸差异无限减小以取得此曲线得到解释。于是，$d_i = d_{p,i}$。

3）频率函数曲线

定义频率函数 $f = dF/d(d_p)$，即可由分布函数曲线上各点的 d 值（d 即 d_p）与曲线在该点的斜率 f 值写出多组 $(d_p, f)_i$ 数据，并在 f-d_p 图中绘出频率函数曲线，见图 4-2。

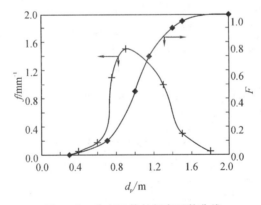

图 4-2　分布函数与频率函数曲线

频率函数曲线与横轴间的面积值为 1。欲了解任意的由 d_i 至 d_{i-1} 尺度范围的颗粒所占的质量分数，只需由横轴上 d_{i-1} 与 d_i 两点向上作垂直线，截止于频率函数曲线上，则在此粒径范围内频率函数曲线与横轴间的面积值就是该粒径范围内颗粒的质量分数。因此,频率曲线的起伏情况直接表达了各粒度颗粒出现的概率密度的大小。

2. 颗粒群的平均直径

由形状系数相同的颗粒堆积成的固定床,在床层内不同局部空间,不仅出现的颗粒尺寸有异,颗粒的取向亦有任意性。对于固定床的内部结构问题,工程上采用了一些假设和令某方面等效的方法进行了床层结构的简化与理想化,使对各种问题的研究建立在数学模型基础上成为可能。把实际固定床假想成由具有与实际颗粒相同形状系数且粒径均一的同样物质颗粒组成的均匀床层,即为一种简化方式。下面介绍这种简化床层平均粒径的计算方法。

若颗粒群的总质量为 $G(\text{kg})$,颗粒密度为 $\rho_p(\text{kg/m}^3)$,各颗粒的形状系数相等,皆为 Ψ,经过筛分分析,已获得各组颗粒平均粒径与质量分数的数据 $(d_p, x)_i$。假设筛分分析所得的各组颗粒平均粒径即为颗粒的等体积当量直径。

欲确定颗粒群的平均直径 d_m,需明确某一方面等效的原则。对于考虑流体通过固定床内孔隙的压降问题,因一般流速较低,流动阻力属黏性阻力,与单位体积颗粒的表面积(即比表面积)关系紧密,故宜以等比表面积作为等效原则求取平均粒径。对于原颗粒群,颗粒总体积

$$V = G/\rho_p$$

平均粒径为 $d_{p,i}$、质量分数为 x_i 的一组颗粒群的颗粒数为 $(Gx_i/\rho_p)/[(\pi/6)d_{p,i}^3]$,每一颗粒的表面积为 $\pi d_{p,i}^2/\Psi$,则颗粒总表面积

$$\sum S_i = \sum \left(\frac{\pi d_{p,i}^2}{\Psi}\right)\left(\frac{G \cdot x_i}{\rho_p}\right) / \left(\frac{\pi}{6}d_{p,i}^3\right) = \frac{6G}{\Psi \cdot \rho_p}\sum\left(\frac{x_i}{d_{p,i}}\right)$$

平均比表面积

$$\bar{a} = \frac{\sum S_i}{V} = \frac{\dfrac{6G}{\Psi \cdot \rho_p} \cdot \sum\left(\dfrac{x_i}{d_{p,i}}\right)}{\dfrac{G}{\rho_p}} = \frac{6}{\Psi}\sum\left(\frac{x_i}{d_{p,i}}\right)$$

因 d_m 为颗粒群的平均直径,其形状系数为 Ψ,比表面积 $a = 6/(\Psi d_m)$,则根据等比表面积原有

$$\frac{6}{\Psi}\sum\left(\frac{x_i}{d_{p,i}}\right) = \frac{6}{\Psi d_m}$$

故

$$d_m = \frac{1}{\sum \dfrac{x_i}{d_{p,i}}} \tag{4-5}$$

例 4-2 石英砂的筛分数据如表 4-1 所示,试计算其平均粒径。

解:
$$\sum\left(\frac{x_i}{d_{p,i}}\right) = \frac{0.04}{1.816} + \frac{0.06}{1.524} + \frac{0.24}{1.283} + \frac{0.22}{1.080} + \frac{0.25}{0.912} + \frac{0.16}{0.767} + \frac{0.02}{0.645} + \frac{0.01}{0.295}$$
$$= 1.00(\text{mm}^{-1})$$

所以

$$d_m = \frac{1}{\sum \dfrac{x_i}{d_{p,i}}} = \frac{1}{1.00} = 1.00(\text{mm})$$

3. 床层特性

1）床层空隙率 ε

对于同样的颗粒群，因堆积方法不同，可有不同的床层空隙率。若堆积速度快且堆积过程中无床层振动，颗粒间有架空结构，ε 值可较高；若边堆积边敲打容器，颗粒堆积较实，ε 值则较低。依经验来说，一般 ε 值在 0.47~0.7 之间波动。

$$床层空隙率 \varepsilon = (床层体积 - 颗粒体积)/床层体积$$

颗粒大小混杂时床层的孔隙率较小，原因是小颗粒可藏在大颗粒构成的空隙内。在床层靠器壁处的局部空隙率比中心部位的空隙率大，这种现象称为壁效应，因为颗粒与器壁间的空隙往往难以再填入另一个颗粒。

单位体积床层内固体颗粒的质量称为堆积密度，堆积密度显然与床层振动程度或堆装方式有关，因而不是定值。为便于区分，颗粒自身的密度称为真实密度。

2）床层各向同性

对于散堆（也称乱堆）床层，因各部位颗粒的大小、方向是随机的，当床层体积足够大或颗粒足够小时，可认为床层是均匀的，各局部区域的空隙率相等，床层是各向同性的。

床层各向同性的另一重要推论是：床层内任一水平截面上空隙面积与截面总面积之比（即自由截面率）在数值上等于空隙率 ε。

3）床层的比表面积 a_B

颗粒的比表面积 a 指每立方米颗粒所具有的表面积，而床层比表面积指的是每立方米床层体积具有的颗粒表面积。显然，二者的关系是

$$a_B = (1 - \varepsilon)a$$

▶ 4.1.3　流体通过固定床层的流动

在生产和自然界中都会遇到流体通过固体颗粒床层的情况，譬如，流体通过固定床反应器触媒层的流动、流体在过滤操作中流过滤饼层的流动、流体通过离子交换树脂床层的流动以及地下水通过砂-石-土壤的渗流等。固定床内孔隙形成的通道特点是弯曲、有分支和变截面，复杂的通道给流体通过固定床阻力计算式的推导带来很大困难，需要采用简化物理模型才可能导出数学模型。现已有一维、二维、三维的固定床简化物理模型，但工程上使用最广、最成熟的是一维模型，下面予以详细介绍。

1. 固定床结构的一维简化模型

假设固定床的床层横截面积为 A，厚度为 L，空隙率为 ε，颗粒比表面积为 a，平均粒径为 d_m，形状系数为 Ψ。一维模型假设床层内的通道均是沿床层厚度（或高度）方向的圆截面、等径直通道。各通道均为单通道，相互并联，具有相同直径。简化的床层结构具有以下特点：

（1）各直通道的直径可通过当量直径概念由原床层参量 ε 及 a 确定。

由于当量直径 $d_e = 4 \times$ 通道截面积/通道润湿周边长，在此式中令分子与分母均乘以单位厚度 dL，并沿整个床层厚度积分，可得

$$d_e = 4 \times \frac{床层空隙率}{床层比表面积} = \frac{4\varepsilon}{a(1-\varepsilon)} \tag{4-6}$$

由式（4-6），根据原床层参量 ε 和 a 计算得出的 d_e 即为简化模型各直通道的直径。

（2）床层空隙率或垂直于流向的床层横截面的自由截面率与原床层空隙率 ε 相等,但简化床层已非各向同性。

令流体按床层横截面积 A 计算的流速 u 为"空速",按床层横截面积中孔隙面积 εA 计算的流速为"真正流速"u_1,则 u 与 u_1 间关系为 $u_1 = u/\varepsilon$。因简化模型与原床层的 A 及 ε 相同,对于一定的流体体积流量,二者间 u 与 u_1 的值对应相等。

（3）在原床层与简化床层空速 u 相同条件下,二者阻力或压降相同,称之为压降等效。

设原床层空速为 u 时床层压降为 ΔP_{m},该压降 ΔP_{m} 是简化床层在相同空速下的压降。

令 L_{e} 为简化模型的通道长度。因简化模型可采用达西公式（直管流动阻力 $\Delta P = \lambda \dfrac{L}{d} \dfrac{\rho u^2}{2}$）计算压降,所以

$$\Delta P_{\mathrm{m}} = \lambda \left(\frac{L_{\mathrm{e}}}{d_{\mathrm{e}}} \right) \left(\frac{u_1^2}{2} \right) \rho$$

将 $u_1 = \dfrac{u}{\varepsilon}$ 及 $d_{\mathrm{e}} = \dfrac{4\varepsilon}{a(1-\varepsilon)}$ 代入上式,并令等式两侧均除以原床层厚度 L,可得

$$\frac{\Delta P_{\mathrm{m}}}{L} = \left(\lambda \frac{L_{\mathrm{e}}}{L} \right) \frac{a(1-\varepsilon)}{4\varepsilon} \times \frac{u^2}{2\varepsilon^2} \rho = \left(\lambda \frac{L_{\mathrm{e}}}{8L} \right) \frac{a(1-\varepsilon)}{\varepsilon^3} u^2 \rho$$

令 $\lambda' = \lambda L_{\mathrm{e}}/8L$,则

$$\frac{\Delta P_{\mathrm{m}}}{L} = \lambda' \frac{a(1-\varepsilon)}{\varepsilon^3} u^2 \rho \tag{4-7}$$

式(4-7)为以一维简化模型计算流体流过固定床压降的数学模型。该模型提出了根据原固定床结构参量 a、ε 及流体流速、密度计算阻力的基本关系式,但式中模型参数值 λ' 需通过实验确定。

2. 数学模型中模型参数的估值

定义

$$R_{\mathrm{e}}' = \frac{d_{\mathrm{e}} u_1 \rho}{4\mu} = \frac{\dfrac{4\varepsilon}{a(1-\varepsilon)} \times \dfrac{u}{\varepsilon} \rho}{4\mu} = \frac{u\rho}{a(1-\varepsilon)\mu}$$

大量实验数据表明,当 $R_{\mathrm{e}}' < 2$,$\lambda' = 5.0/R_{\mathrm{e}}'$,即

$$\frac{\Delta P_{\mathrm{m}}}{L} = 5.0 \times \frac{a^2(1-\varepsilon)^2}{\varepsilon^3} \mu u \tag{4-8}$$

式(4-8)称为柯士尼(Kozeny)公式。因压降正比于流速的一次方,可见流动阻力为黏性阻力,即表面摩擦阻力。

对于 $R_{\mathrm{e}}' < 400$ 的更宽的 R_{e}' 范围,由实验数据可整理得 $\lambda' = 4.17/R_{\mathrm{e}}' + 0.29$,于是

$$\frac{\Delta P_{\mathrm{m}}}{L} = 4.17 \times \frac{a^2(1-\varepsilon)^2}{\varepsilon^3} \mu u + 0.29 \times \frac{a(1-\varepsilon)}{\varepsilon^3} \rho u^2 \tag{4-9}$$

若以 $a = 6/\Psi d_{\mathrm{m}}$ 代入,则上式可写成

$$\frac{\Delta P_{\mathrm{m}}}{L} = 150 \times \frac{(1-\varepsilon)^2}{\varepsilon^3 (\Psi d_{\mathrm{m}})^2} \mu u + 1.75 \times \frac{(1-\varepsilon)}{\varepsilon^3} \times \frac{\rho u^2}{\Psi d_{\mathrm{m}}} \tag{4-10}$$

式(4-9)和(4-10)均称为欧根(Ergun)方程,式中第1项含有 u 的一次方,主要表示黏性阻力,第2项含有 u 的二次方,主要表示涡流阻力。应用欧根方程时的 R_{e}' 范围比应用柯士尼

公式时广得多,但流体流过固定床时流速通常甚小,一般 $R'_e < 2$,此时使用柯士尼公式更简单和准确。

例 4-3 欲测某硅酸盐水泥粉的比表面积,并采用 cm^2/g 为单位。现用 12.2 g 水泥装入截面积为 5.0 cm^2 的金属圆筒容器中,加盖压紧后测得水泥固定床厚度为 1.5 cm。在常压下 20 ℃的空气以 5.0×10^{-7} m^3/s 流量通过此床层,测得床层压降为 295 mmH_2O。已知水泥粉的真密度 $\rho_p = 3120$ kg/m^3(即 $\rho_p = 3.12$ g/cm^3)。

解: 床层 $\varepsilon = \left(\dfrac{\text{床层体积}-\text{水泥体积}}{\text{床层体积}}\right) = \dfrac{5.0 \times 1.5 - \dfrac{12.2}{3.12}}{5.0 \times 1.5} = 0.479$

查附录 E,常压、20 ℃空气黏度 $\mu = 1.81 \times 10^{-5}$ $Pa \cdot s$,空气空速 $u = 5.0 \times 10^{-7}/(5.0 \times 10^{-4}) = 1.0 \times 10^{-3}$ m/s。假设 $R'_e < 2$,使用柯士尼公式,有

$$\frac{\Delta P_m}{L} = 5.0 \times \frac{a^2(1-\varepsilon)^2}{\varepsilon^3}\mu u$$

代入数据有

$$\frac{295 \times 9.81}{1.5 \times 10^{-2}} = 5.0 \times \frac{a^2(1-0.479)^2}{0.479^3} \times 1.81 \times 10^{-5} \times 1.0 \times 10^{-3}$$

所以

$$a = 9.29 \times 10^5 \, (m^2/m^3)$$

或

$$a = 9.29 \times 10^5 \times \frac{10^4}{(3120 \times 10^3)} = 2978 \, (cm^2/g)$$

校核 R'_e,查附录 E 得 20 ℃下空气密度 $\rho = 1.205$ kg/m^3,所以

$$R'_e = \frac{u\rho}{a(1-\varepsilon)\mu} = \frac{1.205 \times 1.0 \times 10^{-3}}{9.29 \times 10^5 \times (1-0.479) \times 1.81 \times 10^{-5}} = 1.38 \times 10^{-4} < 2$$

因此,计算有效。

4.2 过滤

以多孔介质(亦称过滤介质)截留悬浮于流体中的固体颗粒,从而实现固体颗粒与流体分离目的的操作,称为过滤。环境工程应用中,过滤大多用于固、液分离,如水处理中的滤池、污泥脱水用的真空过滤机和板框式压滤机等;也可用于分离气体非均相混合物,实现气-固分离,如袋式除尘器、颗粒层除尘器等。

过滤操作可分离颗粒物的范围很广,可以是粗大的颗粒,也可以是细微粒子,甚至是细菌、病毒和高分子物质等;既可以用来从流体中除去颗粒,也可以分离不同大小的颗粒。一般而言,过滤在悬浮液的分离中应用更多。在本章接下来的内容中,如无特别说明,提到的过滤均指悬浮液滤饼过滤。

➤ 4.2.1 悬浮液滤饼过滤

1. 悬浮液滤饼过滤的操作特点

如果悬浮液中固体浓度较高(固体体积分数大于 1%),过滤过程中会在过滤介质表面形

成滤饼;由于滤饼是多孔物体,除刚开始过滤以外,过滤过程中主要靠滤饼起过滤介质作用,这种过滤称为滤饼过滤。滤饼过滤的推动力是压差。图4-3为间歇操作的滤饼过滤示意图,悬浮液一次性加入容器中,合上器盖后上方通入压缩空气,悬浮液便在压差(P_1-P_2)推动下进行过滤。过滤一般都是在恒压差推动下进行的。

在恒压差滤饼过滤过程中,由于滤饼不断增厚,过滤阻力不断增大,使得过滤愈来愈难以进行。令过滤面积为 $A(\mathrm{m^2})$,过滤中汇集的滤液量为 $V(\mathrm{m^3})$,以 τ 表示过滤时间(s),则无论是滤液流率 $\mathrm{d}V/\mathrm{d}\tau$ 还是过滤速率 $\mathrm{d}V/(A\mathrm{d}\tau)$ 都是随着过滤的进行而不断减小的。

在完成过滤操作后,为了把残留在滤饼中的滤液(亦称母液)除去以得到更纯的固体产品,或者为了回收滤饼中价值较高的母液,都需在拆卸滤饼前对滤饼进行洗涤。

在滤饼过滤中,普遍使用的是用洗涤液洗涤滤饼。一般用的洗涤液应能与滤饼中的母液互溶而不溶解固体,且黏度要小。若洗涤是为了回收母液,则要求洗涤后所得的洗涤液与母液的混合物要便于分离。常用清水作为洗涤液,有时也采用压缩气体,譬如分离聚醚与活性白土的过滤操作后,用压缩气体逐出滤饼中的母液。由此可见,间歇式过滤的每个过滤周期都包含了过滤、滤饼洗涤及设备的拆装(包含卸滤饼和更换过滤介质等)三个操作。

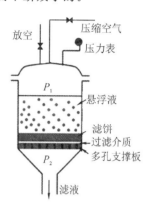

图4-3 滤饼过滤示意图

滤饼过滤的过滤介质一般为滤布或金属丝网,滤布可用棉、麻、丝、毛或化纤编织而成。过滤介质孔的大小应适宜,孔若过小则介质易堵,孔若过大则滤出的滤液不清,含固量高。一般刚开始过滤时滤液浑浊属正常现象,当介质表面堆积起薄层滤饼后,滤液便可变清。过滤介质应有足够的机械强度且便于清洗。

2. 悬浮液滤饼过滤的物料衡算

设某料浆(即悬浮液)在过滤面积 $A(\mathrm{m^2})$ 的过滤机中过滤,获得滤液 $V(\mathrm{m^3})$,滤饼厚度为 $L(\mathrm{m})$,滤饼的空隙率为 ε。过滤前、后各体积参量关系如下:

悬浮液 $V+LA$ →过滤机→ 滤液 V

滤饼 LA → 液体 $LA\varepsilon$

固体 $LA(1-\varepsilon)$

若悬浮液的浓度为 $\phi\ \mathrm{kg/m^3}$(固体/清液)(即认为该悬浮液由 $1\ \mathrm{m^3}$ 清液加 $\phi\ \mathrm{kg}$ 固体搅混而成),且固体真实密度为 $\rho_\mathrm{p}(\mathrm{kg/m^3})$,则可列出下式

$$\phi=\frac{LA(1-\varepsilon)\rho_\mathrm{p}}{V+LA\varepsilon} \tag{4-11}$$

一般来说,得到的滤液量远大于所对应滤饼中含有的液体量,即 $V\gg LA\varepsilon$,则上式可简化为

$$\phi=\frac{LA(1-\varepsilon)\rho_\mathrm{p}}{V} \tag{4-12}$$

以符号 q 表示单位过滤面积获得的滤液量,即 $q=V/A$,则

$$L=\frac{\phi}{(1-\varepsilon)\rho_\mathrm{p}}q \tag{4-13}$$

这说明滤饼厚度 L 与单位过滤面积得到的滤液量 q 近似成正比。

例 4-4 将某固体颗粒的水悬浮液用过滤方法进行固液分离。已知固体密度 $\rho_p=2930\ \text{kg/m}^3$，水的密度 $\rho_水=998\ \text{kg/m}^3$，滤饼密度 $\rho_饼=1930\ \text{kg/m}^3$，悬浮液浓度 $c=25\ \text{kg}/1000\ \text{kg}$(固/水)。问：每生成 $1\ \text{m}^3$ 滤饼对应的悬浮液体积是多少？

解： 以 $1\ \text{m}^3$ 滤饼为计算基准，对应滤液量为 $V(\text{m}^3)$，令滤饼空隙率为 ε。料浆浓度

$$\phi=c\rho_水=(25/1000)\times998=24.95\ (\text{kg/m}^3)(固/水)$$

因为

$$\varepsilon\rho_水+(1-\varepsilon)\rho_p=\rho_饼$$

即

$$\varepsilon\times998+(1-\varepsilon)\times2930=1930$$

计算得

$$\varepsilon=0.518$$

又 $\phi=\dfrac{LA(1-\varepsilon)\rho_p}{V+LA\varepsilon}$，且滤饼体积 $LA=1\ \text{m}^3$，代入数据后得

$$24.95=\frac{(1-0.518)\times2930}{V+0.518}$$

解得

$$V=56.1\ \text{m}^3$$

则悬浮液的体积 $=V+LA=56.1+1=57.1$（m^3）。

3. 过滤速率基本方程式

液体流过滤饼即为流过一固体颗粒的固定床，液体的过滤速率就是液体通过固定床的空速。因液体流过滤饼的流速甚低，属黏流，故可应用如下柯士尼关联式：

$$\frac{\Delta P_m}{L}=5.0\times\frac{a^2(1-\varepsilon)^2}{\varepsilon^3}\mu u$$

所以

$$u=\frac{\mathrm{d}q}{\mathrm{d}\tau}=\left[\frac{\varepsilon^3}{(1-\varepsilon)^2a^2}\right]\times\frac{1}{5.0\mu}\times\frac{\Delta P_m}{L}\tag{4-14}$$

式中，u 为过滤速率，m/s；ε 为滤饼空隙率；a 为滤饼中固体颗粒的比表面积，m^2/m^3；μ 为清液的黏度，$\text{N}\cdot\text{s/m}^2$；$L$ 为滤饼厚度，m；ΔP_m 为滤饼两侧的修正压强差，Pa。

式(4-14)就是过滤速率计算式的初始形式，但因计算某一时刻过滤速率需测知滤饼厚度 L，而滤饼厚度往往不便测到，故此式不常用。利用变量 L 与 V 的近似关系式，可将式(4-14)更换成更实用的形式。

因为

$$L=\frac{\phi}{(1-\varepsilon)\rho_p}q$$

所以

$$u=\frac{\mathrm{d}q}{\mathrm{d}\tau}=\left[\frac{\rho_p\varepsilon^3}{5.0\times(1-\varepsilon)a^2}\right]\times\frac{1}{\mu\phi}\times\frac{\Delta P_m}{q}$$

令 $\dfrac{1}{r}=\dfrac{\rho_p\varepsilon^3}{5.0\times(1-\varepsilon)a^2}$，$r$ 称为滤饼比阻，单位为 m/kg，则

$$u=\frac{\mathrm{d}q}{\mathrm{d}\tau}=\frac{\Delta P_m}{\mu r\phi q}=\frac{推动力}{阻力}\tag{4-15}$$

式(4-15)说明在过滤操作的任一时刻,过滤速率等于这时滤饼两侧压差与滤饼阻力之比。滤液通过滤饼的流动阻力可分为滤液黏度 μ 与滤饼结构因素$(r\phi q)$两部分。q 表示单位过滤面积获得的滤液量,ϕ 是每立方米滤液对应的固体质量,故 ϕq 表示单位过滤面积因通过滤液所生成的滤饼中固体的质量(kg)。r 取决于 ε、a、ρ_p 等固体颗粒及滤饼结构的参量,单位是 m/kg,所以 $r\phi q$ 之积表示每单位过滤面积因通过滤液所生成滤饼的阻力结构因素,单位是 $1/m$,而过滤阻力是 μ 与 $(r\phi q)$ 之积。

另外,式(4-15)中的 ΔP_m 是滤饼两侧的压差,滤液通过滤布时在滤布两侧也有压差,为区分这两种压差,令前者为 $\Delta P_{m,1}$,后者为 $\Delta P_{m,2}$。由于滤饼与滤布交接处的液体压强没法测准,一般只能测出包括滤饼与滤布的总压差,故应设法确定滤布的阻力。可把滤布阻力看成当量厚度 $L_e(m)$ 的滤饼阻力,此当量滤饼层的结构及颗粒特性与真实滤饼相同,且由单位过滤面积通过 $V_e(q_e=V_e/A)$ 滤液生成,于是有:

滤饼
$$\frac{dq}{d\tau}=\frac{\Delta P_{m,1}}{\mu r\phi q}$$

滤布
$$\frac{dq}{d\tau}=\frac{\Delta P_{m,2}}{\mu r\phi q_e}$$

则
$$\frac{dq}{d\tau}=\frac{(\Delta P_{m,1})+(\Delta P_{m,2})}{\mu r\phi (q+q_e)}=\frac{\Delta P_m}{\mu r\phi (q+q_e)} \tag{4-16}$$

式(4-16)中,ΔP_m 是滤液流过滤饼及过滤介质(滤布)的总压差。

滤饼可看成是由固体颗粒构成的骨架和骨架内空隙中的滤液所组成的。若滤饼内的固体颗粒是刚体,则由刚体构筑成的骨架不会因压差增加而变形,r 值不变,这种滤饼称为不可压缩滤饼;若滤饼内的固体颗粒是塑性的,当压差增大时不仅固体颗粒会压扁,而且滤饼会变得致密,空隙率变小,使 r 值增大,这种滤饼称为可压缩滤饼。

一般滤饼均有压缩性,故 r 值与 ΔP_m 有关,由实验可得 r 与 ΔP_m 的经验关系为
$$r=r_0(\Delta P_m)^s \tag{4-17}$$

式中,s 称为压缩性指数,无量纲。s 值愈大,表示滤饼愈易压缩,亦即比阻 r 受压差的影响愈大,一般 s 值范围在 $0.2\sim0.8$ 之间。r_0 是比阻系数,单位与 r 相同,仅取决于物系,为操作压差 $1\ Pa$ 时的 r 值。

表4-2列出某些物料的压缩性指数值,以供参考。

表4-2 某些物料的压缩性指数值

物料	硅藻土	高岭土	碳酸钙	滑石	黏土	硫化锌	氢氧化铝	钛白(絮凝)
s	0.01	0.33	0.19	0.51	$0.56\sim0.6$	0.69	0.9	0.27

将式(4-17)代入式(4-16)中,得
$$\frac{dq}{d\tau}=\frac{(\Delta P_m)^{1-s}}{\mu r_0\phi (q+q_e)} \tag{4-18}$$

令 K 为过滤常数,且
$$K=\frac{2(\Delta P_m)^{1-s}}{\mu r_0\phi} \tag{4-19}$$

则

$$u = \frac{\mathrm{d}q}{\mathrm{d}\tau} = \frac{K}{2(q + q_e)} \tag{4-20}$$

式(4-16)、式(4-18)和式(4-20)均称为过滤速率计算式,其中常用的是式(4-20)。因过滤是非定态过程,故过滤速率计算式只适用于瞬时的过滤速率计算。

4.2.2 间歇式过滤设备

1. 叶滤机

叶滤机主要部件是滤叶,其形状为一扁的空盒,盒的两平侧面为金属丝网,外侧覆以滤布,用特别设计的装置使滤布四周密封。空盒四周侧面上接有连通管与盒外滤液贮槽相通。在真空过滤时,令一组平行滤叶浸没在敞口的料浆槽的料浆中,各滤叶的连通管经总管与真空容器相连。在压差推动下,滤液穿过滤布进入滤叶内空间并流至真空贮槽,在滤布外侧生成滤饼。滤叶片的结构可有多种形式,图4-4所示的即为其一例。叶滤机也可用于加压过滤。若将一组滤叶置于密封容器内并浸没于容器内料浆中,滤叶连通管经总管与敞口容器相连,当密封容器内悬浮液压强升高,在压差推动下即可进行过滤。叶滤机过滤一般为恒压操作,滤饼

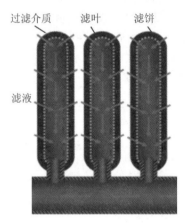

图4-4 滤叶片及其过滤过程

厚度为5~35 mm,每一个滤叶提供两个过滤面,过滤面积与洗涤面积相同,过滤终了时的滤饼厚度与洗涤时滤饼厚度相等。

叶滤机的组成构件及外观如图4-5所示。

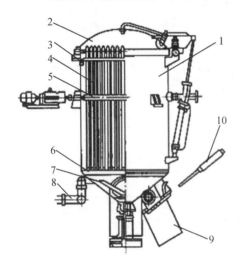

(a) 组成构件

(b) 外观图

1—滤筒;2—滤头;3—喷水装置;4—滤叶;5—料浆加入管;6—锥底;
7—滤渣清扫器;8—滤液排出管;9—排渣口;10—插板阀气缸。

图4-5 叶滤机的组成构件与外观图

过滤操作结束后,如滤饼需洗涤,对真空过滤而言,可将滤叶从料浆槽取出,置于洗涤液池中进行滤饼洗涤;亦可就地洗涤滤饼,即滤叶不动,排去料浆,槽内换上洗涤液进行滤饼洗涤;若为加压过滤,则采用就地洗涤方式。

2. 板框式压滤机

板框式压滤机主要部件是滤板与滤框。参看图 4-6,框与板间隔组装,每个框两侧必有板,若有 n 个框,则板数为 $n+1$。板与框的 4 个角上均钻有贯穿的圆孔,滤布夹在板与框之间,滤布 4 个角相应位置处亦开有孔。板、滤布及框组合好后用螺旋丝杆机械将其夹紧,这样4 个角的各部件的孔便构成 4 条通道。图 4-6 中 5 为料浆桶,可装料浆或配制料浆;6 是压力釜,在开启 7、8 号阀后料浆靠位差自动流入压力釜;压力釜内液位约达 2/3 时即关闭 7 号阀停止进料;然后开启压缩机,令压缩空气从釜内下部引入,并略微打开 8 号阀使压缩空气排空,以保持压缩空气连续通过釜内料浆进行连续搅拌;调节 8 号阀开启的程度可改变压力槽内料浆的压强;过滤操作时需打开 9 号阀,料浆在压差推动下即可进入过滤机的通道 1。

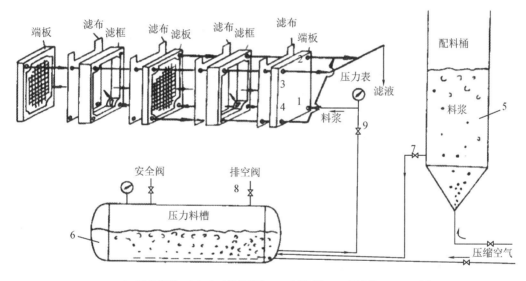

1—料浆通道;2,3,4—滤液通道;5—料浆桶;6—压力釜;7,8,9—阀。

图 4-6 板框式压滤机过滤流程图

料浆沿通道 1 输入,通过滤框的暗孔进入滤框。框中的料浆在压差推动下借框两侧覆盖的滤布进行过滤分离。滤饼在框内两侧面生成并增长,滤液则穿过滤布,流到滤板的板面。滤板两侧的板面均有许多凹槽(只有最外侧两端板的外侧没有凹槽),凹槽纵横沟通(可铸造成形或机械加工而成)。滤液流到滤板板面的凹槽后,由于板面凹槽有暗孔与 2、3、4 通道相连,故滤液可沿 3 条通道流至过滤机外。

板框式压滤机每块板或框的边长为 320～1000 mm,框厚为 25～50 mm,框的数量可从几块到 50 块左右,板、框的材料可为碳钢、铸铁、不锈钢、铝、塑料或木料。以型号 BMS20/635-25 板框式压滤机为例,其正方形框边长为 635 mm、框厚度为 25 mm。

板框式压滤机进行滤饼洗涤时应关闭 9 号阀,令洗涤液从通道 3 流入过滤机(图 4-6 中未给出洗涤流程)。滤板分两种,一种滤板的两侧面凹槽均与进洗涤液的通道 3 有暗孔相连,这种滤板叫洗涤板，以 a 表示；另一种滤板的两侧面凹槽均有暗孔与通道 2、4 相连（端板外侧除外），这种滤板叫非洗涤板，以 b 表示。洗涤液由通道 3 进到洗涤板 a 的两侧，横贯滤框，穿过框内两层滤饼及两层滤布，到达非洗涤板 b 的两侧凹槽，然后由通道 2、4 流出。

▷ 4.2.3 叶滤机的过滤、洗涤过程计算及最大产率问题

1. 恒压过滤

维持压差 ΔP_m 为恒值的过滤称为恒压过滤。在一次恒压过滤操作中，料浆浓度 ϕ、滤液黏度 μ、滤饼比阻 r、过滤常数 K 及滤布阻力参量 q_e 均为常量。设总的过滤时间为 τ，单位过滤面积的累积滤液量为 q。对式（4 – 20）积分，由 $\tau = 0$、$q = 0$ 至 $\tau = \tau$、$q = q$，即

$$\int_0^q (q + q_e)\mathrm{d}q = \int_0^\tau \frac{K}{2}\mathrm{d}\tau$$

得

$$q^2 + 2qq_e = K\tau \tag{4-21}$$

根据 $q = V/A$，上式可写成

$$V^2 + 2VV_e = KA^2\tau \tag{4-22}$$

式中，V 为整台叶滤机的滤液量，m^3；A 为总的过滤面积，m^2。

如滤布阻力的当量滤饼层的形成按该恒压过滤规律计，需时间 τ_e，把积分起点置于滤布当量滤饼刚开始形成的时刻，采用 $\tau + \tau_e$ 及 $q + q_e$ 为变量，按以下积分可找到 q_e 与 τ_e 的关系：

$$\int_0^{q_e} (q + q_e)\mathrm{d}(q + q_e) = \int_0^{\tau_e} \frac{K}{2}\mathrm{d}(\tau + \tau_e)$$

故

$$q_e{}^2 = K\tau_e \tag{4-23}$$

将式（4 – 21）与式（4 – 23）相加，可得考虑滤布阻力时的公式

$$(q + q_e)^2 = K(\tau + \tau_e) \tag{4-24}$$

或

$$(V + V_e)^2 = KA^2(\tau + \tau_e) \tag{4-25}$$

因叶滤机通常在恒压差下过滤，故恒压过滤计算式很重要。使用式（4 – 21）与式（4 – 22）比使用式（4 – 24）与式（4 – 25）方便，因为少一个未知量 τ_e。

$V^2 + 2VV_e = KA^2\tau$ 是个积分式，表明滤液累计量与过滤时间的关系 $V = f(\tau)$。由 $\dfrac{\mathrm{d}q}{\mathrm{d}\tau} = \dfrac{K}{2(q + q_e)}$ 及 $q = V/A$，可得 $\dfrac{\mathrm{d}V}{\mathrm{d}\tau} = \dfrac{KA^2}{2(V + V_e)}$，该式是个微分式，用于计算滤液量为 V 时的瞬间滤液流率，即 $\mathrm{d}V/\mathrm{d}\tau = f(V)$。两者间的几何关系如图 4 – 7 所示。在 V-τ 曲线上某一点 a 对曲线所作切线的斜率就是该点所对应的 V_1 时的 $\mathrm{d}V/\mathrm{d}\tau$。

例 4 – 5 用叶滤机对某悬浮液进行恒压过滤。使用 8 只滤叶，每只滤叶的一个侧面的过滤面积为 0.25 m^2。已知过滤 5 min 得滤液

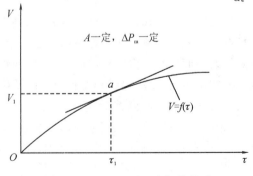

图 4 – 7 V、τ、$\mathrm{d}V/\mathrm{d}\tau$ 之间的关系

448.6 L,再过滤 5 min 又得滤液 198.2 L。问总共过滤 15 min 时,可得滤液总量为多少升?

解: $\tau_1 = 5 \text{ min} = 300 \text{ s}, V_1 = 448.6 \text{ L} = 0.4486 \text{ m}^3,$

$\tau_2 = 10 \text{ min} = 600 \text{ s}, V_2 = (448.6 + 198.2)\text{L} = 646.8 \text{ L} = 0.6468 \text{ m}^3,$

$A = 8 \times 2 \times 0.25 = 4.0 \text{ m}^2。$

代入 $V^2 + 2VV_e = KA^2\tau$,可得

$$0.4486^2 + 2 \times 0.4486 V_e = K \times 4.0^2 \times 300 \tag{a}$$

$$0.6468^2 + 2 \times 0.6468 V_e = K \times 4.0^2 \times 600 \tag{b}$$

联立(a)、(b)两式,解得

$$K = 4.785 \times 10^{-5} \text{ m}^2/\text{s}, V_e = 0.03168 \text{ m}^3$$

即该恒压过滤式为

$$V^2 + 2 \times 0.03168 V = 4.785 \times 10^{-5} \times 4.0^2 \tau$$

计算得

$$V^2 + 0.06336 V = 7.656 \times 10^{-4} \tau$$

现将 $\tau_3 = 15 \text{ min} = 900 \text{ s}$ 代入上式,解得

$$V_3 = 0.799 \text{ m}^3 = 799 \text{ L}$$

2. 滤饼洗涤

叶滤机在洗涤操作时,洗涤面积与过滤面积相同,洗涤液通过的滤饼厚度与过滤终了时的滤饼厚度相同,而且洗涤液在滤饼中的流向与过滤终了时滤液在滤饼中的流向一致。令单位时间、单位洗涤面积通过的洗涤液体积为洗涤速率[$\text{m}^3/(\text{s} \cdot \text{m}^2)$],单位时间通过的洗涤液体积为洗涤液流率($\text{m}^3/\text{s}$),因洗涤均在恒压下操作,在洗涤过程中滤饼不再增厚,故洗涤是恒速率恒流率过程。

若洗涤压差或洗涤液黏度与过滤终了时不同,以下标"w"表示洗涤,"E"表示过滤终了时刻,则洗涤速率与过滤终了时的过滤速率间有如下关系:

$$\left.\begin{array}{l} \Delta P_w \leqslant \Delta P_E, \left(\dfrac{dq}{d\tau}\right)_w = \left(\dfrac{dq}{d\tau}\right)_E \times \dfrac{\mu}{\mu_w} \times \dfrac{\Delta P_w}{\Delta P_E} \\[3mm] \Delta P_w > \Delta P_E, \left(\dfrac{dq}{d\tau}\right)_w = \left(\dfrac{dq}{d\tau}\right)_E \times \dfrac{\mu}{\mu_w} \times \left(\dfrac{\Delta P_w}{\Delta P_E}\right)^{1-s} \end{array}\right\} \tag{4-26}$$

当洗涤压差小于或等于过滤终了压差时,因洗涤与过滤终了时的滤饼结构相同,故式(4-26)中不出现滤饼压缩指数。

洗涤液用量需由实验确定。按理想化的排代式流动计算,只需滤饼空隙体积的洗涤液就可把滤饼中滤液逐出,但实际情况远非如此,洗涤液用量比上述的量超出很多。一般当排出的洗涤液中含母液成分低到某一限值时,便停止洗涤。

若洗涤液量为 $V(\text{m}^3)$,单位洗涤面积使用的洗涤液量为 $q_w(\text{m}^3/\text{m}^2)$,则洗涤时间 τ_w 为

$$\tau_w = \dfrac{q_w}{\left(\dfrac{dq}{d\tau}\right)_w} = \dfrac{V_w}{\left(\dfrac{dV}{d\tau}\right)_w} \tag{4-27}$$

例 4-6 承[例4-5],若在过滤 15 min 后,以水洗涤滤饼。洗涤液用量为总滤液量的 1/10。洗涤液黏度与滤液黏度相同,洗涤压差与过滤压差相同,求洗涤时间。

解: 由[例4-5]知,$\tau_E = 15 \text{ min}, V_E = 0.799 \text{ m}^3$,可计算出过滤终了时的滤液流率为

$$\left(\frac{dV}{d\tau}\right)_E = \frac{KA^2}{2(V_E + V_e)} = \frac{4.785 \times 10^{-5} \times (4.0)^2}{2 \times (0.799 + 0.031\ 68)} = 4.608 \times 10^{-4}\ (m^3/s)$$

因此,洗涤时间

$$\tau_w = \frac{V_w}{\left(\dfrac{dV}{d\tau}\right)_w} = \frac{0.1V_E}{\left(\dfrac{dV}{d\tau}\right)_E} = \frac{0.1 \times 0.799}{4.608 \times 10^{-4}} = 173.4\ (s) = 2.89\ (min)$$

3. 最大产率问题

采用叶滤机进行过滤操作的全过程分过滤、洗涤与清理组装三个阶段。设三者耗时分别为 τ_F、τ_w 和 τ_R,三者之和为 τ_t,τ_t 称为操作周期。令在一个操作周期获得的滤液量为 V_F,则生产能力(产率)G 可用 V_F/τ_t 表示。下面讨论在一定操作条件下最大生产能力的计算方法。

(1)条件　某悬浮液用叶滤机进行恒压过滤和恒压滤饼洗涤操作。过滤面积为 A,恒压过滤时间 τ_F,得滤液量 V_F。洗涤压差与过滤压差相同,洗涤液黏度与滤液黏度相同。洗涤液用量 V_w 为 V_F 的 J 倍。过滤机清理与组装时间为 τ_R。滤布阻力可忽略。以上诸物理量中,A、J、τ_R 为已知量,τ_F、V_F 为变量,生产能力 G 亦为变量。

(2)问题　如何确定生产能力 G 最大时的 τ_F、τ_w 和 V_F 值。

(3)分析　过滤过程:

$$\tau_F = \frac{V_F^2}{KA^2}$$

洗涤过程:

$$\tau_w = \frac{V_w}{\left(\dfrac{dV}{d\tau}\right)_w} = \frac{JV_F}{\left(\dfrac{KA^2}{2V_F}\right)} = 2J\frac{V_F^2}{KA^2} = 2J\tau_F$$

故生产能力

$$G = \frac{V_F}{\tau_F(1+2J) + \tau_R} = \frac{A\sqrt{K\tau_F}}{\tau_F(1+2J) + \tau_R} = f(\tau_F)$$

既然 G 是 τ_F 的函数,可求 G 对 τ_F 的一阶导数并令其为零,以求得 G 最大时的 τ_F 值。为简化求导过程,取 G 的倒数对 τ_F 求导,以下为求极值过程。

令

$$H = \frac{1}{G} = \frac{\tau_F(1+2J) + \tau_R}{A\sqrt{K\tau_F}}$$

$$\frac{dH}{d\tau_F} = \left(\frac{1+2J}{A\sqrt{K}}\sqrt{\tau_F}\right)'_{\tau_F} + \left(\frac{\tau_R}{A\sqrt{K}} \times \frac{1}{\sqrt{\tau_F}}\right)'_{\tau_F} = \frac{1+2J}{2A\sqrt{K}} \times \frac{1}{\sqrt{\tau_F}} - \frac{\tau_R}{2A\sqrt{K}} \times \frac{1}{\tau_F\sqrt{\tau_F}} = 0$$

所以

$$\tau_F + \tau_w = \tau_R \tag{4-28}$$

经进一步计算知,在满足式(4-28)条件下,$\dfrac{dH^2}{d\tau_F^2} > 0$(读者自证),说明满足式(4-28)条件时出现 H 的极小值,即 G 的极大值,故具有最大生产能力应满足的条件是过滤与洗涤时间之和等于清理组装时间。

例 4-7　承[例 4-6]。已知清理组装时间为 28 min,试计算生产能力。若过滤介质阻力不计,求最大生产能力。

解:(1)$G = \dfrac{V_F}{\tau_F + \tau_W + \tau_R} = \dfrac{0.799}{15 + 2.89 + 28} = 0.0174 \ (\text{m}^3/\text{min})$

(2)在 $q_e = 0$ 条件下,实现最大产率时,

$$\tau_F + \tau_W = \tau_F(1 + 2J) = \tau_R$$

所以

$$\tau_F = \frac{\tau_R}{1 + 2J} = \frac{28 \times 60}{1 + 2 \times 0.10} = 1400 = 23.3 \ (\text{min})$$

$$V_F = A\sqrt{K\tau_F} = 4.0 \times \sqrt{4.785 \times 10^{-5} \times 1400} = 1.035 (\text{m}^3)$$

故

$$G_{\max} = \frac{V_F}{2\tau_R} = \frac{1.035}{2 \times 28} = 0.0185 (\text{m}^3/\text{min})$$

▶ 4.2.4 板框式压滤机的过滤、洗涤过程计算和最大产率问题

1. 恒压过滤

一个滤框相当于一只滤叶,二者都提供两个侧面的过滤面积,所不同的是滤叶的滤饼在滤布外侧生成,而滤框的滤饼在滤布内侧生成,但这并不影响恒压过滤计算,故板框式压滤机与叶滤机的恒压过滤计算方法是一样的。

例4-8 将钛白与水的悬浮液用板框式压滤机过滤,采用 26 只滤框,框厚为 45 mm,一个框的一个侧面过滤面积为 0.656 m²。每次恒压过滤都到滤饼刚充满滤框时停止,实测得每次过滤时间为 29.7 min,得滤液量 9.5 m³。若在同样条件下过滤,每次过滤时间改为 20 min,问框内每侧滤饼厚度为多少?过滤介质阻力可以忽略。

解:过滤面积

$$A = 26 \times 2 \times 0.656 = 34.11 \ (\text{m}^2)$$

滤饼充满滤框时,$q = \dfrac{V}{A} = \dfrac{9.5}{34.11} = 0.2785 (\text{m}^3/\text{m}^2)$,滤饼厚 $L = \dfrac{45}{2} = 22.5 (\text{mm})$。

令过滤时间 $\tau' = 20$ min,单位过滤面积的滤液量为 q',滤饼厚度为 L'。因为

$$q^2 = K\tau$$

则

$$\left(\frac{q'}{q}\right)^2 = \frac{\tau'}{\tau}$$

又因

$$q \propto L$$

$$\frac{L'}{L} = \frac{q'}{q} = \sqrt{\frac{\tau'}{\tau}}$$

所以

$$L' = 22.5 \times \sqrt{\frac{20}{29.7}} = 18.46 (\text{mm})$$

2. 滤饼洗涤

滤饼洗涤时,若恒压洗涤的压差与过滤终了时的压差相等,洗涤液黏度与滤液黏度相同,由于洗涤液通过板框内两层滤饼和两层滤布,洗涤阻力为过滤终了时阻力的两倍,且洗涤面积为过滤面积的一半,故洗涤液流率为过滤终了时滤液流率的 1/4,即 $\left(\dfrac{\text{d}V}{\text{d}\tau}\right)_W = \dfrac{1}{4}\left(\dfrac{\text{d}V}{\text{d}\tau}\right)_E$。进行洗涤时间计算时使用滤液流率不易出错,可避免 q 中所含面积因素更改带来的混淆。洗涤时

间可按 $\tau_w = \dfrac{V_w}{(dV/d\tau)_w}$ 计算。

3. 最大产率

按照 4.2.3 节所作讨论的条件与方法，可导得 $\tau_w = 8J\tau_F$，且实现最大生产能力必须满足的条件是

$$\tau_F + \tau_w = \tau_R \qquad (4-29)$$

▷ 4.2.5 过滤常量的测定

对一定的悬浮液，在选定滤布后，要应用过滤速率方程解决各种过滤计算问题，首先要确定 q_e、r_0 和 s 三个过滤参量的值，可通过小试来对这三个参量进行估值。下面介绍小试及数据整理的方法。

1. K 与 q_e 的确定

已经知道，恒压过滤实验的过程规律式为

$$V^2 + 2VV_e = KA^2\tau$$

此式可转换成如下直线方程式：

$$\frac{\tau}{V} = \frac{V}{KA^2} + \frac{2V_e}{KA^2} \qquad (4-30)$$

式(4-30)说明，只要在某一压差的恒压过滤中测出不同的过滤时间 τ 及与之对应的累积滤液量 V，由一组组 $(V, \tau)_i$ 数据可算出一组组 $(\tau/V, V)_i$ 数据。由于 K、A 及 V_e 都是常量，于是，在以 τ/V 为纵坐标，V 为横坐标的直角坐标系上把 $(\tau/V, V)_i$ 点标出来后，把各点连成直线，则直线的斜率为 $1/(KA^2)$，截距为 $2V_e/(KA^2)$，由此便可确定该压差下的 K 与 V_e 值。q_e 可按 V_e/A 求得。图线情况如图 4-8 所示。

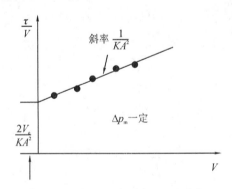

图 4-8　恒压过滤 K 及 q_e 的确定

若改变压差，分别做不同压差的恒压过滤实验，可得到多组 $(\Delta p_m, K, q_e)_i$ 数据，可发现，不同压差的 $q_{e,i}$ 值略有差别，这是因为不同压差的滤布堵塞情况及滤饼结构有差异。因操作压差变化范围较小，常在 $0.2 \sim 0.4$ MPa($2 \sim 4$ atm)范围内，故可将 q_e 的均值视为常量。

2. s 与 r_0 的测定

因

$$K = \frac{2(\Delta p_m)^{1-s}}{\mu r_0 \phi}$$

可得

$$\lg K = (1-s)\lg(\Delta p_m) + \lg\frac{2}{\mu r_0 \phi} \quad (4-31)$$

式(4-31)表明,因 s、μ、r_0、ϕ 都是常量,故 $\lg K$ 与 $\lg(\Delta p_m)$ 间呈直线关系,由上述实验取得 $(\Delta p_m, K)_i$ 数据整理成 $(\lg(\Delta p_m), \lg K)_i$ 数据,在以 $\lg K$ 为纵坐标、$\lg(\Delta p_m)$ 为横坐标的直角坐标系上把实验数据标点后连成直线,其斜率为 $(1-s)$,由此即可算出 s 值。根据截距为 $\lg\frac{2}{\mu r_0 \phi}$,在 μ、ϕ 已知的条件下,r_0 值亦可以确定。图线情况如图4-9所示。

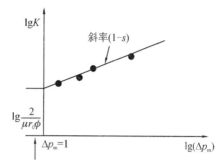

图4-9　滤饼压缩指数的确定

3. 处理直线规律实验数据的最小二乘法

若从理论分析知变量 x,y 呈直线规律变化,实验数据在 $y-x$ 图中标点亦总体呈现线性变化规律,但若将各 $(x, y)_i$ 点连接成锯齿形折线则是毫无意义的,这时可用最小二乘法由实验数据确定其内含的带规律性的直线方程,从而确定待求的方程常量。

设规律直线方程为 $\hat{y} = a + bx = f(x)$,其中 a、b 为待求量。实验测得 n 组 $(x, y)_i$ 数据,令 $x = x_i$ 时 $y_i - f(x_i)$ 为该点的偏差。用最小二乘法确定 $\hat{y} = a + bx$ 规律直线的原则就是令各实验点的偏差平方和最小。

求 a、b 的计算式为

$$\left.\begin{array}{c} b = \dfrac{\sum(x_i - \bar{x})(y_i - \bar{y})}{\sum(x_i - \bar{x})^2} \\[3mm] a = \bar{y} - b\bar{x} \end{array}\right\} \quad (4-32)$$

式中,$\bar{x} = \dfrac{\sum x_i}{n}$;$\bar{y} = \dfrac{\sum y_i}{n}$。

例4-9　在某条件下进行恒压过滤,过滤面积 $A = 0.045 \text{ m}^2$。测试方法是把整个过滤过程划分为8个连续的区段,以秒表测出各过滤区段的时间 $\Delta\tau$,以量筒测出相应区段取得的滤液量 ΔV。数据如下表所示,试确定 K 与 q_e 的值。

表4-3　例4-9附表1

$\Delta V/\text{mL}$	680	705	815	750	450	700	500	700
$\Delta\tau/\text{s}$	33.4	77.1	144.7	182.3	135	241.5	201	313.7

解:(1)把实验数据整理成 $(\tau/V, V)_i$ 数据,整理结果如下表所示。

表 4-4　例 4-9 附表 2

τ/s	33.4	110.5	255.2	437.5	572.5	814	1015	1328.7
V/L	0.68	1.385	2.2	2.95	3.4	4.1	4.6	5.3
$\dfrac{\tau}{V}/(s/L)$	49.1	79.8	116	148	168	199	221	251

计算举例(第 3 套数据)：

$$\tau=33.4+77.1+144.7=255.2(s),V=0.680+0.705+0.815=2.2(L)$$

$$\frac{\tau}{V}=\frac{255.2}{2.2}=116(s/L)$$

(2)以 x 替代 V，y 替代 τ/V，按最小二乘法作进一步的数据处理，如下表所示。

表 4-5　例 4-9 附表 3

组别	$x_i=V_i$	$y_i=(\tau/V)_i$	$(x_i-\bar{x})^2$	$(x_i-\bar{x})(y_i-\bar{y})$
1	0.68	49.1	5.76	252
2	1.385	79.8	2.87	126
3	2.2	116	0.774	33.4
4	2.95	148	0.0169	0.78
5	3.4	168	0.102	4.48
6	4.1	199	1.04	45.9
7	4.6	221	2.31	102
8	5.3	251	4.93	215
Σ	24.6	1232	17.8	780
	$\bar{x}=\dfrac{24.6}{8}=3.08$	$\bar{y}=\dfrac{1232}{8}=154$		

计算举例(第 3 套数据)：

$$(x_i-\bar{x})^2=(2.2-3.08)^2=0.774$$

$$(x_i-\bar{x})(y_i-\bar{y})=(2.2-3.08)\times(116-154)=33.4$$

(3)计算 $\hat{y}=a+bx$ 中的 a 和 b。

$$b=\frac{\sum(x_i-\bar{x})(y_i-\bar{y})}{\sum(x_i-\bar{x})^2}=\frac{780}{17.8}=43.8$$

$$a=\bar{y}-b\bar{x}=154-43.8\times3.08=19.1$$

(4)由 a、b 解出 K、q_e。对比以下两式(V 即 x，τ/V 即 y)：

$$\frac{\tau}{V}=\left(\frac{1}{KA^2}\right)V+\left(\frac{2V_e}{KA^2}\right)$$

$$y=bx+a$$

可知
$$b = \frac{1}{KA^2}, a = \frac{2V_e}{KA^2}$$

各变量单位:τ—s,V—L,A—m^2,V_e—L,K—$L^2/(s \cdot m^4)$,a—s/L,b—s/L^2。

因为 $b = \frac{1}{KA^2}$,即 $43.8 = \frac{1}{K(0.045)^2}$,所以
$$K = 11.27 \ L^2/(s \cdot m^4) = 1.13 \times 10^{-5} \ m^2/s$$

又因为 $a = \frac{2V_e}{KA^2} = \frac{2q_e}{KA}$,即 $19.1 = \frac{2q_e}{11.27 \times 0.045}$,所以
$$q_e = 4.84 \ L/m^2 = 4.84 \times 10^{-3} \ m^3/m^2$$

▷ 4.2.6 先恒速后恒压过滤

过滤过程中 $dq/d\tau$ 为恒值者称为恒速过滤,用正位移泵压送料浆过滤可实现恒速过滤,对于恒速过滤,有

$$\frac{dq}{d\tau} = \frac{q}{\tau} = \frac{K}{2(q+q_e)} = 常量 \tag{4-33}$$

故

$$q^2 + qq_e = \frac{K\tau}{2} \tag{4-34}$$

式(4-33)、式(4-34)即为恒速过滤方程。由式(4-33)可见,随着恒速过滤的进行,q 值增大,K 值亦增加,即所需压差必增大。这是由于滤饼增厚,过滤阻力增大,仍要维持原来过滤速率的难度增加,故要求压差加大。压差过大往往为设备强度及电机负荷能力所不容许,故一般不使用恒速过滤。

整个过滤过程均采用恒速过滤有压差过大的问题,因此不足取;但若全部采用恒压过滤,因一开始即在较高压差下操作,滤布易堵,也不好。所以,通常的过滤操作是开始阶段令压差逐渐升高,直到压差达到规定的恒压过滤压差值后便维持压差不变,转为恒压过滤。开始压差渐增的阶段未必是恒速过程,但往往按恒速过滤计算,这就是先恒速后恒压过滤操作。

对于先恒速后恒压过滤,若恒速过滤历时 τ_1,对应的 q 值为 q_1,在恒压过滤阶段有如下关系:

$$\int_{q_1}^{q} (q+q_e)dq = \int_{\tau_1}^{\tau} \frac{K}{2} d\tau$$

所以
$$(q^2 - q_1^2) + 2q_e(q-q_1) = K(\tau - \tau_1) \tag{4-35}$$

式(4-35)中的 K 是恒速过滤终了时的 K 值,τ 及 q 均指从过滤开始起计时的时间及滤液量值。

例 4-10 欲对某料浆进行恒压过滤。已知滤布 $q_e = 2.499 \times 10^{-3} \ m^3/m^2$,$K = 2.84 \times 10^{-5} \ m^2/s$,过滤面积 $A = 0.090 \ m^2$。开始过滤阶段要求在 2 min 内压差逐渐升高直至达到恒压过滤的压差值。问:取得总滤液量 25 L 需总过滤时间是多少?

解: 开始升压阶段可按恒速过滤计算。在恒速过滤阶段:
$$q_1^2 + q_1 q_e = (K/2)\tau_1$$
即
$$q_1^2 + 2.499 \times 10^{-3} q_1 = 2.84 \times 10^{-5} \times 120/2$$

$$q_1 = 0.040 \ (\mathrm{m^3/m^2})$$

在恒压过滤阶段：

$$(q^2 - q_1^2) + 2q_e(q - q_1) = K(\tau - \tau_1)$$

因　　　　　　　　$q = 25 \times 10^{-3}/0.090 = 0.278 \ (\mathrm{m^3/m^2})$

故　$(0.278^2 - 0.040^2) + 2 \times 2.499 \times 10^{-3} \times (0.278 - 0.040) = 2.84 \times 10^{-5}(\tau - 120)$

$$\tau = 2827 \ \mathrm{s} = 47.1 \ \mathrm{min}$$

▷ 4.2.7　回转真空过滤机

　　使用最广、最典型的连续式过滤设备是回转真空过滤机。回转真空过滤机的结构与操作情况如图 4-10 所示。其主要部件是转鼓，转鼓被等分为若干隔离的侧面为扇形的小室。转鼓的鼓面为金属丝网，外面覆以滤布，面积为 $A(\mathrm{m^2})$。转鼓的一部分浸于悬浮液中，浸没的转鼓表面积占整个转鼓表面积的分率为浸没度 Ψ。从转鼓侧面来看，浸没部分圆心角为 α（弧度），则 $\Psi = \alpha/(2\pi)$。转鼓转速为 $0.1 \sim 3$ r/min。

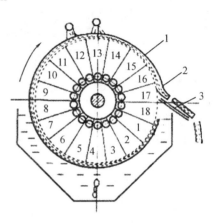

1—转筒；2—滤饼；3—刮刀。

图 4-10　回转真空过滤机

　　转鼓的每一小室内均有一托盘，该托盘把小室分割成两个不相通的空间。托盘位置比较靠近鼓面，只有鼓面与托盘间的空间才是小室的工作空间。每个小室的工作空间均通过一根管子与转鼓侧面中心部位的圆盘的一个端孔连通，该圆盘是转鼓的一部分，随转鼓转动，称为"转动盘"。另有一静止圆盘，盘上开有槽与孔，称为"固定盘"。转动盘与固定盘组成"分配头"。这两个盘相互紧靠，相互配合，如图 4-11 所示。固定盘上槽 1 与槽 2 分别同负压滤液罐相通，槽 3 同负压洗涤液罐接通，孔 4 与孔 5 分别与压缩空气缓冲罐相连。转动盘上的任一端孔旋转一周，先后经历了与固定盘上各槽、各孔连通的过程，使相应的转鼓小室亦先后同各种罐相连。当某一小室的过滤面侵入悬浮液时，其端孔也开始与槽 1 连通，使该小室成为负压并在压差推动下进行过滤。滤液通过滤布进入小室被抽汲到滤液罐，滤饼则附着在滤布外侧。在该小室的过滤面浸没于悬浮液的整个过滤过程中，其端孔均与槽 1 连通，过滤连续进行。当端孔与槽 2 连通时，其相应的过滤面已离开悬浮液，槽 2 的设置是为了将滤饼中含有的滤液汲出，使滤饼含液量降低。在转鼓上

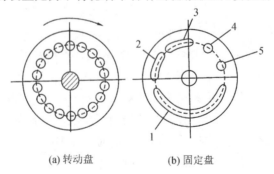

(a) 转动盘　　　　　(b) 固定盘

1,2—通真空贮槽的槽（滤液）；3—通真空贮槽的槽（洗涤液）；4,5—通压缩空气的孔。

图 4-11　分配头

方有洗涤液喷嘴,洗涤液喷淋在滤饼上通过槽3被汲至负压洗涤液罐。当端孔与孔4或孔5连通时,压缩空气反吹可使滤饼与滤布脱离,滤布再生,滤饼最后在刮刀处呈带状连续排出。

回转真空过滤机是连续操作机械,对其生产能力的讨论,可用对过滤面中任一微小过滤面积的分析作为基础。设转鼓转速为 n(单位 s^{-1},指每秒转数),则每一微小过滤面积的过滤时间为 Ψ/n(s)。因进行恒压过滤,故过滤过程符合下列规律:

$$q^2 + 2qq_e = K\tau$$

即

$$(q+q_e)^2 = K\tau + q_e^2$$

所以

$$q = \sqrt{K\tau + q_e^2} - q_e$$

令 $\tau = \Psi/n$,则

$$q_F = \sqrt{\frac{K\Psi}{n} + q_e^2} - q_e \tag{4-36}$$

由式(4-36)算得的 q_F 与过滤面积大小无关,适用于转鼓的任一过滤面积。τ、q 与 Ψ/n、q_F 含义不同。τ、q 是变量,尚无确定值,而 Ψ/n 是对 τ 的赋值,q_F 是过滤 Ψ/n(s)时每单位过滤面积所得到的滤液量。由于每秒钟有 nA(m^2)的过滤面积经历过 Ψ/n(s)的过滤,故回转真空过滤机的生产能力 G(m^3/s)可按下式计算:

$$G = nAq_F = nA\left(\sqrt{\frac{K\Psi}{n} + q_e^2} - q_e\right) \tag{4-37}$$

若 q_e 可不计,则

$$G = \sqrt{nA^2K\Psi} \tag{4-38}$$

可见,要提高生产率,可加快转速、增大转鼓过滤面积、提高滤液罐真空度或加大转鼓浸入料浆的面积分率。但转速太高亦不利,在忽略 q_e 的情况下,滤饼最大厚度 $\delta \propto q_F \propto \sqrt{1/n}$,转速 n 增大则 δ 变小,过薄的滤饼不易卸除。

例 4-11 某悬浮液拟用回转真空过滤机进行过滤。回转真空过滤机规格:转鼓直径 2.6 m,转鼓宽 2.6 m,过滤面积 20 m^2。操作参量:转速 0.35 r/min,浸没部分圆心角 $\alpha = 115°$,操作真空度 0.50 atm。该悬浮液在压差 3.0 atm 下恒压过滤小试得 $K = 2.78 \times 10^{-5}$ m^2/s,滤饼压缩性指数 $s = 0.22$。求以此回转真空过滤机过滤该悬浮液的生产能力。过滤介质阻力可忽略。

解: 计算知,该转鼓过滤面积 $= \pi \times 2.6 \times 2.6 = 21.2$($m^2$),但产品说明书指明过滤面积为 20 m^2,为安全起见按 $A = 20$ m^2 计算。

对于真空操作的 K 值,因 $K \propto (\Delta p_m)^{(1-s)}$,所以

$$K = 2.78 \times 10^{-5}(0.5/3.0)^{(1-0.22)} = 6.87 \times 10^{-6}(m^2/s)$$

$$\Psi = \alpha/360 = 115/360 = 0.319$$

$$n = 0.35/60 = 5.83 \times 10^{-3}(s^{-1})$$

生产能力

$$G = \sqrt{nA^2K\Psi} = \sqrt{5.83 \times 10^{-3} \times (20)^2 \times 6.87 \times 10^{-6} \times 0.319} \ m^3/s$$

$$= 2.26 \times 10^{-3} \ m^3/s = 8.14 \ m^3/h$$

➤ 4.2.8　过滤操作的改进

1. 使用助滤剂

在生产上遇到滤饼压缩性大的情况,滤饼空隙率小、阻力大、过滤速率低且难以靠加大压差改善操作时,多使用助滤剂来改进过滤性能。常用的助滤剂有硅藻土(单细胞水生植物的沉积化石经干燥或煅烧而得的颗粒,SiO_2 含量 85% 以上)、珍珠岩(玻璃状熔融火山岩倾入水中形成的中空颗粒)或石棉粉、炭粉等刚性好的颗粒。助滤剂有两种使用方法,一种是把助滤剂与水混合成的悬浮液在滤布上先进行预涂,使滤布上形成 1~3 mm 助滤剂层后再正式过滤,此法可防止滤布堵塞;另一种是将助滤剂混在料浆中一起过滤,此法只能用于滤饼不回收的情况。

2. 动态过滤

传统的滤饼过滤随着过滤的进行,滤饼不断积厚,过滤阻力不断增加,在恒定压差推动下过滤,则取得滤液的速率必然不断降低。为了在过滤过程中限制滤饼的增厚,蒂勒(Tiller)于 1977 年提出了一种新的过滤方式,即料浆沿过滤介质平面的平行方向高速流动,使滤饼在剪切力作用下被大部分铲除,以维持较高的过滤能力。因滤液与料浆流动方向呈错流,故称错流式过滤;又因滤饼被基本铲除,亦称为无滤饼过滤;但较多被称为动态过滤。欲使料浆高速流过过滤介质表面,一般采用设置旋转圆盘的方法。令圆盘与过滤介质表面平行,在圆盘面向过滤介质方向设有凸起的筋以带动在圆盘与过滤介质间的料浆高速旋转。可令筋的端面与过滤介质表面间距离在 20 mm 范围内适当调小,圆盘以小于 1000 r/min 转速旋转。

动态过滤需多耗机械能,但对许多难过滤的悬浮液能明显改善过滤性能,故有较高推广价值。

3. 深层过滤

当悬浮液中固体的体积分数在 0.1% 以下且固体粒子的粒度很小时,用滤布或金属丝网作过滤介质难以生成有效截留固体粒子的滤饼层,且滤布或丝网易堵,这时若采用粒径为 1 mm 左右的石英砂固定床层作为过滤介质,效果较好。这种以固体颗粒固定床作为过滤介质,将悬浮液中的固体粒子(为区别于过滤介质颗粒,故称为"粒子")截留在床层内部且过滤介质表面不生成滤饼的过滤称为深层过滤。液体挟带着固体粒子在固定床内弯曲通道中流动,由于惯性作用,固体粒子会偏离流线趋向组成固定床的固体颗粒(称为颗粒捕捉)。捕捉的机理一般认为是分子作用力,也可能是静电力。

深层过滤在操作一段时间以后因床层内积存的粒子增多使滤出液含固量增加,这时,需清洗床层颗粒。清洗方法是用滤出液由下而上高流速穿过床层,令床层膨胀、颗粒翻动且相互摩擦,固体粒子即可大部分随溢流液流走,使床层再生。清洗液约占过滤所得清液的 3%~5%。

4.3　颗粒沉降与沉降分离设备

分散于流体中的颗粒在重力或离心力作用下相对于流体运动的现象称为沉降。其中,在重力场中的颗粒沉降称为重力沉降,在离心力场中的颗粒沉降称为离心沉降。本节将分别介绍这两种沉降,并把讨论范围集中在应用最广的固体颗粒沉降上。

当固体颗粒在流体中沉降时,必伴随有流体的反向流动。若有多个靠得较近的颗粒同时沉降,每个颗粒引起的流体反向流动干扰了其他颗粒的沉降,便发生"干扰沉降"。若颗粒靠近器壁或器底,因流体流动受到阻碍,颗粒沉降亦会受到影响。上述诸因素的存在会使颗粒沉降问题变得复杂。为简化计算,以下讨论的都是未受其他颗粒沉降影响(颗粒体积浓度低于0.2%)及未受器壁、器底影响的颗粒沉降,亦称"自由沉降"的情况。

▷ 4.3.1 重力沉降速度

1. 重力沉降过程中的受力

在重力场中,一任意形状、体积为 V、密度为 ρ_s 的固体颗粒沉浸在密度为 ρ 的流体中,当 $\rho_s > \rho$,颗粒便向下沉降。颗粒在沉降过程中受到 3 种力:重力、浮力与曳力。重力向下;浮力向上;曳力是流体作用于颗粒且阻碍颗粒下移的力,方向向上。

在上述 3 种力中,重力为 $V\rho_s g$,浮力为 $V\rho g$,均易于计算,困难在于曳力的确定上。对于颗粒在静止流体中沉降且沉降速度为 u 的情况,可以想象有另一种情况与其对应,即颗粒静止而流体以速度 u 对颗粒绕流,二者颗粒与流体的相对运动速度相同,前者颗粒受到的曳力与后者流体受到的阻力大小相等。因而可以把颗粒沉降受到的曳力按流体对颗粒绕流时的阻力计算方法求取,即曳力

$$F_D = \zeta \frac{u^2}{2} \rho A_p$$

式中,ζ 为曳力系数;A_p 是颗粒在垂直于其沉降方向的平面上的投影面积。

于是,确定曳力的困难便转移到确定曳力系数上来了。

通过实验得知,流体对颗粒绕流受到的阻力不仅与流速有关,也与颗粒的形状、大小、取向有关。流动阻力既有表面阻力,也有形体阻力(取决于边界层脱离情况及尾流的流体湍流激烈程度等因素)。由于情况的复杂性,至今,除了如流体缓慢绕过光滑圆球且不发生边界层脱离的"爬流"等极少数简单情况的曳力系数可取得数值解外,一般尚未有理论求解。此问题只能通过实验,用半理论半经验方法解决。

2. 求曳力系数的经验曲线

1)用"量纲分析"方法确定与曳力有关的特征数

设颗粒是光滑圆球。根据实验观察,曳力与各有关物理量的一般函数式为

$$F_D = F(d_p, u, \rho, \mu)$$

式中,F_D 为曳力,N;d_p 为颗粒直径,m;u 为颗粒与流体的相对运动速度,m/s;ρ 为流体的密度,kg/m³;μ 为流体的黏度,Pa·s。

设

$$F_D = \alpha d_p^a u^b \rho^c \mu^d$$

各物理量的量纲为 $[F_D] = MLT^{-2}$,$[d_p] = L$,$[u] = LT^{-1}$,$[\rho] = ML^{-3}$,$[\mu] = MT^{-1}L^{-1}$,α 为无量纲系数。

根据等式两侧量纲和谐原则,可写出下列量纲等式:

$$MLT^{-2} = (L)^a (LT^{-1})^b (ML^{-3})^c (MT^{-1}L^{-1})^d$$

其中,对 M 有 $1 = c + d$,对 L 有 $1 = a + b - 3c - d$,对 T 有 $-2 = -b - d$。

对于 3 个式子解 4 个未知量而言,须任选一个未知量作为保留量才能有解。现选 d 为保

留量,可解得

$$a=2-d,b=2-d,c=1-d$$

所以

$$F_D=\alpha d_p^{(2-d)}u^{(2-d)}\rho^{(1-d)}\mu^d$$

由此可整理出两个特征数,其一般函数式为

$$\frac{F_D}{d_p^2u^2\rho}=\phi\left(\frac{d_pu\rho}{\mu}\right)$$

令 $Re_p=d_pu\rho/\mu$,称为雷诺数。

故曳力计算式可写成

$$F_D=\zeta\frac{u^2}{2}\rho\left(\frac{\pi}{4}d_p^2\right)$$

不难看出,特征数 $F_D/(d_p^2u^2\rho)$ 乘以常数便是曳力系数 ζ,故影响曳力系数的特征数一般式可写为

$$\zeta=f(Re_p)$$

2)由实验取得的 $\zeta\text{-}Re_p$ 关系曲线

对于光滑圆球,实验得到的 $\zeta\text{-}Re_p$ 关系曲线如图 4-12 中最下面一条曲线所示。由图 4-12 可见,曲线可分为 3 部分。

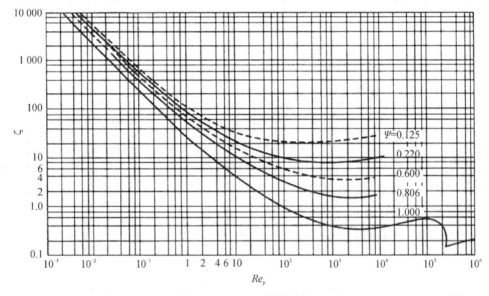

图 4-12　$\zeta\text{-}Re_p$ 关系曲线

各段曲线的 Re_p 值范围及 ζ 与 Re_p 的函数关系介绍如下。

(1)$Re_p<2$,斯托克斯(Stokes)区,

$$\zeta=\frac{24}{Re_p} \tag{4-39}$$

在此区域内流体阻力

$$F_D=3\pi\mu d_pu$$

(2)$Re_p=(2\sim500)$,阿伦(Allen)区,

$$\zeta=\frac{18.5}{Re_p^{0.6}} \tag{4-40}$$

（3）$Re_p = (500 \sim 2 \times 10^5)$，牛顿（Newton）区，

$$\zeta = 0.44 \tag{4-41}$$

图 4-12 中还有一些非圆球形颗粒的 ζ-Re_p 关系曲线，这些曲线并未分段拟合成计算式，使用时只能查图线。

3. 光滑圆球颗粒的自由沉降速度

前面提到，在重力场中，若质量为 m、密度为 ρ_s、直径为 d_p 的光滑圆球沉浸在密度为 ρ 的流体中且 $\rho_s > \rho$，颗粒必向下沉降。颗粒在沉降过程中受到 3 种力如下：

重力 $$F_g = mg$$

浮力 $$F_b = \frac{m}{\rho_s} \rho g$$

曳力 $$F_D = \zeta A_p \frac{u^2 \rho}{2}$$

式中，u 为颗粒沉降中瞬时的相对于流体的速度。

则 $$(F_g - F_b) - F_D = m \frac{du}{d\tau}$$

在沉降过程中 $(F_g - F_b)$ 为恒值，但 F_D 随 u 增大而增大。刚开始沉降时，$u=0$，$F_D = 0$，沉降加速度 $du/d\tau$ 最大，颗粒以最大加速度向下移动。随着颗粒向下运动速度 u 的增加，颗粒受到曳力 F_D 加大，加速度减小，但颗粒仍在加速沉降。当颗粒沉降的速度达到某一特定值 u_t，这时 $F_D = (F_g - F_b)$，颗粒加速度为零，颗粒便维持恒定速度 u_t 下降，u_t 称为颗粒的"自由沉降速度"。

颗粒自由沉降速度 u_t 可由下式导出：

$$mg - \frac{m}{\rho_s} \rho g = \zeta A_p \frac{u^2 \rho}{2}$$

$$m = \frac{\pi}{6} d_p^3 \rho_s, \quad A_p = \frac{\pi d_p^2}{4}$$

所以 $$u_t = \sqrt{\frac{4 g d_p (\rho_s - \rho)}{3 \zeta \rho}} \tag{4-42}$$

一般在颗粒沉降过程中，u 从零增至 u_t 的时间很短，沉降的距离很短。为简化计算，通常把整个沉降过程视为按 u_t 等速沉降的过程。

把不同 Re_p 区域的 ζ 值计算式代入式（4-42），得 $Re_p < 2$，

$$u_t = \frac{g d_p^2 (\rho_s - \rho)}{18 \mu} \quad \text{（Stokes 公式）} \tag{4-43}$$

$Re_p = (2 \sim 500)$，

$$u_t = 0.27 \sqrt{\frac{g d_p (\rho_s - \rho) Re^{0.6}}{\rho}} \quad \text{（Allen 公式）} \tag{4-44}$$

$Re_p = (500 \sim 2 \times 10^5)$，

$$u_t = 1.74 \sqrt{\frac{g d_p (\rho_s - \rho)}{\rho}} \quad \text{（Newton 公式）} \tag{4-45}$$

式（4-43）～式（4-45）是光滑圆球颗粒重力自由沉降速度计算公式，使用的前提条件是

$\rho_s > \rho$。要应用这些公式计算 u_t，首先遇到的问题是因 u_t 未知，Re_p 无法计算，故无法选定该应用的具体式子。一般可假设 Re_p 属于某一区域，按该区域计算出 u_t，然后验算 Re_p，只有算出的 Re_p 属于原假设区域，算出的 u_t 才有效。

下面介绍 $\psi = 1$ 时，不需试差计算 u_t 的判据法。当 $Re_p < 2$，

$$u_t = \frac{gd_p^2(\rho_s - \rho)}{18\mu}, Re_p = d_p\left[\frac{gd_p^2(\rho_s - \rho)}{18\mu}\right]\frac{\rho}{\mu} < 2$$

所以

$$d_p\left[\frac{g(\rho_s - \rho)\rho}{\mu^2}\right]^{\frac{1}{3}} < 3.3$$

当 $Re_p > 500$，

$$u_t = 1.74\sqrt{\frac{gd_p(\rho_s - \rho)}{\rho}}, Re_p = 1.74d_p\sqrt{\frac{d_p(\rho_s - \rho)g}{\rho}} \times \frac{\rho}{\mu} > 500$$

所以

$$d_p\left[\frac{g(\rho_s - \rho)\rho}{\mu^2}\right]^{\frac{1}{3}} > 43.6$$

故判据

$$d_p\left[\frac{g(\rho_s - \rho)\rho}{\mu^2}\right]^{\frac{1}{3}}\begin{cases} < 3.3 \\ = (3.3 \sim 43.6) \\ > 43.6 \end{cases} \tag{4-46}$$

例 4-12 某固体颗粒在 20 ℃水中沉降，颗粒的密度、形状系数及粒径为 $\rho_s = 2100\ kg/m^3$，$\psi = 1.0, d_p = 0.1\ mm$，求颗粒的沉降速度。

解： 查附录 E 得，20 ℃水的 $\rho = 1000\ kg/m^3, \mu = 1\ cP = 0.001\ Pa \cdot s$，因 $\psi = 1$，可用判据法确定计算公式。

由于

$$d_p\left[\frac{g(\rho_s - \rho)\rho}{\mu^2}\right]^{\frac{1}{3}} = 0.1 \times 10^{-3} \times \left[\frac{9.81 \times (2100 - 1000) \times 1000}{0.001^2}\right] = 2.21 < 3.3$$

属 Stokes 区，故

$$u_t = \frac{gd_p^2(\rho_s - \rho)}{18\mu} = \frac{9.81 \times (1 \times 10^{-4})^2 \times (2100 - 1000)}{18 \times 0.001} = 6.00 \times 10^{-3}(m/s)$$

▶ 4.3.2 重力沉降室

下面介绍重力沉降净化器。假设颗粒均为自由沉降。

令含固体颗粒的流体沿水平方向缓慢流过净化器，颗粒因重力沉降至器底，从而使流体除去固体颗粒而得到净化。这种净化器结构简单，但除颗粒的效果不理想，常用作初步处理，其原理如图 4-13 所示。

若净化器长为 L，宽为 $B(A = LB)$，高为 H（三者单位都是 m），流体流量为 $V_s(m^3/s)$，则流体在净化器内停留时间 $\tau_1 = AH/V_s(s)$。

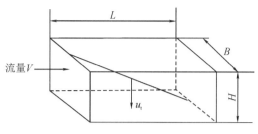

图 4 - 13 重力沉降室

若某粒径颗粒的重力沉降速度为 u_t(m/s),则该颗粒自器顶沉降至器底的时间 $\tau_2 = H/u_t$(s)。

要在净化器中除去该粒径颗粒,至少应满足关系 $\tau_1 = \tau_2$,即 $AH/V_s = H/u_t$,故流体处理量

$$V_s = Au_t \qquad (4-47)$$

式(4-47)说明对除去某一粒径以上颗粒而言,流体处理量只取决于该粒径颗粒的重力沉降速度和净化器的水平面积,与净化器高度无关。

对于一定的净化器,为了增大流体处理量,往往做成多层结构,但应核算流体流过各层净化器的雷诺数,保证 $Re_p < 2000$,令流体为层流,以免流体旋涡妨碍颗粒沉降或将已沉至器底的颗粒重新卷起。

当某悬浮系水平流过一已知尺寸的重力沉降室时,若 V_s 与 A 已知,则可由式(4-47)算出 u_t。为以下讨论更清楚起见,将此算出的 u_t 写成 $u_{t,c}$,由该 $u_{t,c}$ 值算出的颗粒直径是临界粒径 $d_{p,c}$。凡 $d_p \geqslant d_{p,c}$ 的颗粒理论上均可沉降到器底,但 $d_p < d_{p,c}$ 的颗粒也有一部分可沉降至器底。设进沉降器时悬浮系中颗粒分布均匀。对于某一种粒径为 d'_p 的颗粒,设 $d'_p < d_{p,c}$,其沉降速度为 u'_t,在悬浮系流过沉降室的过程中,该种颗粒沉降下移了 H' 距离,则这种颗粒在沉降室中被除去的分率(效率)可按下式计算:

$$\text{粒径为 } d'_p \text{ 颗粒的去除率} = \frac{\left(\dfrac{H}{u_{t,c}}\right)u'_t}{H} = \frac{u'_t}{u_{t,c}} = \frac{H'}{H} \qquad (4-48)$$

式中,H 为沉降室高度,m。

▷ 4.3.3 离心沉降速度

在流体与固体颗粒形成的悬浮系中,当固体密度 ρ_s 与流体密度 ρ 不等时,固然可借重力场实现固体与流体的分流,但对细小粒子而言,沉降速度甚低,分离效率不高。要使细小粒子有较高的沉降速度,需要有"超重力场",使粒子受到的场力远远高于重力场力,而且这种场力的大小能为人们所控制,以摆脱基本恒定的重力场的限制。令悬浮系作高速圆周回旋运动产生的离心力场就是这种"超重力场"。在离心力场中固体颗粒的沉降称为离心沉降,所用设备为离心沉降设备。常用的离心沉降设备有旋风分离器、水力旋流器与离心机等,其中前两种设备为静设备,结构简单,后者为动设备,结构较复杂,三者过程原理相同。

当"流体-固体颗粒"悬浮系作等角速度 ω 圆周运动时,可对其中一个颗粒的受力与运动情况作分析。设某固体颗粒为圆球,直径为 d_p,颗粒密度为 ρ_s,旋转半径为 R,圆周速度为 u_T($u_T = R\omega$),则颗粒在适当选择的非惯性坐标系中可受到沿半径方向的离心惯性力。根据阿基

米德原理,设流体密度为ρ,且$\rho_s > \rho$,则颗粒受到的离心力大于浮力,颗粒便沿径向离心移动,此时颗粒运动必受到流体阻力。令颗粒受到的离心力、浮力及阻力三力平衡时的运动速度为u_t,则这三种力及其力平衡式如下:

$$离心惯性力 = \frac{\pi d_p^3}{6} \rho_s \frac{u_T^2}{R}$$

$$浮力 = \frac{\pi d_p^3}{6} \rho \frac{u_T^2}{R}$$

$$阻力 = \zeta \frac{\pi d_p^2}{4} \frac{u_t^2}{2} \rho$$

三力平衡式为

$$\frac{\pi}{6} d_p^3 (\rho_s - \rho) \frac{u_T^2}{R} = \zeta \frac{\pi}{4} d_p^2 \times \frac{u_t^2}{2} \rho$$

所以

$$u_t = \sqrt{\frac{4}{3} \left(\frac{u_T^2}{R}\right) \frac{d_p (\rho_s - \rho)}{\zeta \rho}} \tag{4-49}$$

u_t即为颗粒的离心沉降速度。

比较式(4-49)与式(4-42)可知,离心沉降与重力沉降速度计算式的形式一致,不同的是,离心沉降速度计算式中以u_T^2/R替代了重力沉降速度计算式中的g。令分离因数

$$K = \frac{u_T^2/R}{g} \tag{4-50}$$

对一定的悬浮系,当采用离心沉降时,可人为地控制分离因数的大小,使颗粒有适宜的沉降速度。例如$R = 0.4$ m,$u_T = 20$ m/s,可算得K值为102,即颗粒受到的离心惯性力可达其重力的102倍,这就是采用超重力场的好处。高速离心机的K值可高达10000以上。

4.4　固体流态化

将大量固体颗粒悬浮于运动的流体之中,从而使颗粒具有类似于流体的某些表观特性,这种流固接触状态称为固体流态化。工业上广泛使用固体流态化技术来进行流体或固体的物理、化学加工,以及颗粒的输送。

▷ 4.4.1　固体流态化现象

1. 固体颗粒床层的操作类型

当流体由下而上通过固体颗粒床层,随着流体流速从零开始逐渐增大,颗粒床层会先后出现3种运动形态。现对3种颗粒床层运动形态叙述如下。

(1)固定床　见图4-14(a),当流体空速u较低,流体通过颗粒床层时床层静止,故称这种固体颗粒床层为"固定床"。设床层高度为L_0,床层空隙率为ε。若床层横截面直径D比颗粒直径d_p大得多,床层各向同性,则流体在颗粒间孔隙中流动的真正流速$u_1 = u/\varepsilon$。颗粒静止不动,说明流体对颗粒的曳力与浮力之和小于颗粒的重量,或颗粒的沉降速度大于流体的真正流速。

（2）流化床　当流体空速趋近某一临界速度 u_{mf}，颗粒开始松动，床层略有膨胀，床层高度增至 L_{mf}，颗粒位置稍作调整，如图 4-14(b) 所示。当继续加大流速，便会出现图 4-14(c) 或图 4-14(d) 的情况，固体颗粒呈悬浮状，颗粒重量不是靠与其接触的下面颗粒的支撑，而是靠流体对其产生的曳力与浮力支托。悬浮的颗粒在向上流过的流体中作随机运动，或摆动，或自转，并同时发生固体颗粒沿不同的回路作上下运动。由于这时固体颗粒的行为犹如沸腾的液体在翻腾，故被称为"流化床"（fluidized bed）或"沸腾床"。流化床现象可在一定的流体空速范围内出现，在这流速范围内，随着流速的增加，流化床高度增大，床层空隙率增大。流化床有两种流化形式，即散式流化与聚式流化。

① 散式流化。流化床中固体颗粒均匀地分散于流体，床层中各处空隙率大致相等，床层有稳定的上界面，这种流化形式称为散式流化。固体与流体密度差别较小的体系流化时可发生散式流化，液-固系的流化基本上属于散式流化，情况如图 4-14(c) 所示。

② 聚式流化。一般气-固系在流化操作时，因固体与气体密度差别很大，气体对颗粒的浮力很小，气体对颗粒的支托主要靠曳力，这时床层会产生不均匀现象，在床层内形成若干"空穴"。空穴内固体含量很少，是气体排开固体颗粒后占据的空间，称为"气泡相"。气体通过床层时优先通过各空穴，但空穴并不是稳定不变的，气体支撑的空穴上方的颗粒会落下，使空穴位置上升，最后在上界面处"破裂"。当床层产生空穴时，非空穴部位的颗粒床层仍维持在刚发生流化时的状态，通过的气流量较少，这部分称为"乳化相"。在发生聚式流化时，细颗粒被气体带到上方，形成"稀相区"，而较大颗粒留在下部，形成"浓相区"，两个区之间有分界面。一般讲的流化床层主要指浓相区，床层高度 L 指浓相区高度。聚式流化如图 4-14(d) 所示。

（3）输送床　当流体空速超过流化床上限空速后，床层高度不断升高，床层空隙率趋于1，流体空速与真正速度一致，且大于颗粒的沉降速度，故颗粒不能停留在容器中，逐渐被流体带出容器，这就是"输送床"。输送床的情况如图 4-14(e) 所示。

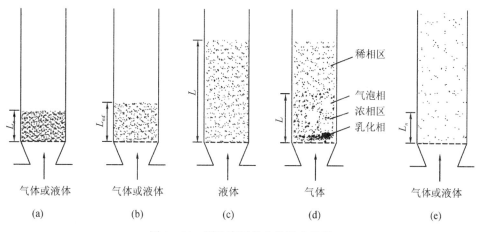

图 4-14　颗粒床层的 3 种运动类型

流化床与输送床中固体颗粒的行为均类似于流体，从广义角度看，二者均为流化床，但二者的规律和用途毕竟不同，故一般讲的流态化是狭义的，专指上述固体颗粒床层的第 2 种运动类型。

2.流化床操作中固体颗粒类似液体的特性

参看图4-15,流化床操作时固体颗粒会取得水平的床层上表面,可从侧孔流出,这一特性十分重要,使流化床操作能连续加料与出料。此外,流化床能对全部或部分浸没其中的物体产生浮力,以气-固系为例,浮力大小即物体排开流化床体积内颗粒的重量,体现了流体的特性。流化床固体颗粒有类似于流体的特性,流化床的名称即由此得来。

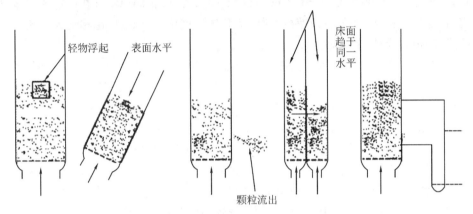

图4-15　流化床颗粒类似液体的行为

3.流化操作的特点

(1)流化操作具有如下优点:

①固体颗粒粒径小,比表面积大,传热、传质或反应的速率高。

②固体颗粒混合均匀,运动激烈,床层内温度、浓度均匀,便于过程控制。

③易于实现固体颗粒的连续进料与出料。

(2)流化床操作具有如下缺点:

①固体颗粒对器壁及管壁的磨损较严重。

②颗粒相互摩擦,易产生粉末被流体带走。

③气-固系流化床易发生床层不均匀现象,部分流体"短路",未经充分与固体颗粒接触便离开床层,部分流体在床层停留时间过长,使过程效率下降。

▷ 4.4.2　固体流态化的流体力学特性

1.床层压降-流体空速曲线

固体颗粒床层随流体空速 u 的增大,先后出现的固定床与流化床的 $\Delta p_m - u$ 的实验曲线如图4-16所示。图中 $A\sim B$ 段颗粒静止不动,为固定床阶段;$B\sim C$ 段床层膨胀,颗粒松动,由原来堆积状况调整成疏松堆积状况。C 点表示颗粒群保持接触的最松堆置,这时流体空速为 u_{mf},称为"起始流化速度"。固定床以 C 点为限,从 C 点开始,随着空速增大,床层进入流化阶段。

在 C 点时,颗粒虽相互接触,但颗粒所受重力正好等于曳力与浮力之和,颗粒之间在垂直方向上无相互作用力。自 C 点以后的整个流化阶段中,颗粒重量都靠流体的曳力与浮力支撑。$C\sim D$ 阶段是床层颗粒自上而下逐粒浮起的过程。由于颗粒间的摩擦及部分叠置,床层

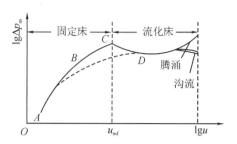

图 4-16　流化床与固定床的 $\lg\Delta p_{m}$-$\lg u$ 曲线

压降比纯支撑颗粒重量时稍高。

若流化阶段是散式流化,则流化阶段床层修正压强差等于单位截面积床层固体颗粒的净重,即

$$\Delta p_{m}=\frac{m}{A\rho_{s}}(\rho_{s}-\rho)g=L(1-\varepsilon)(\rho_{s}-\rho)g \tag{4-51}$$

式中,Δp_{m} 为流化床层的修正压强差,Pa;m 为整个床层内颗粒的质量,kg;A 为床层横截面积,m^{2}。

式(4-51)表明,散式流化过程床层压降不随流体空速的变化而改变,这一点已被实验基本证实。实际上,由于颗粒与器壁的摩擦,随着空速的增大,流化床层的压降略为升高。

对于聚式流化,由于气穴的形成与破裂,流化床层的压降会有起伏,此外,还可能发生两种不正常的操作状况,即腾涌与沟流,使其压降曲线形状对比散式流化的压降曲线形状有一定差别。

若床层直径较小且流化床浓相区较高,气穴合并成与床层直径相等的大气穴,把床层固体颗粒分段,气穴如活塞般将颗粒朝上推,部分颗粒落下,这种现象称为"腾涌",如图 4-17 所示。发生腾涌时,气、固接触不良,而且由于固体颗粒的抛起与落下,易损坏设备。腾涌的流化压降高于散式流化压降。

若颗粒堆积不匀,可能发生固定床层局部区域流化而其余区域仍为固定床的情况,这种情况叫做"沟流"。发生沟流时,同样气、固接触不良,其流化压降比散式流化压降低。

腾涌与沟流的流化压降曲线均示于图 4-16。

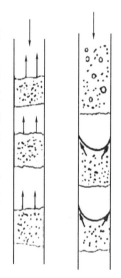

图 4-17　腾涌

2. 流化床的流体空速范围

1)起始流化速度 u_{mf}

起始流化速度可由固定床与流化床的压降-流速曲线交点决定。

流化床

$$\Delta p_{m}=L(1-\varepsilon)(\rho_{s}-\rho)g \tag{a}$$

固定床

$$\Delta p_{m}=150\frac{(1-\varepsilon)^{2}}{\varepsilon^{2}}\times\frac{\mu u}{\Psi^{2}d_{m}^{2}}L \tag{b}$$

在固定床压降计算式中,只采用了欧根公式的黏性阻力项。

令(a)、(b)两式的 Δp_m 相等,以 ε_{mf} 替代式中的 ε,以 u_{mf} 替代式中的 u,以 L_{mf} 替代式中的 L,可得

$$u_{mf} = \frac{\Psi^2 \varepsilon_{mf}^3}{150 \times (1 - \varepsilon_{mf})} \times \frac{d_m^2 (\rho_s - \rho) g}{\mu} \qquad (4-52)$$

由于固定床起始流化的 ε_{mf} 不易测,颗粒形状系数 Ψ 也不易测定,故定义"最小流化系数" C_{mf} 为

$$C_{mf} = \frac{\Psi^2 \varepsilon_{mf}^3}{150 \times (1 - \varepsilon_{mf})} \qquad (4-53)$$

即

$$u_{mf} = C_{mf} \frac{d_m^2 (\rho_s - \rho)}{\mu} \qquad (4-54)$$

并通过实验确定 C_{mf} 值。有的资料推荐 $1/C_{mf} = 1650$。白井-李伐(Leva)提出如下计算 u_{mf} 的方法。令

$$Re_{mf} = d_m u_{mf} \frac{\rho}{\mu} \qquad (4-55)$$

则

$$\left. \begin{array}{l} C_{mf} = 6.05 \times 10^{-4} (Re_{mf})^{-0.0625}, \ Re_{mf} < 1.0 \\ C_{mf} = 2.20 \times 10^{-3} (Re_{mf})^{-0.555}, \ 20 < Re_{mf} < 6000 \end{array} \right\} \qquad (4-56)$$

由于 u_{mf} 未知,不能计算出 Re_{mf},一般需试差求 u_{mf}。下面介绍一种避免试差的方法。

将式(4-56)中 $Re_{mf} < 1.0$ 的 C_{mf} 计算式代入式(4-54),得

$$u'_{mf} = 8.024 \times 10^{-3} \frac{[\rho(\rho_s - \rho)]^{0.94}}{\rho \mu^{0.88}} d_m^{1.82} \qquad (4-57)$$

按式(4-57)算出 u'_{mf},并由 u'_{mf} 计算出 Re_{mf},若 $Re_{mf} > 10$,则乘以校正系数 ϕ,即可算得 u_{mf}。校正系数曲线如图4-18所示。

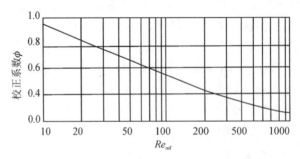

图4-18 白井-李伐方法计算 u_{mf} 的校正系数 ϕ

2)带出速度

当流化床的流体空速增大,床层高度及床层空隙率均增大。到空隙率 $\varepsilon = 1$ 时,颗粒即被全部带出,该带出速度就是最大流化速度,亦即颗粒沉降速度 u_t。

颗粒沉降速度可按式(4-42)计算。对于大颗粒,可算得带出速度与起始流化速度之比 $u_t/u_{mf} = 8.61$;而对于小颗粒,该比值为91.6。可见,小颗粒比大颗粒的流化速度范围宽得多。

例4-13 某常压操作流化床干燥器,以150 ℃空气干燥某晶体产品。晶体平均粒径 $d_m = 0.60$ mm,密度 $\rho_s = 2400$ kg/m³,试按两种方法计算起始流化速度。

解:查附录 E 得,$p=1$ atm,$t=150$ ℃的空气 $\rho=0.835$ kg/m^3,$\mu=2.41\times10^{-5}$ Pa·s。

(1)按 $1/C_{mf}=1650$ 计算 u_{mf}:

$$u_{mf}=\frac{d_m^2(\rho_s-\rho)g}{1650\mu}=\frac{(0.60\times10^{-3})^2\times(2400-0.835)\times9.81}{1650\times2.41\times10^{-5}}=0.213\ (m/s)$$

(2)按白井-李伐方法计算 u_{mf}:

$$u'_{mf}=8.024\times10^{-3}\frac{[\rho(\rho_s-\rho)]^{0.94}}{\rho\mu^{0.88}}d_m^{1.82}$$

$$=8.024\times10^{-3}\times\frac{[0.835\times(2400-0.853)]^{0.94}}{0.835\times(2.41\times10^{-5})^{0.88}}\times(0.60\times10^{-3})^{1.82}$$

$$=0.193\ m/s$$

$$Re_{mf}=\frac{d_m u_{mf}\rho}{\mu}=\frac{0.60\times10^{-3}\times0.193\times0.835}{2.41\times10^{-5}}=4.01$$

因 $Re_{mf}=4.01<10$,故不需校正,$u_{mf}=0.193$ m/s。

两种方法计算的 u_{mf} 值相互间有 10% 的误差,这种情况在工程计算中是很常见的。为安全计,本题取起始流化速度为其中的高值,即 $u_{mf}=0.213$ m/s。

3. 流化床的浓相区高度和分离高度

进行流化操作的固体颗粒不可能粒径一致,当大颗粒正常流化操作时,总会有些小颗粒被流体带走,也有的大颗粒被流体挟带到一定高度后又重返流化床层。这种情况对气-固系流化特别明显,故有浓相区与稀相区之分。

1)流化床浓相区高度

由实验得知,无论散式流化或聚式流化,浓相区空隙率 ε 与流体空速 u 之间大致有如下关系:

$$\varepsilon\propto u^n \tag{4-58}$$

式中,n 为小于1的常数。在双对数坐标图上将实验测得的$(\varepsilon、u)_i$ 数据标点后,基本上可得直线关系,由此可得 n 值。对散式流化,此规律能在 ε 由 ε_{mf} 至1全范围内与实验数据吻合;但对聚式流化,只在部分范围内符合规律。

设起始流化时床层高度为 L_{mf},床层空隙率为 ε_{mf}。令实际操作的流体空速 u 与起始流化空速之比为流化数,任一空速 u 时流化床浓相区高度 L 与起始流化时床层高度 L_{mf} 之比为膨胀比 R,由于流化床内固体颗粒的质量 m 为定值,即

$$m=AL_{mf}(1-\varepsilon_{mf})\rho_s=AL(1-\varepsilon)\rho_s$$

式中,A 为床层横截面积,m^2。

则

$$R=\frac{L}{L_{mf}}=\frac{1-\varepsilon_{mf}}{1-\varepsilon} \tag{4-59}$$

对某流化操作,只需测得其 L_{mf}、ε_{mf}、u_{mf} 及式(4-58)中的 n 值,对任一操作空速 u,若属散式流化,即可算出浓相区高度;若为聚式流化,在一定范围内亦可算出 L 值。

2)分离高度

以气-固系为例,稀相区内有两种固体颗粒,一种是随气流带走的小颗粒,无论设备多高都不能使这些小颗粒在该设备内返回浓相区,另一种稍大的颗粒是由于气穴在浓相区上界面处

破裂喷溅出去的,这部分颗粒被气流夹带到一定高度后能重新沉降返回浓相区。稀相区内颗粒密集度(kg/m³)随高度增加而减小,如图 4-19 所示。当到达某一高度后,颗粒密集度趋于常值。由浓相区上界面到该颗粒密集度刚为常值的高度叫作分离高度。流化床上部设备高度只需保证分离高度即可,若超过此高度,设备再高也不能使小颗粒返回浓相区床层。对不同的流化物系,不同操作气速下的分离高度均需由实验测出。

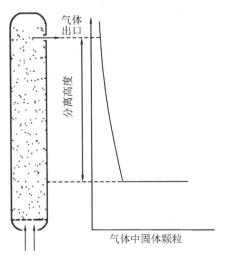

图 4-19 分离高度

习　题

4-1　有一种固体颗粒是正圆柱体,其高度为 h,圆柱直径为 d。试写出其等体积当量直径 $d_{e,v}$ 和形状系数 Ψ 的计算式。

4-2　某内径为 0.10 m 的圆筒形容器中堆积着某固体颗粒,颗粒是高度 $h=5$ mm,直径 $d=3$ mm 的正圆柱,床层高度为 0.80 m,床层空隙率 $\varepsilon=0.52$,若 1 atm,25 ℃的空气以 0.25 m/s 空速通过床层,试估算气体压降。

4-3　拟用分子筛固定床吸附氯气中微量水分。现以常压下 20 ℃空气测定床层水力学特性。得两组数据如下:空塔气速 0.20 m 时,床层压降 14.28 mmH$_2$O;空塔气速 0.60 m/s 时,床层压降 93.94 mmH$_2$O。

试估计 25 ℃,绝对压强 1.35 atm 的氯气以空塔气速 0.40 m/s 通过此床层的压降(含微量水分氯气的物性按纯氯气计,氯气 $\mu=0.014$ cP,$\rho=3.92$ kg/m³)。

4-4　令水通过固体颗粒消毒剂固定床进行灭菌消毒。固体颗粒的筛析数据是:0.5～0.7 mm,12％;0.7～1.0 mm,25％;1.0～1.3 mm,45％;1.3～1.6 mm,10％;1.6～2.0 mm,8％(以上均指质量分数)。颗粒密度为 1875 kg/m³。固定床高 350 mm,截面积为 314 mm²。床层中固体颗粒的总质量为 92.8 g。用 20 ℃清水以 0.040 m/s 空速通过床层,测得压降为 677 mmH$_2$O,试估算颗粒的形状系数 Ψ 值。

4-5　以单只滤框的板框式压滤机对某物料的水悬浮系进行过滤分离,滤框尺寸为 0.20 m×0.20 m×0.025 m。已知悬浮液中每 1 m³ 水带有 45 kg 固体,固体密度为 1820 kg/m³。

当过滤得到 20 L 滤液时,测得滤饼总厚度为 24.3 mm,试估算滤饼的含水率,以质量分数表示。

4-6 某黏土矿物加水打浆除砂石后,需过滤脱除水分。在具有两只滤框的压滤机中做恒压过滤试验,总过滤面积为 0.080 m²,压差为 3.0 atm,测得过滤时间与滤液量数据如下:

过滤时间/min	1.20	2.70	5.23	7.25	10.87	14.88
滤液量/L	0.70	1.38	2.25	2.69	3.64	4.38

试计算过滤常量 K(以 m²/s 为单位),并计算 q_e(以 m³/m² 为单位)。用最小二乘法计算。

4-7 欲过滤分离某固体物料与水构成的悬浮系,经小试知,在某恒压差条件下过滤常量 $K = 8.23 \times 10^{-5}$ m²/s,滤布阻力 $q_e = 2.21 \times 10^{-3}$ m³/m²,每 1 m³ 滤饼中含水 485 kg,固相密度为 2100 kg/m³,悬浮液中固体的质量分数为 0.075。现拟采用叶滤机恒压差过滤此料浆,使用的滤布、压差和料浆温度均与小试时的相同。每只滤叶一个侧面的过滤面积为 0.4 m²,每次过滤到滤饼厚度达 30 mm 便停止过滤,问:每批过滤的时间为多少?

若滤饼需以清水洗涤,每批洗涤水用量为每批滤液量 1/10,洗涤压差及洗涤水温度均与过滤时的相同,问:洗涤时间是多少?

4-8 某悬浮液用叶滤机过滤,已知洗涤液量是滤液量的 0.1 倍(体积比),一只滤叶的一个侧面过滤面积为 0.4 m²,经过小试测得过滤常数 $K = 8.23 \times 10^{-5}$ m²/s。不计滤布阻力,所得滤液与滤饼体积之比为 12.85(m³ 滤液/m³ 滤饼)。按最大生产率原则生产,整理、装拆时间为 20 min,求每只滤叶的最大生产率及每批过滤的最大滤饼厚度。

4-9 有一叶滤机,在恒压下过滤某种水悬浮液时,得到如下过滤方程:$q^2 + 30q = 300\tau$,其中 q 的单位为 L/m²,τ 的单位为 min。在实际操作中,先恒速过滤 5 min,压强升至上述试验压强,然后维持恒压过滤,全部过滤时间为 20 min。试求:(1)每一循环中每 m² 过滤面积所得滤液量;(2)过滤后再用相当于滤液总量的 1/5 水进行洗涤的洗涤时间。

4-10 用板框式压滤机进行恒压过滤,滤框尺寸 810 mm×810 mm×25 mm。已知滤液体积/滤饼体积 = 12.85(m³ 滤液/m³ 滤饼),经过小试测得过滤常数 $K = 8.23 \times 10^{-5}$ m²/s,$q_e = 2.21 \times 10^{-3}$ m³/m²,操作时的滤布、压差及温度与小试时相同。滤饼刚充满滤框时停止过滤,试求:(1)每批过滤时间;(2)若以清水洗涤滤饼,洗涤水量为滤液的 1/10,洗涤压差及水温与过滤时相同,求洗涤时间;(3)若整理、装拆时间为 25 min,求每只滤框的生产率。

4-11 板框式压滤机在 1.5 atm(表压)下恒压过滤某种悬浮液 1.6 h 后得滤液 25 m³,q_e 不计。(1)若表压加倍,滤饼压缩指数为 0.3,则过滤 1.6 h 后可得多少滤液?(2)设操作条件如原题,将过滤时间缩短一半,可得多少滤液?(3)若在原表压下进行过滤 1.6 h 后,用 3 m³ 的水来洗涤,求所需洗涤时间。

4-12 用某板框式压滤机进行过滤,采用先恒速后恒压过滤,恒速 1 min 达恒压压差便开始恒压过滤,已知滤框尺寸 810 mm×810 mm×25 mm,滤液体积/滤饼体积 = 12.85(m³ 滤液/m³ 滤饼),过滤常数 $K = 8.23 \times 10^{-5}$ m²/s,$q_e = 2.21 \times 10^{-3}$ m³/m²,滤饼充满滤框时停止过滤。试求:(1)过滤时间;(2)若用清水洗涤滤饼,水量为滤液量的 1/10,洗涤压差、温度均与恒压过滤时相同,求洗涤时间;(3)若装拆、整理时间为 25 min,求每只滤框的生产率。

4-13 某板框式压滤机有 8 个滤框,滤框尺寸 810 mm×810 mm×25 mm。料浆为 13.9%(质量分数)的悬浮液,滤饼含水 40%(质量分数),固体颗粒密度 2100 kg/m³。操作在 20 ℃恒压条件下进行,$K=1.8\times10^{-5}$ m²/s,$q_e=2.21\times10^{-3}$ m³/m²。试求:(1)该板框式压滤机每次过滤(滤饼充满滤框)所需时间;(2)若滤框厚度变为 15 mm,求滤饼充满滤框所需时间;(3)操作条件同(2),若滤框数目加倍,求滤饼充满滤框所需时间。

4-14 料浆浓度为 81.08 kg 固/m³ 清液,经过滤小试得滤饼空隙率为 0.485,固相密度 1820 kg/m³,在某恒压差条件下测得过滤常数 $K=8.23\times10^{-5}$ m²/s,$q_e=2.21\times10^{-3}$ m³/m²,现用回转真空过滤机进行过滤,料浆浓度、温度及滤布均与小试时相同,唯有过滤压差为小试时的 1/4。由试验知,该物系滤饼压缩指数为 0.36,回转真空过滤机转鼓直径为 1.75 m,长为 0.98 m,但真正过滤面为 5 m²(考虑滤布固定装置)。浸没角度为 120°,转速 0.2 r/min。设滤布阻力可略。试求:(1)此过滤机的滤液生产能力及滤饼厚度;(2)若转速为 0.3 r/min,q_e 可略,其他操作条件不变,求生产能力及滤饼厚度。

4-15 试进行光滑固体圆球颗粒的几种沉降问题计算。

(1)球径 3 mm、密度为 2600 kg/m³ 颗粒在 20 ℃清水中的自由沉降速度。

(2)测得密度为 2600 kg/m³ 的颗粒在 20 ℃清水中的自由沉降速度为 12.6 mm/s,计算颗粒球径。

(3)测得球径 0.5 mm,密度 2670 kg/m³ 颗粒在 $\rho=860$ kg/m³ 液体中的自由沉降速度为 0.016 m/s,计算液体的黏度。

4-16 试进行形状系数 $\Psi=0.60$ 的固体颗粒的沉降问题计算。

(1)等体积当量直径 $d_{e,v}=3$ mm,密度为 2600 kg/m³ 颗粒在 20 ℃清水中的自由沉降速度。

(2)测得密度为 2600 kg/m³ 的颗粒在 20 ℃清水中的自由沉降速度为 0.01 m/s,计算颗粒的等体积当量直径。

4-17 用长 3 m、宽 2 m 的重力除尘室去除烟道气所含的尘粒。烟气常压,250 ℃,处理量 4300 m³/h。已知尘粒密度为 2250 kg/m³,颗粒形状系数 $\Psi=0.806$,烟气的 μ 与 ρ 可按空气计。设颗粒自由沉降。试计算:(1)可全部除去的最小颗粒的 $d_{e,v}$。(2)能除去 40%的颗粒的 $d_{e,v}$。

4-18 试计算某气-固系流化床的起始流化速度与带出速度。已知固体颗粒平均粒径为 150 μm,颗粒密度 2100 kg/m³;起始流化床层的空隙率为 0.46;流化气体为常压、35 ℃的空气;最小颗粒粒径为 98 μm;带出速度可按 $\Psi=0.71$ 计算。

4-19 试证明流化最大速度与最小速度之比 $\dfrac{u_t}{u_{mf}}$ 对小颗粒为 91.6,对大颗粒为 8.61。对小颗粒,欧根公式中惯性项(含有 u^2 的项)可略,且 $\dfrac{1-\varepsilon_{mf}}{\Psi^2\varepsilon_{mf}^3}\approx11$。对大颗粒,欧根公式的黏性项(含有 u 的项)可略,且 $\dfrac{1}{\Psi\varepsilon_{mf}^3}\approx14$。

本章主要符号说明

a——颗粒比表面积，m^2/m^3；最小二乘法中用到的常数；

A——固定床或滤饼的截面积，m^2；

a_B——固定床的比表面积，m^2/m^3；

b——最小二乘法中用到的常数；

d——筛孔尺寸，m；

d_c——临界粒径，m；

d_p——固体颗粒的直径，m；

d_e——固定床孔隙的当量直径，m；

$d_{e,v}$——颗粒的等体积当量直径，m；

d_m——颗粒的平均直径，m；

f——频率函数；

F——分布函数；

F_D——曳力，N；

G——过滤生产能力，m^3/s；颗粒群质量，kg；

G_{max}——最大滤液生产能力，m^3/s；

G_i——第i号筛的筛余量，kg；

H——重力沉降室高度，m；

J——洗涤液与滤液量之比，m^3/m^3；

K——过滤常数，m^2/s；分离因数；

L——固定床或滤饼厚度，m；

m——颗粒质量，kg；

n——式（4-58）中的指数；回转真空过滤机转鼓的转速，s^{-1}；

Δp_m——修正压强差，Pa；

q——单位过滤面积的滤液量，m^3/m^2；

r——比阻，m/kg；

r_0——比阻系数，m/kg；

R——流化床的膨胀比；

Re'——固定床一维模型的雷诺数；

Re_p——颗粒沉降的雷诺数；

s——滤饼压缩性指数；

S——颗粒表面积，m^2；

u——流体通过固定床的空速，m/s；

u_1——流体通过固定床的真正流速，m/s；

u_{mf}——起始流化速度，m/s；

u_t——颗粒自由沉降速度，m/s；流化床的颗粒带出速度，m/s；

u_T——气流或颗粒作回旋运动的圆周速度，m/s；

V——颗粒体积，m^3；滤液体积，m^3；

x_i——第i层筛上筛余量的质量分数；

α——回转真空过滤机转鼓侧面浸没于料浆部分的圆心角，rad；

ε——空隙率；

μ——液体黏度，$Pa \cdot s$；

Ψ——颗粒的形状系数；回转真空过滤机转鼓侧面浸没于料浆的面积分数；

ρ——液体密度，kg/m^3；

ρ_s——颗粒密度，固体颗粒密度，kg/m^3；

λ'——固定床一维模型中的模型参数；

ϕ——悬浮液中固体颗粒的浓度，kg/m^3（固/清液）；

τ——过滤时间，s；

ζ——阻力系数。

下标：

e——描述与过滤介质阻力相等的当量滤饼的各参量；

w——描述滤饼洗涤的各参量；

E——描述过滤终了时刻；

m——表示平均值；

mf——表示流化刚开始时刻。

第5章

传热与传热设备

5.1 概述

传热即热量传递,为存在温度差时所发生的热量传递。因此,凡存在温度差的地方,必然有热量传递。研究温度差存在情况下热量传递规律的科学,即为传热学。传热的目的主要有:

(1)加热或冷却物料,使之达到指定的温度;

(2)换热,以回收利用热量或冷量;

(3)保温,以减少热量或冷量的损失。

▷ 5.1.1 传热在环境工程领域中的应用

传热在环境工程领域中有着广泛的应用,譬如垃圾焚烧产生的高温烟气,通过换热将水加热成蒸汽,进而发电来实现热量的回收利用;工业有机废气催化燃烧后的高温废气通过换热器将进气预热,可有效降低废气处理的运行费用等。

▷ 5.1.2 加热与冷却介质

工业上常用的载热体加热与冷却介质如表5-1所示。

表5-1 常用载热体加热与冷却介质

项目	载热体	适用温度范围/℃	特点
加热剂	饱和蒸气	100~180	给热系数大,冷凝相变热大,温度易于调节,加热温度不宜太高
	热水	40~100	工业上可利用废热、水的余热,加热温度低,不易调节
	烟道气	>500	温度高,但加热不均匀,给热系数小,热容小

续表

项目	载热体	适用温度范围/℃	特点
加热剂	熔盐：KNO_3 53%、$NaNO_2$ 40%、$NaNO_3$ 7%	142～530	加热温度高,均匀,热容小
	联苯混合物(俗称道生油,含联苯 26.5% 和联苯醚 73.5%)	15～255(液态) 255～380(蒸气)	适用温度范围广,易于调节,易渗漏,渗漏蒸气易燃
	矿物油(包括各类气缸油和压缩机油等)	<350	价廉,易得,黏度大,给热系数小,易分解,易燃
冷却剂	冷水	5～80	来源广,价格便宜,调节方便,温度受地区、季节与气温的影响
	空气	>30	易获取,给热系数小,温度受季节和气候的影响较大
	冷冻盐水(氯化钙溶液)	—15～0	成本高,只适用于低温冷却

工业上常用的冷却介质为水、空气及冷冻盐水。其中水的应用最为普遍,原因是水的比热及传热速率大且更经济。在水资源比较紧缺的地区采用空气冷却具有重大现实意义。某些情况下,加热或冷却不必采用专门的加热介质或冷却介质,可利用生产过程中产生的高温物料与低温物料进行热交换,便可同时达到加热和冷却的目的。

▷ 5.1.3 传热的基本方式

根据传热机理的不同,传热基本方式有以下三种。

(1)热传导 当物体存在温差时,通过物质分子间物理相互作用造成的能量转移,称为热传导,简称导热。众所周知,温度是标志物质分子动能大小的一个参量,分子振动愈强,其温度愈高。对非导电固体来说,这种物理相互作用指分子原地振动发生的分子间碰撞;对导电固体来说,则指自由电子扩散效应;对气体来说,指分子不规则热运动引起的分子扩散;对非导电液体来说,则指分子碰撞与分子的位移。由此可见,导热是固体中热量传递的主要方式。对于流动流体,在流体近固体壁面处,导热对流体与固体壁面间的传热起到十分重要的作用。需要注意的是,导热不能在真空中进行。

(2)对流传热 对流传热是指不同温度的流体质点在运动中发生的热量传递。由于引起流体运动的原因不同,对流可分为自然对流和强制对流。若流体运动是因流体内部各处温度不同所引起的局部密度差异所致,则称为自然对流;若由于水泵、风机或其他外力作用引起流体运动,则称为强制对流。

(3)热辐射 辐射传热是依靠电磁波传递能量的过程。凡物体温度大于热力学温度 0 K 时均可发射辐射能,但热效应显著的为可见光和红外光区这一波段,故称热辐射。物体吸收的辐射能可转变为该物体的内能,物体的内能和辐射能可以互相转换,其传递无须中间介质。

实际传热过程往往是两种或三种传热方式综合作用的结果。

▶ 5.1.4 冷、热流体的热交换形式

根据冷、热流体的接触情况,两种流体实现热交换的形式有以下三种。

1. 间壁式换热

间壁式换热是工业上普遍采用的换热形式,其特点是冷、热流体被一固体壁隔开,通过固体壁进行传热。典型的间壁式换热器有套管式换热器和列管式换热器。

1)套管式换热器

套管式换热器由直径不同的两根同轴心线管子组成。进行换热的两种流体分别流经内管与环隙。通过内管壁换热的结构如图5-1所示。

2)列管式换热器

列管式换热器主要由壳体、管束、管板和封头等部件组成,如图5-2所示。一种流体由一侧接管进入封头,流经各管内后汇集于另一封头,并从该封头接管流出,该流体称为管程流体。另一种流体由壳体接管流入,在壳体与管束间的空隙流过,然后从壳体的另一接管流出,该流体称为壳程流体。在壳体内安装与管束相垂直的折流板(即挡板)是为了提高壳程流体流速,并力图使壳程流体按垂直于管束的方向流过管束,以增强壳程流体的传热效果。

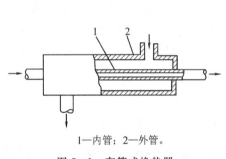

1—内管;2—外管。

图5-1 套管式换热器

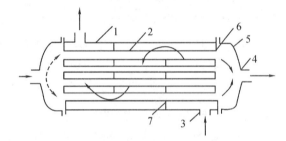

1—外壳;2—管束;3,4—进出口;5—封头;6—管板;7—挡板。

图5-2 单程列管式换热器

有的列管式换热器为提高管程流体流速,把全部管束分为多程,使流体每次只沿一程管束通过,在换热器内作两次或两次以上的来回折流。图5-3即为双管程的列管式换热器。为实现双管程,只需在一侧封头内设置隔板,将全部管子分成管数相等的两程管束即可。

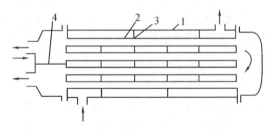

1—壳体;2—管束;3—挡板;4—隔板。

图5-3 双程列管式换热器

2. 混合式换热

混合式换热的特点是冷、热流体在换热器中以直接接触的形式进行热交换,具有传热速率高、设备简单等优点。图5-4为板式淋洒式换热器,常用于气体的冷却或水蒸气冷凝。

3. 蓄热式换热

蓄热式换热的特点是冷、热流体间的热交换是通过对蓄热体的周期性加热和冷却来实现的。图5-5为蓄热式换热器,先令热流体通过蓄热体,热流体降温而蓄热体升温,再令冷流体

通过蓄热体,冷流体升温而蓄热体降温,通常采用两台交替使用。这类换热器结构简单,能耐高温,常用于高低温气体的换热;其缺点是设备体积大,且两种流体会有一定程度的混合。

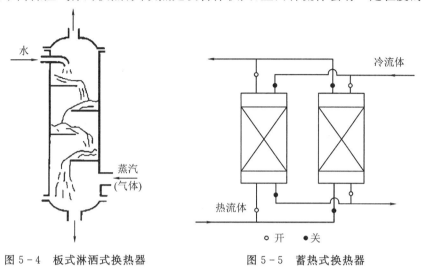

图 5-4　板式淋洒式换热器　　　　　图 5-5　蓄热式换热器

▷ 5.1.5　传热速率与热通量

传热速率(又称热流量)Q,是指单位时间通过换热器所传递的热量,单位为 W 或 J/s。

热通量(又称热流密度)q,是指单位面积的传热速率,单位为 W/m^2 或 $J/(s \cdot m^2)$。

传热速率与热通量的关系为

$$q = \frac{dQ}{dA} \tag{5-1}$$

▷ 5.1.6　定态传热与非定态传热

定态传热过程是指在传热过程中,传热设备内各点位置的温度均不随时间而变。非定态传热过程是指在传热过程中,传热设备内各点温度随时间变化而变。譬如,一次性投料到反应釜内,然后用饱和蒸汽间接加热釜内物料,加热过程中既不加料也不出料,这种生产中的间歇性操作就是非定态传热的例子。本章讨论仅限于定态传热范围。

5.2　热传导

▷ 5.2.1　热传导的基本概念

1. 温度场和等温面

温度场是指物体内温度的瞬时空间位置分布及该分布与时间的关系。

温度场的一般数学表达式为

$$t = f(x, y, z, \tau) \tag{5-2}$$

式中,t 为温度,℃;x、y、z 为任一点的空间坐标;τ 为时间,s。

定态温度场的数学表达式为

$$t = f(x, y, z) \tag{5-3}$$

当物体温度场不仅是定态的,而且仅沿一个坐标方向发生变化,则温度场为定态一维温度场,即

$$t = f(x) \tag{5-4}$$

同一时刻温度场中相同温度各点所组成的连续面称为等温面。由于空间任何一点不可能同时具有两个不同温度,因此不同的等温面不可能相交。

2. 温度梯度

沿等温面法线方向的温度变化率,即为温度梯度。温度梯度是描述温度场不均匀性的参量,为点函数,是矢量。参看图5-6,以某一时刻空间 C 点为例,过 C 点作等温面,设其温度为 t,过 C 点作等温面的法线,法线的正向指向温度升高方向。

若沿此法线方向离原等温面 Δn 距离处温度为 $t + \Delta t$ ($\Delta t > 0$),则 C 点的温度梯度由式(5-5)定义:

$$温度梯度\ \mathrm{grad}t = \frac{\partial t}{\partial n}\boldsymbol{n}_0 = \lim_{\Delta n \to 0} \frac{\Delta t}{\Delta n}\boldsymbol{n}_0 \tag{5-5}$$

式中,$\boldsymbol{n}_0$ 为通过 C 点的微元等温面 $\mathrm{d}A$ 的正法向单位矢量。

对于定态、一维(n 向)温度场,温度梯度在 n 向的分量为

$$(\mathrm{grad}t)_n = \frac{\mathrm{d}t}{\mathrm{d}n} \tag{5-6}$$

图 5-6　温度梯度

▶ 5.2.2　傅立叶定律

傅立叶(Fourier)在实验基础上提出了如下的热传导基本定律:

$$q = -\lambda \times \mathrm{grad}t \tag{5-7}$$

此式表明,对空间 C 点而言,热通量与 C 点的温度梯度成正比。λ 为比例系数,称为热导率(导热系数),单位是 $\mathrm{W/(m \cdot ℃)}$。式中负号表示导热的方向与温度梯度方向相反,热量由高温处传到低温处。

对于定态的一维导热,傅立叶定律可表示为

$$q = -\lambda \frac{\mathrm{d}t}{\mathrm{d}n} \tag{5-8}$$

式中,$\dfrac{\mathrm{d}t}{\mathrm{d}n}$ 为法向温度梯度,$℃/\mathrm{m}$。

▶ 5.2.3　热导率

1. 热导率(导热系数)的物理意义及数值范围

傅立叶定律即为热导率的定义式。热导率表示单位温度梯度时材料的热通量,λ 值愈大,材料愈易于传导热量。因此,热导率 λ 是表征材料导热性能的一个参数,是分子微观运动的一种宏观体现。

在常温、常压下不同材料的热导率 λ[单位为 $\mathrm{W/(m \cdot ℃)}$]值范围如下。

金属的 λ 值范围大体在 10~400,是诸材料中最易于导热的,其中银 412、铜 377、铝 230、钢 45、不锈钢 16。液体 λ 值约为 0.1~0.6。气体 λ 值约为 0.02~0.03。

可见,液体的导热能力远小于金属,而气体导热能力最差。许多绝热材料就是有意做成疏松、多孔状,使其中包藏 λ 值很小的空气,以便降低该材料的导热能力。例如,松软的棉被就是靠其中的空气使其导热性能差而增强其保温性能的。

建筑材料 λ=0.1~3,如普通砖(空心砖的 λ 值更小)、耐火砖、混凝土等。

绝热材料 λ=0.02~0.1,如锯木屑、软木、玻璃棉、膨胀珍珠岩等。

材料的 λ 值与其组成、结构、密度、温度、湿度、压强以及聚集状态等许多因素有关,因此只能靠实验测得。混合材料的 λ 值不能由各组成材料的 $λ_i$ 值按其质量分数 x_i 用加和法求得,如常温下干砖的 λ 值为 0.35 W/(m·℃),水的 λ 值为 0.58 W/(m·℃),但湿砖的 λ 值却为 1.05 W/(m·℃),三者之间显然不存在质量分数的加和关系。

2. 热导率与温度的关系

几种液体及气体的热导率随温度的变化关系如图 5-7 和图 5-8 所示。

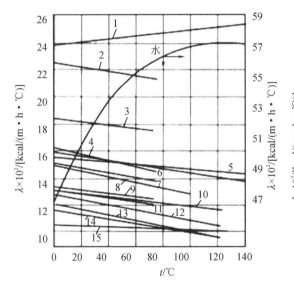

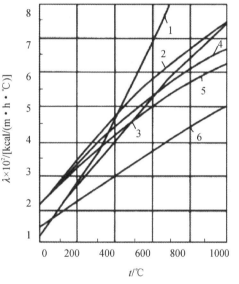

1—无水甘油;2—甲酸;3—甲醇;4—乙醇;

5—蓖麻油;6—苯胺;7—醋酸;8—丙酮;9—丁醇;

10—硝基苯;11—异丙醇;12—苯;13—甲苯;

14—二甲苯;15—凡士林。

图 5-7 几种液体的热导率(1 cal=4.1868 J)

1—水蒸气;2—氧;

3—二氧化碳;4—空气;

5—氮;6—氢。

图 5-8 几种气体的热导率

由实验测得的物质的 λ-t 关系来看,二者间基本呈直线关系。如以 $λ_0$ 表示 0 ℃时的 λ 值,λ 表示 t ℃时的 λ 值,则有下列关系存在:

$$λ = λ_0(1 + at) \tag{5-9}$$

式中,a 为温度系数,$℃^{-1}$。

a 表示物体从 0 ℃到 t ℃,温度每上升 1 ℃时其热导率的相对变化率。金属和液体的 a 值为负值,气体和非金属固体的 a 值为正值。

不符合上述线性关系的只有水等个别物质。

3. 热导率与压强的关系

固体与液体的热导率值与压强基本无关。气体的 λ 值一般与压强亦无关,但在压强很高(大于 200 MPa)或很低(小于 2700 Pa)时,λ 值才随压强的增加而增大,或随压强的降低而减小。

▷ 5.2.4 平壁热传导

1. 单层平壁导热

设等温面是垂直于 x 轴的平面,温度仅是 x 的函数(这意味着平壁面积与壁厚之比很大,忽略从壁的边缘传递损失的热量),则同一等温面上的 $\dfrac{\mathrm{d}t}{\mathrm{d}x}$ 值是相同的。热流方向平行于 x 轴由高温平面至低温平面。

参看图 5-9,设等温面的面积为 A,平壁厚度为 b,平壁两侧面的温度分别为 t_1 及 t_2,且 $t_1 > t_2$。

若材料的热导率与温度的关系表达为 $\lambda = \lambda_0(1+at)$,则通过该平壁的热流量 Q 为

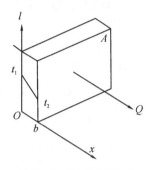

图 5-9 单层平壁导热

$$Q = -\lambda_0(1+at)A\frac{\mathrm{d}t}{\mathrm{d}x}$$

积分:

$$Q\int_0^b \mathrm{d}x = -\lambda_0 A\int_{t_1}^{t_2}(1+at)\mathrm{d}t$$

$$Qb = -\lambda_0 A\left[(t_2-t_1)+\frac{a(t_2^2-t_1^2)}{2}\right] = -\lambda_0 A(t_2-t_1)\left[1+\frac{a(t_1+t_2)}{2}\right]$$

令

$$\lambda_0\left[1+\frac{a(t_1+t_2)}{2}\right] = \lambda_m$$

式中,λ_m 为平均热导率,则

$$Q = \frac{\lambda_m A(t_1-t_2)}{b} \tag{5-10}$$

或

$$Q = \frac{(t_1-t_2)}{\dfrac{b}{\lambda_m A}} = \frac{温差(推动力)}{热阻(阻力)} \tag{5-11}$$

式(5-10)与式(5-11)均是定态、一维平壁导热的积分式。式中平壁的平均热导率 λ_m 按平壁两侧温度 t_1 与 t_2 的算术平均值计算得到。若由 t_1 与 t_2 温度分别算出的热导率为 λ_1 与 λ_2,不难推知,$\lambda_m = \dfrac{\lambda_1+\lambda_2}{2}$。式(5-11)把导热速率表达为推动力除以阻力的形式,可明确平壁的导热热阻为 $\dfrac{b}{\lambda A}$。

例 5-1 某平壁厚度 b 为 0.40 m,左表面($x_1=0$)温度 t_1 为 1500 ℃,右表面($x_2=b$)温

度 t_2 为 300 ℃，材料热导率 $\lambda = 1.0 + 0.0008t$ W/(m·℃)(式中 t 的单位是 ℃)。求导热通量和平壁内的温度分布。

解：(1)计算导热通量：

$$t_m = \frac{1500 + 300}{2} = 900 \text{ (℃)}$$

则

$$\lambda_m = 1.0 + 0.0008 \times 900 = 1.72 \text{ [W/(m·℃)]}$$

导热通量为

$$q = \frac{\lambda_m(t_1 - t_2)}{b} = \frac{1.72 \times (1500 - 300)}{0.4} = 5160 \text{ (W/m}^2\text{)}$$

(2)求平壁内温度分布 $t = f(x)$ 规律。

在式(5-10)推导过程中的一个式子为

$$Qb = -\lambda_0 A \left[(t_2 - t_1) + \frac{a(t_2^2 - t_1^2)}{2} \right]$$

即

$$qb = \left[\lambda_0(t_1 - t_2) + \frac{a\lambda_0(t_1^2 - t_2^2)}{2} \right]$$

根据式(5-9)及 $\lambda = 1.0 + 0.0008t$ 可得

$$\lambda_0 = 1, a = 0.0008$$

现以变量 x、t 分别替代上式的 b 与 t_2，并代入已知值，可得

$$5160x = \left[(1500 - t) + \frac{0.0008(1500^2 - t^2)}{2} \right]$$

解得

$$t = -1250 + \sqrt{7.56 \times 10^6 - 1.29 \times 10^7 x} \quad \text{(℃)}$$

可见，单层平壁导热时，其壁内温度沿壁厚方向呈曲线变化。

2. 多层平壁导热

在建筑及化工生产中，多层平壁导热经常遇到，如高温炉的炉壁一般由耐火砖、绝热材料及普通砖组成。多层平壁导热情况如图 5-10 所示。

因

$$Q = \frac{t_1 - t_2}{\frac{b_1}{\lambda_1 A}} = \frac{t_2 - t_3}{\frac{b_2}{\lambda_2 A}} = \frac{t_3 - t_4}{\frac{b_3}{\lambda_3 A}}$$

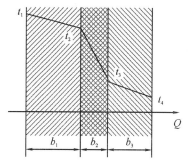

图 5-10　多层平壁导热

将上式中各项分子与分母分别相加，得

$$Q = \frac{t_1 - t_4}{\frac{b_1}{\lambda_1 A} + \frac{b_2}{\lambda_2 A} + \frac{b_3}{\lambda_3 A}} = \frac{t_1 - t_{n+1}}{\sum\limits_{i=1}^{n} \frac{b_i}{\lambda_i A}} = \frac{\sum \Delta t_i}{\sum R_i}$$

$$(5-12)$$

例 5-2　某燃烧炉的炉壁由 500 mm 厚的耐火砖、380 mm 厚的绝热砖及 250 mm 厚的普通砖砌成，三种砖的 λ 值依次为 1.40 W/(m·℃)、0.10 W/(m·℃)及 0.92 W/(m·℃)。现场操作时耐火砖内壁温度为 1000 ℃，普通砖外壁温度为 50 ℃。要求绝热砖温度不超过 940 ℃，普通砖不超过 138 ℃，问：操作时有无超过温度限的现象？

解：设耐火砖两侧温度为 t_1 与 t_2，普通砖两侧温度为 t_3 与 t_4，则

$$q = \frac{t_1 - t_4}{\frac{b_1}{\lambda_1} + \frac{b_2}{\lambda_2} + \frac{b_3}{\lambda_3}} = \frac{t_1 - t_2}{\frac{b_1}{\lambda_1}} = \frac{t_3 - t_4}{\frac{b_3}{\lambda_3}}$$

即

$$\frac{1000 - 50}{\frac{0.5}{1.40} + \frac{0.38}{0.10} + \frac{0.25}{0.92}} = \frac{1000 - t_2}{\frac{0.5}{1.40}} = \frac{t_3 - 50}{\frac{0.25}{0.92}}$$

解得 $t_2 = 923.4\ ℃\ (<940\ ℃)$，$t_3 = 108.3\ ℃\ (<138\ ℃)$，因此操作时均未超过温度限。

从本例题可以看出，绝热砖的热导率最小，分配在该层的温度差最大。

➤ 5.2.5 圆筒壁热传导

1. 单层圆筒壁导热

设有一圆筒壁，壁内各等温面都是以该圆筒壁轴心线为共同轴线的圆筒面，壁内温度仅是径向坐标 r 的函数（这意味着圆筒壁长度与壁厚之比很大，忽略从圆筒壁的边缘处传递损失的热量），则同一等温面上的 $\dfrac{\mathrm{d}t}{\mathrm{d}r}$ 值是相同的，热量传递方向仅沿径向由高温圆筒面传至低温圆筒面。从柱坐标来判断，这时的导热只沿径向坐标 r 传递，因此属于一维导热，如图 5-11 所示。

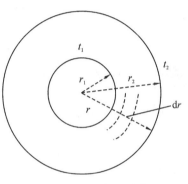

图 5-11 圆筒壁导热

参看图 5-11，圆筒壁内表面半径为 r_1，温度为 t_1，外表面半径为 r_2，温度为 t_2，圆筒壁长度为 L，壁的热导率按常量计，则该圆筒壁导热速率 Q 计算式的推导过程如下。

取半径为 r，厚为 $\mathrm{d}r$ 的薄圆筒壁进行分析。

$$Q = -\lambda A \frac{\mathrm{d}t}{\mathrm{d}r} = -\lambda (2\pi r L) \frac{\mathrm{d}t}{\mathrm{d}r}$$

积分：

$$Q \int_{r_1}^{r_2} \frac{\mathrm{d}r}{r} = -\lambda 2\pi L \int_{t_1}^{t_2} \mathrm{d}t$$

得

$$Q \ln \frac{r_2}{r_1} = 2\pi \lambda L (t_1 - t_2)$$

即

$$Q = \frac{2\pi \lambda L (t_1 - t_2)}{\ln \dfrac{r_2}{r_1}} \tag{5-13}$$

亦即

$$Q = \frac{t_1 - t_2}{\dfrac{1}{2\pi \lambda L} \ln \dfrac{r_2}{r_1}} = \frac{温差}{热阻}$$

$$热阻 = \frac{1}{2\pi\lambda L}\ln\frac{r_2}{r_1} = \frac{r_2-r_1}{2\pi\lambda L(r_2-r_1)}\ln\frac{r_2}{r_1} = \frac{b}{\lambda(A_2-A_1)}\ln\frac{A_2}{A_1}$$

注：圆筒的面积 $A = 2\pi r L$。令

$$A_m = \frac{A_2-A_1}{\ln\frac{A_2}{A_1}}$$

A_m 是 A_1 与 A_2 的对数平均值，则

$$Q = \frac{t_1-t_2}{\frac{b}{\lambda A_m}} \tag{5-14}$$

式(5-14)具有与平壁导热相同的计算式形式。不过，圆筒壁导热式中是以内、外壁面积的对数平均值 A_m 替代了平壁导热中的 A。

2. 多层圆筒壁导热

为了安全及减小热损，工厂里的蒸汽管道外总包有绝热层、保护层，其他高温或低温物料的输送管道也都有绝热层及保护层，这些均属多层圆筒壁导热问题。现以 3 层为例予以说明，参看图 5-12。

参考多层平壁导热计算式的推导方法，可列出：

$$Q = \frac{\Delta t_1 + \Delta t_2 + \Delta t_3}{\frac{b_1}{\lambda_1 A_{m,1}} + \frac{b_2}{\lambda_2 A_{m,2}} + \frac{b_3}{\lambda_3 A_{m,3}}} \tag{5-15}$$

$$Q = \frac{2\pi L(t_1-t_4)}{\frac{1}{\lambda_1}\ln\frac{r_2}{r_1} + \frac{1}{\lambda_2}\ln\frac{r_3}{r_2} + \frac{1}{\lambda_3}\ln\frac{r_4}{r_3}}$$

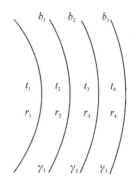

图 5-12　多层圆筒壁导热

注意：在多层圆筒壁导热时，一般假设层与层间紧密接触，没有空隙。若有空隙，其中存有空气，则多一层空气热阻，Q 值会因此明显减小。

例 5-3　某物料管路的管内、外直径分别为 160 mm 和 170 mm。管外包有两层绝热材料，内层绝热材料厚 20 mm，外层绝热材料厚 40 mm。管子及内、外层绝热材料的 λ 值分别为 58.2 W/(m·℃)、0.174 W/(m·℃)及 0.093 W/(m·℃)。已知管内壁温度为 300 ℃，外层绝热层的外表面温度为 50 ℃。求每米管长的热损失。

解：

$$\frac{Q}{L} = \frac{2\pi(t_1-t_4)}{\frac{1}{\lambda_1}\ln\frac{r_2}{r_1} + \frac{1}{\lambda_2}\ln\frac{r_3}{r_2} + \frac{1}{\lambda_3}\ln\frac{r_4}{r_3}}$$

因

$$\frac{d_2}{d_1} = \frac{170}{160}, \frac{d_3}{d_2} = \frac{170+40}{170}, \frac{d_4}{d_3} = \frac{210+80}{210} = \frac{290}{210}$$

所以

$$\frac{Q}{L} = \frac{2\pi(300-50)}{\frac{1}{58.2}\ln\frac{170}{160} + \frac{1}{0.174}\ln\frac{210}{170} + \frac{1}{0.093}\ln\frac{290}{210}} = 335.2(\text{W/m})$$

5.3 对流传热

➤ 5.3.1 给热与给热类型

1. 给热过程

在工业生产中,发生对流传热的液体一般为流过某设备的流体或在容器中的流体,设备或容器的壁面就是外界向流体输入热量的加热面或流体向外界输出热量的冷却面。流体流过与流体平均温度不同的固体壁面时二者间发生热交换的过程,称为"给热"过程。

给热过程的三个特点:一是流体的同一流动截面上存在着温度差异;二是流体与固体表面直接接触,且接触处温度相同;三是对流换热是导热和给热联合作用的结果。图 5-13 为某一流体流动截面的温度分布曲线。

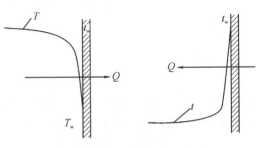

图 5-13 某一流体流动截面的温度分布曲线

2. 给热过程的类型

给热过程可分为 4 种类型。

(1)流体强制对流给热 指由于外部机械能的输入,如泵、风机或搅拌器等作用下,或者其他势能差作用下,流体强制流过固体壁面时的给热。这种给热又可分为内部强制对流给热和外部强制对流给热。

(2)流体自然对流给热 当静止流体与不同温度的固体壁面接触时,在流体内部产生温度差异。流体内部温度不同必导致流体密度的不同,密度大的往下沉,密度小的朝上浮,于是在流体内部产生了流动,这种流动称为流体自然对流。参看图 5-14,设壁面温度为 t_w,远离壁面的流体温度为 t,且 $t > t_w$,则流体向壁面传热。

首先定义一个流体的体积膨胀系数 β,

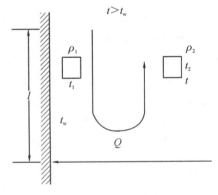

图 5-14 自然对流给热

$$\beta = \frac{v_2 - v_1}{v_1(t_2 - t_1)} \quad (5-16)$$

式中,β 为流体体积膨胀系数,$℃^{-1}$;v 为流体比体积,m^3/kg,$v = \frac{1}{\rho}$;v_1、v_2 为对应于 t_1 与 t_2 温度下的流体比体积。

由式(5-16)可得

$$\beta \Delta t = \frac{v_2}{v_1} - 1 = \frac{\rho_1}{\rho_2} - 1 = \frac{\rho_1 - \rho_2}{\rho_2}$$

流体因密度不同,l 高的流体层底部就产生压差,此压差即为

$$\Delta p = (\rho_1 - \rho_2)gl = \rho_2 \beta \Delta t g l$$

为流体循环流动的动力。此项机械能用于克服流体流动阻力,则

$$\frac{\Delta p}{\rho_m} = \zeta \frac{u_n^2}{2}$$

由此导得关系式:

$$u_n \propto \sqrt{\frac{g l \beta \Delta t}{1 + 0.5\beta \Delta t}}$$

β 值一般很小,如 20 ℃及 100 ℃水的 β 值分别为 1.82×10^{-4} K^{-1} 及 7.52×10^{-4} K^{-1},理想气体的 $\beta = \dfrac{1}{T}$ (K^{-1})。通常 $1 \gg 0.5\beta \Delta t$,故流体自然循环流速与有关参量的关系式为

$$u_n \propto \sqrt{g l \beta \Delta t}$$

自然对流给热的现象很普遍。图 5-15 所示的流体中的热平板置于流体下侧(譬如电热水壶、地辐热等),冷平板置于流体上侧(譬如剧场的冷气装置),都是造成上方流体密度大,下方流体密度小,有利于流体自然对流的例子。根据空间大小,自然对流给热又可分为大空间自然对流给热和有限空间自然对流给热。

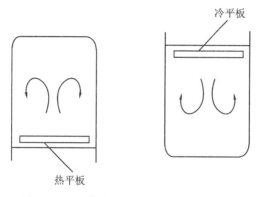

图 5-15　流体中有热或冷平板的自然对流

（3）蒸气冷凝给热　蒸气遇到温度低于其饱和温度的固体壁面时,蒸气放热并凝成液体,凝液在重力作用下沿壁面流下。这种给热类型称为蒸气冷凝给热。

（4）液体沸腾给热　液体从固体壁面取得热量而沸腾,在液体内部产生气泡,气泡在浮升时因继续发生液体汽化而长大,这种给热称为液体沸腾给热,其又可分为大容器内沸腾和管内沸腾。

上述第（1）、（2）类型的给热为流体无相变的给热,（3）、（4）类型的给热为流体有相变的给热。

5.3.2　给热速率与给热系数

1. 给热速率

对于各种给热情况,牛顿(Newton)提出了普遍适用的式子,即

$$\left.\begin{array}{l} dQ = \alpha dA(t_w - t) \quad \text{（流体被加热时）} \\ dQ = \alpha dA(T - T_w) \quad \text{（流体被冷却时）} \end{array}\right\} \tag{5-17}$$

式中,dA 为微元传热面积,m^2;dQ 为通过传热面积 dA 的局部传热速率,W;T、t 为任一截面热、冷流体的温度,℃;T_w、t_w 为任一截面处传热壁的温度,℃;α 为给热系数,$W/(m^2 \cdot ℃)$。

式(5-17)称为牛顿冷却定律。值得一提的是,牛顿冷却定律并非理论推导的结果,它是一种推论,即假定传热速率与温差成正比。实际上,在不少情况下,传热速率并不与温差成正比,此时给热系数 α 值不为常数,而是与温差有关。

2. 给热系数

牛顿冷却定律把复杂的给热问题用一个简单式子表达,实际上是把影响给热的诸多因素归于给热系数 α 值中,因此,对给热问题的研究便转为对各种具体情况的给热系数规律的研究。

获得给热系数 α 值的方法主要有三种:一是实验测定,二是数学模型法,三是关联式计算。

几种常见情况下给热系数 α 的数值范围如表 5-2 所示。

表 5-2　给热系数的数值范围

给热情况	$\alpha/[W/(m^2 \cdot ℃)]$
空气自然对流	5~25
气体强制对流	20~100
水自然对流	200~1000
水强制对流	1000~5000
水蒸气冷凝	5000~15000
有机蒸气冷凝	500~2000
水沸腾	2500~25000

▷ 5.3.3　无相变流体给热

1. 影响给热的因素

影响给热的因素很多,可大致归纳为下述四个方面。

(1)流体流动发生的原因　首先要辨别流体流动的动力类型,是靠外界输入机械能还是单纯靠流体与固体壁面温差引起的流动。

(2)流体的物性　影响给热系数的流体物性有流体的密度 ρ、黏度 μ、热导率 λ 和比热容 c_p 等。

(3)流体的流动状况　流体扰动程度愈高,在邻近固体壁面处的层流内层愈薄。在层流内层,流体与壁面的换热靠导热,层流内层愈薄则导热热阻愈小,愈有利于传热。

(4)传热面的形状、大小及与流体流动方向对换热壁面的相对位置　传热面的形状可以是管、板、管束等。管或板可水平放置,亦可竖直放置。流体可在管内流动,亦可在管外流动。流体在管外流动时,还存在着流体流动方向是否与管轴向相同的差别。

2. 温度边界层

温度边界层是指任一流动截面的流体温度分布侧形以及温度侧形随流体流过壁面距离的

变化关系。参看图 5-16,设有流速相同且等温的均匀流平行流过一固体平壁面。流体温度为 t_∞,壁面温度为 t_w,设 $t_w > t_\infty$。当流体流过壁面时,因壁面向流体传热,所以流体温度发生变化。在与壁面接触处的流体温度瞬间升至 t_w。随着流体流过平壁距离的增加,流体升温的范围增大。一般约定以流体温度 t 满足 $t_w - t = 0.99(t_w - t_\infty)$ 的等温面为分界面,在此分界面与壁面间的流动层称为温度边界层。于是,任一流动截面上流体温度的变化便主要集中在温度边界层内。

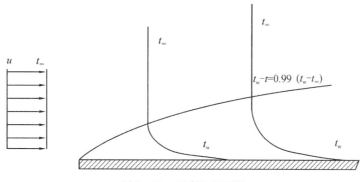

图 5-16　温度边界层图

在温度边界层内紧邻固体壁面处的薄流层为层流内层,其中流体与壁面的传热方式是导热,所以,流体与壁面间给热的速率可按壁面处流体导热速率方程计算,即

$$dQ = -\lambda \left(\frac{dt}{dy} \right)_w dA \qquad (5-18)$$

若将流体的温度侧形加以修改,假设流体近壁面处有一"有效层流膜",膜内是层流,厚度为 δ。有效膜外侧的流体温度保持为 t_∞,情况如图 5-17 所示,则给热速率可写成

$$dQ = \frac{\lambda dA (t_w - t_\infty)}{\delta} \qquad (5-19)$$

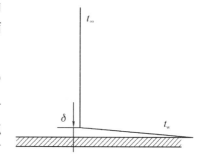

图 5-17　有效层流内层厚度

把式(5-19)与给热速率方程 $dQ = \alpha dA(t_w - t_\infty)$ 对比,可得

$$\alpha = \frac{\lambda}{\delta} \qquad (5-20)$$

式(5-20)指出给热系数等于流体热导率与有效层流膜厚度之比。但由于流体在各种给热情况下有效层流膜的厚度 δ 难以确定,所以,α 值还须靠实验测得。

3. 与给热有关的特征数及特征数关联式的确定方法

通过量纲分析,可确定与给热有关的特征数,然后通过实验,整理得出特征数关联式。

下面只讨论流体无相变给热问题。

1)量纲分析法确定有关特征数

首先要写出给热系数 α 与有关物理量间的函数式。对给热过程有影响的主要物理量有:

①流体物性——ρ、u、c_p、λ。

②固体表面的特征尺寸——l（选取对过程最重要、最有代表性的部位尺寸）。

③强制对流特征——流速 u。

④自然对流特征——每千克流体受到的净浮升力 $g\beta\Delta t$。

关于净浮升力 $g\beta\Delta t$ 项的解释：若有密度为 ρ_2 的 1 kg 流体，其周围流体密度为 ρ_1，二者温差为 Δt。此 1 kg 流体受到的浮力与重力之差，即净浮升力为 $\frac{1}{\rho_2}(\rho_1-\rho_2)g$，前面已导出 $(\rho_1-\rho_2)g=\rho_2\beta\Delta t g$，故该 1 kg 流体受到的净浮升力为 $g\beta\Delta t$。所以

$$\alpha=f(l,\rho,\mu,c_p,\lambda,u,g\beta\Delta t)$$

通过量纲分析，可得到 4 个有关的特征数。各特征数的名称与符号如表 5-3 所示。

表 5-3　特征数的名称与符号

名称	符号	定义式	名称	符号	定义式
努塞尔（Nusselt）数	Nu	$\dfrac{\alpha l}{\lambda}$	普朗特（Prandtl）数	Pr	$\dfrac{c_p\mu}{\lambda}$
雷诺（Reynolds）数	Re	$\dfrac{lu\rho}{\mu}$	格拉斯霍夫（Grashof）数	Gr	$\dfrac{gl^3\beta\Delta t\rho^2}{\mu^2}$

现对各特征数的意义分析如下。Re 数为流体惯性力与黏性力之比，表示强制对流运动状态对给热过程的影响。Pr 数由物性参量组成，表示流体物性对给热过程的影响。前面讲过，流体自然循环流速 $u_n\propto\sqrt{gl\beta\Delta t}$，则 $Gr=\dfrac{l^2(gl\beta\Delta t)\rho^2}{\mu^2}=\left(\dfrac{lu_n\rho}{\mu}\right)^2=Re_n^2$，亦即 Gr 数表示自然对流运动状况对给热过程的影响。而 Nu 数，因 $\alpha=\dfrac{\lambda}{\delta}$，所以 $Nu=\dfrac{1}{\delta}$，表示给热过程流体的特征尺寸与有效层流膜厚之比；也可写成 $Nu=\dfrac{\alpha\Delta t}{\dfrac{\lambda\Delta t}{l}}$，表示给热速率与相同条件下按导热计的传热速率之比。

2）特征数关系式的实验确定方法

现以管内流体强制湍流时的给热（此时自然对流影响可忽略）为例说明确定特征数关系式的方法。

强制湍流时，一般特征数关系式为

$$Nu=\varphi(Re,Pr) \tag{5-21a}$$

设

$$Nu=ARe^mPr^n \tag{5-21b}$$

通过实验来确定式（5-21b）中的 A、m 和 n 值的方法是先固定任一个决定性特征数（Re、Pr 称为决定性特征数，Nu 为待定特征数），求出 Nu 与另一决定性特征数之间的关系。例如，在固定某一 Re 条件下，采用不同的 Pr 数流体做换热实验，可测得若干组 Pr 与 Nu 的对应值，即可获得该 Re 下的 Nu 与 Pr 的关系，将实验点标绘在双对数坐标系上，如图 5-18 所示。由图 5-18 可见，实验点均落在一条直线附近，说明 Nu 与 Pr 之间的关系可以用下列方程表示：

$$\lg Nu=n\lg Pr+\lg A' \tag{5-22}$$

式中，$A'=ARe^m$，而 n 就是图上该直线的斜率。

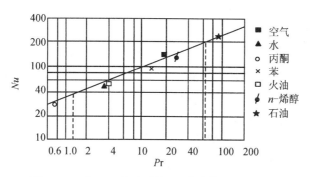

图 5-18 $Re=10^4$ 时不同 Pr 数流体的实验结果

n 值确定后,用不同 Pr 数流体在不同 Re 下做实验,以 $\dfrac{Nu}{Pr^n}$ 为纵坐标, Re 为横坐标作图,如图 5-19 所示。实验结果可表示为

$$\lg \frac{Nu}{Pr^n} = m\lg Re + \lg A \tag{5-23}$$

式中, m 即为图 5-19 上直线的斜率, $\lg A$ 即为该直线在纵轴上的截距。于是,可得管内流体强制湍流时的给热系数实验结果为

$$Nu = 0.023 Re^{0.8} Pr^n \tag{5-24}$$

式中, n 值在流体被加热时为 0.4,在流体被冷却时为 0.3。

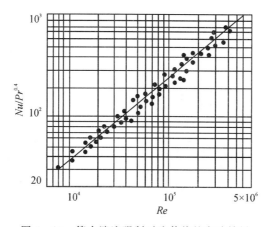

图 5-19 管内湍流强制对流传热的实验结果

3)定性温度、定性尺寸和特征速度

当流体在管内流动与管壁进行换热时,不仅任一横截面上流体温度分布不均匀,在轴线方向上,流体温度也是逐渐变化的。而准数中包含的物性参量 λ、μ、c_p、ρ 等均与温度有关,这就需要取一个有代表性的温度来确定流体的物性数据。用于确定流体物性数据的温度称为定性温度。

特征数中的 l 代表换热面几何特征的长度,称为定性尺寸。定性尺寸必须是对流动情况有决定性影响的尺寸,如流体在管内流动时选管内径 d_i,在管外横向流动时选管外径 d_o 等。

在 Re 中流体的速度 u 称为特征速度。此值需根据不同情况选取有意义的流速,如流体在管内流动时取横截面上流体的平均速度,流体在换热器内管间流动时取根据管间最大截面积计算的速度等。

定性尺寸与特征速度的选择应与理论分析相结合。使用特征数方程时,必须严格按照该方程的规定来选取定性温度、定性尺寸和计算特征速度。

4) 热流方向对给热系数的影响

图 5-20 所示的是液体流过圆形直管内且 $Re<2000$ 时某一截面的流速分布侧形图。图中曲线 1 为等温流动的速度侧形。曲线 2 为液体向管壁散热时的速度侧形,由于近管壁处液体温度偏低,黏度偏高,故流速比等温流动时低。曲线 3 为液体被加热时的速度侧形。若近壁处流速增大,其有效层流膜必减薄,α 增大;反之,则 α 减小。这说明要表明流体物性对 α 的影响,仅用定性温度是不够的,还需指明热流方向。

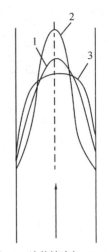

1—等温;2—液体被冷却;3—液体被加热。

图 5-20 热流方向对速度分布侧形的影响

4. 流体在管内强制对流给热

1) 流体在圆形直管内呈湍流流动

(1) 低黏度流体 ($\mu<2$ 倍同温水的黏度) 通常采用迪特斯(Dittus)和贝尔特(Boelter)关联式,即

$$Nu = 0.023 Re^{0.8} Pr^n \tag{5-25}$$

式中,n 值视热流方向而异。当流体被加热时,$n=0.4$;当流体被冷却时,$n=0.3$。

定性温度为流体进、出口温度的算术平均值。

定性尺寸为管内径 d_i。

应用范围:$Re>10^4$,$\mu<2$ mPa·s,$0.7<Pr<120$,管内表面光滑,$\dfrac{L}{d_i}\geqslant 50$。对于管长与管径之比小于 50 的短管,可采用下述特征数关系式:

$$Nu = 0.023 Re^{0.8} Pr^n \left[1 + \left(\frac{d_i}{L}\right)^{0.7}\right] \tag{5-26}$$

(2) 高黏度流体 可以采用下列特征数关联式:

$$Nu = 0.027 Re^{0.8} Pr^{0.33} \left(\frac{\mu}{\mu_w}\right)^{0.14} \tag{5-27}$$

定性温度:除黏度 μ_w 取壁温时的 μ 以外,其余同式(5-25)。

定性尺寸为管内径 d_i。

应用范围:$0.7<Pr<16700$,其余同式(5-25)。

需说明的是,式(5-25)中 Pr 数的方次 n 采用不同数值以及在式(5-27)中引入 $\left(\dfrac{\mu}{\mu_w}\right)^{0.14}$ 都是考虑热流方向对 α 值的影响。例如,当流体被加热,α 增大;流体被冷却,α 减小,又因流体 $Pr>1$,$Pr^{0.4}>Pr^{0.3}$,按式(5-25)计算的结果是符合上述变化趋势的。对于气体,被加热时 μ 增大 α 减小,因气体 $Pr<1$,$Pr^{0.4}<Pr^{0.3}$,按式(5-25)计算的结果也符合其变化趋势。

对于式(5-27)中 $\left(\dfrac{\mu}{\mu_w}\right)^{0.14}$ 也可作类似分析,然而由于壁温未知,计算时往往要用试差法。

为了避免试差,在工程上采用的处理方法为:当液体被加热时,取 $\left(\dfrac{\mu}{\mu_w}\right)^{0.14}=1.05$;当液体被冷却时,取 $\left(\dfrac{\mu}{\mu_w}\right)^{0.14}=0.95$;当气体被加热或被冷却时,取 $\left(\dfrac{\mu}{\mu_w}\right)^{0.14}=1.0$。

由式(5-25)可知,当流体物性值一定时,湍流时给热系数 α 与流速的 0.8 次方成正比,与管径的 0.2 次方成反比。

2)流体在圆形直管内呈层流流动

当管径较小,流体与壁面间温差不大,流体的 $\dfrac{\mu}{\rho}$ 值较大,即 $Gr<25000$ 时,自然对流的影响可以忽略,此时给热系数可用下式计算:

$$Nu=1.86(Re)^{\frac{1}{3}}(Pr)^{\frac{1}{3}}\left(\frac{d_i}{L}\right)^{\frac{1}{3}}\left(\frac{\mu}{\mu_w}\right)^{0.14} \tag{5-28}$$

定性温度:除 μ_w 取壁温值外,其余同式(5-25)。

定性尺寸:管内径 d_i。

应用范围:$Gr<25000$,$Re<2300$,$0.6<Pr<6700$,$Re\cdot Pr\dfrac{d_i}{L}>10$。当 $Gr>25000$ 时,可先按式(5-28)计算,然后再乘以校正系数 f,f 的计算式为

$$f=0.8(1+0.015Gr^{\frac{1}{3}}) \tag{5-29}$$

3)流体在圆形管内呈过渡流流动

对 $2300<Re<10000$ 的过渡流,给热系数可先用湍流时的公式计算,然后再乘以小于1的校正系数 φ,φ 的计算式为

$$\varphi=1-\frac{6\times10^5}{Re^{1.8}} \tag{5-30}$$

4)流体在圆形弯管内流动

流体在弯管内流动的情况如图5-21所示。由于离心力作用,流体扰动加剧。这时给热系数的算法是,先按直管的经验式计算 α,再乘以大于1的校正系数,其计算式为

$$\alpha'=\left(1+\frac{1.77d_i}{R}\right)\alpha \tag{5-31}$$

式中,R 为弯管的曲率半径。各参量意义可看图5-21。

5)流体在非圆形管内流动

对于非圆形管内流体流动给热系数的计算,通常有两种方法。其一是沿用圆形直管的计算公式,只要将定性尺寸 d_i 改为当量直径 d_e 即可,这种方法比较简便,但计算结果准确性较差。其二是使用对非圆形管道直接实验测定得到的计算给热系数的经验公式。例如,对套管环隙用空气和水做实验,可得 α 的经验关联式:

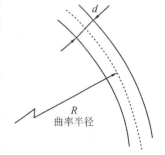

图5-21 弯管

$$\alpha = 0.02 \frac{\lambda}{d_e} (Re)^{0.8} (Pr)^{\frac{1}{3}} \left(\frac{d_2}{d_1}\right)^{0.53} \tag{5-32}$$

其定性温度为流体进、出口温度的算术平均值。定性尺寸为当量直径 d_e：

$$d_e = \frac{4 \times (d_2^2 - d_1^2) \times \frac{\pi}{4}}{\pi(d_1 + d_2)} = d_2 - d_1 \tag{5-33}$$

式中，d_1 为内管外径；d_2 为外管内径。

应用范围：$12000 < Re < 220000, 1.65 < \frac{d_2}{d_1} < 17$。

例 5-4 有一双管程列管式换热器，由 96 根 $\phi 25\ mm \times 2.5\ mm$ 的钢管组成。苯在管内流动，由 20 ℃ 被加热到 80 ℃，苯的流量为 9.5 kg/s，壳程中通入水蒸气进行加热。试求管壁对苯的给热系数。若苯流量增加 50%，忽略流体物性的变化，此时给热系数又为多少？

解： 苯的定性温度 $T = \frac{20+80}{2} = 50(℃)$，在定性温度下，苯的物性数据：$\rho = 860\ kg/m^3$，$c_p = 1.80 \times 10^3\ J/(kg \cdot ℃), \mu = 0.45 \times 10^{-3}\ Pa \cdot s, \lambda = 0.14\ W/(m \cdot ℃)$。管内苯流速为

$$u = \frac{v}{\frac{\pi}{4} d_i^2 \frac{n}{2}} = \frac{\frac{9.5}{860}}{\frac{3.14}{4} \times 0.02^2 \times \frac{96}{2}} = 0.733 \ (m/s)$$

$$Re = \frac{d_i u \rho}{\mu} = \frac{0.02 \times 0.733 \times 860}{0.45 \times 10^{-3}} = 2.80 \times 10^4 > 10^4 (湍流)$$

或

$$Re = \frac{4W}{\pi \mu d_i n} = \frac{4 \times 9.5}{3.14 \times 0.45 \times 10^{-3} \times 0.02 \times \frac{96}{2}} = 2.80 \times 10^4 > 10^4 (湍流)$$

$$Pr = \frac{c_p \mu}{\lambda} = \frac{1.80 \times 10^3 \times 0.45 \times 10^{-3}}{0.14} = 5.79$$

因管长未知，无法验算 $\frac{L}{d_i}$。但一般列管式换热器 $\frac{L}{d_i}$ 均大于 50。又因黏度不大于水黏度的 2 倍（水温 50 ℃时，黏度为 $0.594 \times 10^{-3}\ Pa \cdot s$），故本题满足式（5-25）的使用条件。对于苯被加热，取 $n = 0.4$，于是得

$$\alpha_i = 0.023 \frac{\lambda}{d_i} Re^{0.8} Pr^{0.4} = 0.023 \times \frac{0.14}{0.02} \times (2.80 \times 10^4)^{0.8} \times (5.79)^{0.4} = 1174 \ [W/(m^2 \cdot ℃)]$$

当苯流量增加 50%时，给热系数 α_i' 为

$$\frac{\alpha_i'}{\alpha_i} = \left(\frac{u'}{u}\right)^{0.8} = 1174 \times 1.5^{0.8} = 1624 \ [W/(m^2 \cdot ℃)]$$

例 5-5 某套管换热器，流量为 3.0 kg/s 的煤油在环隙中流动。用冷冻盐水冷却，套管外管规格为 $\phi 76\ mm \times 3\ mm$，内管规格为 $\phi 38\ mm \times 2.5\ mm$，已知定性温度下煤油物性数据如下：黏度 $\mu = 0.002\ Pa \cdot s$，密度 $\rho = 845\ kg/m^3$，比热容 $c_p = 2.09 \times 10^3\ J/(kg \cdot ℃)$，热导率 $\lambda = 0.14\ W/(m \cdot ℃)$，试求煤油对管壁的给热系数。

解： 环隙当量直径根据式（5-33）可得

$$d_e = d_2 - d_1 = 0.07 - 0.038 = 0.032 \text{ (m)}$$

环隙流动截面积为

$$A = \frac{\pi d_2^2}{4} - \frac{\pi d_1^2}{4}$$

$$= \frac{\pi}{4}(d_2 + d_1)(d_2 - d_1) = \frac{3.14}{4} \times (0.07 + 0.038) \times (0.07 - 0.038)$$

$$= 2.71 \times 10^{-3} \text{ (m}^2\text{)}$$

环隙内煤油流速为

$$u = \frac{V}{A} = \frac{W}{\rho A} = \frac{3.0}{845 \times 2.71 \times 10^{-3}} = 1.31 \text{ (m/s)}$$

$$Re = \frac{d_e u \rho}{\mu} = \frac{0.032 \times 1.31 \times 845}{0.002} = 1.771 \times 10^4 > 10^4 \text{（湍流）}$$

$$Pr = \frac{c_p \mu}{\lambda} = \frac{2.09 \times 10^3 \times 0.002}{0.14} = 29.9$$

$$\frac{d_2}{d_1} = \frac{0.07}{0.038} = 1.842 > 1.65$$

故可按式(5-32)计算给热系数 α，

$$\alpha = 0.02 \frac{\lambda}{d_e} Re^{0.8} (Pr)^{\frac{1}{3}} \left(\frac{d_2}{d_1}\right)^{0.53}$$

$$= 0.02 \times \frac{0.14}{0.032} \times (1.771 \times 10^4)^{0.8} \times (29.9)^{\frac{1}{3}} \times (1.842)^{0.53}$$

$$= 940 [\text{W/(m}^2 \cdot ℃)]$$

5. 流体在管外强制对流给热

流体在管外强制对流给热主要有以下三种情况,即平行于管、垂直于管或垂直与平行交替于管。

1)流体在单管外强制垂直流动时的给热

参见图 5-22,自驻点 A 开始,随 φ 角增大,管外边界层厚度逐渐增厚,热阻逐渐增大,给热系数 α 逐渐减小;边界层分离以后因管子背后形成旋涡,局部给热系数 α 逐渐增大。局部给热系数 α 的分布如图 5-23 所示。

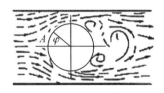

图 5-22　流体横向流过管外时的流动情况

2)流体在管束外强制垂直流动时的给热

流体横向流过管束的给热受管子排列方式不同的影响。管束的排列方式通常有直列和错列两种,如图 5-24 所示。对于第 1 排管子,无论直列还是错列,其给热情况均与单管相似。

但从第 2 排开始,因为流体在错列管束间通过时受到阻拦,使湍动增强,故错列的给热系数大于直列的给热系数。第 3 排以后,给热系数不再变化。

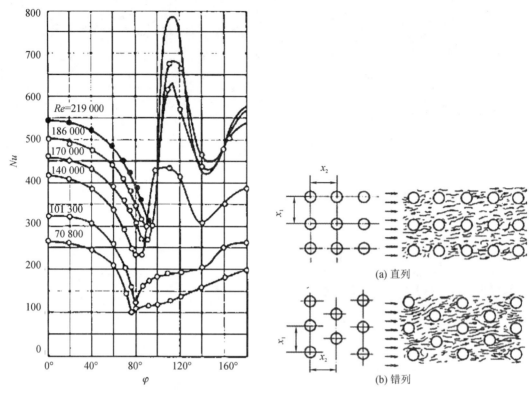

图 5-23　沿圆管表面局部努塞尔数的变化图　　　　图 5-24　流体横向流过管束时的流动情况

流体横向流过管束的给热系数可用下式计算:

$$Nu = C\varepsilon Re^n Pr^{0.4} \tag{5-34}$$

式中,常数 C、ε、n 值如表 5-4 所示。

表 5-4　流体横向管束流动时的 C、ε、n 值

排数	直列		错列		C
	n	ε	n	ε	
1	0.60	0.171	0.60	0.171	$\dfrac{x_1}{d} = (1.2 \sim 3)$ 时, $C = 1 + 0.1\dfrac{x_1}{d}$
2	0.65	0.157	0.60	0.228	
3	0.65	0.157	0.60	0.290	$\dfrac{x_1}{d} > 3$ 时, $C = 1.3$
4	0.65	0.157	0.60	0.290	

定性温度:流体进、出口温度的算术平均值。

定性尺寸:管外径 d_o。

特征速度:垂直于流动方向最窄通道的流速。

应用范围: $5 \times 10^3 < Re < 7 \times 10^4$, $1.2 < x_1/d_o < 5$, $1.2 < x_2/d_o < 5$。

由于各排的给热系数不等,整个管束的平均给热系数为

$$\alpha = \frac{\alpha_1 A_1 + \alpha_2 A_2 + \alpha_3 A_3 + \cdots}{A_1 + A_2 + A_3 + \cdots} = \frac{\sum \alpha_i A_i}{\sum A_i}$$

式中,α_i 为各排的给热系数,$W/(m^2 \cdot ℃)$;A_i 为各排传热管的传热面积,m^2。

3)流体在列管式换热器管间流动

当换热器内装有圆缺形挡板(通常缺口面积为壳体横截面积的 25%)时,壳程流体给热系数可用凯恩(Kern)公式计算,即

$$Nu = 0.36Re^{0.55}(Pr)^{\frac{1}{3}}\left(\frac{\mu}{\mu_w}\right)^{0.14} \tag{5-35}$$

或

$$\alpha = 0.36\frac{\lambda}{d_e}\left(\frac{d_e u\rho}{\mu}\right)^{0.55}\left(\frac{c_p\mu}{\lambda}\right)^{\frac{1}{3}}\left(\frac{\mu}{\mu_w}\right)^{0.14} \tag{5-36}$$

定性温度:除 μ_w 取壁温值外,均取流体进、出口温度的算术平均值。

定性尺寸:当量直径 d_e。当量直径 d_e 可根据图 5-24 所示的管子排列情况分别用不同的式子进行计算。

管子为正方形排列:

$$d_e = \frac{4\left(x^2 - \frac{\pi}{4}d_o^2\right)}{\pi d_o}$$

管子为正三角形排列:

$$d_e = \frac{4\left(\frac{\sqrt{3}}{2}x^2 - \frac{\pi}{4}d_o^2\right)}{\pi d_o}$$

式中,x 为相邻两管的中心距,m;d_o 为管外径,m。

式(5-35)或式(5-36)中的流速 u 根据流体流过管间最大截面积 A 计算,

$$A = hD\left(1 - \frac{d_o}{x}\right) \tag{5-37}$$

式中,h 为两挡板间的距离,m;D 为换热器的外壳内径,m。

应用范围:$2\times10^3 < Re < 1\times10^5$。

例 5-6 在预热器中将压力为 0.1 MPa 的空气从 10 ℃加热到 50 ℃,预热器由一束长为 2.0 m、直径为 $\phi89$ mm$\times4.5$ mm 的错列直立钢管组成。空气在管外垂直流过,沿流动方向共有 20 行,每行有管 20 列,列间与行间管子的中心距均为 120 mm。空气通过管间最狭处的流速为 7.5 m/s。管内通入饱和蒸汽冷凝。试求管壁对空气的平均给热系数。

解:空气的定性温度 $t_m = \frac{10+50}{2} = 30(℃)$,查附录 E 可知,该温度下空气的物性为:$\rho = 1.165$ kg/m^3,$c_p = 1000$ J/(kg $\cdot$ ℃),$\mu = 1.86\times10^{-5}$ Pa $\cdot$ s,$\lambda = 2.67\times10^{-2}$ W/(m $\cdot$ ℃),则

$$Re = \frac{d_o u\rho}{\mu} = \frac{0.089\times7.5\times1.165}{1.86\times10^{-5}} = 4.18\times10^4$$

$$Pr = \frac{c_p\mu}{\lambda} = \frac{1000\times1.86\times10^{-5}}{2.67\times10^{-2}} = 0.70$$

$$\frac{x_1}{d_o} = \frac{0.12}{0.089} = 1.35, \frac{x_2}{d_o} = \frac{0.12}{0.089} = 1.35$$

Re 数、$\frac{x_1}{d_o}$ 及 $\frac{x_2}{d_o}$ 均满足式(5-34)的要求,查表 5-4 可得

$$C = 1.0 + \frac{0.1x_1}{d_o} = 1.0 + 0.1 \times 1.35 = 1.135$$

$$n_1 = n_2 = n_3 = 0.6, \varepsilon_1 = 0.171, \varepsilon_2 = 0.228, \varepsilon_3 = 0.290$$

则

$$\alpha_1 = \frac{\varepsilon_1}{\varepsilon_3}\alpha_3, \alpha_2 = \frac{\varepsilon_2}{\varepsilon_3}\alpha_3$$

因为每根管子的外表面积相等,第 3 行以后 α 值保持不变,所以

$$\alpha_m = \frac{(\alpha_1 + \alpha_2 + 18\alpha_3)A}{20A} = \frac{\dfrac{\varepsilon_1}{\varepsilon_3} + \dfrac{\varepsilon_2}{\varepsilon_3} + 18}{20} C\varepsilon_3 \frac{\lambda}{d_o} Re^{0.6} Pr^{0.4}$$

$$= \frac{1}{20} \times \left(\frac{0.171}{0.290} + \frac{0.228}{0.290} + 18\right) \times 1.135 \times 0.290 \times \frac{2.67 \times 10^{-2}}{0.089} \times (4.18 \times 10^4)^{0.6} \times (0.70)^{0.4}$$

$$= 49.1 \, [W/(m^2 \cdot ℃)]$$

6. 大空间自然对流给热

大空间自然对流是指在热表面或冷表面的四周没有其他阻碍自然对流的物体存在时的对流。

在大空间自然对流条件下,由量纲分析结果可知

$$Nu = \varphi(Gr, Pr) \tag{5-38}$$

许多研究者用管、板、球等形状的加热面,对空气、氢气、二氧化碳、水、油和四氯化碳等不同介质进行了大量的实验研究,得到如图 5-25 所示的曲线。此曲线可近似地分成 3 段曲线,每段曲线皆可写成如下计算式:

$$Nu = A(Gr \cdot Pr)^b \tag{5-39}$$

式中,A 和 b 可从曲线分段求出,见表 5-5。

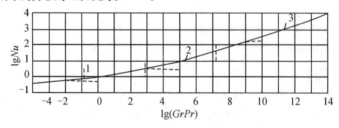

图 5-25 自然对流的给热系数

表 5-5 式(5-39)中的系数 A 和 b

段数	$Gr \cdot Pr$	A	b
1	$1 \times 10^{-3} \sim 5 \times 10^2$	1.18	1/8
2	$5 \times 10^2 \sim 2 \times 10^7$	0.54	1/4
3	$2 \times 10^7 \sim 10^{13}$	0.135	1/3

定性温度:取膜温,即 $\dfrac{t+t_{\mathrm{w}}}{2}$ ℃。

定性尺寸:对水平管取管外径 d_{o},对垂直管或板取垂直高度 L。

由表 5-5 及式(5-39)可看出,当 $(Gr \cdot Pr) > 2 \times 10^7$ 时,给热系数 α 与加热面的几何尺寸 l 无关,故称此区为自动模化区。利用这一特点,可用小的模型对实际给热过程进行研究。

例 5-7 水平放置的蒸气管道,外径 100 mm,置于大水槽中,水温为 20 ℃,管外壁温度 110 ℃。试求:(1)管壁对水的给热系数;(2)每米管道通过自然对流的散热流率。

解:(1)本题属大空间自然对流传热。可用式(5-39)计算,

$$\alpha = A \frac{\lambda}{l}(Gr \cdot Pr)^b$$

定性温度

$$t_{\mathrm{m}} = \frac{110+20}{2} = 65 \text{（℃）}$$

查附录 D 得,在定性温度下水的物性数据如下:$\rho = 980.5$ kg/m³,$\mu = 4.375 \times 10^{-4}$ Pa·s,$Pr = 2.76$,$\beta = 5.41 \times 10^{-4}$ ℃⁻¹,$\lambda = 0.663$ W/(m·℃)。

$$Gr = \frac{\beta g \Delta t d_{\mathrm{o}}^3 \rho^2}{\mu^2} = \frac{5.41 \times 10^{-4} \times 9.81 \times (110-20) \times 0.10^3 \times 980.5^2}{(4.375 \times 10^{-4})^2} = 2.40 \times 10^9$$

$$Gr \cdot Pr = 2.40 \times 10^9 \times 2.76 = 6.62 \times 10^9$$

查表 5-5 得 $A = 0.135$,$b = \dfrac{1}{3}$,则

$$\alpha = A \frac{\lambda}{d_{\mathrm{o}}}(Gr \cdot Pr)^b = 0.135 \times \frac{0.663}{0.10} \times (6.62 \times 10^9)^{\frac{1}{3}} = 1681 \text{ [W/(m}^2 \cdot \text{℃)]}$$

$$(2) Q = \alpha A(t_{\mathrm{w}}-t) = \alpha \pi d_{\mathrm{o}} L(t_{\mathrm{w}}-t)$$

$$\frac{Q}{L} = \alpha \pi d_{\mathrm{o}}(t_{\mathrm{w}}-t) = 1681 \times 3.14 \times 0.10 \times (110-20) = 4.75 \times 10^4 \text{（W/m）}$$

▷ 5.3.4 有相变流体给热

1. 蒸气冷凝给热

1) 蒸气冷凝方式

当蒸气与温度低于其饱和温度的冷壁接触时,蒸气在壁面上冷凝为液体并同时释放出潜热。根据冷凝液能否润湿壁面从而造成的不同流动方式,可将蒸气冷凝分为膜状冷凝和滴状冷凝。

(1)膜状冷凝 在冷凝过程中,冷凝液若能润湿壁面(冷凝液和壁面的润湿角 $\theta < 90°$),就会在壁面上形成连续的冷凝液膜,这种冷凝称为膜状冷凝,如图 5-26(a)和(b)所示。膜状冷凝时,壁面总被一层冷凝液膜所覆盖,这层液膜将蒸气和冷壁面隔开,蒸气冷凝只在液膜表面进行,冷凝放出的潜热必须通过液膜才能传给冷壁面。冷凝液膜在重力作用下沿壁面向下流动,逐渐变厚,最后由壁的底部流走。因为纯蒸气冷凝时气相不存在温差,即气相不存在热阻,故膜状冷凝的热阻全部集中在液膜。

(2)滴状冷凝 当冷凝液不能润湿壁面($\theta > 90°$)时,由于表面张力的作用,冷凝液在壁面

上形成许多液滴,并随机地沿壁面落下,这种冷凝称为滴状冷凝,如图 5-26(c)所示。

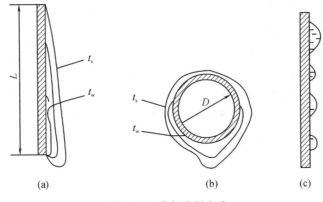

图 5-26 蒸气冷凝方式

滴状冷凝时大部分冷壁面暴露在蒸气中,冷凝过程主要在冷壁面上进行,由于没有冷凝液膜形成的附加热阻,所以滴状冷凝给热系数比膜状冷凝给热系数约大 5~10 倍。在工业用冷凝器中,即使采取了促使产生滴状冷凝的措施,也很难持久地保持滴状冷凝,所以,工业用冷凝器的设计都以膜状冷凝给热公式为依据。

2)纯净蒸气膜状冷凝给热

(1)垂直管外或板上的冷凝给热   如图 5-27(a)所示,冷凝液在重力作用下沿壁面由上向下流动,由于沿程不断汇入新的冷凝液,故凝液量逐渐增加,液膜不断增厚。在壁面上部液膜因流量小、流速低,呈层流流动,并随着膜厚增大,α 减小。若壁的高度足够高,冷凝液量较大,则壁下部液膜会变为湍流流动,对应的冷凝给热系数又会有所提高,见图 5-27(b)。冷凝液膜从层流到湍流的临界 Re 值为 1800。

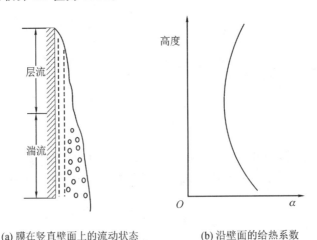

(a) 膜在竖直壁面上的流动状态   (b) 沿壁面的给热系数

图 5-27 蒸气在垂直壁面上的冷凝

①膜层层流时冷凝给热。若液膜为层流流动,努塞尔(Nusselt)提出一些假定条件,通过解析方法建立了冷凝给热系数的计算公式。

简化假设：

Ⅰ.竖壁维持均匀温度 t_w，即壁面上的液体温度等于 t_w，液膜与冷凝蒸气界面温度为 t_s；

Ⅱ.蒸气对液膜无摩擦力；

Ⅲ.冷凝液的各物性参量均为常量；

Ⅳ.忽略液膜中对流给热及沿液膜的纵向导热，近似认为通过冷凝液膜的传热是垂直于壁面方向的导热；

Ⅴ.液膜作定态流动；

Ⅵ.蒸气密度 ρ_v 远小于液体密度 ρ，即液膜流动主要取决于重力和黏性力，浮力的影响可忽略。

努塞尔根据以上假设推导得到的给热系数为

$$\alpha = 0.943 \left[\frac{r \rho^2 g \lambda^3}{\mu L (t_s - t_w)} \right]^{\frac{1}{4}} \tag{5-40}$$

式中，L 为垂直管或板的高度，m；λ 为冷凝液的热导率，W/(m·℃)；ρ 为冷凝液的密度，kg/m³；μ 为冷凝液的黏度，Pa·s；r 为饱和蒸气的冷凝潜热，J/kg；t_s 为饱和蒸气温度，℃；t_w 为壁面温度，℃。

定性温度：蒸气冷凝潜热 r 取其饱和温度 t_s 下的值，其余物性取膜温 $\frac{t_s + t_w}{2}$ 下的数值。

定性尺寸：L 取垂直管或板高度。

应用范围：$Re < 1800$。

用来判断液膜流型的 Re 数经常表示为冷凝负荷 M 的函数。冷凝负荷是指在单位时间流过单位长度润湿周边的冷凝液量，其单位为 kg/(m·s)，即 $M = \frac{W}{b}$。此处 W 为冷凝液的质量流量(kg/s)，b 为润湿周边长(对垂直管 $b = \pi d_o$，对垂直板 b 为板的宽度)，单位为 m。

若膜状流动时液流的横截面积为 A'，则当量直径为 $d_e = \frac{4A'}{b}$，故

$$Re = \frac{d_e u \rho}{\mu} = \left(\frac{4A'}{b} u \rho \right) \times \frac{1}{\mu} = \left(\frac{4A'}{b} \times \frac{W}{A'} \right) \times \frac{1}{\mu} = \frac{4M}{\mu} \tag{5-41}$$

其中，d_e、A'、u、W、M 均为液膜底部之值。

对垂直管或板来说，由实验测定的冷凝给热系数值一般高出理论值的 20% 左右，这是因液膜表面出现波动所致。对向下流动的液膜而言，表面张力是造成波动的重要因素。波动的出现使得液膜产生扰动，热阻减小，给热系数增大。其修正公式为

$$\alpha = 1.13 \left[\frac{\rho^2 g \lambda^3 r}{\mu L (t_s - t_w)} \right]^{\frac{1}{4}} \tag{5-42}$$

②膜层湍流时冷凝给热。对于 $Re > 1800$ 的湍流液膜，除靠近壁面的层流底层仍以导热方式传热外，主体部分增加了涡流传热，与层流相比，传热有所增强。巴杰尔(Badger)根据实验整理出的计算湍流时冷凝给热系数关联式为

$$\alpha = 0.0077 \left[\frac{\rho^2 g \lambda^3}{\mu^2} \right]^{\frac{1}{3}} Re^{0.4} \tag{5-43}$$

(2)水平管外冷凝给热 图 5-26(b)给出蒸气在水平管外冷凝时液膜的流动情况。因为

管子直径通常较小,膜层总是处于层流状态。努塞尔利用数值积分法求得水平圆管外表面平均给热系数为

$$\alpha = 0.725 \left[\frac{g\rho^2\lambda^3 r}{\mu d_o (t_s - t_w)} \right]^{\frac{1}{4}} \tag{5-44}$$

式中,d_o 为管外径,m。

由式(5-42)和式(5-44)可以看出,其他条件相同时,水平圆管的给热系数和垂直圆管的给热系数之比为

$$\frac{\alpha_{水平}}{\alpha_{垂直}} = 0.64 \left(\frac{L}{d_o} \right)^{\frac{1}{4}} \tag{5-45}$$

工业上常用的列管式换热器都是由平行的管束组成的,各排管子的冷凝情况要受到上面各排管子所流下的冷凝液的影响。凯恩(Kern)推荐用下式计算 $\bar{\alpha}$:

$$\bar{\alpha} = 0.725 \left[\frac{g\rho^2\lambda^3 r}{n^{\frac{2}{3}} d_o \mu (t_s - t_w)} \right]^{\frac{1}{4}} \tag{5-46}$$

式中,n 为水平管束在垂直方向上的管排数。

在列管式冷凝器中,若管束由互相平行的 z 列管子所组成,一般各列管子在垂直方向的排数不相等,若分别为 n_1、n_2、n_3、$\cdots$、n_z,则平均管排数可由下式计算:

$$n_m = \frac{n_1 + n_2 + \cdots + n_z}{n_1^{0.75} + n_2^{0.75} + \cdots + n_z^{0.75}} \tag{5-47}$$

3)影响蒸气冷凝给热的因素

(1)流体的物性及液膜两侧温差 由式(5-42)和式(5-44)可以看出,冷凝液密度 ρ、热导率 λ 越大,黏度 μ 越小,则冷凝给热系数越大。冷凝潜热大,则在同样热负荷下冷凝液减少,液膜减薄,α 增大。液膜两侧温差 $(t_s - t_w)$ 大,蒸气冷凝速率增加,液膜厚度增加,使 α 减小。

(2)蒸气流速和流向 前面介绍的公式只适用于蒸气静止或流速影响可以忽略的场合。若蒸气以一定速度流动,蒸气与液膜之间会产生摩擦力。若蒸气和液膜流向相同,这种力的作用会使液膜减薄,并使液膜产生波动,导致 α 增大;若蒸气与液膜流向相反,摩擦力的作用会阻碍液膜流动,使液膜增厚,传热削弱;但当这种力大于液膜所受重力时,液膜会被蒸气吹离壁面,反而使 α 急剧增大。

(3)不凝性气体 所谓不凝性气体,是指在冷凝器冷却条件下,不能被冷凝下来的气体,如空气等。在气液界面上,可凝性蒸气不断冷凝,不凝性气体则被阻留,越接近界面,不凝性气体的分压越高。于是,可凝性蒸气在抵达液膜表面进行冷凝之前,必须以扩散方式穿过聚积在界面附近的不凝性气体层,扩散过程的阻力造成蒸气分压及相应的饱和温度下降,使液膜表面的蒸气温度低于蒸气主体的饱和温度,这相当于增加了一项热阻。当蒸气中含1%空气时,冷凝给热系数将降低60%左右。因此在冷凝器的设计和操作中,都必须设置排气口,以排除不凝性气体。

(4)蒸气的过热 对于过热蒸气,给热过程是由蒸气冷却和冷凝两个步骤组成的。通常把整个"冷却-冷凝"过程仍按饱和蒸气冷凝处理,本节所给出的公式依然适用。至于过热蒸气冷却的影响,只要将过热热量和冷凝潜热一并考虑,即将原公式中的 r 以 $r' = r + C_s (t_v - t_s)$ 代替即可。这里 C_s 是过热蒸气的比热容,t_v 为过热蒸气温度。在其他条件相同的情况下,因为

$r'>r$,所以过热蒸气的冷凝给热系数总大于饱和蒸气冷凝给热系数。实验表明,二者相差并不大,工程计算中通常不考虑过热蒸气冷却过程。

例5-8 0.101 MPa的水蒸气在单根管外冷凝。管外径100 mm,管长1.5 m,管壁温度为98 ℃。试计算:(1)管子垂直放置时的全管平均冷凝给热系数;(2)管子垂直放置时,圆管上部0.5 m的平均冷凝给热系数与底部0.5 m的平均冷凝给热系数之比;(3)管子水平放置时的平均冷凝给热系数。

解:冷凝液膜平均温度为 $\dfrac{100+98}{2}=99(℃)$,由附录D查得,此时冷凝液的物性参数为 $\rho=959.1\ \text{kg/m}^3$,$\mu=28.56\times10^{-5}\ \text{Pa·s}$,$\lambda=0.6819\ \text{W/(m·℃)}$。在0.101 MPa下,$t_s=100\ ℃$,$r=2258\ \text{kJ/kg}$。

(1)假定液膜作层流流动,由式(5-42)可得

$$\alpha=1.13\left(\frac{r\rho^2g\lambda^3}{\mu L\Delta t}\right)^{\frac{1}{4}}=1.13\times\left(\frac{2258\times10^3\times959.1^2\times9.81\times0.6819^3}{28.56\times10^{-5}\times1.5\times(100-98)}\right)^{\frac{1}{4}}$$
$$=1.053\times10^4[\text{W/(m}^2\cdot℃)]$$

验算液膜流动是否处于层流范围内:

$$Re=\frac{4M}{\mu}=\frac{4W}{\pi d_o\mu}=\frac{4Q}{\pi d_o\mu r}$$
$$=\frac{4\alpha\pi d_oL\Delta t}{\mu r}=\frac{4\times1.053\times10^4\times1.5\times(100-98)}{28.56\times10^{-5}\times2258\times10^3}$$
$$=196<1800(\text{层流})$$

(2)圆管垂直放置,上部0.5 m的平均冷凝给热系数 α_1 为

$$\alpha_1=\alpha\left(\frac{L}{L_1}\right)^{\frac{1}{4}}=1.053\times10^4\times\left(\frac{1.5}{0.5}\right)^{\frac{1}{4}}=1.386\times10^4[\text{W/(m}^2\cdot℃)]$$

上部1.0 m的平均冷凝给热系数 α_2 为

$$\alpha_2=\alpha\left(\frac{L}{L_2}\right)^{\frac{1}{4}}=1.053\times10^4\times\left(\frac{1.5}{1.0}\right)^{\frac{1}{4}}=1.165\times10^4[\text{W/(m}^2\cdot℃)]$$

下部0.5 m的平均冷凝给热系数 α_3 为

$$\alpha L=\alpha_2L_2+\alpha_3(L-L_2)$$

$$\alpha_3=\frac{\alpha L-\alpha_2L_2}{L-L_2}=\frac{1.053\times10^4\times1.5-1.165\times10^4\times1.0}{1.5-1.0}=8290[\text{W/(m}^2\cdot℃)]$$

故

$$\frac{\alpha_1}{\alpha_3}=\frac{1.386\times10^4}{8290}=1.61$$

(3)由式(5-45)知

$$\frac{\alpha_{水平}}{\alpha_{垂直}}=0.64\left(\frac{L}{d_o}\right)^{\frac{1}{4}}=0.64\times\left(\frac{1.5}{0.1}\right)^{\frac{1}{4}}=1.26$$

故水平放置时平均冷凝给热系数为

$$\alpha_{水平}=1.26\alpha_{垂直}=1.26\times1.053\times10^4=1.327\times10^4[\text{W/(m}^2\cdot℃)]$$

2.液体沸腾给热

液体与高温壁面接触被加热汽化,并产生气泡的过程称为液体沸腾。因在加热面上气泡

不断生成、长大和脱离,故造成对壁面附近流体的强烈扰动,这种给热方式称为液体沸腾给热。

1)液体沸腾分类

(1)大容积沸腾   是指加热面被沉浸在无强制对流的液体内部所产生的沸腾。这种情况下气泡脱离表面后能自由浮升,液体的运动只由自然对流和气泡扰动引起。

(2)管内沸腾   当液体在压差作用下,以一定的流速流过加热管(或其他截面形状通道)内部时,在管内表面发生的沸腾称为管内沸腾,又称强制对流沸腾。这种情况下管壁上所产生的气泡不能自由上浮,而是被迫与液体一起流动,形成气-液两相流动。因此,与大容积沸腾相比,其机理更为复杂。

(3)过冷沸腾   如果液体主体温度低于饱和温度,而加热面上的温度已超过饱和温度,在加热面上也会产生气泡,发生沸腾现象,但气泡脱离壁面后在液体内又重新冷凝消失,这种沸腾称为过冷沸腾。

(4)饱和沸腾   液体的主体温度达到饱和温度,从加热面上产生的气泡不再重新冷凝的沸腾称为饱和沸腾。

本节只讨论大容积中的饱和沸腾。

2)液体沸腾机理

(1)气泡生成条件   沸腾给热的主要特征是液体内部有气泡产生。气泡首先在加热面的个别点上产生,然后气泡不断长大,到一定尺寸后便脱离加热表面。现考察一个存在于沸腾液体内部,半径为 R 的气泡,如图 5-28 所示。若气泡在液体中能平衡存在,则必须同时满足力和热的平衡。

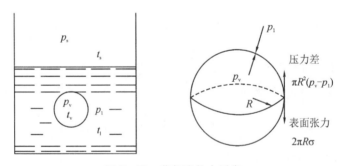

图 5-28   蒸气泡的力平衡

根据力平衡条件,气泡内蒸气的压强和气泡外液体的压强之差应与作用在"气-液"界面上的表面张力呈平衡,即

$$\pi R^2 = (p_v - p_1) = 2\pi R\sigma \qquad (5-48a)$$

或

$$p_v - p_1 = \frac{2\sigma}{R} \qquad (5-48b)$$

式中,p_v 为蒸气泡内的蒸气压力,N/m^2;p_1 为气泡外的液体压力,N/m^2;σ 为气、液界面上的表面张力,N/m。

上式表明,由于表面张力作用,气泡内的压强大于其周围液体的压强。气泡与其周围液体的热平衡条件是二者等温,即 $t_v = t_1$。

然而,气泡不仅能存在于液相,而且会继续长大。一般认为气泡长大是个准平衡过程。已经知道,液体饱和蒸气压与饱和温度是一一对应的,因为 $p_v > p_1$,所以饱和温度 $t_s(p_v) > t_s(p_1)$。气泡继续长大表明气泡周围液体的温度是 $t_s(p_v)$ 时产生的蒸气才得以进入气泡,即气泡周围的液体必为过热液体,$t_1 = t_s(p_v) = t_v$,令 $\Delta t = t_1 - t_s(p_1)$ 为液体的过热度,液体具有足够的过热度便成为气泡长大的必要条件。图 5-29 是水在 1 atm 外界大气压下沸腾时水温随着与加热面的距离的变化而变化的实测曲线,由图可见水在加热面处过热度最大。

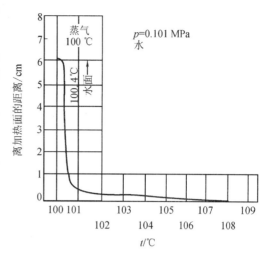

图 5-29 沸腾液体内温度分布

以下把 $t_s(p_1)$ 直接写成 t_s,则式(5-48b)可写成

$$p_v - p_1 = p(t_s + \Delta t) - p(t_s) = \frac{2\sigma}{R}$$

$$(5-48c)$$

式(5-48c)的左边应用级数展开,略去高阶无穷小,得

$$p'\Delta t = \frac{2\sigma}{R} \qquad (5-48d)$$

式中,p' 是饱和蒸气压对温度的导数。根据"克拉珀龙-克劳修斯"方程,

$$p' = \left(\frac{\partial p}{\partial T}\right)_s = \frac{r\rho_1\rho_v}{t_s(\rho_1 - \rho_v)} \approx \frac{\rho_v}{t_s}r$$

所以

$$\Delta t = \frac{2\sigma}{p'R} = \frac{2\sigma t_s}{p_v rR} \qquad (5-49)$$

式(5-49)表明,初生的气泡半径 R 愈小,要求液体的过热度 Δt 愈大,所以,要在没有"依托"条件下从液体中生成气泡是很困难的。在加热面处过热度最高,且凹缝处往往吸附有气体或蒸气,预先有生成气泡的胚胎(汽化核心),因此容易生成气泡。一般气泡形成后,由于液体继续汽化,气泡长大,跃离壁面,但壁面凹缝处总会留有少量的气体或蒸气,故该汽化核心又成为孕育下一个气泡的核心。

(2)大容积饱和沸腾曲线 大容积水沸腾给热系数与温差的实测关系如图 5-30 所示。

当过热度 $\Delta t < 2.2$ ℃时,因过热度小,水只在表面汽化,这一阶段为自然对流。当 $\Delta t > 2.2$ ℃时,水开始沸腾,α 迅速增大,直到 Δt 为 25 ℃的这一阶段为正常沸腾区,亦称核状或泡状沸腾区。当 $\Delta t > 25$ ℃,因沸腾过于剧烈,气泡量过多,气泡连成片形成气膜,把加热面与液态水隔开,这个阶段叫膜状沸腾。膜状沸腾时,因加热面被蒸气所覆盖,而蒸气热导率小,加热面难以将热量传给液态水,所以 α 值迅速降低。若 Δt 再继续升高,虽仍属膜状沸腾,但因加热面温度升高,热辐射增强,传热速率有所增大,故 α 值略有回升。

需要强调的是,沸腾操作不允许在膜状沸腾阶段工作,原因是这时金属加热面温度升高,金属壁会烧红、烧坏。泡状与膜状沸腾交界点的温差叫临界温差,实际操作中不允许超越临界温差。

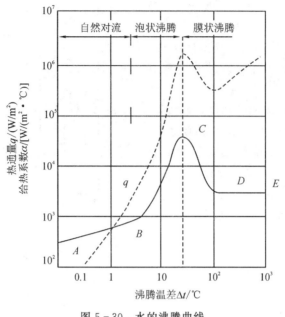

图 5-30　水的沸腾曲线

3)影响沸腾给热的因素

(1)液体性质　液体的热导率 λ、密度 ρ、黏度 μ 和表面张力 σ 等均对沸腾给热有重要影响。一般情况下,α 随 λ 和 ρ 的增大而加大,随 μ 和 σ 增加而减小。

(2)温差 Δt　如前所述,温差 $\Delta t(\Delta t = t_v - t_s)$ 是影响沸腾给热的重要因素,也是控制沸腾给热过程的重要参量。在泡状沸腾区,根据实验数据可整理得到下列经验式:

$$\alpha = b(\Delta t)^n$$

式中,b 和 n 是根据液体种类、操作压强和壁面性质而定的常数,一般 n 为 2～3。

(3)操作压强　提高沸腾压强相当于提高液体的饱和温度,液体的表面张力 σ 和黏度 μ 均下降,有利于气泡的生成和脱离,强化了沸腾传热,在相同的 Δt 下能获得更高的给热系数和热负荷。

(4)加热壁面　加热壁面的材料和粗糙度对沸腾给热有重要影响。一般新的或清洁的加热面,给热系数 α 值较高。若壁面被油垢玷污,给热系数会急剧下降。壁面愈粗糙,气泡核心愈多,愈有利于沸腾给热。此外,加热面的布置情况对沸腾给热也有明显影响,如水平管束外沸腾,由于下面一排管表面上产生的气泡向上浮升而引起附加扰动,使得给热系数增加。

5.4　辐射传热

物体发出的电磁波,在波长从零至无穷大的范围内,热效应显著的波段为 0.4～20 μm,其中大部分能量位于红外线即 0.8～10 μm 的波段。只有在温度很高时,才能觉察到可见光(0.4～0.8 μm)的热效应。

➢ 5.4.1 基本概念与定律

1. 黑体、镜体与透热体

如图 5-31 所示,当热辐射能投射到某物体表面时,若投射的能量为 Q,其中一部分 Q_a 被物体吸收,一部分 Q_r 被物体反射,余下部分 Q_d 透过物体,则

$$Q = Q_a + Q_r + Q_d$$

令吸收率 $\alpha = \dfrac{Q_a}{Q}$,反射率 $r = \dfrac{Q_r}{Q}$,透过率 $d = \dfrac{Q_d}{Q}$,则

$$\alpha + r + d = 1 \tag{5-50}$$

吸收率 $\alpha = 1$ 的物体叫黑体,反射率 $r = 1$ 的物体叫镜体,透过率 $d = 1$ 的物体叫透热体;黑体、镜体和透热体都是理想的物体,现实中没有这样绝对的物体。无光泽的煤可近似看作黑体,单原子和双原子气体如 He、H_2、O_2 等可近似看作透热体,镜子及光亮的金属表面可近似看成镜体。

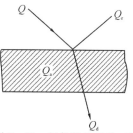

图 5-31 辐射能的吸收、反射和透过

2. 物体的辐射能力

辐射能力指物体在一定温度时,单位时间单位表面积所辐射的能量,以 E 表示,单位为 W/m^2。辐射能力表征物体发射辐射能的本领,若将该辐射能按连续辐射谱分解为等距离的微小波段的局部辐射能,可了解局部辐射能力随波长的分布。为了更好地描述此分布,定义单色辐射能力 E_λ 为

$$E_\lambda = \lim_{\Delta\lambda \to 0} \frac{\Delta E}{\Delta \lambda} = \frac{dE}{d\lambda} \tag{5-51}$$

式中,E_λ 为单色辐射能力,$W/(m^2 \cdot m)$;λ 为波长,m;ΔE 为 λ 至 $(\lambda + \Delta\lambda)$ 波长范围内的局部辐射能力。

故

$$E = \int_0^\infty E_\lambda d\lambda \tag{5-52}$$

3. 黑体的单色辐射能力

1900 年普朗克(Plank)创建了量子力学,并导出了黑体的单色辐射能力随波长与温度变化的函数关系。该定律为

$$E_{b\lambda} = \frac{c_1 \lambda^{-5}}{e^{\left(\frac{c_2}{\lambda T}\right)} - 1} \tag{5-53}$$

式中,$E_{b\lambda}$ 为黑体的单色辐射能力,$W/(m^2 \cdot m)$;T 为黑体的热力学温度,K;λ 为波长,m;c_1 为常量,$c_1 = 3.743 \times 10^{-16}$ $W \cdot m^2$;c_2 为常量,$c_2 = 1.4387 \times 10^{-2}$ $m \cdot K$。

图 5-32 即为式(5-53)的表示图。由图 5-32 可见,黑体的辐射能力随温度升高而增大,且曲线的顶峰随温度升高而左移。在温度不太高时,辐射能主要集中在 $\lambda = 0.8 \sim 10$ μm 范围内;温度升高至 4000 K 以上时,可见光所占比重较大。普朗克的理论值与实验值能很好地吻合。

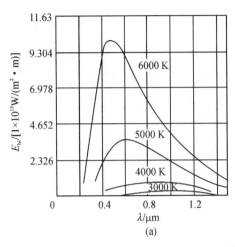
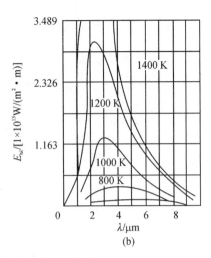

图 5-32　黑体单色辐射能力随波长的分布规律

4. 黑体的辐射能力

把普朗克定律表达式代入式(5-52),积分整理后得

$$E_b = C_0 \left(\frac{T}{100} \right)^4 \qquad (5-54)$$

式中,E_b 为黑体辐射能力,W/m^2;C_0 为黑体的辐射系数,其值为 $5.67 \ W/(m^2 \cdot K^4)$。

式(5-54)即"斯特藩-玻尔兹曼"(Stefan-Boltzmann)定律,揭示了黑体辐射能力与其表面温度的关系。

5. 灰体的辐射能力

在相同温度条件下,实际物体的辐射特性与黑体有较大差异。首先,黑体的辐射谱是连续的,而实际物体的辐射谱不一定连续。其次,对任一波长,实际物体的单色辐射能力 E_λ 必然小于黑体的单色辐射能力 $E_{b\lambda}$,且二者之比值随波长而异,情况如图 5-33 所示。

工程上为了处理问题方便,提出了"灰体"这一概念。即在相同温度时,灰体对任一波长的单色辐射能力与同一波长的黑体单色辐射能力之比 $\frac{E_\lambda}{E_{b\lambda}}$ 为一常数 ε,ε 值不随波长而变。这表明灰体的辐射谱是连续的。假想灰体的这一特性示于图 5-33 中。从吸收辐射能的角度看,在相同温度时,对任一波长,灰体的单色吸收率与黑体的单色吸收率之比 $\alpha_\lambda / \alpha_{b\lambda}$ 为一常数 a ($\alpha_{b\lambda} = 1$),a 值不随波长而变。由于许多工程材料的辐射特性近似于灰体,故一般把实际物体视作灰体,灰体的辐射能力为

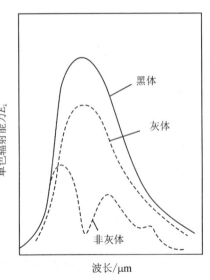

图 5-33　黑体、灰体及非灰体

$$E = \varepsilon C_0 \left(\frac{T}{100}\right)^4 \qquad\qquad (5-55)$$

式中，E 为灰体的辐射能力，W/m^2；ε 为灰体的黑度，无量纲。

物体表面的黑度 ε 值与物体的种类、温度及表面粗糙度、表面氧化程度等因素有关，ε 值一般须由实验测得。常用工业材料的黑度 ε 值列于表 5-6。

表 5-6　常用工业材料的黑度

材料	温度/℃	黑度 ε
红砖	20	0.93
耐火砖	—	0.8～0.9
钢板（氧化的）	200～600	0.8
钢板（磨光的）	940～1100	0.55～0.61
铝（氧化的）	200～600	0.11～0.19
铝（磨光的）	225～575	0.039～0.057
铜（氧化的）	200～600	0.57～0.87
铜（磨光的）	—	0.03
铸铁（氧化的）	200～600	0.64～0.78
铸铁（磨光的）	330～910	0.6～0.7

6. 物体的黑度与吸收率的关系

为了寻找物体黑度 ε 与吸收率 α 之间的数量关系，克希霍夫（Kirchhoff）作了如下的推理，参见图 5-34。

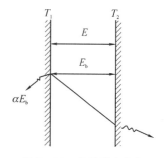

图 5-34　克希霍夫定律

设有两块很大的平行平板，板间距很小，板间为透热体。两板中，一块板是黑体，另一块板则为 $d=0$ 的实际物体。黑体发出的辐射能 E_b 全部到达实际物体，其中一部分 αE_b 被实际物体吸收，另一部分 $(1-\alpha)E_b$ 反射回黑体，又被黑体吸收。实际物体发射的辐射能 E 则全部被黑体吸收。于是，实际物体对黑体净辐射传热的热通量为

$$q = E - \alpha E_b$$

若黑体与实际物体处于热平衡，即 $T_1 = T_2$，$q=0$，则

$$\frac{E}{\alpha} = E_b = f(T) \text{ 或 } \alpha = \frac{E}{E_b} \qquad\qquad (5-56)$$

式(5-56)即为克希霍夫定律表达式。由该定律可得出如下结论：

①物体的辐射能力愈强，其吸收率就愈高（善于发射辐射能的物体必善于吸收辐射能）。

②因所有实际物体的吸收率均小于1，所以，同温度下黑体的辐射能力最大。

③对于灰体，因 $\frac{E}{E_b} = \varepsilon$，所以 $\alpha = \varepsilon$，这表明灰体的黑度与吸收率在数值上相等。

克希霍夫定律导出的灰体的黑度 ε 与吸收率 α 在数值上相等的结论很重要。但是，该结论是在热平衡条件下导出的，在辐射传热一般情况下，物体间有温差，这时，$\varepsilon=\alpha$ 的结论是否仍成立呢？

已经知道，物体的黑度标志着其辐射能力的大小，是物体本身的属性。但物体的吸收率却不同，吸收率的大小，既和其本身的属性有关，也同外界情况有关。假如该物体的某一波段单色吸收率很高，恰好投入辐射中能量集中在这一波段，则吸收率必然高；若投入辐射中能量集中在该物体单色吸收率很小的波段，则吸收率必然小。这说明吸收率是受主客观因素影响的。但灰体的单色吸收率不随波长变化，即不论投入辐射中能量如何分布，该灰体都以相同的吸收率吸收能量。可见，灰体的吸收率只是物体本身的属性，与外界情况无关。既然灰体的黑度及吸收率均为其本身的属性，那么热平衡条件下所导出的 $\alpha=\varepsilon$ 的结论可用于不等温的辐射传热情况中。

▷ 5.4.2　固体壁面间的辐射传热

1. 角系数和黑体间的辐射传热

如图 5-35 所示，任意放置的两黑体表面，其面积分别为 A_1 和 A_2，表面温度分别维持 T_1 和 T_2 不变，其间发生辐射传热。

把 A_1 面发出的辐射能中到达 A_2 面的分率称为 A_1 面对 A_2 面的平均角系数，记为 φ_{12}。同理，定义 φ_{21} 为 A_2 面对 A_1 面的平均角系数。于是，两黑体表面间净辐射传热速率为

$$Q_{12}=Q_{1\to 2}-Q_{2\to 1}=E_{b1}A_1\varphi_{12}-E_{b2}A_2\varphi_{21} \quad (5-57)$$

如果两黑体表面处于热平衡状态，即 $T_1=T_2$ 时，净换热量 $Q_{12}=0$，$E_{b1}=E_{b2}$，则上式变为

$$A_1\varphi_{12}=A_2\varphi_{21} \quad (5-58)$$

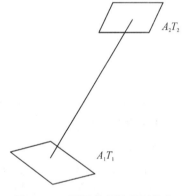

图 5-35　两黑体间的辐射传热

式(5-58)是在热平衡条件下导出的，但因角系数纯属几何因素，它只取决于换热的物体形状、尺寸以及物体间的相对位置，而与物体种类和温度无关。所以，对不处于热平衡状态或非黑体表面时，式(5-58)同样成立。将式(5-58)代入式(5-57)，得

$$Q_{12}=A_1\varphi_{12}(E_{b1}-E_{b2})=A_2\varphi_{21}(E_{b1}-E_{b2}) \quad (5-59a)$$

或

$$Q_{12}=A_1\varphi_{12}C_0\left[\left(\frac{T_1}{100}\right)^4-\left(\frac{T_2}{100}\right)^4\right]=A_2\varphi_{21}C_0\left[\left(\frac{T_1}{100}\right)^4-\left(\frac{T_2}{100}\right)^4\right] \quad (5-59b)$$

显然，计算任意相对位置的两黑体表面之间的辐射传热速率，其关键在于确定角系数 φ_{12} 或 φ_{21}，角系数 φ 必须和选定的辐射面相对应，其值可由 Lambert 余弦定律求出，也可实测求得。几种简单情况下的 φ 值可由图 5-36 或表 5-7 查得。

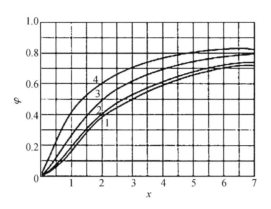

1—圆盘形;2—正方形;3—长方形(边长之比为2:1);4—长方形(狭长)。

$$x = t/b \text{ (或 } d/b \text{)} = \frac{\text{边长(长方形用短边)或直径}}{\text{辐射面间的距离}}$$

图 5-36 平行面间辐射传热的角系数 φ

2. 灰体间辐射传热

灰体间辐射传热计算比黑体间辐射传热复杂,其原因是灰体的吸收率不等于1。在灰体的辐射传热过程中,存在着辐射能多次被部分吸收和多次被部分反射的过程。

对于间隔中存在透热体的双面系统,几种简单情况下辐射传热的研究表明,两灰体间辐射传热计算式可写成如下形式:

$$Q_{12} = A_1 \varphi_{12} \varepsilon_s C_0 \left[\left(\frac{T_1}{100} \right)^4 - \left(\frac{T_2}{100} \right)^4 \right] = A_2 \varphi_{21} \varepsilon_s C_0 \left[\left(\frac{T_1}{100} \right)^4 - \left(\frac{T_2}{100} \right)^4 \right] \quad (5-60)$$

式中,ε_s 为辐射系统的系统黑度,其值小于1。

比较式(5-59)和式(5-60)可知,灰体换热的系统黑度,是指在其他情况相同时,灰体间的换热速率与黑体间的换热速率之比。几种简单情况的系统黑度的计算方法可参看表5-7。

表5-7 φ 与 ε_s 的计算式

序号	辐射情况	面积 A	角系数 φ	系统黑度 ε_s
1	极大的两平行平面	A_1 或 A_2	1	$\dfrac{1}{\left(\dfrac{1}{\varepsilon_1} + \dfrac{1}{\varepsilon_2} - 1 \right)}$
2	面积有限的两相等平行面	A_1	<1[①]	$\varepsilon_1 \varepsilon_2$
3	很大的物体 2 包住物体 1	$A_1 (\ll A_2)$	1	ε_1
4	物体 2 恰好包住物体 1	$A_1 (\approx A_2)$	1	$\dfrac{1}{\left(\dfrac{1}{\varepsilon_1} + \dfrac{1}{\varepsilon_2} - 1 \right)}$
5	在 3、4 两种情况之间	A_1	1	$\dfrac{1}{\left[\dfrac{1}{\varepsilon_1} + \dfrac{A_1}{A_2} \left(\dfrac{1}{\varepsilon_2} - 1 \right) \right]}$

注:①此种情况 φ 可由图5-36查得。

例 5 - 9 如图 5 - 37(a)所示,用热电偶测气温 T_g。已测得 $T_1 = 1023$ K。已知 $T_w = 500$ ℃,气体给热系数 $\alpha = 45$ W/(m² · ℃),热电偶表面黑度 $\varepsilon_1 = 0.4$,试计算气温 T_g。

为了提高热电偶的测温精度,设置遮热罩,并通过遮热罩向外抽气,如图 5 - 37(b)所示。设遮热罩温度为 T_2,黑度 $\varepsilon_2 = 0.3$,气体对遮热罩的给热系数 $\alpha = 95$ W/(m² · ℃),试按已算出的气温计算有遮热罩时的热电偶温度 T_2'。

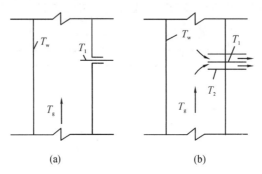

图 5 - 37 [例 5 - 9]附图(热电偶测温误差)

解:(1)未装遮热罩时,热电偶存在下列热平衡:

$$气体 \xrightarrow{对流} 热电偶 \xrightarrow{辐射} 容器壁$$

因热电偶工作点具有凸表面,其表面积相对于器壁面积很小,故其间的辐射传热属于表 5 - 7 中的第 3 种情况。在定态传热条件下,热电偶的辐射传热与对流给热量应相等,即

$$q = a_1(T_g - T_1) = \varepsilon_1 C_0 \left[\left(\frac{T_1}{100} \right)^4 - \left(\frac{T_w}{100} \right)^4 \right]$$

$$T_g = T_1 + \frac{\varepsilon_1 C_0}{a_1} \left[\left(\frac{T_1}{100} \right)^4 - \left(\frac{T_w}{100} \right)^4 \right]$$

$$= 1023 + \frac{0.4 \times 5.67}{45} \times \left[\left(\frac{1023}{100} \right)^4 - \left(\frac{773}{100} \right)^4 \right] = 1395 \ (K)$$

测温相对误差为 26.7%,这样大的测量误差显然是不能允许的。

(2)装遮热罩后,遮热罩存在下列热平衡:

$$气体 \xrightarrow{对流} 遮热罩 \xrightarrow{辐射} 容器壁$$

在定态传热条件下,气体对遮热罩内外表面的对流给热与遮热罩对器壁的辐射传热应相等,即

$$2 \times 95 \times (1395 - T_2) = 0.3 \times 5.67 \left[\left(\frac{T_2}{100} \right)^4 - \left(\frac{773}{100} \right)^4 \right]$$

解得
$$T_2 = 1225 \ (K)$$

对热电偶做热量衡算

$$a_2(T_g - T_1) = \varepsilon_1 C_0 \left[\left(\frac{T_1}{100} \right)^4 - \left(\frac{T_2}{100} \right)^4 \right]$$

$$95 \times (1395 - T_1) = 0.4 \times 5.67 \times \left[\left(\frac{T_1}{100} \right)^4 - \left(\frac{1225}{100} \right)^4 \right]$$

解得
$$T_1 = 1284 \ (K)$$

测温相对误差为 7.96%。可见采用遮热罩抽气式热电偶测温,误差可大为减小。

3. 影响辐射传热的主要因素

1)温度的影响

由式(5－60)可知,辐射热流量并不正比于温差,而是正比于温度四次方之差。这样,同样的温差在高温时的热流量将远大于低温时的热流量。例如 $T_1＝720$ K,$T_2＝700$ K 与 $T_1＝120$ K,$T_2＝100$ K 两者温差相等,但在其他条件相同情况下,两者热流量相差 260 多倍。

2)几何位置的影响

角系数对两物体间的辐射传热有重要影响。角系数决定于两辐射表面的方位和距离,实际上决定于一个表面对另一个表面的投射角。对同样大小的辐射面,位置距辐射源越远,与球面夹角越大,投射角越小,角系数亦越小。

3)表面黑度的影响

由表 5－7 可知,当物体相对位置一定时,系统黑度只和表面黑度有关。因此,通过改变表面黑度的方法可以强化或减弱辐射传热。譬如,表面涂上黑度很大的油漆,或在表面镀上黑度很小的银、铝等。

4)辐射表面之间介质的影响

在上面的讨论中,都假定两表面间的介质为透明体($d＝1$)。实际上,某些气体也具有发射和吸收辐射能的能力。因此,气体的存在对物体的辐射传热必有影响。

有时为削弱表面之间的辐射传热,常在换热表面之间插入薄板阻挡辐射传热,这种薄板称为遮热板,下面通过例题来说明遮热板的作用。

例 5－10 某车间内有高 2.5 m,宽 1.8 m 的铸铁炉门,温度为 427 ℃,室内温度为 27 ℃。为了减少热损失,在炉门前 40 mm 处放置一块尺寸和炉门相同而黑度为 0.15 的铝板,试求放置铝板前、后因辐射而损失的热量。

解: 取铸铁的黑度 $\varepsilon_1＝0.75$。

(1)放置铝板前,炉门为四壁所包围,所以

$$\varphi_{12}＝1.0, \varepsilon_s＝\varepsilon_1$$

则式(5－60)可写成

$$Q_{12}＝C_0\varepsilon_1 A_1\left[\left(\frac{T_1}{100}\right)^4-\left(\frac{T_2}{100}\right)^4\right]$$

$$＝5.67\times0.75\times2.5\times1.8\times\left[\left(\frac{427+273}{100}\right)^4-\left(\frac{27+273}{100}\right)^4\right]$$

$$＝4.44\times10^4(\text{W})$$

(2)放置铝板后,设铝板表面温度为 T_3,由于炉门与铝板的距离很小,可视为两无限大平行平面间的相互辐射,所以

$$\varphi_{13}＝1.0, \varepsilon_s＝\frac{1}{\dfrac{1}{\varepsilon_1}+\dfrac{1}{\varepsilon_2}-1}$$

则式(5－60)可写成

$$Q_{13}＝\frac{C_0}{\dfrac{1}{\varepsilon_1}+\dfrac{1}{\varepsilon_2}-1}A_1\left[\left(\frac{T_1}{100}\right)^4-\left(\frac{T_3}{100}\right)^4\right]$$

$$=\frac{5.67}{\frac{1}{0.75}+\frac{1}{0.15}-1}\times 2.5\times 1.8\times \left[\left(\frac{427+273}{100}\right)^{4}-\left(\frac{T_{3}}{100}\right)^{4}\right]$$

铝板与四周墙壁辐射传热量为

$$Q_{32}=C_{0}\varepsilon_{s}A_{3}\left[\left(\frac{T_{3}}{100}\right)^{4}-\left(\frac{T_{2}}{100}\right)^{4}\right]$$

$$=5.67\times 0.15\times 2.5\times 1.8\times \left[\left(\frac{T_{3}}{100}\right)^{4}-\left(\frac{27+273}{100}\right)^{4}\right]$$

在稳定传热条件下，$Q_{13}=Q_{32}$，解出 $T_{3}=590\text{ K}$ 及 $Q_{13}=Q_{32}=4340\text{ W}$。

放置铝板后，炉门辐射热损失减少的百分数为

$$\frac{Q_{12}-Q_{13}}{Q_{12}}=\frac{4.44\times 10^{4}-4340}{4.44\times 10^{4}}\times 100\%=90.2\%$$

由计算结果可以看出，设置铝板（遮热板）是减少辐射散热损失的有效方法。遮热板材料的黑度愈低，遮热板层数愈多，热损失愈少。

➤ 5.4.3　对流与辐射并联传热

设备与管道对外界大气的散热一般是热辐射与对流并联散热。

辐射散热速率仿照牛顿冷却定律的形式可写成

$$Q_{R}=\alpha_{R}A_{w}(t_{w}-t)$$

对流散热速率为

$$Q_{c}=\alpha_{c}A_{w}(t_{w}-t)$$

设备总散热速率为

$$Q_{T}=Q_{R}+Q_{c}=(\alpha_{R}+\alpha_{c})A_{w}(t_{w}-t)=\alpha_{T}A_{w}(t_{w}-t)$$

式中，$\alpha_{T}=\alpha_{R}+\alpha_{c}$，称为"对流-辐射"并联给热系数，$W/(m^{2}\cdot℃)$；$A_{w}$ 为散热面积，m^{2}；t_{w} 与 t 分别是散热表面及外界的温度，℃。

对于有保温层的设备、管道等，外壁对周围环境的并联给热系数 α_{T} 可根据以下经验式进行估算。

（1）空气自然对流　当壁温 $t_{w}<150℃$ 时，在平壁保温层外，

$$\alpha_{T}=9.8+0.07(t_{w}-t) \tag{5-61}$$

在圆筒壁保温层外，

$$\alpha_{T}=9.4+0.052(t_{w}-t) \tag{5-62}$$

（2）空气沿粗糙壁面强制对流　当空气流速 $u\leqslant 5\text{ m/s}$ 时，

$$\alpha_{T}=6.2+4.2u \tag{5-63}$$

当空气流速 $u>5\text{ m/s}$ 时，

$$\alpha_{T}=7.8u^{0.78} \tag{5-64}$$

5.5　串联传热过程计算

工业生产中，因固体壁面温度不高，辐射传热量很小，故除热损失外，热辐射通常不予考

虑,更多的是导热和对流串联传热过程。例如,换热器中冷、热两流体通过间壁的热量传递就是这种串联传热的典型例子。

如图 5-38 所示,冷、热流体通过间壁传热的过程分三步进行:

①热流体通过给热将热量传给固体壁;

②固体壁内以热传导方式将热量从热侧传到冷侧;

③热量通过给热从壁面传给冷流体。

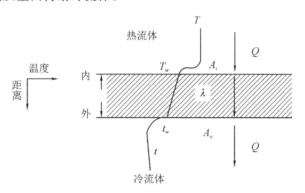

图 5-38 间壁两侧流体传热过程

▶ 5.5.1 传热速率方程

因壁温通常未知,单独使用传导速率方程或给热速率方程解决传热问题较困难,故引出了直接以间壁两侧流体温差为推动力的传热速率方程。

在换热器中任一截面处取微元管段,其内表面积为 dA_i,外表面积为 dA_o。可仿照对流给热速率方程,写出冷、热流体间进行换热的传热速率方程,即

$$dQ = K_i(T-t)dA_i = K_o(T-t)dA_o \tag{5-65}$$

式中,K_i、K_o 分别为基于管内表面积 A_i 和外表面积 A_o 的传热系数,$W/(m^2 \cdot ℃)$;T、t 分别为该截面处的热、冷流体的平均温度;dQ 为通过该微元传热面的传热速率,W。

式(5-65)为总传热速率方程,是传热系数的定义式。传热系数 K 在数值上等于单位传热面积,单位热、冷流体温差下的传热速率,它反映了传热过程的强度。因在换热器中流体沿流动方向的温度是变化的,传热温差($T-t$)和传热系数 K 一般也是变化的,故需将传热速率方程写成微分式。由式(5-65)还可以看出,传热系数与所选择的传热面积应相对应,即

$$K_i dA_i = K_o dA_o \tag{5-66}$$

▶ 5.5.2 热量衡算

根据热量衡算原理,在换热器保温良好、无热损失的情况下,单位时间内热流体放出的热量等于冷流体吸收的热量。

对换热器的一个微元段 dl(参见图 5-39)来说,冷、热两流体逆流时的热量衡算式为

$$dQ = -W_h dH_h = W_c dH_c \tag{5-67}$$

式中,W_c、W_h 分别为冷、热流体的质量流量,kg/s(下标 c 表示冷,下标 h 表示热);H_c、H_h 分别为单位质量冷、热流体的焓,J/kg。

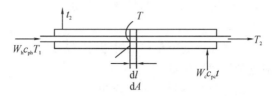

图 5-39 换热器的热量衡算

对整个换热器,热量衡算式为

$$Q = W_h(H_{h_1} - H_{h_2}) = W_c(H_{c_2} - H_{c_1}) \tag{5-68}$$

式中,下标"1"和"2"分别表示各股流体的进、出口端。

若换热器内两流体均无相变,且流体的比热容 c_p 不随温度变化(或取流体平均温度下的比热容)时,式(5-67)和式(5-68)可分别表示为

$$dQ = -W_h c_{ph} dT = W_c c_{pc} dt \tag{5-69}$$

$$Q = W_h c_{ph}(T_1 - T_2) = W_c c_{pc}(t_2 - t_1) \tag{5-70}$$

若换热器中一侧有相变,例如,热流体为饱和蒸气冷凝,则式(5-68)可表示为

$$Q = W_h r = W_c c_{pc}(t_2 - t_1) \tag{5-71}$$

式中,r 为饱和蒸气的冷凝潜热,J/kg。

若冷凝液的温度 T_2 低于饱和蒸气温度,则式(5-71)应为

$$Q = W_h[r + c_{ph}(T_s - T_2)] = W_c c_{pc}(t_2 - t_1) \tag{5-72}$$

式中,c_{ph} 为冷凝液的比热容,J/(kg·℃);T_s 为饱和蒸气温度;c_{pc} 为冷流体的比热容,J/(kg·℃)。

▷ 5.5.3 传热系数

工业生产中管壳式换热器的传热系数 K 的大致范围如表 5-8 所示。

表 5-8 管壳式换热器的传热系数 K 值范围

热流体	冷流体	传热系数 K	
		W/(m²·℃)	kcal/(m²·h·℃)
水	水	850～1700	730～1460
轻油	水	340～910	290～780
重油	水	60～280	50～240
气体	水	17～280	15～240
水蒸气冷凝	水	1420～4250	1220～3650
水蒸气冷凝	气体	30～300	25～260
低沸点烃类蒸气冷凝(常压)	水	455～1140	390～980
高沸点烃类蒸气冷凝(减压)	水	60～170	50～150
水蒸气冷凝	水沸腾	2000～4250	1720～3650
水蒸气冷凝	轻油沸腾	455～1020	390～880
水蒸气冷凝	重油沸腾	140～425	120～370

1. 传热系数 K 的计算

传热过程中包含了热、冷流体的给热过程及固体壁的导热过程,则传热系数必然包含着上述各过程的因素。

现以图 5-39 所示套管换热器为例,取任一截面,设该截面上热、冷流体的平均温度为 T 及 t,热、冷流体的给热系数为 α_i 及 α_o,固体壁的热导率为 λ,壁厚为 b。对于 $\mathrm{d}l$ 管长段,有

$$\mathrm{d}Q = \alpha_i(T - T_w)\mathrm{d}A_i = \frac{(T - T_w)}{\dfrac{1}{\alpha_i \mathrm{d}A_i}}$$

$$\mathrm{d}Q = \alpha_o(t_w - t)\mathrm{d}A_o = \frac{(t_w - t)}{\dfrac{1}{\alpha_o \mathrm{d}A_o}}$$

$$\mathrm{d}Q = \frac{\lambda \mathrm{d}A_m(T_w - t_w)}{b} = \frac{T_w - t_w}{\dfrac{b}{\lambda \mathrm{d}A_m}}$$

所以

$$\mathrm{d}Q = \frac{T - t}{\dfrac{1}{\alpha_i \mathrm{d}A_i} + \dfrac{b}{\lambda \mathrm{d}A_m} + \dfrac{1}{\alpha_o \mathrm{d}A_o}}$$

又

$$\mathrm{d}Q = K_i \mathrm{d}A_i(T - t) = K_o \mathrm{d}A_o(T - t) = \frac{T - t}{\dfrac{1}{K_i \mathrm{d}A_i}} = \frac{T - t}{\dfrac{1}{K_o \mathrm{d}A_o}}$$

以上两式对比,可得

$$\frac{1}{K_i \mathrm{d}A_i} = \frac{1}{\alpha_i \mathrm{d}A_i} + \frac{b}{\lambda \mathrm{d}A_m} + \frac{1}{\alpha_o \mathrm{d}A_o} = \frac{1}{K_o \mathrm{d}A_o}$$

因(其中)

$$\mathrm{d}A_i = \pi d_i \mathrm{d}l, \mathrm{d}A_o = \pi d_o \mathrm{d}l, \mathrm{d}A_m = \pi d_m \mathrm{d}l \left(其中\ d_m = \frac{d_o - d_i}{\ln \dfrac{d_o}{d_i}}\right),则$$

$$\begin{cases} \dfrac{1}{K_i} = \dfrac{1}{\alpha_i} + \dfrac{b d_i}{\lambda d_m} + \dfrac{d_i}{\alpha_o d_o} \\[3mm] \dfrac{1}{K_o} = \dfrac{1}{\alpha_o} + \dfrac{b d_o}{\lambda d_m} + \dfrac{d_o}{\alpha_i d_i} \end{cases} \tag{5-73a}$$

式(5-73a)即为以热阻形式表示的传热系数计算式,该式说明间壁两侧流体间传热的总热阻等于两侧流体的给热热阻及管壁导热热阻之和。

当传热面为平壁或薄圆筒壁时,式(5-73a)可简化为

$$\frac{1}{K} = \frac{1}{\alpha_i} + \frac{b}{\lambda} + \frac{1}{\alpha_o} \tag{5-73b}$$

2. 污垢热阻

换热器在经过一段时间运行后,壁面往往积有污垢,对传热产生附加热阻,使传热系数降低。在计算传热系数时,一般污垢热阻不可忽略。由于污垢层厚度及其热导率难以测定,通常

根据经验选用污垢热阻值。一些常见流体的污垢热阻经验值如表 5-9 所示。

表 5-9 常见流体的污垢热阻经验值

流体	污垢热阻 R		流体	污垢热阻 R	
	$m^2 \cdot K/kW$	$m^2 \cdot h \cdot ℃/kcal$		$m^2 \cdot K/kW$	$m^2 \cdot h \cdot ℃/kcal$
(1 m/s, $t>50$ ℃) 蒸馏水	0.09	$1.05×10^{-4}$	溶剂蒸气	0.14	$1.63×10^{-4}$
海水	0.09	$1.05×10^{-4}$	优质-不含油水蒸气	0.052	$6.05×10^{-5}$
清净的河水	0.21	$2.44×10^{-4}$	劣质-不含油水蒸气	0.09	$1.05×10^{-4}$
未处理的凉水塔用水	0.58	$6.75×10^{-4}$	往复机排出水蒸气	0.176	$2.05×10^{-4}$
已处理的锅炉用水	0.26	$3.02×10^{-4}$	处理过的盐水	0.264	$3.07×10^{-4}$
硬水、井水	0.58	$6.75×10^{-4}$	有机物液体	0.176	$2.05×10^{-4}$
空气	0.26~0.53	$3.02×10^{-4}$~ $6.17×10^{-4}$	燃料油液体	1.056	$1.23×10^{-3}$
			焦油液体	1.76	$2.05×10^{-3}$

若管壁内、外侧表面上的污垢热阻分别用 R_i 及 R_o 表示,则

$$\frac{1}{K_o} = \frac{d_o}{\alpha_i d_i} + R_i + \frac{b d_o}{\lambda d_m} + R_o + \frac{1}{\alpha_o} \tag{5-74}$$

污垢热阻不是固定不变的数值,随着换热器运行时间的延长,污垢热阻将增大,导致传热系数下降。因此,换热器应采取措施减缓结垢,并定期除垢。

3. 关键热阻

由式(5-74)可以看出,欲提高传热系数,需设法减小热阻。而传热过程中各层热阻的值并不相同,其中热阻最大的一层就是传热过程的关键热阻。只有设法降低关键热阻,才能较大地提高传热速率。

当管壁很薄且污垢热阻可忽略不计时,式(5-74)可简化为

$$\frac{1}{K} = \frac{1}{\alpha_i} + \frac{1}{\alpha_o}$$

此情况下,若管外为蒸气冷凝给热 $\alpha_o = 10^4$ W/($m^2 \cdot$ ℃),管内为气体强制对流给热 $\alpha_i = 30$ W/($m^2 \cdot$ ℃),$\alpha_o \geqslant \alpha_i$,可算得 $K = 29.9$ W/($m^2 \cdot$ ℃),说明 K 值趋近并小于 α 较小的值。若要提高 K 值,应提高给热系数较小一侧的 α 值。若两侧给热系数值相近,应同时提高两侧的给热系数值。

当污垢热阻为关键热阻时,只提高两侧流体的 α 值对提高 K 值的作用甚小,应及时对换热器进行清洗除垢。

例 5-11 一单管程、单壳程列管式换热器,采用 $\phi25$ mm×2.5 mm 的钢管。热空气在管内流动,冷却水在管外与空气呈逆流流动。已知空气侧、水侧给热系数分别为 60 W/($m^2 \cdot$ ℃)和

$1500\ W/(m^2 \cdot \text{℃})$，钢的热导率为 $45\ W/(m \cdot \text{℃})$。试求：(1)传热系数 K。(2)若将管内空气给热系数 α_i 提高一倍，其他条件不变，传热系数有何变化？(3)若将 α_o 提高一倍，其他条件不变，传热系数又有何变化？

解：（1）由式(5-73)知

$$\frac{1}{K_o} = \frac{d_o}{\alpha_i d_i} + \frac{b d_o}{\lambda d_m} + \frac{1}{\alpha_o} = \frac{25}{60 \times 20} + \frac{2.5 \times 10^{-3} \times 25}{45 \times 22.5} + \frac{1}{1500}$$

$$= 0.0208 + 6.17 \times 10^{-5} + 6.67 \times 10^{-4}$$

$$K_o = 46.4\ W/(m^2 \cdot \text{℃})$$

由以上计算可知管壁热阻很小，可忽略不计。

（2）将 α_i 提高一倍，则

$$\frac{1}{K_o} = \frac{25}{2 \times 60 \times 20} + \frac{1}{1500}$$

$$K_o = 90.2\ W/(m^2 \cdot \text{℃})$$

传热系数提高了 94.4%。

（3）将 α_o 提高一倍，则

$$\frac{1}{K_o} = \frac{25}{60 \times 20} + \frac{1}{2 \times 1500}$$

$$K_o = 47.2 W/(m^2 \cdot \text{℃})$$

传热系数提高了 1.7%。

综上可知，空气侧热阻远大于水侧热阻，提高空气侧给热系数 α_i 对提高 K 值效果明显。

▶ 5.5.4　换热器的平均温度差

以上讨论中，都是以换热器中某个截面上的参量对微小换热面积进行分析的。下面立足于整台换热器来进行分析，并建立其传热速率方程。

令 $$Q = K_i A_i \Delta t_m = K_o A_o \Delta t_m \tag{5-75}$$

式中，Q 为换热器的热负荷，W；A_i 为换热管内表面积，m^2；A_o 为换热管外表面积，m^2；Δt_m 为换热器热、冷流体的平均温差，℃。

假设传热过程满足下列情况：①定态传热；②c_{ph}，c_{pc} 均为常量；③K 为常量；④不计热损失。

1. 恒温传热

以蒸发器为例，一侧为蒸气冷凝，冷凝温度为 T，一侧为液体沸腾，沸腾温度为 t，$(T-t)$ 不随换热面的位置不同而变化，于是，$Q = KA(T-t)$，$\Delta t_m = T-t$。

2. 逆流或并流变温传热

冷、热两种流体平行而同向流动，称为并流。冷、热两种流体平行而反向流动，称为逆流。现以逆流为例推导 Δt_m 的计算式。

任取 dl 段管长进行分析，其相应的传热面积为 dA_i 或 dA_o，参见图 5-40(a)。传热速率方程基本式为

$$dQ = W_h c_{ph} dT \tag{a}$$

$$dQ = W_c c_{pc} dt \tag{b}$$

$$dQ = K_i(T - t) dA_i \tag{c}$$

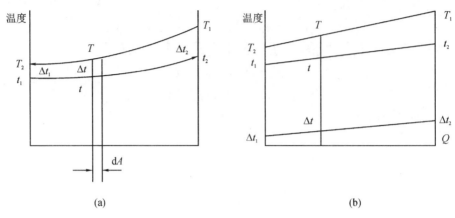

(a)   (b)

图 5 - 40 Δt_m 的推导

由式(a)得 $\dfrac{dQ}{dT} = W_h c_{ph} = $ 常量,由式(b)得 $\dfrac{dQ}{dt} = W_c c_{pc} = $ 常量。则在图 5 - 40(b)中 $T\text{-}Q$、$t\text{-}Q$ 皆呈直线关系,即

$$T = mQ + k, t = m'Q + k'$$

有 $\qquad\qquad \Delta t = T - t = (m - m')Q + (k - k') = \alpha Q + b$

$\Delta t\text{-}Q$ 亦呈直线关系,所以

$$\frac{d\Delta t}{dQ} = \frac{\Delta t_2 - \Delta t_1}{Q} \tag{d}$$

将式(c)代入式(d),得

$$\frac{d\Delta t}{K_i \Delta t dA_i} = \frac{\Delta t_2 - \Delta t_1}{Q}$$

积分,

$$\frac{1}{K_i}\int_{\Delta t_1}^{\Delta t_2} \frac{d\Delta t}{\Delta t} = \frac{\Delta t_2 - \Delta t_1}{Q}\int_0^{A_i} dA_i$$

得

$$Q = K_i A_i \frac{\Delta t_2 - \Delta t_1}{\ln\dfrac{\Delta t_2}{\Delta t_1}}$$

同理可得

$$Q = K_o A_o \frac{\Delta t_2 - \Delta t_1}{\ln\dfrac{\Delta t_2}{\Delta t_1}} \tag{5-76}$$

将式(5-76)和式(5-75)对比,可得

$$\Delta t_m = \frac{\Delta t_2 - \Delta t_1}{\ln\dfrac{\Delta t_2}{\Delta t_1}} \tag{5-77}$$

式(5-77)表明,换热器的平均温差是换热器两端温差的对数平均值。

需要说明的是,式(5-77)虽由逆流换热条件导出,但同样适用于并流换热及两流体中一种流体恒温,另一种流体变温时的换热。

3. 逆流与并流传热的优缺点比较

(1)逆流操作的平均温差大　例如,热流体90 ℃→70 ℃,冷流体20 ℃→60 ℃。逆流与并流传热的平均温差见表5-10。

表5-10　逆流与并流传热对比

逆流	并流
90 ℃→70 ℃ 60 ℃←20 ℃	90 ℃→70 ℃ 20 ℃→60 ℃
$\Delta t_1 = 30$ ℃ $\Delta t_2 = 50$ ℃	$\Delta t_1 = 70$ ℃ $\Delta t_2 = 10$ ℃
$\Delta t_m = \dfrac{50-30}{\ln\dfrac{50}{30}} = 39.2\,(℃)$	$\Delta t_m = \dfrac{10-70}{\ln\dfrac{10}{70}} = 30.8\,(℃)$

可见,逆流时 Δt_m 大,意味着在其他条件相同时,逆流操作的换热面积可减少。

(2)逆流时,加热剂或冷却剂用量可减少　如图5-41所示,逆流时,热流体出口温度可低于冷流体的出口温度,即 $T_2 < t_2$,但并流时必然 $T_2 > t_2$。加热剂或冷却剂的进出口温差大意味着其相应的用量可减少。

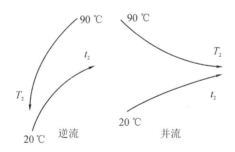

图5-41　逆流与并流时,流体出口温度的比较

(3)只有当冷流体被加热或热流体被冷却而不允许超越某一温度时,采用并流才是可靠的。

4. 错流、折流时平均温差

冷、热流体垂直交叉流动称为错流。一种流体只沿一个方向流动,而另一流体反复改变流向,时而逆流,时而并流,称为折流,情况如图5-42所示。

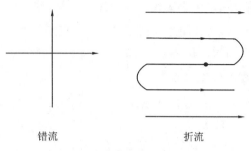

错流   折流

图 5-42 错流及折流示意

对于错流和折流的平均温差的计算,常采用鲍曼(Bowman)提出的算图法。该法是先按逆流计算对数平均温差 $\Delta t_\mathrm{m}{}'$,再乘以考虑流动型式的温差校正系数 $\psi_{\Delta t}$,即

$$\Delta t_\mathrm{m} = \psi_{\Delta t} \Delta t_\mathrm{m}{}' \tag{5-78}$$

温差校正系数 $\psi_{\Delta t}$ 根据理论值推导得出,$\psi_{\Delta t}$ 为 P 和 R 两个参数的函数,即

$$\psi_{\Delta t} = f(P, R)$$

其中,

$$\left.\begin{array}{l} P = \dfrac{t_2 - t_1}{T_1 - t_1} = \dfrac{\text{冷流体的温升}}{\text{两流体最初温差}} \\[2mm] R = \dfrac{T_1 - T_2}{t_2 - t_1} = \dfrac{\text{热流体的温降}}{\text{冷流体的温升}} \end{array}\right\} \tag{5-79}$$

$\psi_{\Delta t}$ 的值可根据换热器的型式,由图 5-43 查取。一般要求 $\psi_{\Delta t}$ 值在 0.8 以上。

例 5-12 设计一台单壳程、双管程的列管式换热器,要求用冷却水将热气体从 120 ℃冷却到 60 ℃,冷却水进出口温度分别为 20 ℃和 50 ℃,试求在此温度条件下的平均温度差。

解:先按逆流计算 $\Delta t_\mathrm{m}{}'$。

热气体:120 ℃→60 ℃,冷却水:50 ℃←20 ℃,两端温差 $\Delta t_1 = 70$ ℃,$\Delta t_2 = 40$ ℃。对数平均温差

$$\Delta t_\mathrm{m}{}' = \frac{\Delta t_2 - \Delta t_1}{\ln \dfrac{\Delta t_2}{\Delta t_1}} = \frac{40 - 70}{\ln \dfrac{40}{70}} = 53.6 \,(\text{℃})$$

计算参数 P、R,

$$P = \frac{t_2 - t_1}{T_1 - t_1} = \frac{50 - 20}{120 - 20} = 0.30, \quad R = \frac{T_1 - T_2}{t_2 - t_1} = \frac{120 - 60}{50 - 20} = 2.0$$

由图 5-43(a)查得 $\psi_{\Delta t} = 0.88$,则

$$\Delta t_\mathrm{m} = \psi_{\Delta t} \Delta t_\mathrm{m}{}' = 0.88 \times 53.6 = 47.2 \,(\text{℃})$$

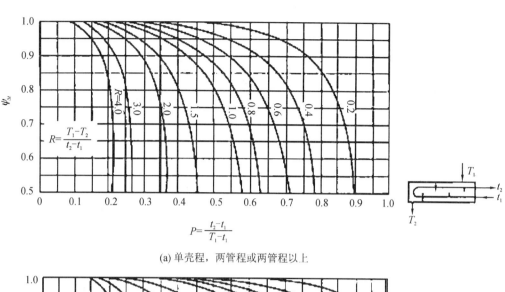

(a) 单壳程，两管程或两管程以上

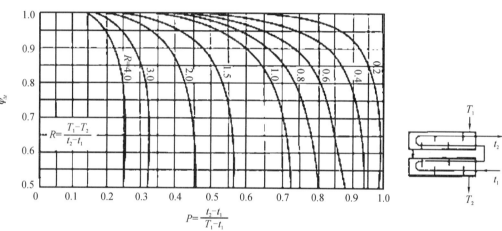

(b) 双壳程，四管程或四管程以上

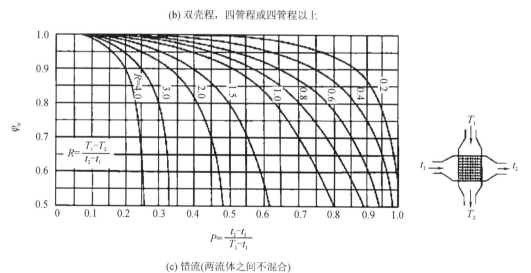

(c) 错流(两流体之间不混合)

图 5-43 几种流动形式的 Δt_m 修正系数 $\psi_{\Delta t}$ 值

▷ 5.5.5 传热效率法

上面介绍了换热器的传热速率方程的推导过程。这种计算 Q 的方法称为"对数平均温度差法",此外还有"传热效率法"。下面对传热效率法作简要介绍。

以下讨论只局限在冷、热流体均无相变,且作逆流或并流换热的情况。

1. 基本方程组

由于换热器内不同部位传热通量的差异,所以应从对某局部建立有关传热的微分方程组着手,来分析换热器的传热速率问题。现根据逆流条件,对图 5-44 中的 dA 传热面建立基本方程组如下:

$$dQ = W_h c_{ph}(-dT) \qquad (a)$$

$$dQ = K_i dA_i(T-t) \qquad (b)$$

$$t = \frac{W_h c_{ph}(T-T_2)}{W_c c_{pc}} + t_1 \qquad (c)$$

可见,和对数平均温度差法的基本方程组不同的只是式(c)。这里以 $t=f(T)$ 的关系式代替 $dQ=W_c c_{pc}dt$。

2. 传热效率法的积分式

把式(a)、式(c)代入式(b),并沿整台换热器积分,可得

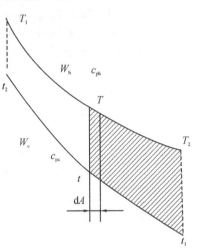

图 5-44 传热效率法参考图

$$A_i = \frac{W_h c_{ph}}{K_i} \int_{T_2}^{T_1} \frac{dT}{T - \left(\frac{W_h c_{ph}}{W_c c_{pc}}T - \frac{W_h c_{ph}}{W_c c_{pc}}T_2 + t_1\right)}$$

当 $\dfrac{W_h c_{ph}}{W_c c_{pc}} \neq 1$ 时,可解得

$$\frac{A_i K_i}{W_h c_{ph}} = \frac{1}{1-\frac{W_h c_{ph}}{W_c c_{pc}}} \ln \frac{1-\left(\frac{W_h c_{ph}}{W_c c_{pc}}\right)\left(\frac{T_1-T_2}{T_1-t_1}\right)}{1-\frac{T_1-T_2}{T_1-t_1}} \qquad (5-80a)$$

式(5-80a)中出现了三个无量纲数群。现分别给每个无量纲数群确定名称及代表符号。令 $\dfrac{A_i K_i}{W_h c_{ph}}=\text{NTU}_1$,NTU 称为传热单元数(the number of transfer units),显然

$$\text{NTU}_1 = \frac{T_1-T_2}{\Delta t_m}$$

令 $\dfrac{W_h c_{ph}}{W_c c_{pc}}=R_1$,$R_1$ 称为热容量流量比,

$$R_1 = \frac{t_2-t_1}{T_1-T_2}$$

令 $\dfrac{T_1-T_2}{T_1-t_1}=\varepsilon_1$,$\varepsilon_1$ 称为传热效率。于是,式(5-80a)可写成

$$NTU_1 = \frac{1}{1-R_1} \ln \frac{1-R_1\varepsilon_1}{1-\varepsilon_1} \qquad (5-80b)$$

或

$$\varepsilon_1 = \frac{1-\exp[NTU_1(1-R_1)]}{R_1 - \exp[NTU_1(1-R_1)]} \qquad (5-80c)$$

可见,传热效率法把与整台换热器传热有关的参量组合成三个无量纲数群,并以这三个无量纲数群间的函数关系表达各参量间的变化规律,即 $f(NTU_1,R_1,\varepsilon_1)=0$。于是,只要知道三个无量纲数群中任两个的值,就能按公式算得余下的无量纲数群的值。

3. 讨论

(1) 式(5-80a)中的 K_iA_i 可为 K_iA_i 或 K_oA_o。

(2) 式(5-80a)是以热流体温度 T 为自变量积分求得的,各无量纲数群的下标皆为"1"。如对基本方程组作适当改变,积分时改用冷流体温度 t 为自变量,亦可得到与式(5-80)类似的关联式,这时出现的无量纲数群,可用带下标"2"的 NTU_2、R_2、ε_2 表示,详见表 5-11。

表 5-11 流体无相变的传热效率法计算式

定义式	$R_1 = \dfrac{W_h c_{ph}}{W_c c_{pc}}$	$R_2 = \dfrac{W_c c_{pc}}{W_h c_{ph}}$
	$NTU_1 = \dfrac{A_i K_i}{W_h c_{ph}}$	$NTU_2 = \dfrac{A_i K_i}{W_c c_{pc}}$
	$\varepsilon_1 = \dfrac{T_1-T_2}{T_1-t_1}$	$\varepsilon_2 = \dfrac{t_2-t_1}{T_1-t_1}$
逆流	$\varepsilon_1 = \dfrac{1-\exp[NTU_1(1-R_1)]}{R_1-\exp[NTU_1(1-R_1)]}, R_1\neq 1$	$\varepsilon_2 = \dfrac{1-\exp[NTU_2(1-R_2)]}{R_2-\exp[NTU_2(1-R_2)]}, R_2\neq 1$
并流	$\varepsilon_1 = \dfrac{1-\exp[-NTU_1(1+R_1)]}{1+R_1}$	$\varepsilon_2 = \dfrac{1-\exp[-NTU_2(1+R_2)]}{1+R_2}$

(3)逆流时,若 $W_h c_{ph} < W_c c_{pc}$,则 $(T_1-T_2)>(t_2-t_1)$。这时,热流体出口温度下降的极限温度是冷流体进口温度 t_1。于是,热流体实际的温降程度与最大温降极限之比便表示热效率,即 $\varepsilon_1 = \dfrac{T_1-T_2}{T_1-t_1}$。同样,逆流时,若 $W_h c_{ph} > W_c c_{pc}$,冷流体实际温升与最大温升极限之比亦表示热效率,即 $\varepsilon_2 = \dfrac{t_2-t_1}{T_1-t_1}$。这是最初引入热效率概念时的基本观点。按此观点,在传热效率法中 ε_1 与 ε_2 不会同时出现。但目前已把 $\varepsilon_1 = \dfrac{T_1-T_2}{T_1-t_1}$ 及 $\varepsilon_2 = \dfrac{t_2-t_1}{T_1-t_1}$ 作为定义式,即使在并流时这些定义式仍适用,仍称 ε 为传热效率。

(4)表示 $\varepsilon = f(NTU,R)$ 的关系,除了解析式外,还可采用图线。对于流体无相变的逆流或并流情况,解析式较简单,查图读数不易读准,故通常用解析式计算。当把传热效率法应用于折流、错流及一侧流体有相变的其他情况时,传热学工作者已分别导出了其解析式,并制成图线供查用。图 5-45~图 5-47 即为单程逆流、并流和折流的 $\varepsilon = f(NTU,R)$ 图。

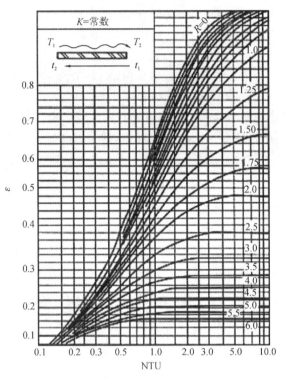

图 5-45 单程逆流换热器中 ε 与 NTU 的关系

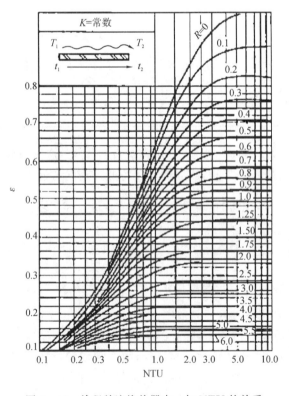

图 5-46 单程并流换热器中 ε 与 NTU 的关系

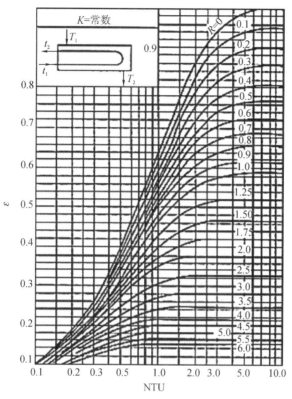

图 5-47 折流换热器中 ε 与 NTU 的关系

(5)当流体无相变逆流时,若 $W_h c_{ph} = W_c c_{pc}$,则式(5-80)不适用,这时,$\mathrm{NTU}_1 = \dfrac{\varepsilon_1}{1-\varepsilon_1}$ 或

$\mathrm{NTU}_2 = \dfrac{\varepsilon_2}{1-\varepsilon_2}$。

5.5.6 换热器计算

1. 换热器的设计型计算

下面以某一热流体的冷却为例,说明设计型计算的命题方式、计算方法及参数选择。

1)设计型计算的命题方式

设计任务:将一定流量 W_h 的热流体自给定温度 T_1 冷却至给定温度 T_2。

设计条件:可供使用的冷却介质温度,即冷流体的进口温度 t_1。

计算目的:确定经济上合理的传热面积及换热器其他有关尺寸。

2)设计型问题的计算方法

设计计算的大致步骤如下:

①由传热任务计算换热器的热流量(即热负荷),即

$$Q = W_h c_{ph}(T_1 - T_2)$$

②做出适当的选择并计算平均推动力 Δt_m;

③计算冷、热流体与管壁的对流给热系数及总传热系数 K;

④由传热基本方程 $Q=KA\Delta t_m$ 计算传热面积。

3)设计型计算中参数的选择

由传热基本方程式可知,为确定所需的传热面积,必须知道平均推动力 Δt_m 和传热系数 K。为计算对数平均温差 Δt_m,设计者必须:

①选择流体的流向,即决定采用逆流、并流还是其他复杂流动方式;

②选择冷却介质的出口温度。

为求得传热系数,须计算换热器两侧的给热系数,设计者必须:

③确定冷、热流体走管内还是管外;

④选择适当的流速,在可能的条件下,管内、管外都必须尽量避免层流状态。

同时,还必须选定适当的污垢热阻。

总之,在设计型计算中,涉及一系列的选择。各种选择确定以后,所需的传热面积及管长等换热器其他尺寸是不难确定的。不同的选择有不同的计算结果,设计者必须作出恰当的选择才能得到经济上合理、技术上可行的设计;或者通过多方案比较,从中选出最优方案。近年来,依靠计算机按规定的最优化程序进行自动寻优的方法得到日益广泛的应用。

例 5-13 一单壳程、单管程列管式换热器,由长 3 m,直径为 $\phi25$ mm×2.5 mm 的钢管束组成。苯在换热器管内流动,流量为 1.5 kg/s,由 80 ℃冷却到 30 ℃。冷却水在管外和苯呈逆流流动。水进口温度为 20 ℃,出口温度为 50 ℃。已知水侧和苯侧的给热系数分别为 1700 W/(m²·℃)和 900 W/(m²·℃),苯的平均比热容为 1.9×10^3 J/(kg·℃),钢的热导率为 45 W/(m·℃),污垢热阻和换热器的热损失忽略不计。试求该列管式换热器的管子数。

解:
$$Q=K_o A_o \Delta t_m = K_o n\pi d_o L\Delta t_m$$

其中,

$$Q=W_h c_{ph}(T_1-T_2)=1.5\times1.9\times10^3\times(80-30)\ W=142.5\times10^3\ W=142.5\ kW$$

$$K_o=\cfrac{1}{\cfrac{d_o}{a_i d_i}+\cfrac{b d_o}{\lambda d_m}+\cfrac{1}{a_o}}=\cfrac{1}{\cfrac{25}{900\times20}+\cfrac{2.5\times10^{-3}\times25}{45\times22.5}+\cfrac{1}{1700}}=490.5\ [W/(m^2\cdot℃)]$$

$$\Delta t_m=\cfrac{\Delta t_2-\Delta t_1}{\ln\cfrac{\Delta t_2}{\Delta t_1}}=\cfrac{30-10}{\ln\cfrac{30}{10}}=18.2\ (℃)$$

所以
$$n=\cfrac{Q}{K_o\pi d_o L\Delta t_m}=\cfrac{142.5\times10^3}{3.14\times490.5\times25\times10^{-3}\times3\times18.2}=67.7(根)\approx68(根)$$

即该换热器由 68 根 $\phi25$ mm×2.5 mm 钢管组成。

2. 换热器的操作型计算

1)操作型计算的命题方式

在实际工作中,换热器的操作型计算问题是经常碰到的。例如,判断一个现有换热器对指定的生产任务是否适用,或者预测某些参数的变化对换热器出口温度的影响等,均属于操作型问题。常见的操作型问题命题如下:

(1)第一类命题。

给定条件:换热器的传热面积以及有关尺寸,冷、热流体的物理性质,冷、热流体的流量和进口温度,以及流体的流动方式。

计算目的:冷、热流体的出口温度。

(2)第二类命题。

给定条件:换热器的传热面积以及有关尺寸,冷、热流体的物理性质,热流体的流量和进、出口温度,冷流体的进口温度,以及流体的流动方式。

计算目的:所需冷流体的流量及出口温度。

2)操作型问题的计算方法。

换热器的传热量,可根据传热基本方程式计算。对于逆流操作而言,其值为

$$W_h c_{ph}(T_1 - T_2) = KA \frac{(T_1 - t_2) - (T_2 - t_1)}{\ln \frac{T_1 - t_2}{T_2 - t_1}}$$

此热流量所造成的结果,必满足热量衡算式

$$W_h c_{ph}(T_1 - T_2) = W_c c_{pc}(t_2 - t_1)$$

因此,对于各种操作型问题,可联立以上两式求解。以上两式联立后可得

$$\ln \frac{T_1 - t_2}{T_2 - t_1} = \frac{KA}{W_h c_{ph}} \left(1 - \frac{W_h c_{ph}}{W_c c_{pc}}\right)$$

第一类命题的操作型问题可由上式将传热基本方程式变换为线性方程,然后采用消元法求出冷、热流体的温度。但第二类操作型问题,则需直接处理非线性的传热基本方程式,只能采用试差法先求解基本方程式中的 t_2,再由热量衡算式计算 $W_c c_{pc}$,计算 α_i 及 K 值,再由基本方程式计算 t_2^*。如计算值 t_2^* 和设定值 t_2 相符,则计算结果正确;否则,应修正设定值 t_2,重新计算。

例 5-14 某单壳程、单管程列管换热器,壳程为水蒸气冷凝,蒸气温度为 140 ℃,管程为空气,空气由 20 ℃ 被加热到 90 ℃。现将此换热器由单管程改为双管程,设空气流量、物性不变,空气在管内呈湍流,略去管壁及污垢热阻。试求空气出口温度 t_2'。

解: 因水蒸气冷凝 $\alpha_o \gg$ 空气给热系数 α_i,且管壁及污垢热阻忽略不计,故 $K_i \approx \alpha_i$。

原工况

$$Q = W_c c_{pc}(t_2 - t_1) = \alpha_i A_i \frac{(T - t_1) - (T - t_2)}{\ln \frac{T - t_1}{T - t_2}}$$

即

$$W_c c_{pc} \ln \frac{T - t_1}{T - t_2} = \alpha_i A_i \qquad ①$$

现工况

$$W_c c_{pc} \ln \frac{T - t_1}{T - t_2'} = \alpha_i' A_i \qquad ②$$

式②/式①,得

$$\frac{\ln \dfrac{T - t_1}{T - t_2'}}{\ln \dfrac{T - t_1}{T - t_2}} = \frac{\alpha_i'}{\alpha_i} \qquad ③$$

因空气在管内做强制湍流流动,则

$$\frac{\alpha_i'}{\alpha_i} = \left(\frac{u'}{u}\right)^{0.8} = 2^{0.8}$$

将已知数值代入式③,得

$$\frac{\ln\dfrac{140-20}{140-t_2'}}{\ln\dfrac{140-20}{140-90}} = 2^{0.8}$$

解得 $t_2' = 113.9\ \text{℃}$。

解此题时应注意到,当换热器内一侧流体为蒸气冷凝且凝液在饱和温度下排出,则蒸气侧为恒温。这时,若另一侧流体无相变,则两流体间相对流向无逆、并流或折流之分,且可整理得上述式①、式②的形式,使计算简化。

以上对换热器的传热计算,介绍了对数平均温度差法和传热效率法。一般来说,对于换热器的设计计算,当冷、热流体的进、出口温度都已确定,需算出传热面积时,使用对数平均温度差法和传热效率法的繁简程度相近,习惯上使用对数平均温度差法较多;另外,设计型计算必涉及设计参数的选择。对于换热器的操作型计算,即设备已定,冷、热流体进口温度已定,需计算一定操作条件下两流体的出口温度时,用传热效率法较简单(因不必试算),而用对数平均温差法需要试算或迭代。

例 5-15 某生产过程中需用水将苯从 100 ℃冷却到 70 ℃,苯的流量为 8000 kg/h。水的进口温度为 20 ℃,流量为 3000 kg/h。现有一传热面积为 10 m² 的套管换热器,试问在下列两种流动形式下,该换热器能否满足要求,苯和冷却水的出口温度各为多少? ①两流体逆流流动。②两流体并流流动。假定换热器在两种情况下传热系数相同,均为 300 W/(m²·℃),流体物性为常量,水的比热容为 4180 J/(kg·℃),苯的比热容为 1900 J/(kg·℃)。换热器的热损失忽略不计。

解: 本题属操作型计算,采用传热效率法求解。

(1)逆流:

$$W_h c_{ph} = \frac{8000}{3600} \times 1900 = 4222\ (\text{W/℃})$$

$$W_c c_{pc} = \frac{3000}{3600} \times 4180 = 3483\ (\text{W/℃})$$

$$R_2 = \frac{W_c c_{pc}}{W_h c_{ph}} = \frac{3483}{4222} = 0.825 \neq 1$$

$$\text{NTU}_2 = \frac{KA}{W_c c_{pc}} = \frac{300 \times 10}{3483} = 0.861$$

所以

$$\varepsilon_2 = \frac{1 - \exp[\text{NTU}_2(1-R_2)]}{R_2 - \exp[\text{NTU}_2(1-R_2)]} = \frac{1 - \exp[0.861 \times (1-0.825)]}{0.825 - \exp[0.861 \times (1-0.825)]} = 0.482$$

由于

$$\varepsilon_2 = \frac{t_2 - t_1}{T_1 - t_1}$$

即

$$0.482 = \frac{t_2 - 20}{100 - 20}$$

解得 $t_2 = 58.5\ \text{℃}$。

又
$$W_h c_{ph}(T_1 - T_2) = W_c c_{pc}(t_2 - t_1)$$

即
$$4222 \times (100 - T_2) = 3483 \times (58.5 - 20)$$

解得 $T_2 = 68.2$ ℃。

由计算结果知,该换热器采用逆流操作,可满足把苯降温至 70 ℃ 的要求。

（2）并流：

R_2 及 NTU_2 的值与逆流时的相同。

$$\varepsilon_2 = \frac{1 - \exp[-NTU_2(1 + R_2)]}{1 + R_2} = \frac{1 - \exp[-0.861 \times (1 + 0.825)]}{1 + 0.825} = 0.434$$

$$\varepsilon_2 = \frac{t_2 - t_1}{T_1 - t_1} = 0.434 = \frac{t_2 - 20}{100 - 20}$$

解得 $t_2 = 71.4$ ℃。

可见,该换热器采用并流操作时不能把苯降温至 70 ℃。

例 5-16 某套管换热器,两流体逆流,管长为 l,管内热流体温度由 280 ℃ 冷却到 160 ℃,管外冷流体温度由 20 ℃ 升高到 80 ℃。现将套管的长度增加 20%,设两流体流量、进口温度、流体物性不变,试分别用对数平均温差法和传热效率法求冷流体的出口温度。

解：（1）对数平均温差法。

原工况

$$Q = W_h c_{ph}(280 - 160) = W_c c_{pc}(80 - 20) = KA\Delta t_m \qquad ①$$

$$\Delta t_m = \frac{\Delta t_2 - \Delta t_1}{\ln \dfrac{\Delta t_2}{\Delta t_1}} = \frac{200 - 140}{\ln \dfrac{200}{140}} = 168.2 \ (℃) \qquad ②$$

现工况

$$Q' = Q = W_h c_{ph}(280 - T_2') = W_c c_{pc}(t_2' - 20) = K \times 1.2A\Delta t_m'$$

由式①、式②得

$$\frac{W_h c_{ph}}{W_c c_{pc}} = \frac{80 - 20}{280 - 160} = \frac{t_2' - 20}{280 - T_2'}$$

$$\frac{Q'}{Q} = \frac{1.2 \times [(280 - t_2') - (T_2' - 20)]}{\dfrac{\ln \dfrac{(280 - t_2')}{(T_2' - 20)}}{168.2}}$$

经试算得冷流体出口温度 $t_2' = 87.12$ ℃。

（2）用 ε-NTU 法。

原工况

$$R_2 = \frac{W_c c_{pc}}{W_h c_{ph}} = \frac{T_1 - T_2}{t_2 - t_1} = \frac{280 - 160}{80 - 20} = 2$$

$$NTU_2 = \frac{KA}{W_c c_{pc}} = \frac{t_2 - t_1}{\Delta t_m} = \frac{80 - 20}{168.2} = 0.357$$

现工况

$$R_2' = \frac{W_c c_{pc}}{W_h c_{ph}} = R_2 = 2$$

$$NTU_2' = \frac{KA'}{W_c c_{pc}} = 1.2NTU_2 = 1.2 \times 0.357 = 0.428$$

由于

$$\varepsilon_2' = \frac{t_2' - t_1}{T_1 - t_1} = \frac{1 - \exp[NTU_2'(1 - R_2')]}{2 - \exp[NTU_2'(1 - R_2')]}$$

即

$$\frac{t_2' - 20}{280 - 20} = \frac{1 - \exp[0.428 \times (1 - 2)]}{2 - \exp[0.428 \times (1 - 2)]}$$

解得冷流体出口温度为 87.15 ℃。

由此例可见,对于操作型传热计算,传热效率法比对数平均温差法简便些。

5.6 换热器

换热器种类很多,其中间壁式换热器应用最为普遍,以下讨论仅限于此类换热器。

▷ 5.6.1 间壁式换热器

间壁式换热器按传热壁面特点可分为管式、板式和翅片式 3 种类型,分述如下。

1. 管式换热器

1)沉浸式换热器

沉浸式换热器多以金属管弯成与容器相适应的形状(因多为蛇形,故又称蛇管),并沉浸在容器中。两种流体分别在蛇管内、外流动并进行热交换,如图 5-48 所示。几种常用的蛇管形式如图 5-49 所示。

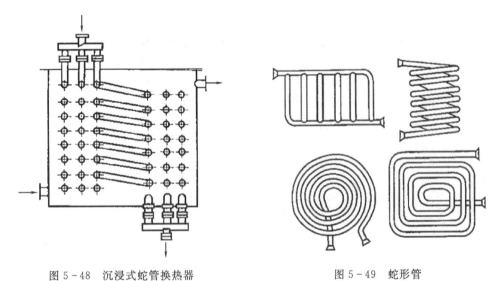

图 5-48 沉浸式蛇管换热器   图 5-49 蛇形管

沉浸式换热器的优点是结构简单,价格低廉,能承受高压,可用耐腐蚀材料制造。其缺点是蛇管外流体湍流程度低,给热系数小。欲提高管外流体的给热系数,可在容器内安装机械搅拌器或鼓泡搅拌器。

2)喷淋式换热器

喷淋式换热器的结构与操作如图 5-50 所示,这种换热器多用作冷却器。热流体在管内自下而上流动,冷水由最上面的喷淋管流出,均匀地分布在蛇管上,并沿其表面呈膜状自上而下流下,最后流入水槽排出。喷淋式换热器常置于室外空气流通处。冷却水在空气中汽化亦可带走部分热量,增强冷却效果。其优点是便于检修,传热效果较好;缺点是喷淋不易均匀。

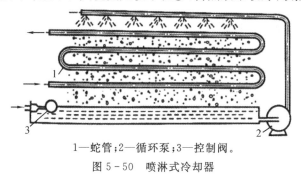

1—蛇管;2—循环泵;3—控制阀。

图5-50　喷淋式冷却器

3)套管式换热器

套管式换热器的基本部件由直径不同的直管按同轴线相套组合而成。内管用180°的回弯管连接,外管亦需连接,结构如图5-51所示。每一段套管为一程,每程有效长度为4～6 m。若管子太长,管中间会向下弯曲,使环隙中的流体分布不均匀。

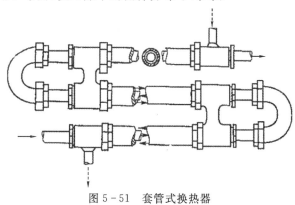

图5-51　套管式换热器

套管式换热器的优点是构造简单,内管能耐高压,传热面积可根据需要增减,适当选择两管的管径,两流体皆可获得适宜的流速,且两流体可作严格逆流。其缺点是管间接头较多,接头处易泄露,单位换热器体积具有的传热面积较小。故其适用于流量不大、传热面积要求不大但压强要求较高的场合。

4)列管式换热器

列管式(又称管壳式)换热器是目前工业生产中应用最广泛的换热设备,其用量约占全部换热设备的90%。与前述几种换热器相比,它的突出优点是单位体积具有的传热面积大,结构紧凑、坚固、传热效果好,而且能用多种材料制造,适用性较强,操作弹性大。在高温、高压和大型装置中,多采用列管式换热器。

列管式换热器有多种形式,具体如下。

(1)固定管板式列管换热器　结构如图5-52所示,管子两端与管板的连接方式可用焊接法或胀接法,壳体则同管板焊接,从而使管束、管板与壳体成为一个不可拆的整体,故称固定管

板式列管换热器。

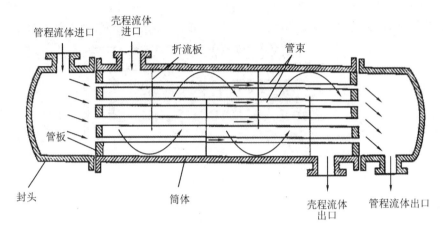

图 5 - 52 固定管板式列管换热器

折流板主要有圆缺形与盘环形两种,其结构如图 5 - 53 所示。

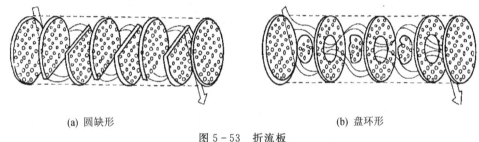

(a) 圆缺形   (b) 盘环形

图 5 - 53 折流板

操作时,管壁温度是由管程与壳程流体共同控制的,而壳壁温度只与壳程流体有关,与管程流体无关。管壁与壳壁温度不同,二者线膨胀度不同,又因整体是固定结构,必产生热应力。热应力大时可能使管子压弯或把管子从管板处拉脱。因此当热、冷流体间温差超过 50 ℃ 时,应有减小热应力的措施,这称为"热补偿"。

固定管板式列管换热器常用"膨胀节"结构进行热补偿。图 5 - 54 所示的为具有膨胀节的固定管板式换热器,即在壳体上焊接一个横断面带圆弧形的钢环。该膨胀节在受到换热器轴

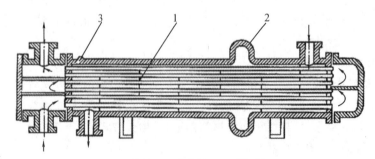

1—挡板;2—补偿板;3—放气嘴。

图 5 - 54 具有补偿圈的固定管板式换热器

向应力时会发生形变,使壳体伸缩,从而减小热应力。但这种补偿方式仍不适用于热、冷流体温差较大(>70 ℃)的场合,且因膨胀节是承压薄弱处,壳程流体压强不宜超过 6 atm。为更好地解决热应力问题,在固定管板式的基础上,又发展出 U 形管式及浮头式列管换热器。

(2)U 形管式换热器 如图 5-55 所示,U 形管式换热器每根管子都弯成 U 形,管子的进出口均安装在同一管板上。封头内用隔板分成两室,这样,管子可以自由伸缩,与壳体无关。这种换热器结构适用于高温和高压场合,其主要不足之处是管内清洗不易,制造困难。

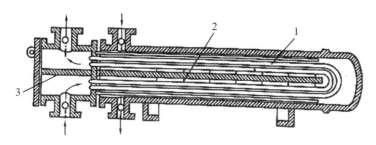

1—U 形管;2—壳程隔板;3—管程隔板。

图 5-55 U 形管式换热器

(3)浮头式列管换热器 结构如图 5-56 所示。其特点是有一端管板不与外壳相连,可以沿轴向自由伸缩。这种结构不但完全消除了热应力,而且由于固定端的管板用法兰与壳体连接,整个管束可以从壳体中抽出,便于清洗和检修。浮头式列管换热器应用较为普遍,但结构复杂,造价较高。

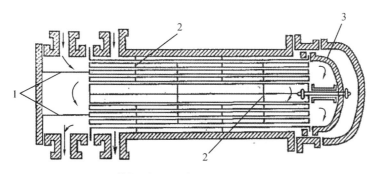

1—管程隔板;2—壳程隔板;3—浮头。

图 5-56 浮头式列管换热器

2.板式换热器

1)夹套式换热器

夹套式换热器结构如图 5-57 所示,夹套空间是加热介质或冷却介质的通路,这种换热器主要用于反应过程的加热或冷却。当用蒸气进行加热时,蒸气由上部接管进入夹套,冷凝液由下部接管流出。作为冷却器时,冷却介质(如冷却水)由夹套下部接管进入,由上部接管流出。夹套式换热器结构简单,但由于其加热面受容器壁面限制,传热面较小,且传热系数不高。

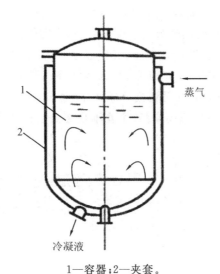

1—容器;2—夹套。

图 5-57　夹套式换热器

2)螺旋板式换热器

螺旋板式换热器结构如图 5-58 所示。螺旋板式换热器是由两块薄金属板分别焊接在一块分隔板的两端并卷成螺旋体而构成的,两块薄金属板在容器内形成两条螺旋形通道。螺旋体两侧面均焊死或用封头密封。冷、热流体分别进入两条通道,在容器内做严格逆流,并通过薄板进行换热。

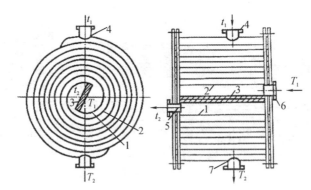

1,2—金属片;3—隔板;4,5—冷流体连接管;6,7—热流体连接管。

图 5-58　螺旋板式换热器

螺旋板式换热器的直径一般在 1.6 m 以内,板宽 200～1200 mm,板厚 2～4 mm。两板间的距离由预先焊在板上的定距撑控制,相邻板间的距离为 5～25 mm。其常用材料为碳钢和不锈钢。

(1)优点　螺旋板式换热器的优点如下:

①传热系数高。螺旋流道中的流体由于离心惯性力的作用,在较低雷诺数下即可达到湍流(一般在 $Re=1400～1800$ 时即为湍流),并且允许采用较高流速(液体 2 m/s,气体 20 m/s),所以传热系数较大。如水与水之间的换热,其传热系数可达 2000～3000 W/(m² · ℃),而列管式换

热器一般为 $1000\sim2000$ W/(m² · ℃)。

②不易结垢和堵塞。由于对每种流体流动都是单通道,流体的速度较高,又有离心惯性力的作用,湍流程度高,流体中悬浮的颗粒不易沉积,故螺旋板式换热器不易结垢和堵塞,宜处理悬浮液及黏度较大的流体。

③能利用低温热源。由于流体流动的流道长和两流体可完全逆流,故可在较小的温差下操作,充分回收低温热源。

④结构紧凑。其单位体积的传热面积约为列管式的 3 倍。

(2)缺点　螺旋板式换热器的主要缺点如下:

①操作压强和温度不宜太高。目前最高操作压强不超过 2 MPa(20 atm),温度在 400 ℃以下。

②不易检修。因常用的螺旋板式换热器被焊成一体,一旦破坏,修理很困难。

3)平板式换热器

平板式换热器(通常称为板式换热器)主要由一组冲压出一定凹凸波纹的长方形薄金属板平行排列,以密封及夹紧装置组装于支架上构成。两相邻板片的边缘衬有垫片,压紧后可以达到对外密封的目的。操作时要求板间通道冷、热流体相间流动,即一个通道走热流体,其两侧紧邻的流道走冷流体。为此,每块板的 4 个角上各开一个圆孔。通过圆孔外设置或不设置圆环形垫片,可使每个板间通道只同两个孔相连。板式换热器的组装流程如图 5-59(a)所示。由图可见,引入的流体可并联流入一组板间通道,而组与组间又为串联结构。换热板的结构如图 5-59(b)所示,板上的凹凸波纹可增大流体的湍流程度,亦可增加板的刚性。波纹的形式有多种,图 5-59(b)中所示的是人字形波纹板。

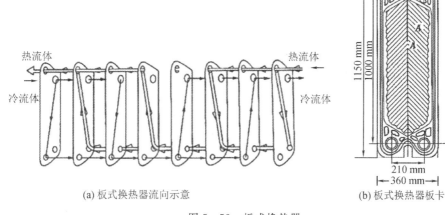

(a) 板式换热器流向示意　　　　(b) 板式换热器板卡

图 5-59　板式换热器

(1)优点　板式换热器的优点如下:

①传热系数高。因板面上有波纹,在低雷诺数($Re=200$ 左右)下即可达到湍流,而且板片厚度又小,故传热系数大。热水和冷水间换热的传热系数可达 $1500\sim4700$ W/(m² · ℃)。

②结构紧凑。一般板间距为 $4\sim6$ mm,单位体积设备可提供的传热面积为 $250\sim1000$ m²/m³(列管式换热器只有 $40\sim150$ m²/m³)。

③具有可拆结构。板式换热器可根据需要,用调节板片数目的方法增减传热面积,故检修、清洗都比较方便。

(2)缺点　板式换热器的主要缺点如下:

①操作压强和温度不能太高。压强过高容易泄漏,操作压强不宜超过 20 atm;操作温度受垫片材料耐热性能限制,一般不超过 250 ℃。

②处理量小。因板间距离仅几毫米,流速又不大,故处理量较小。

3. 翅片式换热器

1)翅片管换热器

翅片管换热器是在管的表面加装翅片制成。常用的翅片有横向和纵向两类,图 5-60 所示的是工业上广泛应用的几种翅片形式。

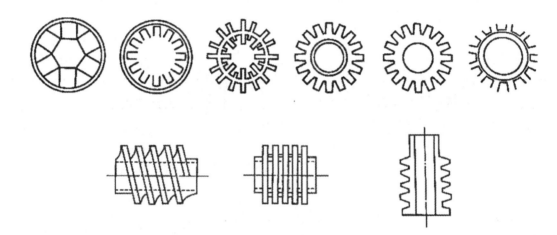

图 5-60　常见的几种翅片形式

翅片与管表面的连接应紧密,否则连接处的接触热阻很大,影响传热效果。常用的连接方法有热套、镶嵌、张力缠绕和焊接等方法。此外,翅片管也可采用整体轧制、整体铸造或机械加工等方法制造。

2)板翅式换热器

板翅式换热器是一种更为高效、紧凑、轻巧的换热器,应用甚广。板翅式换热器的结构形式很多,但其基本结构元件相同,即在两块平行的薄金属板之间,夹入波纹状或其他形状的金属翅片,并将两侧面封死,即构成一个换热基本单元。将各基本单元进行不同的叠积和适当的排列,并用钎焊固定,即可制成并流、逆流或错流的板束(亦称芯部)。板翅式换热器的结构如图 5-61 所示。将带有流体进、出口接管的集流箱焊在板束上,就成为板翅式换热器。我国目前板翅式换热器常用的翅片形式有光直、锯齿和多孔翅片 3 种,如图 5-62 所示。

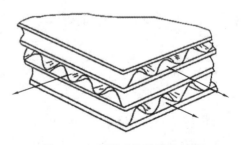

图 5-61　板翅式换热器的板束

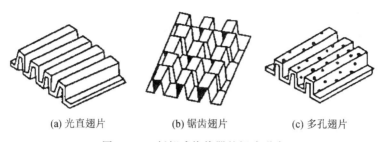

(a) 光直翅片　　　　(b) 锯齿翅片　　　　(c) 多孔翅片

图 5-62　板翅式换热器的翅片形式

（1）优点　板翅式换热器的优点如下：

①传热系数高，传热效果好。因翅片在不同程度上促进了湍流并破坏了传热边界层的发展，故传热系数高。空气强制对流给热系数为 $35 \sim 350$ W/($m^2 \cdot$ ℃)，油类强制对流时给热系数为 $115 \sim 1750$ W/($m^2 \cdot$ ℃)。冷、热流体间换热不仅以平隔板为传热面，而且大部分通过翅片传热（二次传热面），因此提高了传热效果。

②结构紧凑。单位体积设备提供的传热面积一般能达到 $2500 \sim 4300$ m^2/m^3。

③轻巧牢固。通过用铝合金制造，板质量轻。在相同的传热面积下，其质量约为列管式换热器的 1/10。波形翅片不单是传热面，亦是两板间的支撑，故其强度很高。

④适应性强，操作范围广。因铝合金的热导率高，且在 0 ℃以下操作时，其延伸性和抗拉强度都较高，适用于低温及超低温的场合，故操作范围广。此外，其既可用于两种流体的热交换，还可用于多种不同介质在同一设备内的换热，故适应性强。

（2）缺点　板翅式换热器的缺点如下：

①设备流道很小，易堵塞，且清洗和检修困难，所以物料应洁净或预先净制。

②因隔板和翅片都由薄铝片制成，故要求介质对铝不腐蚀。

3）热管

热管是 20 世纪 60 年代中期发展起来的一种新型传热元件。它是在一根抽除不凝性气体的密闭金属管内充以一定量的某种工作液体构成的，其结构如图 5-63 所示。工作液体因在热端吸收热量而沸腾汽化，产生的蒸气流至冷端放出潜热。冷凝液回至热端，再次沸腾汽化。如此反复循环，热量不断从热端传至冷端。冷凝液的回流可以通过不同的方法（如毛细管作用、重力等）来实现。目前常用的方法是将具有毛细结构的吸液芯装在管的内壁上，利用毛细管的作用使冷凝液由冷端回流至热端。热管工作液体可以是氨、水、丙酮、汞等。采用不同液体介质有不同的工作温度范围。

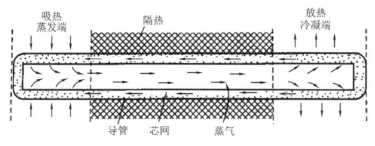

图 5-63　热管

热管传导热量的能力很强,为最优导热性能金属导热能力的 $10^3 \sim 10^4$ 倍。因充分利用了沸腾及冷凝时给热系数大的特点,通过管外翅片增大传热面,且巧妙地把管内、外流体间的传热转变为两侧管外的传热,使热管成为高效而结构简单、投资少的传热设备。目前,热管换热器已被广泛应用于烟道气废热的回收过程,并取得了很好的节能效果。

▷ 5.6.2 换热器传热过程的强化

提高冷、热流体间的传热速率,即为强化传热过程。从传热速率方程 $Q = KA\Delta t_m$ 不难看出,影响传热速率的因素有传热系数 K、传热面积 A 及平均温度差 Δt_m。

(1)增大传热面积 A 传热面积的增大,可以提高传热速率,但是,增大传热面积不能靠增大换热器的体积来实现,而要从设备结构入手。如用小直径管、螺纹管、波纹管代替光管,采用翅片式换热器等各种新型换热器,均是增大传热面积的有效方法。

(2)增大传热平均温度差 Δt_m 传热平均温度差的大小主要取决于两流体的温度条件。物料的温度由生产工艺决定,一般不能随意变动,但可通过选取不同的加热介质或冷却介质,以获得更大的温差。当换热器中两流体均无相变时,应尽可能采用逆流或接近逆流的相对流向以获得较大的传热温差。

(3)增大传热系数 K 提高 K 值是强化传热中应该着重考虑的方面。前已述及,整个传热过程热阻是由给热热阻、导热热阻和污垢热阻构成,由于各项热阻所占比例不同,应该设法减小其中的关键热阻。

在换热设备中,金属壁面一般较薄且热导率高,故其热阻一般不会成为关键热阻。

污垢热阻是一个可变因素。换热器刚使用时污垢热阻很小,不可能成为关键热阻。随着使用时间增加,污垢热阻逐渐加大,有可能成为关键热阻,这时应考虑清除污垢。

给热热阻经常是传热过程的主要矛盾,也是要重点研究的内容。提高给热系数的主要途径是减小层流底层的厚度,采用如下的具体手段可达到此目的:

①提高流速,增强流体湍动程度。如增加列管式换热器的管程数和壳体中的挡板数,可分别提高管程和壳程流体的流速。

②增加流体的扰动。如采用螺旋板式换热器,采用各种异形管或在管内加装螺旋圈或金属丝等添加物,均有增加流体湍动程度的作用。

③利用传热进口段换热较强的特点,采用短管换热器。板翅式换热器的锯齿形翅片,不仅可增加流体的扰动,而且由于换热器流道短,边界层厚度小,因而使对流传热强度加大。

必须强调指出,强化传热要全面考虑,不能顾此失彼。在提高流速、增强流体扰动程度的同时,必然伴随着流动阻力的增加。因此,在采取具体强化措施时,应对设备结构、制造费用、动力消耗、检修操作等方面全面衡量,以求得到经济合理的方案。

▷ 5.6.3 列管式换热器设计与选型原则

1.流体通道的选择

流体通道的选择有以下几个原则可供参考:

①易结垢和不清洁的流体走管内,以便于机械清洗(U形管束除外)。

②腐蚀性流体走管内,以节省耐腐蚀材料用量。

③毒性物料走管内,以减少泄漏机会。

④高压流体走管内,以减小外壳厚度。

⑤高温且要求特殊材料的流体走管内,以节省材料。

⑥高黏度流体走壳程,以易于形成湍流,增大扰动程度,提高给热系数。

⑦若两流体温差较大,应选给热系数大的流体走壳程,以减小管壁与壳体的温差,减小热应力;若两流体温差不大,而给热系数相差很大,则应选给热系数大的流体走管程,因在管外加翅片比较方便。

⑧饱和蒸气走壳程,以便于及时排除冷凝液;被冷却的流体走壳程,利于散热,增强冷却效果。

2. 流体流速的选择

若增大流速,不仅给热系数增大,同时也可减少污垢在管子表面沉积的可能性,从而可提高总传热系数,减小传热面积,降低设备投资费用。但流速增大后,动力消耗增加,操作费用增大。常用的流速范围如表 5-12 至表 5-14 所示。

表 5-12 列管式换热器中常用的流速范围

流体的种类		一般液体	易结垢液体	气体
流速/(m/s)	管程	0.5~3.0	>1	5~30
	壳程	0.2~1.5	>0.5	9~15

表 5-13 列管式换热器中不同黏度液体的常用流速

液体黏度/(mPa·s)	>1500	1500~500	500~100	100~35	35~1	<1
最大流速/(m/s)	0.6	0.75	1.1	1.5	1.8	2.4

表 5-14 列管式换热器中易燃、易爆液体的安全允许速度

流体名称	乙醚、二硫化碳、苯	甲醇、乙醇、汽油	丙酮
安全允许速度/(m/s)	<1	<2~3	<10

3. 冷却介质或加热介质终温的选择

在换热器中进行换热的冷、热介质,其进口温度常为已知,而出口温度则须由设计者确定。如用冷却水冷却某流体,水的进口温度可根据当地气候条件做出估计,而冷却水的出口温度则应根据技术经济指标权衡比较后决定。为了节省用水,可令水的出口温度高一些,以节省动力消耗,但这样会使传热温差减小,换热面积增大。若水的出口温度取低些,情况则相反。通常根据经验,冷却水的温升可取为 5~10 ℃。缺水地区可选用较大温升,水源丰富地区可选用较小温升。

4. 管子规格和排列方式

小直径管的单位体积换热器传热面积大,因此,在结垢不很严重及压降允许的情况下,管径可取小些;反之则应取大管径。我国目前试行的列管式换热器系列标准中只采用 ϕ25 mm×2.5 mm 和 ϕ19 mm×2 mm 两种规格的管子。

管长的选择是以清洗方便和合理使用管材为原则。在系列标准中,管长有 1.5 m、2 m、3 m 和 6 m 四种,其中以 3 m 和 6 m 应用最为普遍。列管式换热器长径之比在 4~25 之间,但以 6~10 最为常见。细长换热器的投资较小。竖直放置时,应考虑其稳定性,长径之比以 4~6 为宜。

管子的排列方式有正三角形排列、正方形直列和正方形错列 3 种,如图 5-64 所示。正三角形排列比较紧凑,管外流体湍动程度高,给热系数大,应用最广。正方形直列管子排列便于管外清洗,但给热系数较正三角形排列时低。正方形错列的情况则介于正三角形排列和正方形直列之间。

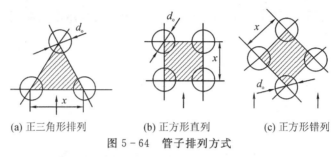

(a) 正三角形排列   (b) 正方形直列   (c) 正方形错列

图 5-64 管子排列方式

相邻两管的管中心距离 x 和管子与管板的连接方法有关。通常,胀管法 $x = (1.3\sim1.5)d_o$,且相邻两管外壁间距不应小于 6 mm。焊接法取 $x = 1.25 d_o$。

5. 分程

为提高管程流体的流速以增大其给热系数,可采用多管程。同理,为提高壳程流体的流速,亦可采用多壳程。但流体分程的温差校正系数 $\psi_{\Delta t}$ 以不小于 0.8 为宜。

多壳程换热器纵向隔板制造和检修困难,所以一般采用两个(或多个)换热器串联使用,如图 5-65 所示。

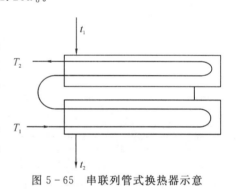

图 5-65 串联列管式换热器示意

6. 折流板

弓形折流板由于能引导流体按近于垂直方向流过管束,有利于传热,故其应用比盘环形折流板广泛。弓形折流板的切口高度与直径之比,无相变时一般为 20%~25%,对冷凝或蒸发可达 45%。折流板之间的距离一般为壳径的 0.2~1 倍。我国系列标准中采用的板间距如下:固定管板式有 150 mm、300 mm 和 600 mm 三种;浮头式有 150 mm、200 mm、300 mm、480 mm 和 600 mm 五种。

7. 外壳直径的确定

初步设计中壳体内径可按下式计算:

$$D = x(n_c - 1) + 2b' \tag{5-81}$$

式中,D 为壳体内径,m;b' 为管束中心线上最外层管的中心至壳体内壁的距离,一般 $b' = (1\sim1.5)d_o$,m;n_c 为位于管束中心线上的管数,管子按正三角形排列时 $n_c = 1.1\sqrt{n}$,管子按正方形排列时 $n_c = 1.19\sqrt{n}$(n 为换热器的总管数)。

最后,可根据 D 值选取一个相近尺寸的标准壳体内径,壳体标准尺寸示于表 5-15 中。

表 5-15 壳体标准尺寸

壳程外径/mm	最小壁厚/mm
325	8
400、500、600、700	10
800、900、1000	12
1100、1200	14

8. 换热器进、出口管设计

换热器管、壳两侧流体的进、出口管若设计不当,会对传热和流动阻力带来不利影响。

(1)管程进、出口管设计 实践表明,换热器平卧时水平布置的进、出口管不利于管程流体的均匀分布。换热器竖立时进、出口管布置在换热器底部和顶部使流体向上流动,则流体分布较均匀。

进、出口管的直径按所采用的流速来确定,一般流速可按下式估算:

$$\rho u^2 < 3300 \tag{5-82}$$

式中,u 为进、出口管内流体流速,m/s。

(2)壳程进、出口管设计 壳程接管设计的优劣对管束寿命长短影响较大。壳程流体在入口处横向冲刷管束,令管束发生磨损和振动。当流速高且含固体颗粒时尤为严重,故宜安装防冲板。壳程流体进、出口管的流速可按下式估算:

$$\rho u^2 < 2200 \tag{5-83}$$

9. 流体流动阻力(压强降)的计算

流体流经列管式换热器的阻力,须按管程和壳程分别进行计算。

(1)管程流体阻力 多管程换热器的管程总阻力 $\sum \Delta p_i$ 等于各程直管阻力 Δp_1、回弯阻力 Δp_2 及进出口阻力之和。其中进出口阻力项常可忽略不计,故管程总阻力的计算式为

$$\sum \Delta p_i = (\Delta p_1 + \Delta p_2) F_t N_s N_p \tag{5-84}$$

式中,F_t 为结垢校正系数,无量纲。对于 $\phi 25$ mm$\times 2.5$ mm 的管子,$F_t = 1.4$;对于 $\phi 19$ mm$\times 2$ mm 的管子,$F_t = 1.5$;N_p 为管程数;N_s 为串联的壳程数。

式(5-84)中直管压强降 Δp_1 可按下面公式计算:

$$\Delta p_1 = \lambda \frac{l}{d_i} \times \frac{\rho u_i^2}{2}$$

回弯的阻力损失可由下面的经验公式估算:

$$\Delta p_2 = \frac{3\rho u_i^2}{2} \tag{5-85}$$

(2)壳程流体阻力 用来计算壳程流体压降的公式很多,但因流体流动状况复杂,各式计算结果相差较大。下面介绍计算壳程压降的埃索法。总阻力 $\sum \Delta p_0$ 的计算式为

$$\sum \Delta p_0 = (\Delta p_1' + \Delta p_2') F_s N_s \tag{5-86a}$$

$$\Delta p_1' = F f_0 n_c (N_B + 1) \frac{\rho u_o^2}{2} \tag{5-86b}$$

$$\Delta p_2' = N_B \left(3.5 - \frac{2h}{D}\right) \frac{\rho u_o^2}{2} \tag{5-86c}$$

式中，$\Delta p'_1$ 为流体横过管束的压降，Pa；$\Delta p'_2$ 为流体通过折流板缺口的压降，Pa；F_s 为壳程压降结垢校正系数，无纲量，对液体可取 1.15，对气体或可凝蒸气可取 1.0；N_s 为串联的壳程数；F 为管子排列方式对压降的校正系数，正三角形排列 F 为 0.5，正方形错列 F 为 0.4，正方形直列 F 为 0.3；f_0 为壳程流体的摩擦系数，当 $Re_0 > 500$ 时，$f_0 = 5.0Re^{-0.228}$，其中 $Re_0 = \dfrac{u_0 d_0 \rho}{\mu}$；$n_c$ 为横过管束中心线的管子数，与式(5-81)中 n_c 计算相同；N_B 为折流板数；h 为折流挡板间距，m；u_0 为按壳程最大流通截面积 A_0 计算的流速，$A_0 = h(D - n_c d_0)$，m/s。

一般来说，液体流经换热器的压降为 10~100 kPa，气体为 1~10 kPa。设计时，换热器的工艺尺寸应在压降与传热面积之间予以权衡，使之既满足工艺要求，又经济合理。

例 5-17 某合成氨厂变换工段为回收变换气的热量以提高进饱和塔的热水温度，需设计一台列管式换热器。已知：变换气流量为 8.78×10^3 kg/h，变换气进换热器温度为 230 ℃，压力为 0.6 MPa。热水流量为 45.5×10^3 kg/h，热水进换热器温度为 126 ℃，压力为 0.65 MPa。要求热水升温 8 ℃。设变换气出换热器时压力为 0.58 MPa。

解：(1) 估算传热面积。

①查取物性数据，

$$水的定性温度 = \frac{126 + 134}{2} = 130 (℃)$$

$$变换气的平均压力 = \frac{0.6 + 0.58}{2} = 0.59 (MPa)$$

设变换气出换热器温度为 134 ℃，则

$$变换气的平均温度 = (230 + 134)/2 = 182 (℃)$$

查得水与变换气的物性数据如表 5-16 所示。

表 5-16 水与变换气的物性数据

介质	密度 ρ/(kg·m³)	比热容 c_p /[kJ/(kg·℃)]	黏度 μ /[kg/(s·m)]	热导率 λ /[W/(m·℃)]
水	934.8	4.266	21.77×10^{-5}	0.686
变换气	2.98	1.86	1.717×10^{-5}	0.0783

②热量衡算。热负荷

$$Q = W_c c_{pc} (t_2 - t_1) = 45.5 \times 10^3 \times 4.266 \times (134 - 126) = 1.55 \times 10^6 (kJ/h)$$

变换气出口温度

$$T_2 = T_1 - \frac{Q}{W_h c_{ph}}$$

$$T_2 = 230 - \frac{1.55 \times 10^6}{8.78 \times 10^3 \times 1.86} = 135 (℃)$$

此值与原设 $T_2 = 134$ ℃相近，故不再试算，以上物性数据有效。

③确定换热器的材料及压力等级。考虑到腐蚀性不大，合成氨厂该换热器一般采用碳钢材料，故本设计中也采用碳钢材料。本设计中压力稍大于 0.59 MPa，为安全考虑，采用 1.0 MPa 的公称压力等级。

④流体通道的选择。合成氨厂此换热器中一般是热水走管程,变换气走壳程,这是因为变换气流量比水大得多,走壳程流道截面大且易于提高其 α 值。本设计亦采用此管、壳程流体的方案。其流程如图 5-66 所示。

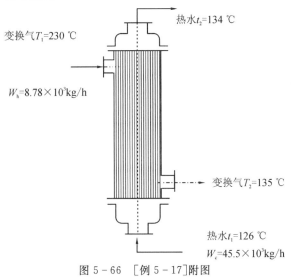

变换气 $T_1=230$ ℃

热水 $t_2=134$ ℃

$W_h=8.78\times10^3$kg/h

变换气 $T_2=135$ ℃

热水 $t_1=126$ ℃

$W_c=45.5\times10^3$kg/h

图 5-66 [例 5-17]附图

⑤计算传热温差。首先计算逆流时平均温差,

$$\Delta t'_m=\frac{\Delta t_1-\Delta t_2}{\ln\dfrac{\Delta t_1}{\Delta t_2}}=\frac{(230-134)-(135-126)}{\ln\dfrac{230-134}{135-126}}=36.8(℃)$$

考虑到管程可能是 2 程、4 程或 6 程,但壳程数为 1,则

$$P=\frac{t_2-t_1}{T_1-t_1}=\frac{134-126}{230-126}=0.077$$

$$R=\frac{T_1-T_2}{t_2-t_1}=\frac{230-135}{134-126}=11.9$$

按 6 管程查得 $\psi_{\Delta t}=0.89>0.8$,所以两流体的平均温差 $\Delta t_m=0.89\times36.8=32.8(℃)$。

⑥选 K 值,估算传热面积。根据生产经验,取 $K=200$ W/(m²·℃),则

$$A=\frac{Q}{K\Delta t_m}=\frac{1.55\times10^6\times10^3}{200\times32.8\times3600}=65.6(\text{m}^2)$$

⑦初选换热器型号。由于两流体温差小于 50 ℃,故可采用固定管板式换热器。初选 G800VI-10-100 型换热器,有关参量列于表 5-17 中。

表 5-17 G800VI-10-100 型固定管板式换热器主要参数

项目	参数	项目	参数
外壳直径 D/mm	800	管子尺寸/mm	$\phi25\times2.5$
公称压强/MPa	1.0	管子长 l/m	3
公称面积/m²	100	管数 n/根	444
管程数 N_p	6	管心距 t/mm	32
管子的排列方式	正三角形		

按上述数据核算管程、壳程的流速及 Re。

管程：

流通截面积

$$A_i = \frac{\pi}{4} d_i^2 \frac{n}{n_p} = \frac{\pi}{4} \times 0.02^2 \times \frac{444}{6} = 0.02324 \ (m^2)$$

管内水的流速

$$u_i = \frac{W_c}{3600 \rho_c A_i} = \frac{45.5 \times 10^3}{3600 \times 934.8 \times 0.02324} = 0.582 \ (m/s)$$

$$Re_i = \frac{d_i u_i \rho_c}{\mu_c} = \frac{0.02 \times 0.582 \times 934.8}{21.77 \times 10^{-5}} = 4.99 \times 10^4$$

壳程：

流通截面积

$$A_o = h(D - n_c d_o)$$

$n_c = 1.1\sqrt{n} = 1.1\sqrt{444} = 23.2$，取 $n_c = 24$。取折流板间距 $h = 400 \ mm$，则

$$A_o = 0.4 \times (0.8 - 24 \times 0.025) = 0.08 \ (m^2)$$

壳内变换气流速

$$u_o = \frac{W_h}{3600 \rho_h A_o} = \frac{8.78 \times 10^3}{3600 \times 2.98 \times 0.08} = 10.2 \ (m/s)$$

当量直径

$$d_e = \frac{4 \times \left[\frac{\sqrt{3}}{2} x^2 - \frac{\pi}{4} d_o^2\right]}{\pi d_o} = \frac{4 \times \left[\frac{\sqrt{3}}{2} \times 0.032^2 - \frac{\pi}{4} \times 0.025^2\right]}{\pi \times 0.025} = 0.0202 \ (m)$$

$$Re_o = \frac{u_o \rho_h d_e}{\mu_h} = \frac{10.2 \times 2.98 \times 0.0202}{1.717 \times 10^{-5}} = 3.58 \times 10^4$$

(2)计算流体阻力。

①管程流体阻力：

$$\sum \Delta p_i = (\Delta p_1 + \Delta p_2) F_t N_p N_s$$

设管壁粗糙程度为 $\varepsilon = 0.1 \ mm$，则

$$\frac{\varepsilon}{d} = \frac{0.1}{20} = 0.005$$

$$Re_i = 4.99 \times 10^4$$

查得摩擦系数 $\lambda = 0.032$，

$$\Delta p_1 = \lambda \frac{l}{d_i} \frac{\rho_c u_i^2}{2}, \quad \Delta p_2 = \frac{3\rho_c u_i^2}{2}$$

$$\Delta p_1 + \Delta p_2 = (\lambda \frac{l}{d_i} + 3) \frac{\rho_c u_i^2}{2} = (\frac{0.032 \times 3}{0.02} + 3) \times \frac{934.8 \times 0.582^2}{2} = 1235 \ (Pa)$$

$$\sum \Delta p_i = (\Delta p_1 + \Delta p_2) F_t N_p N_s = 1235 \times 1.4 \times 6 \times 1 = 1.04 \times 10^4 (Pa)$$

符合一般要求。

②壳程流体阻力：

$$\sum \Delta p_i{}' = (\Delta p_1{}' + \Delta p_2{}') F_s N_s$$

$$\Delta p_1{}' = \frac{F f_o n_c (N_B + 1) \rho_h u_o^2}{2}$$

$$\Delta p_2{}' = \frac{N_B (3.5 - 2h/D) \rho_h u_o^2}{2}$$

因 $Re_o = 3.58 \times 10^4 > 500$，故

$$f_o = 5.0 Re_o^{-0.228} = 5.0 \times (3.58 \times 10^4)^{-0.228} = 0.458$$

管子排列为正三角形排列，取 $F = 0.5$，挡板数

$$N_B = \frac{l}{h} - 1 = \frac{3}{0.4} - 1 = 6.5$$

取为 7，

$$\Delta p_1{}' = \frac{0.5 \times 0.458 \times 24 \times (7 + 1) \times 2.98 \times 10.2^2}{2} = 6816 \text{ (Pa)}$$

$$\Delta p_2{}' = \frac{7 \times (3.5 - 2 \times \frac{0.4}{0.8}) \times 2.98 \times 10.2^2}{2} = 2713 \text{ (Pa)}$$

取污垢校正系数 $F_s = 1.0$，则

$$\sum \Delta p_o = (6816 + 2713) \times 1.0 \times 1 \text{ Pa} = 9529 \text{ Pa} < 0.02 \text{ MPa}$$

故管、壳程压力损失均符合要求。

（3）计算传热系数，校核传热面积。

①管程对流给热系数 α_i：

$Re_i = 4.99 \times 10^4$

$$Pr_i = \frac{c_{pc} \mu_c}{\lambda_c} = \frac{4.266 \times 10^3 \times 21.77 \times 10^{-5}}{0.686} = 1.35$$

$$\alpha_i = 0.023 \frac{\lambda_c}{d_i} Re_i^{0.8} Pr_i^{0.4} = 0.023 \times \frac{0.686}{0.02} \times (4.99 \times 10^4)^{0.8} \times 1.35^{0.4} = 5100 \text{ [W/(m}^2 \cdot \text{℃)]}$$

②壳程对流给热系数 α_o：

$Re_o = 3.58 \times 10^4$

$$Pr_o = \frac{c_{ph} \mu_h}{\lambda_h} = \frac{1.86 \times 10^3 \times 1.717 \times 10^{-5}}{0.0783} = 0.408$$

壳程采用弓形折流板，故

$$\alpha_o = 0.36 \frac{\lambda_h}{d_e} Re_o^{0.55} Pr_o^{1/3} \left(\frac{\mu}{\mu_w}\right)^{0.14} = 0.36 \times \frac{0.0783}{0.0202} \times (3.58 \times 10^4)^{0.55} \times 0.408^{1/3} \times 1.0$$

$$= 330 \text{ [W/(m}^2 \cdot \text{℃)]}$$

③计算传热系数：

取污垢热阻

$$R_{si} = 0.30 \text{ m}^2 \cdot \text{℃/kW}, R_{so} = 0.50 \text{ m}^2 \cdot \text{℃/kW}$$

以管外面积为基准，

$$K_{\text{计}} = \cfrac{1}{\cfrac{d_{\text{o}}}{\alpha_{\text{i}} d_{\text{i}}} + R_{\text{si}} \cfrac{d_{\text{o}}}{d_{\text{i}}} + \cfrac{b d_{\text{o}}}{\lambda d_{\text{m}}} + R_{\text{so}} + \cfrac{1}{\alpha_{\text{o}}}}$$

$$= \left(\frac{25}{5100 \times 20} + 0.30 \times 10^{-3} \times \frac{25}{20} + \frac{2.5 \times 10^{-3} \times 25}{45 \times 22.5} + 0.5 \times 10^{-3} + \frac{1}{330} \right)^{-1}$$

$$= 237 \, [\text{W}/(\text{m}^2 \cdot \text{℃})]$$

④计算传热面积：

$$A_{\text{需}} = \frac{Q}{K_{\text{计}} \Delta t_{\text{m}}} = \frac{\cfrac{1.55 \times 10^6 \times 10^3}{3600}}{237 \times 32.8} = 55.4 \, (\text{m}^2)$$

所选换热器的实际面积为

$$A = n\pi d_{\text{o}} l = 444 \times 3.14 \times 0.025 \times 3 = 104.6 \, (\text{m}^2)$$

$$\frac{A - A_{\text{需}}}{A_{\text{需}}} = \frac{104.6 - 55.4}{55.4} = 88.7\%$$

计算结果说明所选用的换热器面积余量较大，宜改选其他型号换热器。

重新选型 G600-I-10-60 型换热器，其主要参数及计算结果列于表 5-18 中。

表 5-18　G600-I-10-60 型换热器主要参数及计算结果

主要参数		计算结果	
外壳直径/mm	600	热负荷/(kJ·h^{-1})	1.55×10^6
公称压强/MPa	1.0	传热温差/℃	36.8
公称面积/m^2	60	管内液体流速/(m·s^{-1})	0.160
管程数	1	管外气体流速/(m·s^{-1})	16.24
管子排列方式	正三角形	管内液体雷诺数	1.37×10^4
管子尺寸/mm	$\phi 25 \times 2.5$	管外气体雷诺数	5.69×10^4
管长/m	3	管内液体压降/Pa	140
管数 n	269	管外气体压降/Pa	9643
管中心距 x/mm	32	管内液体对流给热系数/[W/(m^2·℃)]	1.82×10^3
管程通道截面积/m^2	0.0845	管外气体对流给热系数/[W/(m^2·℃)]	448
折流板间距/mm	600	传热系数计算值/[W/(m^2·℃)]	264
壳程通道截面积/m^2	0.0504	传热面积需要值/m^2	44.3

注：安全系数 $= \dfrac{A_{\text{供}}}{A_{\text{需}}} = \dfrac{60.0}{44.3} = 1.35$。

以上计算表明，选用 G600-I-10-60 固定管板式列管换热器可用于合成氨变换工段的余热回收。

习　题

5-1　用平板法测定材料的热导率，其主要部件为被测材料构成的平板，其一侧用电热器加热，另一侧用冷水将热量移走，同时板的两侧用热电偶测量其表面温度。设平板的导热面积为 0.03 m^2，厚度为 0.01 m。测量数据如下表。

电热器		材料的表面温度/ ℃	
电流/A	电压/V	高温面	低温面
2.8	140	300	100
2.3	115	200	50

试求：(1)该材料的平均热导率。(2)如该材料热导率与温度的关系为线性，即 $\lambda = \lambda_0(1+at)$，则 λ_0 和 a 值为多少？

5-2 三层平壁热传导中，若测得各面的温度 t_1、t_2、t_3 和 t_4 分别为 500 ℃、400 ℃、200 ℃和 100 ℃，试求各平壁层热阻之比。假定各层壁面间接触良好。

5-3 某燃烧炉的平壁由耐火砖、绝热砖和普通砖 3 种砖砌成，它们的热导率分别为 1.2 W/(m·℃)、0.16 W/(m·℃)和 0.92 W/(m·℃)，耐火砖和绝热砖厚度都是 0.5 m，普通砖厚度为 0.25 m。已知炉内壁温度为 1000 ℃，外壁温度为 55 ℃，设各层砖间接触良好，求每平方米炉壁散热速率。

5-4 在外径 100 mm 的蒸气管道外包绝热层。绝热层的热导率为 0.08 W/(m·℃)，已知蒸气管外壁温度为 150 ℃，要求绝热层外壁温度在 50 ℃以下，且每米管长的热损失不应超过 150 W/m，试求绝热层厚度。

5-5 $\phi 38$ mm×2.5 mm 的钢管用作蒸气管。为了减少热损失，在管外保温。第 1 层是 50 mm 厚的氧化锌粉，其平均热导率为 0.07 W/(m·℃)；第 2 层是 10 mm 厚的石棉层，其平均热导率为 0.15 W/(m·℃)。若管内壁温度为 180 ℃，石棉层外表面温度为 35 ℃，试求每米管长的热损失及两保温层界面处的温度。

5-6 通过空心球壁导热的热流量 Q 的计算式为：$Q = \Delta t/[b/(\lambda A_m)]$，其中 $A_m = \sqrt{A_1 A_2}$，A_1、A_2 分别为球壁的内、外表面积，试推导此式。

5-7 有一外径为 150 mm 的钢管，为减少热损失，今在管外包两层绝热层。已知两种绝热材料的热导率之比为 $\dfrac{\lambda_2}{\lambda_1} = 2$，两层绝热层厚度皆为 30 mm，试问：应把哪一种材料包在里层，管壁热损失小？设两种情况下两绝热层的总温差不变。

5-8 试用量纲分析法推导壁面和流体间强制对流给热系数 α 的特征数关联式，已知 α 为下列变量的函数，$\alpha = f(\lambda, c_p, \rho, \mu, u, l)$。式中 λ、c_p、ρ、μ 分别为流体的热导率、等压比热容、密度、黏度，u 为流体流速，l 为传热设备定性尺寸。

5-9 水流过 $\phi 60$ mm×3.5 mm 的钢管，由 20 ℃被加热至 60 ℃。已知 $l/d > 60$，水流速为 1.8 m/s，试求水对管内壁的给热系数。

5-10 空气流过 $\phi 36$ mm×2 mm 的蛇管，流速为 15 m/s，从 120 ℃降温至 20 ℃，空气压强 4×10^5 Pa（绝压）。已知蛇管的曲率半径为 400 mm，$l/d > 50$，试求空气对管壁的给热系数。空气的密度可按理想气体计算，其余物性可按常压处理。

5-11 苯流过一套管换热器的环隙，自 20 ℃升至 80 ℃，该换热器的内管规格为 $\phi 19$ mm×2.5 mm，外管规格为 $\phi 38$ mm×3 mm。苯的流量为 1800 kg/h。试求苯对内管壁的给热系数。

5-12 冷冻盐水(25%的氯化钙溶液)从 $\phi 25$ mm×2.5 mm、长度为 3 m 的管内流过，流速为 0.3 m/s，温度自 -5 ℃升至 15 ℃。假设管壁平均温度为 20 ℃，试计算管壁与流体之间的平均对流给热系数。已知定性温度下冷冻盐水的物性数据如下：密度为 1230 kg/m³，黏度为 4×10^{-3} Pa·s，热导率为 0.57 W/(m·℃)，比热容为 2.85 kJ/(kg·C)。壁温下的黏度为 2.5×10^{-3} Pa·s。

5-13 室内分别水平放置两根长度相同、表面温度相同的蒸气管。由于自然对流两管都向周围散失热量，已知小管的 $(GrPr) = 10^8$，大管直径为小管的 8 倍，试求两管散失热量的比值为多少？

5-14 某烘房用水蒸气通过管内对外散热以烘干湿纱布。已知水蒸气绝压为 476.24 kPa，设管外壁温度等于蒸气温度。现室温及湿纱布温度均为 20 ℃，试作如下计算：(1)使用一根 2 m 长、外径 50 mm 的水煤气管，管子竖直放置与水平放置，单位时间散热量为多少？ (2)若管子水平放置，试对比直径 25 mm 和 50 mm 水煤气管的单位时间单位面积散热之比（管外只考虑自然对流给热）。

5-15 油罐中装有水平蒸气管以加热罐内重油，重油温度为 20 ℃，蒸气管外壁温度为 120 ℃。在定性温度下重油物性数据如下：密度 900 kg/m³，比热容 1.88×10^3 J/(kg·℃)，热导率 0.175 W/(m·℃)，运动黏度 2×10^{-6} m²/s，体积膨胀系数 3×10^{-4} L/℃，管外径 68 mm。试计算蒸气对重油的热通量(W/m²)。

5-16 有一双管程列管换热器，煤油走壳程，其温度由 230 ℃降至 120 ℃，流量为 25000 kg/h，内有 ϕ25 mm×2.5 mm 的钢管 70 根，每根管长 6 m，管中心距为 32 mm，正方形排列。用圆缺形挡板（切去高度为直径的 25%），试求煤油的给热系数。已知定性温度下煤油的物性数据如下：比热为 2.6×10^3 J/(kg·℃)，密度为 710 kg/m³，黏度为 3.2×10^{-4} Pa·s，热导率 0.131 W/(m·℃)，$\left(\dfrac{\mu}{\mu_w}\right)^{0.14} = 0.95$。挡板间距 $h = 240$ mm，壳体内径 $D = 480$ mm。

5-17 饱和温度为 100 ℃的水蒸气在长为 2.5 m，外径为 38 mm 的竖直圆管外冷凝。管外壁温度为 92 ℃。试求每小时蒸气冷凝量。若将管子水平放置，每小时蒸气冷凝量又为多少？

5-18 由 ϕ25 mm×2.5 mm、225 根长 2 m 的管子按正方形直列组成的换热器，用 1.5×10^5 Pa 的饱和蒸气加热某液体，换热器水平放置。管外壁温度为 88 ℃，试求蒸气冷凝量。

5-19 设有 A、B 两平行固体平面，温度分别为 T_A 和 $T_B(T_A > T_B)$。为减少辐射散热，在这两平面间设置 n 片很薄的平行遮热板，设所有平板的表面积相同、黑度相等，平板间距很小，试证明设置遮热板后 A 平面的散热速率为不装遮热板时的 $1/(n+1)$ 倍。

5-20 用热电偶测量管内空气温度，测得热电偶温度为 420 ℃。热电偶黑度为 0.6，空气对热电偶的给热系数为 35 W/(m²·C)，管内壁温为 300 ℃，试求空气温度。

5-21 外径为 60 mm 的管子，其外包有 20 mm 厚的绝热层，绝热层材料热导率为 0.1 W/(m·℃)，管外壁温度为 350 ℃，外界温度为 15 ℃，试计算绝热层外壁温度。欲使绝热层外壁温度再下降 5 ℃，绝热层厚度再增加多少？

5-22 设计一燃烧炉，拟用 3 层砖，即耐火砖、绝热砖和普通砖。耐火砖和普通砖的厚度为 0.5 m 和 0.25 m。3 种砖的热导率分别为 1.02 W/(m·℃)、0.14 W/(m·℃)和 0.92 W/(m·℃)，已知耐火砖内侧为 1000 ℃，外壁温度为 35 ℃。试问：绝热砖厚度至少为多少，才能保证绝热砖温度不超过 940 ℃，普通砖不超过 138 ℃？

5-23 为保证原油的管道输送,在管外设置蒸气夹套。对一段管路来说,设原油的给热系数为 420 W/(m²·℃),水蒸气冷凝给热系数为 10^4 W/(m²·℃)。管子规格为 $\phi35$ mm× 2 mm 钢管。试分别计算 K_i 和 K_o,并计算各项热阻占总热阻的分率。

5-24 某列管式换热器,用饱和水蒸气加热某溶液,溶液在管内呈湍流。已知蒸气冷凝给热系数为 10^4 W/(m²·℃),单管程溶液给热系数为 400 W/(m²·℃),管壁导热及污垢热阻忽略不计,试求:(1)传热系数;(2)把单管程改为双管程,其他条件不变时的总传热系数。

5-25 一列管式换热器,管子规格 $\phi25$ mm×2.5 mm,管内流体的对流给热系数为 100 W/(m²·℃),管外流体的对流给热系数为 2000 W/(m²·℃)。已知两流体均为湍流流动,管内外两侧污垢热阻均为 0.00118 m²·℃/W。试求:(1)传热系数 K_o 及各部分热阻的分配;(2)管内流体流量提高一倍时的传热系数。

5-26 在列管式换热器中,用热水加热冷水,热水流量为 4.5×10^3 kg/h,温度从 95 ℃ 冷却到 55 ℃,冷水温度从 20 ℃ 升到 50 ℃,传热系数为 2.8×10^3 W/(m²·℃)。试求:(1)冷水流量;(2)两种流体作逆流时的平均温度差和所需要的换热面积;(3)两种流体作并流时的平均温度差和所需要的换热面积;(4)根据计算结果,对逆流和并流换热作一比较,可得到哪些结论?

5-27 有一台新的套管式换热器,用水冷却油,水走内管,油与水逆流,内管为 $\phi19$ mm× 3 mm 的钢管,外管为 $\phi32$ mm×3 mm 的钢管。水与油的流速分别为 1.5 m/s 及 0.8 m/s,油的密度、比热容、热导率及黏度分别为 860 kg/m³、1.90×10^3 J/(kg·℃)、0.15 W/(m·℃)及 1.8×10^{-3} Pa·s。试求:(1)若水的进出口温度为 10 ℃ 和 30 ℃,油的进口温度为 100 ℃,热损失忽略不计,试计算所需要的管长。(2)若管长增加 20%,其他条件不变,则油的出口温度为多少?设油的物性数据不变。(3)若该换热器长期使用后,水侧及油侧的污垢热阻分别为 3.5×10^{-4} (m²·℃)/W 和 1.52×10^{-3} (m²·℃)/W,其他条件不变,则油的出口温度又为多少?

5-28 在逆流换热器中,管子规格为 $\phi38$ mm×3 mm,用初温为 15 ℃ 的水将 2.5 kg/s 的甲苯由 80 ℃ 冷却到 30 ℃,水走管内,水侧和甲苯侧的给热系数分别为 2500 W/(m²·℃)和 900 W/(m²·℃),污垢热阻忽略不计,热导率 $\lambda=45$ W/(m·℃)。若水的出口温度不能高于 45 ℃,试求该换热器的传热面积。

5-29 两种流体在一列管式换热器中逆流流动,热流体进口温度为 100 ℃,出口温度为 60 ℃,冷流体从 20 ℃ 加热到 50 ℃,试求下列情况下的平均温差:(1)换热器为单壳程,四管程;(2)换热器为双壳程,四管程。

5-30 在逆流换热器中,用水冷却某液体,水的进、出口温度分别为 15 ℃ 和 80 ℃,液体的进、出口温度分别为 150 ℃ 和 75 ℃。现因生产任务要求液体的出口温度降至 70 ℃,假定水和液体进口温度、流量及物性均不发生变化,换热器热损失忽略不计,试问此换热器管长需增为原来的多少倍才能满足生产要求?

5-31 某厂拟用 120 ℃ 的饱和水蒸气将常压空气从 20 ℃ 加热至 80 ℃。空气流量为 1.20×10^4 kg/h。现仓库有一台单程列管式换热器,内有 $\phi25$ mm×2.5 mm 的钢管 300 根,管长 3 m。若管外水蒸气冷凝的对流给热系数为 10^4 W/(m²·℃),两侧污垢热阻及管壁热阻均可忽略。试计算此换热器能否满足工艺要求。

5-32 某单壳程单管程列管式换热器,用 1.8×10^5 Pa 饱和水蒸气加热空气,水蒸气走壳程,其给热系数为 10^4 W/(m²·℃),空气走管内,进口温度 20 ℃,要求出口温度达 110 ℃,空气在管内流速为 10 m/s。管子规格为 $\phi25$ mm×2.5 mm 的钢管,管数共 269 根。试求:

(1)换热器的管长;(2)若将该换热器改为单壳程双管程,总管数减至 254 根,水蒸气温度不变,空气的质量流量及进口温度不变,设各物性数据不变,换热器的管长亦不变,试求空气的出口温度。

5-33 一套管式换热器,用热柴油加热原油,热柴油与原油进口温度分别为 155 ℃和 20 ℃。已知逆流操作时,柴油出口温度 50 ℃,原油出口温度 60 ℃,若采取并流操作,两种油的流量、物性数据、初温和传热系数皆与逆流时相同,试问:并流时柴油可冷却到多少温度?

5-34 一套管式换热器,冷、热流体的进口温度分别为 55 ℃和 115 ℃,并流操作时,冷、热流体的出口温度分别为 75 ℃和 95 ℃。试问:逆流操作时,冷、热流体的出口温度分别为多少? 假定流体物性与传热系数均为常量。

5-35 一列管式换热器,管外用 2.0×10^5 Pa 的饱和水蒸气加热空气,使空气温度从 20 ℃加热到 80 ℃,流量为 20000 kg/h,现因生产任务变化,如空气流量增加 50%,进、出口温度仍维持不变,则在原换热器中采用什么方法可完成新的生产任务?

5-36 在一单管程列管式换热器中,将 2000 kg/h 的空气从 20 ℃加热到 80 ℃,空气在钢质列管内做湍流流动,管外用饱和水蒸气加热。列管总数为 200 根,长度为 6 m,管子规格为 $\phi 38$ mm×3 mm。现因生产要求需要设计一台新换热器,其空气处理量保持不变,但管数改为 400 根,管子规格改为 $\phi 19$ mm×1.5 mm,操作条件不变,试求此新换热器的管子长度。

5-37 在单程列管式换热器内,用 120 ℃的饱和水蒸气将列管内的水从 30 ℃加热到 60 ℃,水流经换热器的压降为 3.5 kPa。列管直径为 $\phi 25$ mm×2.5 mm,长为 6 m,换热器的热负荷为 2500 kW。试计算:(1)列管式换热器的列管数;(2)基于管子外表面积的传热系数 K_o。假设列管为光滑管,摩擦系数可按柏拉修斯方程计算,$\lambda = 0.3164/Re^{0.25}$。

5-38 有一立式单管程列管式换热器,其规格如下:管径 $\phi 25$ mm×2.5 mm,管长 3 m,管数 30 根。现用该换热器冷凝冷却 CS_2 饱和蒸气,从饱和温度 46 ℃冷却到 10 ℃。CS_2 走管外,其流量为 250 kg/h,冷凝潜热为 356 kJ/kg,液体 CS_2 的比热容为 1.05 kJ/(kg·℃)。水走管内与 CS_2 呈逆流流动,冷却水进、出温度分别为 5 ℃和 30 ℃。已知 CS_2 冷凝和冷却时传热系数(以外表面积计)分别为 $K_1 = 232.6$ W/(m²·℃)和 $K_2 = 116.8$ W/(m²·℃)。问此换热器是否合用?

5-39 现有两台规格完全一样的单管程列管式换热器,其中一台每小时可以将一定量气体自 80 ℃冷却到 60 ℃,冷却水温度自 20 ℃升到 30 ℃,气体在管内与冷却水呈逆流流动,已知总传热系数(以内表面积为基准)K_i 为 40 W/(m²·℃)。现将两台换热器并联使用,忽略管壁热阻、垢层热阻、热损失及因空气出口温度变化所引起的物性变化。试求:(1)并联使用时总传热系数;(2)并联使用时每个换热器的气体出口温度。(3)若两台换热器串联使用,则其气体出口温度又为多少? 可略去水侧对流热阻,气体在管内高度湍流的影响。

5-40 设计一台列管式换热器,20 kg/s 的某油品走壳程,温度自 160 ℃降至 115 ℃,热量用于加热 28 kg/s 的原油。原油进口温度为 25 ℃。两种油的密度均为 870 kg/m³,其他物性数据如下表。

名称	$C_p/[kJ/(kg·℃)]$	$\mu/(Pa·s)$	$\lambda/[W/(m·℃)]$
原油	1.99	2.9×10^{-3}	0.136
油品	2.20	5.2×10^{-3}	0.119

本章主要符号说明

a——温度系数，$℃^{-1}$；吸收率；

A——面积，m^2；

A_m——内外壁面积的对数平均值，m^2；

A_w——散热面积，m^2；

C_o——黑体的辐射系数，$W/(m^2 \cdot K^4)$；

c_p——比热容，$J/(kg \cdot ℃)$；

c_{ph}——热流体比热容，$J/(kg \cdot ℃)$；

c_s——过热蒸气的比热容，$J/(kg \cdot ℃)$；

d——管径，m；透过率；

d_i——内径，m；

d_o——外径，m；

d_e——当量直径，m；

D——换热器的外壳内径，m；

e——自然对数的底数；

E——物体的辐射能力，$W/(m^2 \cdot m)$；

$E_{b\lambda}$——黑体的单色辐射能力，$W/(m^2 \cdot m)$；

E_b——黑体的辐射能力，W/m^2；

E_λ——实际物体的单色辐射能力，$W/(m^2 \cdot m)$；

f_o——壳程流体的摩擦系数；

F——管子排列方式对压降的校正系数；

F_s——壳程压降结垢校正系数；

Gr——格拉斯霍夫数，无量纲；

h——两挡板间距离，m；

H——单位质量流体的焓，J/kg；

l——代表换热面几何特征的长度，m；相邻两管的中心距，m；

L——垂直管或板的高度，m；

K——传热系数，$W/(m^2 \cdot ℃)$；

N_B——折流板数；

n_c——横过管束中心线的管子数；

N_p——管程数；

N_s——串联的壳程数；

NTU——传热单元数；

Nu——努塞尔数，无量纲；

p——压强，Pa；

p_1——气泡外的液体压力，Pa；

p_v——蒸气泡内的蒸气压力，Pa；

P——温度校正系数的参量；

Pr——普朗特数，无量纲；

q——传热通量，W/m^2；

Q——换热器的热负荷，W；

Q_a——被物体吸收的能量，W；

Q_d——透过物体的能量，W；

Q_r——被物体反射的能量，W；

r——饱和蒸气的冷凝潜热，J/kg；半径，m；

r'——过热蒸气的冷凝潜热，J/kg；

R——气泡半径，m；热容量流量比；温度校正系数的参量；

R_i——管道内表面污垢热阻，$m^2 \cdot K/W$；

R_o——管道外表面污垢热阻，$m^2 \cdot K/W$；

Re——雷诺数，无量纲；

x——相邻两管的中心距，m；

t——温度，$℃$；

t_s——饱和蒸气温度，$℃$；

t_v——过热蒸气温度，$℃$；

t_w——壁面温度，$℃$；

Δt_m——对数平均温度差，$℃$；

T——热力学温度，K；

u——流速，m/s；

v——比体积，m^3/kg；

W——流体质量流量，kg/s；

W_c——冷流体质量流量，kg/s；

W_h——热流体质量流量，kg/s；

α——给热系数，$W/(m^2 \cdot ℃)$；

β——流体的体积膨胀系数，$1/℃$；

δ——有效层流膜的厚度，m；

ε——灰体的黑度，无量纲；传热效率；

ε_s——辐射系统的系统黑度；

φ——角系数；

$\psi_{\Delta t}$——温差校正系数；

λ——热导率，$W/(m \cdot ℃)$；波长，m；

μ——流体黏度，$Pa \cdot s$；

θ——润湿角；

ρ——密度，kg/m^3；

τ——时间，s；

σ——表面张力，N/m；

$\Delta p'_1$——流体横过管束的压强降，Pa；

$\Delta p'_2$——流体通过折流板缺口的压强降，Pa。

第6章

传质过程基础

6.1 传质过程概述

▷ 6.1.1 传质过程的基本概念

将一滴红墨水滴在静止的一盆清水中,仔细观察会发现:浓浓的红颜色逐渐自动地向四周扩散,直至整盆清水变为均匀的红色为止。这说明在水中发生了物质(红色颜料)位置的移动,液相内各处物质的组成也随之发生了变化,直至各处浓度均匀。这种变化的原因并非外力。根据微观分析可知,由于分子的无规则热运动,使得颜料微粒向四处运动,既有自高浓度处向低浓度处运动者,也有自低浓度向高浓度处运动者,但因为浓度的差异,进行总的统计,仍是红颜料微粒自高浓度向低浓度处运动的为多,所以宏观表现为红色颜料微粒自高浓度处向低浓度处转移。

在环境工程领域中,这样类似的过程也很多。如用清水净化含氯化氢的废气,氯化氢气体会逐渐溶入水中,致使气相中氯化氢浓度逐渐降低,水中氯化氢浓度逐渐升高;若使一定量的清水与一定量的含氯化氢气体接触的时间足够长,最终,氯化氢在两相中的浓度会达到某一相互平衡的状态。这个过程与上述例子的过程类似,也是在存在浓度差的情况下,发生了物质的转移。不同的只是上例发生在同一相内;本例则发生在直接接触的两相之间,并且最初的浓度差与最终的浓度平衡关系较为复杂一些而已。

综上所述,当在一相或在直接接触的两相之间存在有浓度差且未达到平衡状态时,物质会发生位置的移动,随之,相的组成也将发生变化,这种过程称为扩散过程或质量传递过程,简称传质过程。

但下面的过程,如用泵将污水提升至细格栅,或用风机将车间内的有害气体输送至净化设备,这样的过程虽也发生了物质的转移,但是它纯系外力所致,并且在输送的过程中,物质相组成并不发生变化,因此它们不属于传质过程,而属于物质的输送过程。

▷ 6.1.2 环境工程中的传质过程

在环境工程领域,对于污染物的控制,就是利用传质过程将有害物质从废气、废水或固体废弃物中分离出来,多以质量传递为基础。若过程存在化学反应或生物反应,传质情况还将影响反应速率,最终影响反应器的大小。因此,传质过程的理论学习对污染物控制具有非常重要的意义。

传质过程可以在均相中进行,也可在非均相中进行。按照传质机理,传质分离过程可分为平衡分离过程和速率控制分离过程两大类。下述吸收、吸附、精馏、萃取等属于平衡分离过程;超滤、反渗透、电渗析等膜分离过程属于速率控制分离过程。

平衡分离过程是在非均相中进行的,有助于能量分离剂或物质分离剂的加入使操作过程产生第二相,例如精馏操作中热量的引入(能量分离剂),吸收或萃取过程中吸收剂或溶剂的加入(物质分离剂)。各类平衡分离过程中,待分离混合物的各组分由于它们具有不同的分离性能,于是从混合物一相转移入新相中,从而达到分离的目的。

速率控制分离过程是利用某种特定的介质,在某一驱动力的作用下,产生各组分传递速率的差异,从而达到分离的目的。

下面简单介绍一些环境工程中常见的传质分离过程。

1. 速率控制分离过程

超滤、电渗析、反渗透统称膜分离,它们是利用特定膜的透过性能,在存在浓度差的条件下,利用压力差或电位差,分离水中的有害离子、分子或胶体,实现水质的深度净化。膜分离技术目前已泛应用于水处理工程。

2. 平衡分离过程

(1)吸收与脱吸 气相中某组分自气相溶解入液相,称作气体的吸收,简称为吸收,其逆过程则称作解吸或脱吸。图 6-1(a)所示即为 A 组分在气-液两相之间进行传递的情况,其中 B 与 S 分别为不参加传质的惰性气体和溶剂。吸收过程多用于废气的治理工程,如用水吸收工业废气中的氨,用碱性石灰石浆液吸收净化燃煤锅炉烟气中的二氧化硫;脱吸则可用于废水中有害气体的脱除。

(2)吸附 物质自气相或液相趋附于固体表面的过程称作吸附,反之为脱附。如图 6-1(b)所示,吸附剂一般为多孔固体,用 G 表示。可以看出,吸附是物质在气-固相或液-固相之间的传质过程。吸附常用于废水或废气的净化,例如用活性炭除去含铬废水中的铬离子,含有机废气中的苯、甲苯等。

(3)离子交换 离子交换中的可交换离子与液相中带同种电荷的离子进行交换,从而使离子从液相中得以去除,如图 6-1(c)所示,其中 R 代表可交换离子。如离子交换常用于去除水中的 Ca^{2+}、Mg^{2+},从而制取软化水、纯水;或者从水中去除某些特定物质,如去除电镀废水中的重金属等。

(4)精馏 不同物质在气-液两相间相互转移,使易挥发组分在气相得到富集,难挥发组分在液相得到富集的过程称作精馏,如图 6-1(d)所示。精馏常用于除去废水中有害的挥发性物质,如除去废水中的酚、苯胺、硝基苯、松节油等。

(5)萃取 通常指某溶质自液相(溶剂)进入与该液不相溶的另一液相的过程,如图 6-1(e)所示,这是液-液相之间的传质过程,此法可用于废水的净化过程,如用二甲苯脱除废水中的酚等。

(6)浸沥(固-液萃取) 指物质自固相转入液相的过程,如图 6-1(f)所示,是固-液相之间的传质,可用于固体废弃物中的有害物质分离。因固体混合物常系多相物系,所以浸沥也常是多相物系的分离过程,如浸泡磷石膏,除去固相中的氟等。

(7)增湿 指水分自液相进入气相的过程,如图 6-1(g)所示,是气-液相之间的传质过程。例如使用静电除尘时,为了改变烟尘的电学性质,便可采用增湿进行烟气调质。

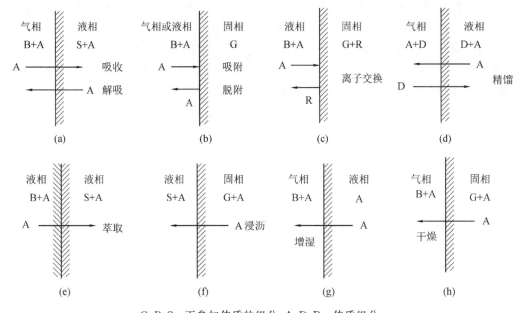

G、B、S—不参加传质的组分;A、D、R—传质组分。

图 6-1 几种平衡分离过程相际传质示意图

(8)干燥 通常指固体物料中液体(多为水)经过汽化转入气相的过程,如图 6-1(h)所示,是气-固相之间的传质过程,可用于环境治理工程中的介质或副产品的干燥,如活性污泥的干燥等。

6.2 质量传递的基本方式

与热量传递中的导热和对流传热相类似,质量传递的方式有分子扩散(分子传质)和对流扩散(对流传质)等。

(1)分子扩散 分子扩散是由分子的微观无规则热运动引起的,发生在静止的流体、层流流动的流体以及某些固体的传质过程中。当流体内部某一组分存在浓度差时,分子的无规则热运动会使得该组分从高浓度处向低浓度处运动,直至流体内部达到浓度均匀为止。分子传质是微观分子热运动的宏观结果。

(2)涡流扩散 由于分子扩散速率很小,工程上为了加速传质,通常使流体介质处于运动状态。在实际应用的传质过程中,流体的流动形态多为湍流。湍流的特点是其中存在杂乱的涡流运动,即除主体流动方向外,其他方向还存在流体微团(大量分子的集合体)的涡流运动或高频脉动,因而可以引起各部分流体间的剧烈混合,使得物质扩散速度大大加快。这种在浓度差存在的情况下,由于流体微团的涡流或脉动来传递物质的现象称为涡流扩散。当然,湍流流体中也同时存在分子扩散,但其作用远小于涡流扩散。

(3)对流扩散 工业上实现传质过程的设备通常统称作传质设备。为了提高传质的速率,设备中的流体通常多做湍流运动,但在流体靠近设备的壁面处,总有一层层流层存在,因此,在流体中进行湍流扩散的同时,也存在分子扩散。在湍流主体与设备壁面之间进行的涡流扩散与分子扩散总称为对流扩散或对流传质。其概念与对流传热类似,它是相际进行传质的基础。

▷ 6.2.1 分子扩散

菲克(Fick)定律是描述分子扩散速率的基础方程,在此基础上本节重点学习最简单和典型的静止流体中的一维稳定分子扩散现象:等摩尔反向扩散与单向扩散,前者可见于精馏,后者可见于吸收过程等。

1.菲克定律

扩散过程进行的速度通常用扩散通量来衡量。单位时间内,在与浓度梯度方向垂直的单位传质面积上传递的物质量称作扩散通量,常用单位为 $kmol/(m^2 \cdot s)$。1855 年菲克通过实验得出了定量地描述速度的基本规律,被称作菲克定律。其内容是:当物质 A 在介质 B 中发生扩散时,任一点处的扩散通量与该位置上的浓度梯度成正比,即

$$J_A = -D_{AB} \frac{dC_A}{dz} \tag{6-1}$$

式中,J_A 为物质 A 在 z 方向上的分子扩散通量,$kmol/(m^2 \cdot s)$;dC_A/dz 为物质 A 在扩散方向 z 上的浓度梯度,即物质 A 在 z 方向上的浓度变化率,$kmol/m^4$ 或 $[(kmol/m^3)/m]$;D_{AB} 为比例系数,称作物质 A 在介质 B 中的分子扩散系数,$m^2 \cdot s^{-1}$。式中负号表示扩散方向与浓度梯度方向相反,即分子扩散沿浓度降低的方向进行。

2.等摩尔反向扩散

在一些双组分混合体系的传质过程中,当体系总浓度保持不变时,组分 A 在分子扩散的同时伴有组分 B 向相反方向的分子扩散,且组分 B 扩散的量与组分 A 相等,这种传质过程称为等摩尔(分子)反向扩散。

1)扩散通量

如图 6-2 所示,温度及总压相同的混合气体 A、B 分盛于两容器中,且 $p_{A1} > p_{A2}$,$p_{B2} > p_{B1}$。用一段粗细均匀的直管将这两个很大的容器连通,两容器内均装有搅拌器,用以保持各自浓度均匀(但连接管内不受搅拌的影响)。由于存在浓度差,A 将通过连接管向右扩散,同

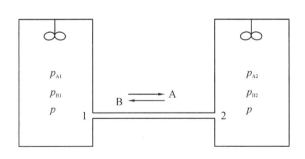
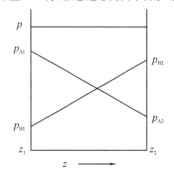

图 6-2 等摩尔反向扩散及浓度分布图

时 B 亦在连接管内向左扩散。由于容器的容量与一段时间内的扩散量相比要大得多,因此,两容器中的气体浓度在较长时间内可视作不变,因此连接管内 A、B 的相互扩散是稳定的,此过程为一维稳定分子扩散。

由于两容器内总压(P)相等,所以连接管内任一截面上单位时间单位面积上向右扩散的 A 分子数与向左扩散的 B 分子数必定相等。

根据菲克定律,气体 B 的扩散通量为

$$J_B = -D_{BA} \frac{dC_B}{dz} \tag{6-2}$$

气体 A 的扩散通量与 B 方向相反,大小相等,故

$$J_A = -J_B$$

将式(6-1)、式(6-2)代入,得

$$-D_{AB} \frac{dC_A}{dz} = D_{BA} \frac{dC_B}{dz} \tag{6-3}$$

因物系内总压或总浓度(C)恒定,

$$C = C_A + C_B = 常数$$

则

$$dC_A = -dC_B$$

将此关系代入式(6-3),整理可得

$$D_{AB} = D_{BA} = D \tag{6-4}$$

说明在双组分的等摩尔反向扩散中,组分 A 在 B 中的扩散系数与组分 B 在 A 中的扩散系数相等,因此,可以用同一符号 D 表示。

等摩尔反向扩散发生在静止的或在垂直于浓度梯度方向上做层流运动的流体中,属于最纯粹的分子扩散过程。

单位时间内,在空间任一固定位置上,通过垂直于浓度梯度方向的单位传质面积的物质量称作传质速率,又称作质量通量,下面以 N 表示,单位为 $kmol/(m^2 \cdot s)$。

在等摩尔反向扩散中,物质 A 的传质速率应等于其扩散通量,即

$$N_A = J_A = -D \frac{dC_A}{dz} \tag{6-5}$$

设此物系为低压下的恒温气体,其浓度用压力表示,依据理想气体方程有

$$p_A V = n_A RT$$

可得

$$p_A = C_A RT \tag{6-6}$$

式中,p_A 为 A 组分的分压,Pa;V 为物系的体积,m^3;n_A 为物系的总摩尔数与 A 组分的摩尔数,kmol;C_A 为 A 组分的摩尔浓度,$kmol/m^3$;T 为物系的温度,K。

将式(6-6)代入式(6-5),得

$$N_A = -\frac{D}{RT} \frac{dp_A}{dz} \tag{6-7}$$

2)浓度分布

对于稳定分子传质过程,传质速率 N_A 为常数。由式(6-7)可知,其浓度梯度 dp_A/dz 也必为常数,这说明在稳定的分子扩散中,扩散组分沿扩散方向的浓度变化率为定值,即 $p_A - z$

呈直线关系(见图 6-2)。

上述物系中,设组分沿 z 向自截面 1 扩散至截面 2,即 $p_{A1} > p_{A2}$,$p_{B2} > p_{B1}$,为求 A 组分的传质速率,对式(6-7)进行变量分离并积分,

$$N_A \int_{z_1}^{z_2} dz = -\frac{D}{RT} \int_{p_{A1}}^{p_{A2}} dP_A$$

得

$$N_A = \frac{-D}{RT(z_2 - z_1)}(p_{A2} - p_{A1})$$

令

$$z = z_2 - z_1 \quad (扩散距离)$$

则

$$N_A = \frac{D}{RTz}(p_{A1} - p_{A2}) \tag{6-8}$$

式(6-8)说明等摩尔反向扩散时的气相传质速率与扩散距离两端的浓度差成正比,与扩散距离成反比。

同理,组分 B 的传质速率为

$$N_B = \frac{D}{RTz}(p_{B1} - p_{B2}) \tag{6-9}$$

且

$$N_A = -N_B$$

若扩散在液相中进行,可直接对式(6-5)积分,得 A 组分传质速率关系式为

$$N_A = \frac{D}{z}(C_{A1} - C_{A2}) \tag{6-10}$$

同理,得 B 组分的传质速率关系式为

$$N_B = \frac{D}{z}(C_{B1} - C_{B2}) \tag{6-11}$$

3. 单向扩散

两相接触时,若其中一相只有部分组分可扩散入另一相而另一相中的组分却不能进入该相,这样的扩散过程就称作单向扩散过程。如图 6-3(a)中所示的吸收过程,当双组分气体 (A+B) 与溶剂 S 相接触时,气相呈静止或滞流态沿液面流过,组分 A 可溶入液相,而组分 B 却不溶,溶剂 S 也不能挥发进入气相,这就是一种典型的单向扩散过程。

如图 6-3(a)所示,总压恒定的某双组分气体(A+B)与非挥发性溶剂 S 相遇,气-液相界面记作 2-2。其中,A 组分可溶入液相而 B 组分不能。由于在两相间存在浓度差且未达到平衡状态,所以 A 分子通过相界面进入液相,在界面上方留下空位,这样便发生了 A、B 两种组分的气体分子同时向下的总体递补运动,这种沿某组分扩散方向同时发生的总体运动现象称作总体流动。其中各组分在总体流动速率中所占的份额必与其摩尔分率成正比,即

$$\frac{N_{mA}}{N_m} = \frac{C_A}{C} \tag{6-12}$$

$$\frac{N_{mB}}{N_m} = \frac{C_B}{C} \tag{6-13}$$

式中,N_m,N_{mA},N_{mB} 分别为总体流动总速率及 A 与 B 组分的总体流动速率,kmol/(m^2·s)。

由式(6-12)、式(6-13)可得

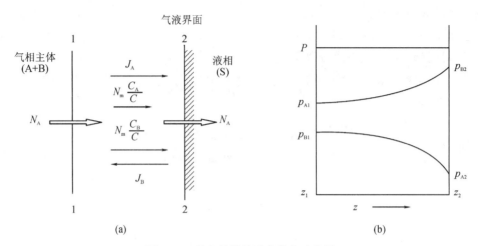

图 6 - 3　单向扩散及浓度分布示意图

$$N_{mA} = N_m \frac{C_A}{C}, \quad N_{mB} = N_m \frac{C_B}{C}$$

由于 A 组分的分子扩散入液相,便造成气相主体与界面附近气相一侧 A 组分的浓度差,在此推动力的作用下,除总体流动外,还必然发生 A 组分的分子扩散,达稳态时,设其从 1-1 至 2-2 截面间的扩散通量为 J_A。

由于 B 组分不溶于液相,在总体流动作用下将造成界面处 B 组分的浓度高于气相主体,因而在总体流动的同时,还要发生 B 组分的反向分子扩散,设其达稳态时的扩散通量为 J_B。由于气相总压恒定,可认为各处压力相等,因而 A、B 两组分的分子扩散必为等摩尔反向扩散,所以

$$J_A = -J_B \tag{6-14}$$

在 1-1 至 2-2 截面间任一截面处分别做 A、B 两组分的物料衡算,可得

$$N_A = J_A + N_{mA} = J_A + N_m \frac{C_A}{C} \tag{6-15}$$

$$N_B = J_B + N_{mB} = J_B + N_m \frac{C_B}{C} \tag{6-16}$$

由于 B 组分不溶于液相,当上述过程达稳态时,由于总压恒定,因此各处 B 组分的浓度将维持不变,即由气相主体到气液界面任一截面的 B 组分的传质速率为零,由式(6-16)得

$$N_B = 0$$

$$N_m \frac{C_B}{C} = -J_B \tag{6-17}$$

说明 B 组分的总体流动速率与分子扩散速率数值相等而方向相反。因此可得

$$N_m = -\frac{C}{C_B} J_B$$

将此式与式(6-14)代入式(6-15),可得

$$N_A = J_A + \left(-\frac{C}{C_B} J_B\right) \frac{C_A}{C} = \left(1 + \frac{C_A}{C_B}\right) J_A \tag{6-18}$$

对于低压下的温度不高的气体,可由理想气体状态方程得到

$$\frac{C_A}{C_B} = \frac{p_A}{p_B}$$

代入式(6-18),可得

$$N_A = (1 + \frac{p_A}{p_B})(\frac{-D}{RT}\frac{dp_A}{dz})$$

整理得

$$N_A = -\frac{D}{RT}(\frac{P}{P-p_A})\frac{dp_A}{dz} \qquad (6-19)$$

稳定传质过程中,速度 N_A 恒定,由式(6-19)可知,在单向扩散中,$p_A - z$ 的关系呈对数曲线,如图 6-3(b)所示。

对式(6-19)进行分离变量并积分,计算自 1-1 至 2-2 面 A 物质的传质速率,设温度亦恒定,可得

$$N_A \int_{z_1}^{z_2} dz = -\frac{D}{RT} \int_{p_{A1}}^{p_{A2}} \frac{P}{P-p_A} dp_A$$

则

$$N_A = \frac{DP}{RTz} \ln \frac{P-p_{A2}}{P-p_{A1}} = \frac{DP}{RTz} \ln \frac{p_{B2}}{p_{B1}} \qquad (6-20)$$

令

$$P_{Bm} = \frac{p_{B2} - p_{B1}}{\ln \frac{p_{B2}}{p_{B1}}} \qquad (6-21)$$

则

$$\ln \frac{p_{B2}}{p_{B1}} = \frac{p_{B2} - p_{B1}}{P_{Bm}} = \frac{p_{A1} - p_{A2}}{P_{Bm}}$$

代入式(6-20),得

$$N_A = \frac{D}{RTz} \frac{P}{P_{Bm}} (p_{A1} - p_{A2}) \qquad (6-22)$$

式中,P_{Bm} 称作惰性组分在扩散终、始两截面处的对数平均浓度差,与传热中的对数平均温度差类似。

式(6-22)说明,单向扩散组分 A 的传质速率与其扩散始、终截面处的浓度差成正比,与惰性组分的对数平均浓度差成反比。因为 $P > P_{Bm}$,所以 $P/P_{Bm} > 1$。将式(6-22)与式(6-8)对照,可知同样条件下,单向扩散的传质速率比等摩尔反向扩散的速率大,为其 P/P_{Bm} 倍。这是由于前者较后者多了一个总体流动的缘故。恰似顺水行船,水使船速加快一般,为此,称 P/P_{Bm} 为漂流因数(无因次)。发生单向扩散的 A 组分浓度愈大,漂流因数愈大,反之愈小,当 A 组分浓度很低时,$P/P_{Bm} \approx 1$,即总体流动的影响可忽略不计,式(6-22)简化为式(6-8)。并且,在实际计算中,A 组分浓度较低时,对数平均浓度差可用算术平均值代替。

需注意的是,总体流动与分子扩散不同,后者是扩散组分的分子微观运动的宏观结果,前者是该相所有组分的整体宏观运动。但从根本而言,总体流动仍系分子扩散引起的运动,所以式(6-22)仍称为组分 A 的分子扩散速率方程式。

在上述稳定传质过程中,在平行于相界面的任一截面上,B 组分的浓度皆不变,相当于"停

滞"不动,所以单向扩散又称作一组分通过另一停滞组分的扩散。

与上类同,在液相总浓度可视为不变时,可推出液相物系中单向扩散的传质速率方程式。

$$N_A = \frac{D}{z} \frac{C}{C_{Sm}} (C_{A1} - C_{A2}) \quad\quad (6-23)$$

$$C_{Sm} = \frac{C_{S2} - C_{S1}}{\ln \dfrac{C_{S2}}{C_{S1}}}$$

式中,C_{Sm} 为液相中惰性组分 S 在扩散始、终截面上的对数平均浓度差,$kmol/m^3$;C/C_{Sm} 为液相的漂流因数,无量纲;C 为溶液总浓度,$kmol/m^3$。

在环境治理工程中,除吸收外,其他如脱吸等单向扩散过称,都可用式(6-22)或式(6-23)计算其传质速率。

例 6-1 在温度为 298 K,总压为 100 kPa 时,用清水吸收含氨 20%(体积)的空气。若氨在气相中的扩散阻力相当于通过 2 mm 厚的停滞气层,扩散系数 D 为 0.228 cm^2/s,求吸收的传质速率。

解:用清水吸收氨的过程可视为单向扩散过程,则吸收的传质速率为

$$N_A = \frac{D}{RTz} \frac{P}{P_{Bm}} (p_{A1} - p_{A2})$$

氨在气相中的扩散阻力相当于通过 2 mm 厚的停滞气层,即 $z = 0.002$ m。

已知 $P = 100$ kPa,$p_{A1} = 100 \times 0.2 = 20$ kPa,$p_{A2} = 0$,所以,$p_{B1} = P - p_{A1} = 100 - 20 = 80$ kPa,$p_{B2} = 100$ kPa,则

$$P_{Bm} = \frac{p_{B2} - p_{B1}}{\ln \dfrac{p_{B2}}{p_{B1}}} = \frac{100 - 80}{\ln \dfrac{100}{80}} = 89.6 \ (kPa)$$

$$R = 8.314 \ [kJ/(kmol \cdot K)]$$

将以上数据代入有

$$N_A = \frac{D}{RTz} \frac{P}{P_{Bm}} (P_{A1} - P_{A2}) = \frac{2.28 \times 10^{-5}}{8.314 \times 298 \times 0.002} \times \frac{100}{89.6} \times (20 - 0)$$
$$= 1.03 \times 10^{-4} [kmol/(m^2 \cdot s)]$$

4. 扩散系数

菲克定律中的扩散系数 D 代表了扩散组分在单位浓度梯度下的扩散通量,它表示了该组分在一定介质中扩散能力的大小,是物质的一种传质属性,类似于传热中的导热系数,但比其复杂。因为一种物质的扩散系数不仅与该物质本身性质有关,而且与介质性质有关。同时,受温度影响甚大,温度降低,分子运动速度变慢,因而扩散系数减小。此外,扩散系数也与物系总压(气体)或浓度(液体)有关,压力或浓度愈大,分子扩散阻力便愈大,因而扩散系数降低。

物质的扩散系数通常由实验确定。一般情况下,使用时可直接查取,当资料中数据缺乏时,也可用半经验式进行估算。

1)气体中的扩散系数

气体中的扩散系数与系统、温度和压力有关,其数量级为 10^{-5} $m^2 \cdot s^{-1}$。通常对于二元气体 A、B 的相互扩散,A 在 B 中的扩散系数和 B 在 A 中的扩散系数相等,因此可略去下标而

用同一符号 D 表示,即 $D_{AB}=D_{BA}=D$。

对于二元气体扩散系数的估算,通常使用较简单的由富勒(Fuller)等提出的公式:

$$D=\frac{1.00\times10^{-3}T^{1.75}}{P[\sum V_A^{1/3}+\sum V_B^{1/3}]^2}(\frac{1}{M_A}+\frac{1}{M_B})^{1/2} \qquad (6-24)$$

式中,P 为混合气体的总压力,atm;T 为混合气体的温度,K;M_A、M_B 为组分 A、B 的摩尔质量,g/mol;$\sum V_A$、$\sum V_B$ 为组分 A、B 的分子扩散体积,cm^3/mol。

一些简单气体的扩散系数可由表 6-1 直接查取;一些有机气体可按表 6-2 查取原子扩散体积加和得到。

从式(6-24)也可看出,扩散系数 D 与气体的浓度无关,但随温度的上升和压力的下降而增大。因此可以从某一已知温度 T_0 和压力 P_0 下的扩散系数 D_0 推算出任一温度 T 和压力 P 下的扩散系数 D(压力改变不能太大):

$$D=D_0(\frac{P_0}{P})(\frac{T}{T_0})^{1.75} \qquad (6-25)$$

表 6-1 101 kPa 下气体在空气中的扩散系数(273 K)

扩散物质	扩散系数 $D/(cm^2 \cdot s^{-1})$	扩散物质	扩散系数 $D/(cm^2 \cdot s^{-1})$
H_2	0.611	H_2O	0.220
N_2	0.132	H_2O(298K)	0.256
O_2	0.178	C_6H_6	0.077
CO_2	0.138	C_7H_8	0.076
CO_2(298 K)	0.164	CH_3OH	0.132
HCl	0.130	C_2H_5OH	0.102
SO_2	0.103	CS_2	0.089
SO_2(293 K)	0.122	$C_2H_5OC_2H_5$	0.078
SO_3	0.095	Cl_2	0.124
NH_3	0.17		

表 6-2 原子扩散体积和分子扩散体积

原子	扩散体积	原子	扩散体积	原子	扩散体积	原子	扩散体积
C	16.5	O	5.48	(Cl)	19.5	芳环	-20.2
H	1.93	(N)	5.69	(S)	17.0	杂环	-20.2
分子	扩散体积	分子	扩散体积	分子	扩散体积	分子	扩散体积
H_2	7.07	N_2O	35.9	Kr	22.8	(Cl_2)	37.7
O_2	16.6	N_2	17.9	NH_3	14.9	(Br_2)	67.7
He	2.88	H_2O	12.7	(SO_2)	41.1		
CO	18.9	空气	20.1	(CCl_2F_2)	114.8		
CO_2	26.9	Ar	16.1	(SF_6)	69.7		

注:括号中的数值仅基于少量数据。

例 6-2　应用式(6-24)计算 293 K 及 101 kPa 下乙醇蒸气在空气中的扩散系数,并与表 6-1 中能查到的数据比较。

解：式(6-24)中的有关参数值为 $P=1$ atm, $T=293$ K。

$$M_A = 2 \times 12 + 6 \times 1 + 1 \times 16 = 46 \text{ (g/mol)(乙醇)}$$

$$M_B = 29 \text{ (g/mol) (空气)}$$

$$\sum V_A = 2 \times 16.5 + 6 \times 1.93 + 1 \times 5.48 = 50.06 \text{ (cm}^3\text{/mol)}$$

$$\sum V_B = 20.1 \text{ (cm}^3\text{/mol)}$$

代入式(6-24)求解,得

$$D = \frac{1.00 \times 10^{-3} \times (293)^{1.75} \times (1/46 + 1/29)^{1/2}}{1 \times [(50.06)^{1/3} + (20.1)^{1/3}]^2} = 0.12 \text{ (cm}^2\text{/s)}$$

查表 6-1 得 101 kPa、273 K 下乙醇在空气中的扩散系数为 0.102 cm²/s。将上述计算值按式(6-25)换算为此温度下的值,可得

$$D_2 = D_1 \left(\frac{P_1}{P_2}\right)\left(\frac{T_2}{T_1}\right)^{1.75} = 0.12 \times \left(\frac{1}{1}\right) \times \left(\frac{273}{293}\right)^{1.75} = 0.106 \text{ (cm}^2\text{/s)}$$

$$\frac{0.106 - 0.102}{0.102} \times 100\% = 3.9\%$$

可以看出,计算值与表中所查值误差不足 4%。

2)气体在液体中的扩散系数

由于液体中的分子要比气体中的分子密集得多,因此液体的扩散系数要比气体的小得多,其数量级为 10^{-9} m²·s^{-1}。表 6-3 给出了某些溶质在液体溶剂中的扩散系数。

表 6-3　一些物质(溶质)在液体溶剂中的扩散系数(溶质浓度很低)

溶质	溶剂	温度/K	扩散系数 /(10^{-9} m²/s)	溶质	溶剂	温度/K	扩散系数 /(10^{-9} m²/s)
NH_3	水	285	1.64	乙酸	水	298	1.26
		288	1.77	丙酸	水	298	1.01
O_2	水	291	1.98	HCl(9 kmol/m³)	水	283	3.30
		298	2.41	HCl(2.5kmol/m³)	水	283	2.50
CO_2	水	298	2.00	苯甲酸	水	298	1.21
甲醇	水	288	1.26	丙酮	水	298	1.28
乙醇	水	283	0.84	乙酸	苯	298	2.09
		298	1.24	尿素	乙醇	285	0.54
正丙醇	水	288	0.87	水	乙醇	298	1.13
甲酸	水	298	1.52	KCl	水	298	1.87
乙酸	水	283	0.769	KCl	1,2-乙二醇	298	0.119

对于很稀的非电解质溶液(溶质 A + 溶剂 B),其扩散系数常用威尔基(Wilke)-张(Chang)

公式估算：

$$D_{AB} = 7.4 \times 10^{-8} \frac{(\Phi M_B)^{\frac{1}{2}} T}{\mu_B V_A^{0.6}} \tag{6-26}$$

式中，D_{AB} 为溶质 A 在溶剂 B 中的扩散系数(也称无限稀释扩散系数)，cm^2/s；T 为溶液的温度，K；μ_B 为溶剂 B 的黏度，$mPa \cdot s$；M_B 为溶剂 B 的摩尔质量，$kg/kmol$；Φ 为溶剂的缔合参数，具体值为：水 2.6，甲醇 1.9，乙醇 1.5，苯、乙醚等不缔合的溶剂为 1.0；V_A 为溶质 A 在正常沸点下的分子体积，cm^3/mol，可由正常沸点下的液体密度来计算。

使用该公式求得的扩散系数值与实验值的偏差小于 13%。同时，从式(6-26)可见，溶质 A 在溶剂 B 中的扩散系数 D_{AB} 与溶质 B 在溶质 A 中的扩散系数 D_{BA} 不相等，这一点与气体扩散系数的特性明显不同，需引起注意。

对给定的系统，可由温度 T_1 下的扩散系数 D_1 推算 T_2 下的 D_2(要求 T_1 和 T_2 相差不大)，如下：

$$D_2 = D_1 \left(\frac{T_2 \mu_1}{T_1 \mu_2} \right) \tag{6-27}$$

▶ 6.2.2 对流扩散

对流扩散过程同时包含了分子扩散和涡流扩散，因此，对流传质的速率应为分子扩散速率与涡流扩散速率之和。

分子扩散速率可应用菲克定律表示为

$$J_A = -D \frac{dC_A}{dz}$$

由于涡流现象很复杂，目前尚难以进行严格的数学描述，因而涡流的扩散通量(J_{Ae})还是借用菲克定律的形式予以描述：

$$J_{Ae} = -D_e \frac{dC_A}{dz} \tag{6-28}$$

式中，D_e 为涡流扩散系数，m^2/s。

需注意的是，涡流扩散系数与分子扩散系数有本质的区别：分子扩散系数是一种物性常数，对一定物系，在一定的温度、压力(浓度)条件下是一个定值；而涡流扩散系数不是物性常数，在一定的传质过程中还是一个变量，它与流体的湍动状况有关，且随在流体中的位置(距稳定界面的距离)而变。

所以，对流扩散通量(J_{AT})可用下式表示：

$$J_{AT} = -(D + D_e) \frac{dC_A}{dz} \tag{6-29}$$

两种扩散的作用大小随流动形态及在流体中的位置而变：在湍流区，$D_e \gg D$，分子扩散的作用可以忽略；在层流区，涡流扩散几乎不存在，D_e 实际为零；在两区之间的过渡区中，D_e 与 D 的数量级相当，两种扩散作用同等重要。由于涡流扩散系数的变化规律尚不能从理论上预测，所以式(6-29)不能像式(6-19)那样进行积分来求得传质速率，因此，采用与对流传热求解类似的办法，将对流扩散简化为分子扩散处理。

如图 6-4 所示，流体靠壁面处为一层厚度为 z_1 的层流膜，层流膜与湍流主体之间为过渡层。以纵轴 C 表示浓度,横轴 z 表示垂直于壁面的扩散距离,壁面处 A 组分的浓度为 C_{A1},湍流核心处 A 组分的浓度为 C_{A2},组分 A 的传递方向是自壁面传向湍流核心,组分 A 沿 z 轴的浓度变化用曲线 $EGH'H$ 表示。层流膜内基本为分子扩散,其浓度梯度为常数,EG 段为直线,过渡层内浓度梯度为变量,GH' 段为曲线;湍流主体内浓度基本均匀,$H'H$ 段接近水平。

作为简化,将总传质阻力折算为通过某一厚度层流膜的阻力。延长 EG 与 $C=C_{A2}$ 线相交于 F,自 G 到 F 的浓度变化相当于自 G 到 H 的浓度变化,过渡层和湍流主体内扩散阻力相当于通过假想层流膜 z_2 的分子扩散阻力,这样便将自壁面到湍流核心对流扩散的总传质阻力折算为通过厚度为 $z(z=z_1+z_2)$ 的层

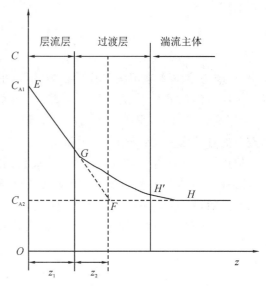

图 6-4 近壁处的浓度分布及当量膜厚示意

流膜的分子扩散阻力,即可将对流扩散简化为分子扩散进行计算。这种简化了的模型称为有效模型。假想的总膜层厚度 z 称为当量膜厚或有效膜膜厚;气相中的有效膜通常称为气膜,液相中的有效膜通常称为液膜。

对于单向扩散,对流传质的速率方程可仿照式(6-22)、式(6-23)写出。

气相中

$$N_A = \frac{D_G}{RTz_G} \cdot \frac{P}{P_{Bm}}(p_{A1}-p_{A2}) \tag{6-30}$$

液相中

$$N_A = \frac{D_L}{z_L} \cdot \frac{C}{C_{Sm}}(C_{A1}-C_{A2}) \tag{6-31}$$

式中,z_G、z_L 分别为气膜、液膜厚度,cm 或 m;D_G、D_L 分别为气相、液相中 A 组分的扩散系数,cm^2/s。

显然,流体湍动越剧烈,当量膜厚度越薄,传质阻力便越小。实际上当量膜厚度难以测定,为了计算的简化,令

$$k_G = \frac{D_G}{RTz_G}\frac{P}{P_{Bm}} \tag{6-32}$$

$$k_L = \frac{D_L}{z_L}\frac{C}{C_{Sm}} \tag{6-33}$$

其中,k_G、k_L 分别称为气膜传质系数与液膜传质系数。这样,传质速率方程便可简化。

气相中

$$N_A = k_G(p_{A1}-p_{A2}) \tag{6-34}$$

液相中

$$N_A = k_L(C_{A1}-C_{A2}) \tag{6-35}$$

其通式可写作

$$传质速率 ＝ 传质系数 × 传质推动力$$

$$传质速率 ＝ \frac{传质推动力}{传质阻力} ＝ \frac{传质推动力}{1 / 传质系数}$$

即传质系数的倒数等于传质过程的阻力。由式(6-32)、式(6-33)可知,影响传质系数的因素甚多,包括物系的操作条件(温度、压力或浓度等)、各组分的物性及流动状况等,所以求取很是麻烦,通常需由实验确定。为了避开难以得到的当量膜厚,也可采用类似传热中无因次数群的方法。

6.3 质量、热量、动量传递之间的联系

由流体力学的研究可知,在存在速度差的条件下,由于流体分子的微观运动,可以引起动量传递的宏观结果;由传热学的研究可知,在有温度差的条件下,物质分子的微观运动可以引起热量传递的宏观结果;由本章内容可知,质量传递是在浓度差存在的条件下,分子微观运动的宏观结果。因此由以上可以推想,在三种传递之间应存在着某种内在的联系。下面通过适当的变换将"三传"的数学表达式统一起来。

▷ 6.3.1 动量传递

假设被研究的流体为不可压缩流体,其密度 ρ 为常数,在 x 方向上作一维流动,改写牛顿黏性定律式(2-30),

$$\tau ＝ -\mu \frac{\mathrm{d}u}{\mathrm{d}y} ＝ -\frac{\mu}{\rho} \frac{\mathrm{d}(\rho u_x)}{\mathrm{d}y} ＝ -\nu \frac{\mathrm{d}(\rho u_x)}{\mathrm{d}y} \tag{6-36}$$

式中,ν 为运动黏度,$\mathrm{m^2/s}$,因其量纲与扩散系数 D_{AB} 相同,又称为动量扩散系数。

▷ 6.3.2 热量传递

对于物系常数 k、c_p、ρ 为恒值的导热问题,将傅立叶定律表达式(5-8)改为

$$q ＝ -\lambda \frac{\mathrm{d}t}{\mathrm{d}y} ＝ -\frac{\lambda}{\rho c_p} \frac{\mathrm{d}(\rho c_p t)}{\mathrm{d}y} ＝ -\alpha \frac{\mathrm{d}(\rho c_p t)}{\mathrm{d}y} \tag{6-37}$$

式中,α 为导温系数,$\mathrm{m^2/s}$,因其量纲与扩散系数 D_{AB} 相同,又称为热量扩散系数。

▷ 6.3.3 质量传递

菲克定律本身就是质量扩散系数与质量浓度梯度之积的负值,即

$$质量通量 ＝ -(质量扩散系数) × (质量浓度梯度)$$

比较式(6-1)、式(6-36)与式(6-37)可以看出:

(1)由于动量通量、热量通量和质量通量均等于各自的扩散系数与各自量浓度梯度乘积的负值,故三种分子传递过程可以用一个普遍表达式方程表示为

$$通量 ＝ -(扩散系数) × (浓度梯度)$$

(2)动量扩散系数 ν、热量扩散系数 α 和质量扩散系数 D_{AB} 具有相同的量纲,其单位均为 $\mathrm{m^2/s}$,而动量浓度梯度、热量浓度梯度和质量浓度梯度分别表示该量传递的推动力。

（3）通量为单位时间内通过与传递方向相垂直的单位面积上的动量、热量和质量，各量的传递方向均与该量的浓度梯度方向相反。

▶6.3.4 普朗特数（Pr）和施密特数（Sc）

用动量扩散系数 ν 分别除以热量扩散系数 α 和质量扩散系数 D_{AB}，可以构成两个重要的量纲为一的数：普朗特数（Pr）和施密特数（Sc），即

$$Pr = \frac{\nu}{\alpha} = \frac{\mu c_p}{\lambda} \tag{6-38}$$

$$Sc = \frac{\nu}{D_{AB}} = \frac{\mu}{\rho D_{AB}} \tag{6-39}$$

Pr 与 Sc 都是包括了"三传"中不同物性系数在内的无量纲数群。Pr 主要用以表示流体物性对传热过程的影响，Sc 主要用于表示流体物性对传质过程的影响。Pr 与 Sc 在关联传热、传质数据及分析壁面附近传热、传质机理方面意义重大。

▶6.3.5 流体湍流运动引起的动量、热量、质量传递

实际流体通常是在湍流状态下进行"三传"的。如 6.1 节中所述，湍流与层流的主要区别在于湍流中存在流体微团的涡流运动，或称为不规则的高频脉动，造成流体的剧烈混合。涡流的运动和交换会引起流体微团的混合，从而使动量、热量和质量传递过程大大加剧。在紊流十分强烈的情况下，涡流传递的强度大大地超过分子传递的强度。在以涡流传递为主的情况下，动量、热量和质量传递的通量也可仿照分子传递的现象方程的形式处理。

（1）涡流动量通量

$$\tau' = -\varepsilon \frac{d(\rho u_x)}{dy} \tag{6-40}$$

式中，τ' 为涡流剪应力，称为雷诺应力，N/m^2；ε 为涡流黏度，m^2/s。

（2）涡流热量通量

$$q^e = -\varepsilon_H \frac{d(\rho c_p t)}{dy} \tag{6-41}$$

式中，q^e 为涡流热量通量，$J/(m^2 \cdot s)$；ε_H 为涡流热量扩散系数，m^2/s。

（3）涡流质量通量

$$J_A^\varepsilon = -\varepsilon_M \frac{dC_A}{dz} \tag{6-42}$$

式中，J_A^ε 为涡流质量通量，$kg/(m^2 \cdot s)$；ε_M 为涡流质量扩散系数，m^2/s。

各种涡流扩散系数 ε、ε_H 和 ε_M 的量纲与分子扩散系数 ν、α 和 D_{AB} 的量纲相同，单位均为 m^2/s。需要注意的是，分子扩散系数是物质的物理性质，它们仅与温度、压力及组成等因素有关，但涡流扩散系数 ε、ε_H 和 ε_M 与流体性质无关，而与紊流程度、壁面粗糙度、流体在流道中的位置有关。因此，涡流系数不易确定。

在涡流传递过程中，ε、ε_H 和 ε_M 大致相等，在某些情况下，其中二者或三者完全相等。因此，对于动量、热量和质量传递可用类比的方法进行研究，它们之间不仅在许多场合下的数学模型是类似的，而且有些物理量之间还有关联。

习 题

6-1 氨气(A)和氮气(B)在 298 K 和 101.3 kPa 的条件下,反向扩散通过一长直玻璃管,玻璃管的内径为 24.4 mm、长度为 0.610 m。管的两端各连一个大的混合瓶,混合瓶的压力皆为 101.3 kPa,其中一个混合瓶中氨气的分压恒定在 20 kPa,另一混合瓶中氨气的分压恒定在 6.66 kPa。已知在 298 K 和 101.3 kPa 的条件下,氨气的扩散系数为 2.3×10^{-5} m^2/s。求氨气的扩散量(kmol/s)。

6-2 浅盘内盛水深 5 mm,在 101 kPa 及 293 K 下向大气蒸发。假定传质阻力相当于 3 mm 厚的静止气体,气层外的水蒸气压可以忽略,求水蒸发完所需的时间。扩散系数可由表 6-1 查取。

6-3 估算 101 kPa 及 293 K 下氯化氢(HCl)在空气中、水(极稀盐酸)中的扩散系数,并分别与表 6-1、表 6-3 中的数据相比较。

6-4 利用富勒公式计算 SO_2 气体在 101 kPa 及 293 K 下在空气中的扩散系数,并与表 6-1 中的数据相比较。

6-5 一填料塔在 101 kPa 和 295 K 下用过清水吸收氨-空气混合物中的氨。传质阻力可以认为集中在 1 mm 厚的静止气膜中。在塔内某一点上,氨的分压为 6.6 kPa。水面上氨的平衡分压可以不计。已知氨在空气中的扩散系数为 0.236 cm^2/s。试求该点在单位面积的传质速率。

6-6 已知柏油路面积水 3 mm,水温 20 ℃,空气总压 100 kPa,空气中水蒸气分压 1.5 kPa。设路面积水上方始终有 0.25 mm 厚的静止空气层。问柏油路面积水吹干需多长时间?

本章主要符号说明

C——物质的量浓度,$kmol/m^3$;

C_{Sm}——对数平均浓度差,$kmol/m^3$;

c_p——定压热容,$kJ/(kg \cdot K)$;

D——分子扩散系数,$m^2 \cdot s^{-1}$;

D_e——涡流扩散系数,m^2/s

J——分子扩散通量,$kmol/(m^2 \cdot s)$;

k_G——气膜传质系数;

k_L——液膜传质系数;

M——摩尔质量,$kg/kmol$;

N——传质速率,$kmol/(m^2 \cdot s)$;

N_m——总体流动速率,$kmol/(m^2 \cdot s)$;

n——物质的量,kmol;

p——压力,Pa;

P_{Bm}——对数平均浓度差,Pa;

T——温度,K;

V_A——A组分分子体积,cm^3/mol;

z_G——气膜厚度,cm 或 m;

z_L——液膜厚度,cm 或 m;

μ——黏度,mPa·s;

ν——运动黏度,m^2/s;

Φ——溶剂的缔合参数;

Sc——施密特数;

Pr——普朗特数。

第7章
吸收与吸收设备

7.1 概述

▷ 7.1.1 吸收基本概念

利用气体混合物中各组分在选择性溶剂中溶解度的差异,或者与溶剂发生选择性化学反应从而分离气体混合物的操作称为吸收。混合气体中易被吸收的组分称为溶质或吸收质,难被吸收的组分称为惰性组分或载体。所用的溶剂称为吸收剂,吸收溶质后形成的溶液称为吸收液。吸收操作的逆过程,即溶液中气体溶质逸出的操作称为脱吸或解吸。

吸收过程中,若混合气体中只有一个组分被吸收,其余的组分吸收很少,可以忽略,称为单组分吸收。如果有两个或更多的组分同时被吸收,则被称为多组分吸收。

吸收过程中,若温度变化很小,可忽略时,称为等温吸收。如果放出大量的溶解热或反应热,而使物系温度明显升高,则称为非等温吸收。

吸收过程中,按照溶质和溶剂之间是否发生化学反应,可将吸收分为物理吸收和化学吸收。物理吸收没有反应发生,是利用气体混合物中各组分在选择性溶剂中溶解度的差异予以分离;化学吸收发生明显的化学反应,是利用溶质与溶剂发生的选择性化学反应而将气体混合物予以分离的。

▷ 7.1.2 吸收在环境工程中的重要地位

吸收操作是一种重要的分离方法,工业上广泛用来制取气体的溶液产品,回收混合气体中的有用组分,去除精制气体中的有害组分。在环境工程中,吸收操作是控制大气污染最重要的方法之一,工业废气中的主要气态污染物如二氧化硫、氮氧化物、卤化物、一氧化碳及碳氢化合物等都可用吸收法除去。

在生产酸或有机物氯化等行业,常排放含有氯化氢的废气。氯化氢无色,有刺激性臭味。因它极易溶于水,常以水为溶剂吸收氯化氢,这是一个典型的物理吸收,如图 7-1 所示。含氯化氢工业废气进入吸收塔底部,自下而上流动,水从塔顶喷淋下来,气液逆流接触,氯化氢被水吸收,盐酸从塔底流出,净化气从塔顶排出。

二氧化硫是目前大气的主要污染物之一,主要来自含硫燃料(如煤、石油)的燃烧和含硫矿

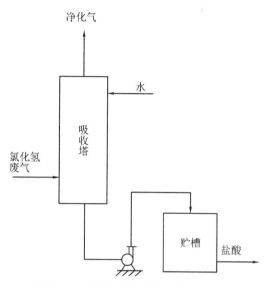

图 7-1 氯化氢废气吸收净化流程简图

石(如黄铁矿、黄铜矿)的焙烧。目前,燃煤烟气脱硫广泛采用的石灰石/石灰湿法烟气脱硫工艺就是典型的化学吸收法。

图 7-2 为石灰石/石灰湿法烟气脱硫工艺流程。含硫烟气从吸收塔下部进入,与吸收浆液(石灰石或石灰)逆流接触进行吸收反应,脱除烟气中 SO_2 后的清洁空气经除雾器除去雾滴后进入再热器升温后通过烟囱排放。而石灰石、副产物和水等混合物形成的浆液进入脱硫循环槽经循环泵被输送至喷淋层,由喷嘴雾化成细小的液滴,自上而下地落下,其中的石灰石或石灰与烟气中的 SO_2 反应生成亚硫酸盐后进入塔底部的氧化池进行氧化反应后,得到脱硫副产品二水石膏。其中主要的脱硫反应为

$$CaO + SO_2 + 0.5H_2O \longrightarrow CaSO_3 \cdot 0.5H_2O$$

$$CaCO_3 + SO_2 + 0.5H_2O \longrightarrow CaSO_3 \cdot 0.5H_2O + CO_2 \uparrow$$

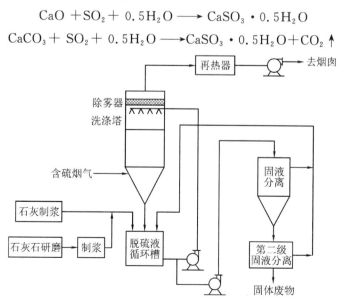

图 7-2 石灰石/石灰湿法烟气脱硫工艺流程

然后亚硫酸钙再被氧化为硫酸钙：

$$CaSO_3 \cdot 0.5H_2O + O_2 + 3H_2O \longrightarrow 2CaSO_4 \cdot 2H_2O$$

为了减小脱硫产物体积且方便后续综合利用,将吸收塔排出的石膏浆液送入石膏脱水系统,经两级固液分离后将石膏滤饼含水量降到10％以下。

本章重点讨论单组分、等温、物理吸收,以便掌握基本的原理和方法。

7.2 吸收过程的气液相平衡

7.2.1 气液平衡

在一定的温度和压力下,当吸收剂与混合气体接触时,会发生气相中可溶组分向液体中转移的溶解过程和溶液中已溶解的溶质从液相向气相逃逸的解吸过程。过程开始时以溶解为主,随后,溶解速率逐渐下降,解吸速率逐渐上升。接触时间足够长以后,当吸收速率和解吸速率相等时,气相和液相中吸收质的组成不再变化,这时气、液两相达到了动态平衡,简称相平衡或平衡。平衡时溶液上方的吸收质分压称为平衡分压;一定量的吸收剂中溶解的吸收质的量称为平衡溶解度(简称溶解度)。平衡溶解度是吸收过程的极限。

1. 气体在液体中的溶解度

气体的溶解度是每100 kg水中溶解气体的质量(kg)。它与气体和溶剂的性质有关,并受温度和压力的影响。由于组分的溶解度与该组分在气相中的分压力成正比,故溶解度也可用组分在气相中的分压力表示。图7-3分别给出了SO_2、NH_3和HCl在不同温度下,溶解于水中的平衡溶解度。

由图7-3可知,采用溶解力强、选择性好的溶剂,提高总压和降低温度,都有利于增大被溶解气体组分的溶解度。

2. 亨利(Henry)定律

在特定的条件下,溶质在气、液两相中的平衡关系函数可以表达成比较简单的形式,如在一定温度下,总压力不太高时,对于稀溶液,溶质在气相中的平衡分压力与它在液相中的浓度成正比,其相平衡曲线是一条通过原点的直线,这一关系称为亨利(Henry)定律,即

$$p^* = Ex \qquad (7-1)$$

式中,E为直线的斜率,也称为亨利系数,kPa;p^*

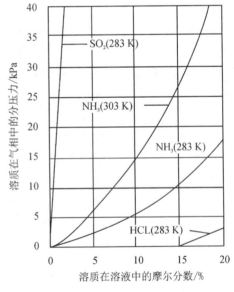

图7-3 气体在水中的溶解度

为溶质在气相中的平衡分压力,kPa;x为液相中溶质的摩尔分数。

当溶质在液相中摩尔分数$x=1$时,亨利系数E即为溶质在气相中的平衡分压力。故易溶气体的E值很小,难溶气体的E值很大。一般E值由实验得出,它随温度升高而增大。常见气体在水中的亨利系数E值见表7-1。

表 7 - 1　一些气体在水中的亨利系数值

气体	温度/℃															
	0	5	10	15	20	25	30	35	40	45	50	60	70	80	90	100
	$E \times 10^{-6}$，kPa															
H_2	5.87	6.16	6.44	6.70	6.92	7.16	7.39	7.52	7.61	7.70	7.75	7.75	7.71	7.65	7.61	7.55
N_2	5.35	6.05	6.77	7.48	8.15	8.76	9.36	9.98	10.5	11.0	11.4	12.2	12.7	12.8	12.8	12.8
空气	4.38	4.94	5.56	6.15	6.73	7.30	7.81	8.34	8.82	9.23	9.59	10.2	10.6	10.8	10.9	10.8
CO	3.57	4.01	4.48	4.95	5.43	5.88	6.28	6.68	7.05	7.39	7.71	8.32	8.57	8.57	8.57	8.57
O_2	2.58	2.95	3.31	3.69	4.06	4.44	4.81	5.14	5.42	5.70	5.96	6.37	6.72	6.96	7.08	7.10
CH_4	2.27	2.62	3.01	3.41	3.81	4.18	4.55	4.92	5.27	5.58	5.85	6.34	6.75	6.91	7.01	7.10
NO	1.71	1.96	2.21	2.45	2.67	2.91	3.14	3.35	3.57	3.77	3.95	4.24	4.44	4.54	4.58	4.60
C_2H_6	1.28	1.57	1.92	2.29	2.66	3.06	3.47	3.88	4.29	4.69	5.07	5.72	6.31	6.70	6.96	6.01
	$E \times 10^{-5}$，kPa															
C_2H_4	5.59	6.62	7.78	9.07	10.3	11.6	12.9	—	—	—	—	—	—	—	—	—
N_2O	—	1.19	1.43	1.68	2.01	2.28	2.62	3.06	—	—	—	—	—	—	—	—
CO_2	0.738	0.888	1.05	1.24	1.44	1.66	1.88	2.12	2.36	2.60	2.87	3.46	—	—	—	—
C_2H_6	0.73	0.85	0.97	1.09	1.23	1.35	1.48	—	—	—	—	—	—	—	—	—
Cl_2	0.272	0.334	0.399	0.461	0.532	0.604	0.669	0.74	0.80	0.86	0.90	0.97	0.99	0.97	0.96	—
H_2S	0.272	0.319	0.372	0.418	0.489	0.552	0.617	0.686	0.755	0.825	0.689	1.04	1.21	1.37	1.46	1.50
	$E \times 10^{-4}$，kPa															
SO_2	0.167	0.203	0.245	0.294	0.355	0.413	0.48	0.567	0.661	0.763	0.871	1.11	1.39	1.70	2.01	—

若溶质在液相中的浓度不用摩尔分数 x 而改用物质的量浓度 $C(\text{kmol/m}^3)$（溶质/溶液）表示，则亨利定律又可表示成如下形式：

$$p^* = H'C \quad \text{或} \quad C^* = Hp \tag{7-2}$$

式中，H' 也称为亨利系数，$(\text{Pa} \cdot \text{m}^3)/\text{kmol}$；$H$ 则称为溶解度系数，$\text{kmol}/(\text{Pa} \cdot \text{m}^3)$。

H 的大小直接反映气体溶解的难易程度，易溶气体 H 值大，而难溶气体 H 值小。亨利系数 H' 与溶解度系数 H 的关系为

$$H' = \frac{1}{H} \tag{7-3}$$

如果溶质在溶液中的浓度用 x 表示，而溶质在气相中的平衡分压变换为摩尔分数 y 表示，则气液相平衡关系又可写成

$$y^* = mx \tag{7-4}$$

式（7-4）也是亨利定律的一种表达形式，m 也视为亨利系数，但习惯上称为相平衡常数，它是一无量纲常数。m 值大，表示气体溶解度小。

E、H'、H 和 m 之间可以进行换算。根据式（7-1）和式（7-4），由道尔顿分压定律，气体总压 $P = p^*/y^*$，可得到 E 与 m 的关系：

$$m = \frac{E}{P} \tag{7-5}$$

为了导出 E 与 H' 和 H 的关系，由式（7-1）和式（7-2）得

$$H' = \frac{Ex}{C} \quad \text{或} \quad H = \frac{C}{Ex} \tag{7-6}$$

设液相的总物质的量浓度（单位体积溶液中溶质与溶剂的物质的量之和）为 C_{T}，则其与液相中溶质的物质的量浓度 C 之间的关系为

$$C = C_{\text{T}}x = \frac{\rho_{\text{L}} \cdot x}{Mx + M_{\text{s}}(1-x)} \tag{7-7}$$

式中，ρ_{L} 为溶液的密度，kg/m^3；M 为溶质的摩尔质量，kg/kmol；M_{s} 为溶剂的摩尔质量，kg/kmol。

环境工程中所处理的气体污染物浓度一般较低，故其溶液较稀，x 值很小，若其值小于 0.05，可近似取 $Mx + M_{\text{s}}(1-x) \approx M_{\text{s}}(1-x) \approx M_{\text{s}}$，而溶液密度 ρ_{L} 用溶剂密度 ρ_{s} 来代替，即 $\rho_{\text{L}} \approx \rho_{\text{s}}$，于是式（7-7）可以简化为

$$C = \frac{x\rho_{\text{s}}}{M_{\text{s}}} \tag{7-8}$$

把式（7-8）代入式（7-6）中，可得 E 与 H' 和 H 的近似关系为

$$H' = \frac{EM_{\text{s}}}{\rho_{\text{s}}} \quad \text{或} \quad H = \frac{\rho_{\text{s}}}{EM_{\text{s}}} \tag{7-9}$$

例 7-1 浓度 x 为 0.0014（摩尔分数）的二氧化硫水溶液，在 20 ℃时二氧化硫平衡分压为 3.466 kPa，溶液上方的总压为 101.3 kPa，在此浓度下，气液相平衡关系服从亨利定律，溶液密度可近似取为 1000 kg/m^3，试求 E、H 和 m 的数值各为多少。

解：（1）由 $p^* = Ex$ 可得

$$E = \frac{p^*}{x} = \frac{3.466}{0.0014} = 2476 \text{ (kPa)}$$

（2）由于溶液中二氧化硫浓度很稀，因此

$$H \approx \frac{\rho_s}{EM_s} = \frac{1000}{2476 \times 18} = 0.02244 \, [\text{kmol/(kPa} \cdot \text{m}^3)]$$

（3）$m = \dfrac{E}{P} = \dfrac{2476}{101.3} = 24.44$。

7.2.2 相平衡与吸收过程的关系

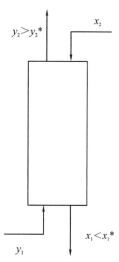

1. 确定吸收过程的极限

平衡是过程的极限。现以稀氨水为例说明吸收过程的极限。在 101.3 kPa，25 ℃下，稀氨水吸收氨的相平衡方程为 $y = 0.94x$，将含氨 $y_i = 0.04$ 的混合气体送入吸收塔底部，以清水为溶剂自塔顶淋入作逆流吸收，如图 7-4 所示。若减少溶剂量，则塔底出口浓度 x_1 必将增高，但即使无限高，溶剂量很少的情况下，x_1 也不会无限大，其极限值是与气相入塔浓度 y_1 平衡的液相浓度 x_1^*，即

$$x_{1max} = x_1^* = y_1/m = 0.04/0.94 = 0.043$$

假定塔顶喷入的水中含氨 $x_2 = 0.01$，当溶剂量很大而气量很小时，即使在无限高的塔内逆流吸收（见图 7-4），净化气体出塔含氨浓度 y_2 也不会无限减小，其极限值为与入口液相浓度 x_2 相平衡的气相浓度 y_2^*，即

图 7-4 吸收过程的极限

$$y_{2min} = y_2^* = mx_2 = 0.94 \times 0.01 = 0.0094$$

由此可见，吸收平衡限制了吸收液出塔时的最高浓度和净化气离塔时的最低浓度。对于实际的吸收过程，其达不到平衡状态，所以吸收液出塔浓度 $x_1 < x_1^*$，而净化气离塔浓度 $y_2 > y_2^*$。

2. 判别过程进行的方向

当不平衡的气液两相接触时，将发生气体的吸收或脱吸（见图 7-5），溶质将由一相传递到另一相。传递的结果是使系统趋于平衡，即传质的方向是使系统向平衡状态变化。

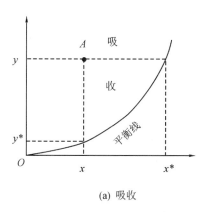

(a) 吸收

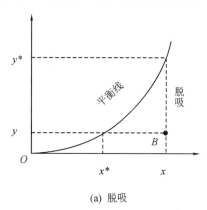

(a) 脱吸

图 7-5 吸收与脱吸的区域

由图 7-5 可见:图中的点 $A(x,y)$ 代表两相的实际浓度,平衡线上的点代表两相平衡时的浓度。显然,一切位于平衡线上方的点都有 $y>y^*$,$x<x^*$,发生吸收;一切位于平衡线下方的点 $B(x,y)$ 都有 $y<y^*$,$x>x^*$,发生脱吸;位于平衡线上的点则处于气液平衡状态。

例 7-2 在 101.3 kPa,25 ℃下,稀氨水的相平衡方程为 $y=0.94x$。试判断以下两种过程的方向是吸收还是脱吸。(1)含氨 $y=0.1$ 的混合气和 $x=0.05$ 的氨水接触;(2)$x=0.04$ 的氨水和含氨 $y=0.02$ 的混合气接触。

解: 用液相浓度或气相浓度均可判别过程进行的方向。

(1)$y=0.1$,$x=0.05$。

用液相浓度判别:设和气相浓度 y 成平衡的液相浓度为 x^*,则

$$x^*=y/m=0.1/0.94=0.106>0.05$$

$x<x^*$,表示液相浓度低于平衡液相浓度,传质的结果应使液相浓度升高,使之向平衡趋近。故总的过程是溶质由气相向液相传递,过程为气相中氨的吸收。

用气相浓度判别:设和液相浓度 x 成平衡的气相浓度为 y^*,则

$$y^*=mx=0.94\times0.05=0.047<0.1$$

$y>y^*$,表示气相浓度超过了平衡气相浓度,传质的结果应使气相浓度降低,使之向平衡趋近。故总的过程是溶质由气相向液相传递,过程为气相中氨的吸收。

(2)$x=0.04$,$y=0.02$。

用液相浓度判别:

$$x^*=y/m=0.02/0.94=0.021<0.04$$

$x>x^*$,所以总的过程是溶液中氨的脱吸。

用气相浓度判别:

$$y^*=mx=0.94\times0.04=0.038>0.02$$

$y<y^*$,所以总的过程是溶液中氨的脱吸。

当 $x=x^*$ 或 $y=y^*$ 时,两相处于平衡状态。

3. 计算传质过程推动力

平衡是过程的极限,只有不平衡的气液两相接触,才会发生气体的吸收或脱吸。实际浓度偏离平衡浓度越远,过程的速率也越快。在吸收过程中,以实际浓度与平衡浓度的偏离程度来表示吸收推动力。例如,当 $y>y^*$ 时,过程为吸收,y 偏离 y^* 越大,即$(y-y^*)$ 差值越大,则吸收速率越快,$(y-y^*)$ 称为以气相浓度差表示的吸收推动力。同理,(x^*-x) 称为以液相浓度表示的吸收推动力。此外,当以 $p\sim C$ 表示气液相平衡关系时,$(p-p^*)$ 称为以气相分压力差表示的吸收推动力,(C^*-C) 称为以液相浓度差(物质的量浓度差)表示的吸收推动力。

相际传质推动力的图示见图 7-6,(x^*-x) 为点 (x,y) 至平衡线的水平距离,$(y-y^*)$ 为点 (x,y) 至平衡线的垂直距离。

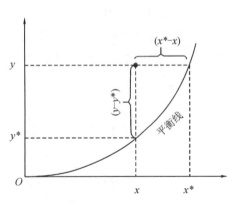

图 7-6 相际传质推动力示意图

7.3　传质速率

吸收的气液平衡关系和传质速率是吸收过程的两个基础问题。气体吸收涉及两相的物质传递,由三个步骤组成:

①溶质由气相主体传递到气液界面(相界面),即气相内的传质;

②在界面上溶质由气相转入液相,即在界面上的溶解过程;

③溶质自气液界面传递到液相主体,即液相内的传质。

描述两相之间传质过程的理论很多,许多学者提出了不同的简化模型,如"双膜理论""溶质渗透理论""表面更新理论"等。其中,"双膜理论"应用最为广泛,它不仅适用于物理吸收过程,也适合于化学吸收过程,其示意图如图7-7所示。

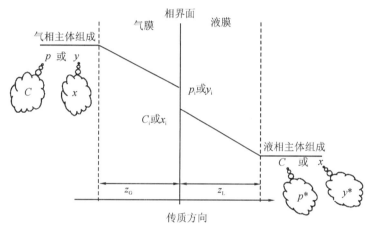

图7-7　双膜理论传质示意图

"双膜理论"的基本论点如下:

(1)气液两相接触时,两相间存在稳定的相界面,在相界面两侧分别存在着两层很薄的层流膜,即气膜和液膜,吸收质以分子扩散的方式通过这两层层流膜;

(2)在相界面上,气液两相处于平衡状态,界面上没有传质阻力;

(3)在膜层以外的气液两相主体内,由于流体充分湍动,吸收质的浓度基本上是均匀的,即认为主体中没有浓度梯度存在,传质阻力只存在于界面两侧的气膜和液膜之内。

由双膜理论可以看出,双膜理论的假定实际是将吸收过程简化为通过气液两层层流膜的分子扩散,这两层薄膜构成了吸收过程的主要传质阻力。这样,两相间的传质速率将由两个单相即气相与液相内的传质速率所决定。在定态操作时,吸收设备内任一部位上,相界面两侧气相传质速率和液相传质速率相等。

▷ 7.3.1　传质速率方程的表示方法

传质速率指单位时间内通过单位传质面积所传递的溶质的量,以 N_A 表示,单位为 $kmol/(m^2 \cdot s)$,它具有"速率＝推动力/阻力"的形式。推动力是指浓度差,吸收阻力为吸收系数的倒数。由于传质推动力的表示方法有多种,因而传质速率方程也有多种表示方法。

(1)气相传质速率方程：

$$N_A = k_G(p - p_i) \tag{7-10}$$

$$N_A = k_y(y - y_i) \tag{7-11}$$

式中，N_A 为传质(吸收)速率，$kmol/(m^2 \cdot s)$；k_G 为以($p - p_i$)为推动力的气相传质分系数，$kmol/(m^2 \cdot s \cdot kPa)$；$k_y$ 为以($y - y_i$)为推动力的气相传质分系数，$kmol/(m^2 \cdot s)$；p、p_i 分别为气相主体和气液界面上气相溶质分压，kPa；y、y_i 分别为气相主体和气液界面上气相溶质摩尔分数。

(2)液相传质速率方程：

$$N_A = k_L(C_i - C) \tag{7-12}$$

$$N_A = k_x(x_i - x) \tag{7-13}$$

式中，k_L 为以($C_i - C$)为推动力的液相传质分系数，$kmol/[(m^2 \cdot s) \cdot (kmol/m^3)]$，简化为 m/s；C、C_i 分别为液相主体和气液界面上液相溶质物质的量浓度，$kmol/m^3$；k_x 为以($x_i - x$)为推动力的液相传质分系数，$kmol/(m^2 \cdot s)$；x、x_i 分别为液相主体和气液界面上液相溶质摩尔分数。

(3)总(相际)传质速率方程：由于相界面上的组成 C_i 及 p_i 不易直接测定，k_G 和 k_L 也不易由实验确定，因而用传质分系数计算传质速率十分不便。对于平衡线所涉及的浓度范围为一直线，平衡关系符合亨利定律的情况，往往避开相界面上的参数，而采用跨过双膜的推动力和阻力所表达的吸收速率方程式。

用气相组成表示吸收推动力时，总传质速率方程表示为

$$N_A = K_G(p - p^*) \tag{7-14}$$

$$N_A = K_y(y - y^*) \tag{7-15}$$

式中，K_G 为以($p - p^*$)为推动力的总(相际)传质系数，$kmol/(m^2 \cdot s \cdot kPa)$；$K_y$ 为以($y - y^*$)为推动力的总(相际)传质系数，$kmol/(m^2 \cdot s)$；p^* 为与液相主体中溶质 A 物质的量浓度 C 相平衡的气相分压，kPa；y^* 为与液相主体中溶质 A 摩尔分数 x 相平衡的气相摩尔分数。

用液相组成来表示吸收推动力时，总传质速率方程表示为

$$N_A = K_L(C^* - C) \tag{7-16}$$

$$N_A = K_x(x^* - x) \tag{7-17}$$

式中，K_L 为以液相物质的量浓度差($C^* - C$)为推动力的总(相际)传质系数，$kmol/[(m^2 \cdot s) \cdot (kmol/m^3)]$，简化为 m/s；C^* 为与气相主体中溶质 A 气相分压 p 相平衡的液相物质的量浓度，$kmol/m^3$；K_x 为以液相摩尔分数差($x^* - x$)为推动力的总(相际)传质系数，$kmol/(m^2 \cdot s)$；x^* 为与气相主体中溶质 A 摩尔分数 y 相平衡的液相摩尔分数。

▷ 7.3.2　传质系数之间的换算关系

设 P 为气相总压力，$C_总$ 为液相总物质的量浓度，当总压力小于 $506.5\ kPa$ 时，气体混合物可视为理想气体，则由道尔顿分压定律有

$$N_A = k_G(p - p_i) = k_G P(y - y_i) = k_y(y - y_i)$$

故得

$$k_y = Pk_G \tag{7-18}$$

又因

$$N_A = k_L(C_i - C) = k_L C_总 (x_i - x) = k_x(x_i - x)$$

故得

$$k_x = C_总 k_L \tag{7-19}$$

同理可得

$$K_y = PK_G \tag{7-20}$$

$$K_x = C_总 K_L \tag{7-21}$$

若稀溶液服从亨利定律,相平衡方程为 $y = mx$,m 为常数,则有下列关系:

由式(7-15)和式(7-17)合并得

$$K_y(y - y^*) = K_x(x^* - x)$$

所以

$$\frac{K_x}{K_y} = \frac{y - y^*}{x^* - x} = \frac{m(x^* - x)}{x^* - x} = m$$

得到

$$K_x = mK_y \tag{7-22}$$

由

$$y - y^* = (y - y_i) + (y_i - y^*) = (y - y_i) + m(x_i - x)$$

且

$$y - y^* = \frac{N_A}{K_y}, \quad y - y_i = \frac{N_A}{k_y}, \quad x_i - x = \frac{N_A}{k_x}$$

所以

$$\frac{N_A}{K_y} = \frac{N_A}{k_y} + \frac{mN_A}{k_x}$$

即

$$\frac{1}{K_y} = \frac{1}{k_y} + \frac{m}{k_x} \tag{7-23}$$

将 $K_y = \dfrac{K_x}{m}$ 代入上式,整理得

$$\frac{1}{K_x} = \frac{1}{mk_y} + \frac{1}{k_x} \tag{7-24}$$

利用 $p^* = \dfrac{C}{H}$ 关系式,可得

$$K_G = HK_L \tag{7-25}$$

$$\frac{1}{K_G} = \frac{1}{k_G} + \frac{1}{Hk_L} \tag{7-26}$$

$$\frac{1}{K_L} = \frac{H}{k_G} + \frac{1}{k_L} \tag{7-27}$$

综上所述,由于传质推动力所涉及的范围不同及浓度的表示方法不同,传质速率方程式呈现出多种不同形式。但是,只要注意传质系数与推动力相对应,便不致混淆。现将传质速率方程的各种形式及传质系数间的换算关系分别列于表 7-2 和表 7-3。

表 7 - 2　传质速率方程一览表

方程类型	传质速率方程式	推动力		传质系数	
		表达式	单位	符号	单位
气相传质速率方程	$N_A = k_G(p - p_i)$	$(p - p_i)$	kPa	k_G	$kmol/(m^2 \cdot s \cdot kPa)$
	$N_A = k_y(y - y_i)$	$(y - y_i)$	无量纲	k_y	$kmol/(m^2 \cdot s)$
液相传质速率方程	$N_A = k_L(C_i - C)$	$(C_i - c)$	$kmol/m^3$	k_L	m/s
	$N_A = k_x(x_i - x)$	$(x_i - x)$	无量纲	k_x	$kmol/(m^2 \cdot s)$
总传质速率方程	$N_A = K_G(p - p^*)$	$(p - p^*)$	kPa	K_G	$kmol/(m^2 \cdot s \cdot kPa)$
	$N_A = K_y(y - y^*)$	$(y - y^*)$	无量纲	K_y	$kmol/(m^2 \cdot s)$
	$N_A = K_L(C^* - C)$	$(C^* - C)$	$kmol/m^3$	K_L	m/s
	$N_A = K_x(x^* - x)$	$(x^* - x)$	无量纲	K_x	$kmol/(m^2 \cdot s)$

表 7 - 3　传质系数之间的换算关系

总传质系数表达式	$\dfrac{1}{K_G} = \dfrac{1}{k_G} + \dfrac{1}{Hk_L}$　$\dfrac{1}{K_y} = \dfrac{1}{k_y} + \dfrac{m}{k_x}$　$\dfrac{1}{K_L} = \dfrac{H}{k_G} + \dfrac{1}{k_L}$　$\dfrac{1}{K_x} = \dfrac{1}{mk_y} + \dfrac{1}{k_x}$
分传质系数换算式	$k_y = Pk_G$　$k_x = C_总 k_L$
总传质系数的换算	$K_G = HK_L$　$K_y = PK_G$　$K_x = C_总 K_L$　$K_x = mK_y$

▶ 7.3.3　界面浓度的确定

对于两相接触的气液界面上的气相浓度和液相浓度,一般很难用取样分析的方法进行测定,通常可采用作图法或解析法进行求算。

1. 作图法

定态传质时,气液界面两侧气相传质速率和液相传质速率相等,即有
$$N_A = k_y(y - y_i) = k_x(x_i - x)$$

所以

$$\frac{y - y_i}{x - x_i} = -\frac{k_x}{k_y} \tag{7-28}$$

上式中的 y、x 是吸收设备内某一截面上气相主体溶质和液相主体溶质的浓度,是易测定的。如果气相传质分系数 k_y 和液相传质分系数 k_x 已知,则上式在 y-x 直角坐标系中是一条通过点 $A(x, y)$ 而斜率为 $-\dfrac{k_x}{k_y}$ 的直线。由于界面上气液两相处于平衡状态,所以界面上气相溶质浓度 y_i 与液相溶质浓度 x_i 的坐标点 $I(x_i, y_i)$ 一定在气液平衡线上,即该直线与气液平衡线的交点的坐标即为界面浓度 x_i、y_i,如图 7 - 8 所示。

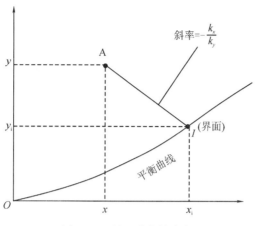

图 7-8 界面浓度的确定

2. 解析法

当稀溶液服从亨利定律时,相平衡方程为 $y = mx$,可用解析法求解界面浓度。因界面上 y_i 和 x_i 为平衡关系,故有

$$y_i = mx_i$$

将上式和式(7-28)联立求解,即可得到界面浓度 x_i、y_i。

由于气相传质速率方程式(7-10)、式(7-11)和液相传质速率方程式(7-12)、式(7-13)需先确定界面浓度后才能使用,不如总传质速率方程式(7-14)、式(7-15)、式(7-16)、式(7-17)使用方便,因而在吸收计算中总传质速率方程使用较多。

7.3.4 吸收控制步骤

气体吸收过程是由气膜内的传质、通过界面的传质和液膜内的传质这三个步骤串联而成的。串联过程的总阻力为分过程阻力之和。由于气液界面没有阻力,因此传质总阻力等于气相传质阻力和液相传质阻力之和,这就是传质过程的双阻力概念,即

$$总传质阻力 = 气相传质阻力 + 液相传质阻力$$

且

$$传质阻力 = \frac{1}{传质系数}$$

1. 气相阻力控制

对于式(7-23),

$$\frac{1}{K_y} = \frac{1}{k_y} + \frac{m}{k_x}$$

其中,$\dfrac{1}{K_y}$ 为总传质阻力,$\dfrac{1}{k_y}$ 为气相传质阻力,$\dfrac{m}{k_x}$ 为液相传质阻力。当 $\dfrac{1}{k_y} \gg \dfrac{m}{k_x}$ 时,

$$\frac{1}{K_y} \approx \frac{1}{k_y}, \quad K_y \approx k_y$$

此时的传质阻力主要集中于气相,液相阻力可以忽略,气相阻力限制整个吸收过程的传质速率,称为气相阻力控制。显然气相阻力控制的条件是:① $k_y \ll k_x$ 或 $\dfrac{k_x}{k_y} \gg 1$,此时如图 7-9(a)

所示,线 AI 很陡;②溶质在吸收剂中的溶解度很大,即气液平衡线斜率 m 很小。

由图 7-9(a)可见,此时界面液相浓度 x_i 接近液相主体浓度 x,界面气相浓度 y_i 接近气相平衡浓度 y^*,即

$$y - y_i \approx y - y^*$$

这是由于总推动力的绝大部分用于克服气相阻力,因而气相传质推动力($y - y_i$)接近于总传质推动力($y - y^*$)。

对于气相阻力控制过程,如要提高其传质速率,则在选择设备形式及确定操作条件时,应特别注意减少气相阻力。

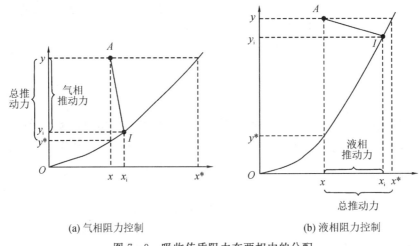

(a) 气相阻力控制   (b) 液相阻力控制

图 7-9　吸收传质阻力在两相中的分配

2. 液相阻力控制

当 $\dfrac{m}{k_x} \gg \dfrac{1}{k_y}$ 时,

$$\frac{1}{K_y} \approx \frac{m}{k_x}$$

由于 $K_y = \dfrac{K_x}{m}$,所以 $K_x \approx k_x$。

此时的传质阻力主要集中于液相,气相阻力可以忽略,液相阻力限制整个吸收过程的传质速率,称为液相阻力控制。显然,液相阻力控制的条件为:①$k_x \ll k_y$ 或 $\dfrac{k_x}{k_y} \ll 1$,即图 7-9(b)中线 AI 较平坦;②溶液在吸收剂中的溶解度很小,即气液平衡线斜率 m 很大。

由图 7-9(b)可见,此时界面气相浓度 y_i 接近于气相浓度 y,界面液相浓度 x_i 接近于平衡液相浓度 x^*,即

$$(x_i - x) \approx (x^* - x)$$

这是由于总推动力的绝大部分用于克服液相阻力,因而液相传质推动力($x_i - x$)接近于总传质推动力。

对于液相阻力控制过程,如要提高其传质速率,在选择设备形式及确定操作条件时,应特

别注意减少液相阻力。

易溶气体溶解度很大而平衡线斜率 m 很小,其吸收过程通常为气相阻力控制,例如用水吸收氨、氯化氢等气体;难溶气体溶解度很小而平衡线斜率 m 很大,其吸收过程多为液相阻力控制,例如用水吸收二氧化碳、氧等气体。对于中等溶解度的气体吸收过程,通常气相阻力和液相阻力均不可忽略,如用水吸收二氧化硫等,在这种情况下欲提高传质速率,必须兼顾气、液两相阻力的降低,方能得到满意的效果。

例 7-3 在总压为 101.3 kPa、温度为 30 ℃条件下,用水吸收混合气中的氨,操作条件下的气-液平衡关系为 $y=1.21x$。已知气相传质分系数 $k_y=5\times10^{-4}$ kmol/(m²·s),液相传质分系数 $k_x=6\times10^{-3}$ kmol/(m²·s),在塔的某一截面上测得氨的气相浓度 $y=0.05$,液相浓度 $x=0.01$(均为摩尔分数),试求:

(1)该截面上气液界面上两相的浓度(x_i,y_i);

(2)气相传质阻力占总传质阻力的比例。

解:(1)联立求解以下两式:

$$k_y(y-y_i)=k_x(x_i-x) \tag{1}$$

$$y_i=mx_i \tag{2}$$

得

$$x_i=\frac{xk_x+yk_y}{k_x+mk_y}=\frac{0.01\times6\times10^{-3}+0.05\times5\times10^{-4}}{6\times10^{-3}+1.21\times5\times10^{-4}}=0.0129$$

$$y_i=mx_i=1.21\times0.0129=0.0156$$

(2)总传质阻力:

$$\frac{1}{K_y}=\frac{1}{k_y}+\frac{m}{k_x}=\frac{1}{5\times10^{-4}}+\frac{1.21}{6\times10^{-3}}=2202 \ (m^2 \cdot s/kmol)$$

气相传质阻力占总传质阻力的比例为

$$\frac{\dfrac{1}{k_y}}{\dfrac{1}{K_y}}=\frac{\dfrac{1}{5\times10^{-4}}}{2202}=0.908$$

以上结果表明,用水吸收氨为气相阻力控制过程。

7.4 吸收设备

▷ 7.4.1 吸收设备的分类

工业生产中,吸收过程多采用塔式设备,称为吸收塔。在吸收塔中,含有污染物的气体混合物与液体吸收剂接触,将污染物吸收而使气体净化。由于气液两相界面的状况对吸收过程有着决定性的影响,吸收设备的主要功能就在于建立最大的并能迅速更新的气液接触表面。为了增加气液接触面积,要求气体和液体分散,按照气液分散形式可将吸收塔分为三大类:

①气相连续液相分散式,如填料塔、喷淋塔、湍球塔等。

②液相连续气相分散式,如板式塔(泡罩塔、筛板塔、浮阀塔)、鼓泡塔等。

③气液同时分散式,如文丘里吸收器。

接下来我们将以填料塔、板式塔及文丘里吸收器为例学习这三类吸收设备。

1. 填料塔

填料塔属于气相连续液相分散式吸收器,是一种应用广泛的吸收设备,以填料作为气液接触的基本元件,它的结构图如图7-10所示。填料塔塔体为直立圆筒,筒内装填一定高度的填料。气体从塔底送入,经过填料间的空隙上升,净化后从塔顶排出。液体自塔顶经液体分布器均匀喷洒,沿着填料表面形成液膜下流,与自下而上的气体接触,填料的润湿表面就成为气液接触的传质表面,从而增大传质面积;而填料又有提高气相和液相湍动程度的作用,从而增大传质系数,因而增大传质速率。液体在填料层中向下流动时,有向塔壁流动的趋势,故填料层较高时,应将其分段,段间设液体再分布器。

填料塔具有以下特点:以填料为气液接触元件,传质面积较大,气液湍动较好,传质速率较高;结构简单,可适应各种腐蚀介质;压降较小。因而,填料塔成为较常用的吸收设备。

由于在填料塔中,气液两相沿塔高连续地接触、传质,液相中的可溶组分的浓度则自上而下连续增高,故填料塔也称为连续接触式传质设备。

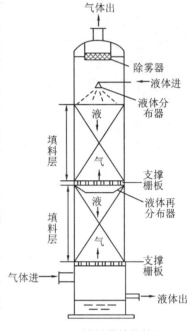

图7-10 填料塔结构简图

2. 板式塔

气体分散式吸收器以不同方式将气体分散于液体吸收剂中,形成相界面进行传质,以板式塔最为常用。板式塔可分为有溢流和无溢流两大类,后者在工业上较少采用。图7-11为具有溢流管的板式塔结构示意图。

如图7-11所示,板式塔通常由一个圆柱形的壳体及沿塔高按一定的间距水平设置的若干层塔板所组成。操作时,吸收剂从塔顶进入,依靠重力作用由顶部逐板流向塔底排出,并在各层塔板的板面上形成流动的液层;气体由塔底进入,在压力差的推动下,由塔底向上经过均布在塔板上的开孔,以气泡形式分散在液层中,形成气液接触界面很大的泡沫层;气相中部分有害气体被吸收,未被吸收的气体经过泡沫层后进入上一层塔板,气体逐板上升与板上的液体接触,被净化气体最后由塔顶排出。气液两相在各层塔板上成错流,但从全塔整体来看,气液两相呈逆流流动,气体每上升一块塔板,其可溶组分的浓度阶跃式降低;液体逐板下降,其可溶组分的浓度则阶跃式升高。因而,板式塔也被称为逐级接触式传质设备。

板式塔的性能与塔板上的气液接触元件密切相关。气液接触元件的作用在于强化气液传质、传热过程。这些元件反映塔板最基本的特征,往往作为塔板分类的标志。对于气体吸收,

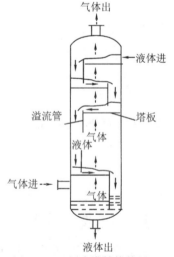

图7-11 板式塔结构简图

最重要、最具代表性的是筛板塔、泡罩塔及浮阀塔。

与填料塔相比,板式塔的空塔气速高,因而生产能力大,但压降较高。直径较大的板式塔,检修清理较容易,造价较低。

3. 文丘里吸收器

文丘里吸收器属于气液分散式吸收设备,由文丘里管和气液分离器(通常为旋风分离器)组合而成,如图 7-12 所示。文丘里管由渐缩管、喉管和渐扩管三部分组成。输入的气体在渐缩管被逐渐加速,在喉管处达到最高气速,一般可高达 60~120 m/s。吸收剂从喉管壁上的小孔喷入,被高速气流分散成雾滴,液体分散所需能量由高速气流供给,从而形成极大的相界面,为气液两相提供良好的传质条件。气体流经渐扩管,气速逐渐下降,压力逐渐上升,细小雾滴凝聚成较大雾滴,经旋风分离器将气液分离,净化气从顶部排出。文丘里吸收器的优点是吸收效率较高,缺点是消耗能量较多,噪音大。它适用于气相阻力控制过程的气体吸收。

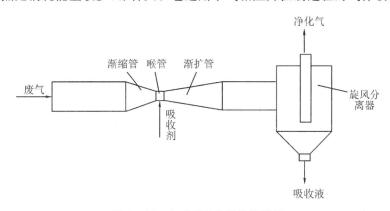

图 7-12 文丘里吸收器结构简图

7.4.2 吸收设备的选择原则

选择吸收设备主要考虑以下几点:

①污染物的性质和浓度;

②气体含尘浓度;

③吸收效率;

④压降或能量消耗;

⑤生产能力;

⑥操作弹性;

⑦设备造价和操作费用。

气液同时分散式吸收器的设备结构简单,造价低廉,但能耗较大,适用于以湿法除尘为主并同时吸收易溶气体的场合。

填料塔和板式塔为工业上广泛应用的吸收设备,它们的生产能力大,操作弹性好,吸收效率高。长期以来,对它们的流体力学性能和传质规律研究得比较充分,积累了较丰富的操作经验,形成了较完善的设计方法。在环境工程领域,尤其是对气态污染物的控制,为获取较高的气相湍动程度,通常选用相界面积大、气相连续液相分散的吸收设备以利于吸收。因此,下面将以

填料塔为吸收设备的典型代表,重点深入讨论这种塔型的设备性能、操作原理及设计计算方法。

7.5　填料塔设计计算

▷ 7.5.1　填料的选择

填料塔中大部分容积被填料所填充,填料的作用是增加气液两相的接触面积和提高气相的湍流程度,促进吸收过程的进行,它是填料塔的核心部分,是影响填料塔经济性的重要因素。填料塔操作性能的好坏,与所选用的填料有直接关系。填料特性的评价主要包括以下几项:

(1)比表面积 a　塔内单位体积填料层具有的填料表面积,单位为 m^2/m^3。填料比表面积的大小是气液传质比表面积大小的基础条件。需说明两点:①操作中有部分填料表面无法被润湿,使得比表面积中只有某个分率的面积才是润湿面积。据资料介绍,填料真正润湿的表面积只占全部填料表面积的 $20\%\sim50\%$。②有的部位填料表面虽然润湿,但液流不畅,液体有某种程度的停滞现象。这种停滞的液体与气体接触时间长,气-液趋于平衡状态,在塔内几乎不构成有效传质区。因此,须把比表面积与有效的传质比表面积加以区分。但是,比表面积 a 仍不失为重要的参量。

(2)空隙率 ε　塔内单位体积填料层具有的空隙体积,ε 为一分数。空隙率大则气体通过填料层的阻力小,故空隙率以较高为宜,一般填料的空隙率在 $0.45\sim0.95$ 范围内。对于乱堆填料,当塔径 D 与填料尺寸 d 之比大于 8 时,因每块填料在塔内的方位是随机的,填料层的均匀性较好,这时填料层可视为各向同性,填料层的空隙率 ε 就是填料层内任一横截面的空隙截面分率。

当气体以一定流量流过填料层时,按塔横截面积计的气速 u 称为"空塔气速"(简称空速),而气体在填料层空隙内流动的真正气速为 u_1,二者关系为 $u_1=u/\varepsilon$。

(3)填料的形状　要有利于气液湍流并促使气液表面更新。填料尺寸要适当,尺寸过小,空隙率小,阻力大;尺寸过大,比表面积小,且易造成气液在塔内分布不均,不利于传质。通常填料尺寸不应大于塔径的 $1/10$。

当然,实际中,在填料选取时还应考虑结构简单、造价低、耐腐蚀、坚固耐用、堆积密度小、与气液介质不起化学作用等。

填料的种类很多,大致可分为实体填料和网体填料两大类,如图 7-13 所示。实体填料包

(a) 拉西环　　(b) θ环　　(c) 十字格环　　(d) 鲍尔环　　(e) 弧鞍　　(f) 矩鞍

(g) 阶梯环　　(h) 金属鞍环　　(i) θ网环　　(j) 波纹网

图 7-13　几种填料的示意图

括环形填料(如拉西环、鲍尔环、阶梯环)、鞍形填料(如矩鞍、弧鞍)、栅板填料及波纹填料等,可由金属、陶瓷、塑料等材质制成。网体填料主要是由金属丝网制成的,如θ网环、波纹网等。

填料在填料塔内的装填方式有乱堆(散装)和整砌(规则排列)两种。乱堆填料装卸方便,压降大,一般直径在 50 mm 以下的填料多采用乱堆方式装填;整砌装填常用规整填料整齐砌成,压降小,适用于 50 mm 以上的填料。常见环形、矩鞍填料的特性数据见表 7－4。

表 7－4　几种填料的特性参数

类别和材质	公称直径 /mm	高×厚 $(H \times \delta)$ /mm^2	比表面积 a /(m^2/m^3)	空隙率 ε	个数 n /(个/m^3)	堆积密度 /(kg·m^{-3})	干填料因子 (a/ε^2)/m^{-1}	填料因子 ϕ/m^{-1}
瓷拉西环	6.4	6.4×0.8	789	0.73	3110000	737	2030	2400
	8	8×1.5	570	0.64	1465000	600	2170	2500
	10	10×1.5	440	0.70	720000	700	1280	1500
	15	15×2	330	0.70	250000	690	960	1020
	16	16×2	305	0.73	192500	720	784	900
	25	25×2.5	190	0.78	49000	505	400	450
	40	40×4.5	126	0.75	12700	577	305	350
	50	50×4.5	93	0.81	6000	457	177	220
	80	80×9.5	76	0.68	1910	714	243	280
钢拉西环	6.4	6.4×0.3	789	0.73	3110000	2100	2030	2500
	8	8×0.3	630	0.91	150000	750	1140	1580
	10	10×0.5	500	0.88	800000	690	740	1000
	15	15×0.5	350	0.92	248000	660	460	600
	25	25×0.8	220	0.92	55000	640	290	390
	35	35×1	150	0.93	19000	570	190	260
	50	50×1	110	0.95	7000	430	130	175
	76	76×1.6	68	0.95	1870	400	80	105
钢鲍尔环	16	16×0.46	341	0.93	20900	605	424	230
	25	25×0.6	207	0.94	49600	490	249	158
	38	38×0.76	128	0.95	13300	425	149	92
	50	50×0.9	102	0.96	6040	393	119	66
塑料鲍尔环	16	16×1.1	341	0.87	214000	118	518	318
	25	25×1	207	0.90	50100	98.7	284	171
	38	38×1	128	0.91	13600	77.5	170	105
	50	50×1.8	102	0.92	6360	73	131	82
瓷阶梯环	38	23×4	153	0.74	21600	624	378	—
	50	30×5	108.8	0.787	9091	516	223	—
	76	45×7	63.4	0.795	2517	426	126	—

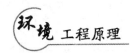

类别和材质	公称直径 /mm	高×厚 ($H×\delta$) /mm²	比表面积 a /(m²/m³)	空隙率 ε	个数 n /(个/m³)	堆积密度 /(kg·m⁻³)	干填料因子 (a/ε^2)/m⁻¹	填料因子 ϕ/m⁻¹
钢阶梯环	25	12.5×0.6	220	0.93	97160	439	273.5	230
	38	19×0.6	154.3	0.94	31890	475.5	185.5	118
	50	25×0	109.2	0.95	11600	400	127.4	82
塑料阶梯环	25	12.5×1.4	228	0.90	81500	97.8	312.8	172
	38	19×1.0	132.5	0.91	27200	57.5	175.8	116
	50	25×1.5	114.2	0.927	10740	54.3	143.1	100
	76	37×3	90	0.929	3420	68.4	—	—
陶瓷矩鞍环	16	12×2.2	378	0.710	369896	686	1055	1000
	25	20×3.0	200	0.772	58230	544	433	300
	38	30×4	131	0.704	19680	502	252	270
	50	45×5	103	0.782	8710	470	216	122
	76	53×9	76.3	0.752	2400	537.7	179.4	—
塑料矩鞍环	16	12×0.69	461	0.806	365100	167	879	1000
	25	19×1.05	283	0.847	97680	133	473	320
	76	—	200	0.885	3700	104.4	289	96

▷7.5.2 吸收剂的选择

吸收剂性能的优劣,往往成为吸收操作效果是否良好的关键。对于去除气体混合物中污染物的吸收操作,选择吸收剂要点如下:

①对污染物的溶解度要大。溶解度大,则吸收剂用量减少,吸收率高,相应的吸收设备尺寸小,动力消耗小。

②选择性要高。选择性是指溶剂对被吸收组分溶解度高,对其余组分溶解度小或基本不溶解,这样有利于溶质的分离回收。

③挥发度要低。操作温度下吸收剂的蒸气压要低,因为离开吸收或再生设备的气体往往为吸收剂蒸气所饱和,吸收剂的挥发度愈高,其损失量便愈大,如果吸收剂有害,将造成二次污染。

④黏度要小。这样可以改善吸收塔内的流动状况,提高吸收速率,减小传热阻力和泵的能耗。

⑤尽可能选择所形成的吸收液可直接作为产品的吸收剂;否则,吸收剂要便于再生。

⑥吸收剂要尽可能无毒、无腐蚀性、不易燃、不发泡、价廉易得及化学稳定性好等。

实际上很难找到一个理想的吸收剂能满足所有这些要求,因此,应对可供选择的吸收剂作全面的评价,以作出经济合理的选择。

对环境治理工程而言,水和某些碱性水溶液、酸性水溶液是较常用的吸收剂。

➤ 7.5.3 填料塔的流体力学性能

吸收塔内气液两相的流动方式主要有并流(气液同向)和逆流(气液对向)两种。在填料塔内气液两相通常作逆流流动,即吸收剂从塔顶喷洒在填料上,液体靠重力沿填料表面自上而下流动,气体靠压差从塔底流经填料空隙上升到顶部。两相逆流接触传质和并流吸收相比的优点在于:

①当两相进出口溶质浓度一定时,逆流的对数平衡推动力大于并流,因而逆流吸收速率较高,当吸收任务一定时,逆流吸收可节省传质面积,节省设备费用。

②逆流时下降至塔底的液体与含溶质浓度最高的刚进塔的混合气接触,有利于提高出塔吸收液的浓度,提高吸收液中溶质的回收利用价值;上升至塔顶的气体与刚进塔的含溶质浓度最低的新鲜吸收剂接触,有利于降低出塔净化气的浓度,从而提高有害气体的净化度和回收率。

因此,下面重点学习填料层内气液逆向流动的特性。

1. 气体通过填料层时的压降与气速的关系

由于气体在填料空隙中穿行,流道错综复杂,其实际线速度难以计算,所以采用气体的空塔气速。空塔气速是由操作条件下气体的体积流量除以塔的横截面积计算得来的,相当于塔内未装填料时的实际气速,所以

$$u = \frac{V_G}{\frac{\pi}{4}D^2} \tag{7-29}$$

式中,u 为空塔气速,m/s;V_G 为操作条件下气体的体积流量,m^3/s;D 为填料塔内径,m。

实验证明,气体通过填料层的压降首先与填料种类、大小及充填方式有关,当固定上述因素,则压降与气速和液体流量有关。如以液体流量为第三参数,实验测定气体通过填料层时的压降与空塔气速的关系如图 7-14 所示。

当液体喷洒量 $L=0$,即气体通过干填料层时,压降 Δp 与空塔气速 $u^{1.8\sim2.0}$ 成正比,若以 C 代表比例系数,则

$$\Delta p = Cu^{1.8\sim2.0}$$

$$\lg\Delta p = (1.8 \sim 2.0)\lg u + \lg C$$

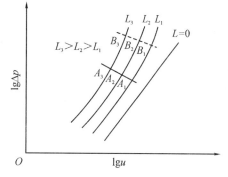

图 7-14 填料层压降与空塔气速的关系

在双对数坐标系上,是一条斜率为 1.8~2.0 的直线,即图 7-14 中最右边的直线,它与气体湍流通过管道时,Δp 与 u 的关系相仿,这表明填料层中气流呈湍流。这是因为气体在填料空隙穿行通道曲折,所以在相当低的气速下即达湍流。

当向填料层喷淋液体时,液体靠重力在填料表面作膜状流动。由于液膜有一定厚度,占有一定空间,使气体流通截面积减小,因而在空塔气速相同的情况下,实际气速比干填料时有所增加,压降比干填料时增大,故其压降曲线在干填料压降曲线上方(如 L_1、L_2、L_3)。喷淋液量越大,则填料层的持液量(单位体积填料层所持有的液体量)越大,液膜越厚,压降越大,压降曲线上移,如图 7-14 所示。

当喷淋量一定时,如 L_1,则压降和空塔气速的关系曲线上有 A_1、B_1 两个转折点,点 A_1 称为载点,B_1 称为泛点,这两个点将曲线分为三个区域,即恒持液量区、载液区和液泛区。

(1)恒持液量区 点 A_1 以下,Δp 和 u 的关系为直线,基本上与干填料层的压降线平行。这是因为在 A_1 点以下气速较低,填料层内液体向下流动受气体影响很小,填料层上液膜厚度基本上不随气速变化,所以填料层持液量基本恒定,故称为恒持液量区。由于气体流通截面积不随气速而变,所以 Δp 仍与 $u^{1.8 \sim 2.0}$ 成正比,仍为斜率为 $1.8 \sim 2.0$ 的直线。

(2)载液区 点 A_1 以上,点 B_1 以下为载液区。当气速增大到点 A_1 所对应的载点气速时,上升气流与下降液体间的摩擦力开始明显阻碍液体顺利下流,使填料表面液膜增厚,填料层持液量增加,这种现象称为载液。点 A_1 称为载点。载点以后,液膜逐渐增厚,气体流通截面逐渐减小,压降随空塔气速增加较快,压降曲线变陡,其斜率远大于2。点 A_1 以上,由于填料持液量增加,填料表面润湿情况良好,气体和液体的湍动加剧,所以气液传质效果较好。

(3)液泛区 点 B_1 以上称为液泛区。自载点以后,气液两相流动的交互影响已不能忽视,当气液流量达到某一固定值后,两相的交互作用恶性发展,将出现液泛现象。在压降曲线上出现液泛的标志是压降曲线近于垂线。原因是填料层内液体不能顺利下流,填料层持液量迅速增加,局部地区积液形成液柱,气体以鼓泡方式通过液层,导致压降急剧上升,传质效果极差。此时气体中液沫夹带严重,大量液体被气体从塔顶带出塔外,填料塔的正常操作被破坏,这种现象称为填料塔液泛。开始发生液泛时的点 B_1 称为泛点,泛点时的空塔气速称为液泛气速或泛点气速,以 u_F 表示。泛点气速是填料塔正常操作气速的上限。

若液体喷淋量加大,如 $L_3 > L_2 > L_1$,则压降与空塔气速的关系曲线的位置上移,而达到载点和泛点的空塔气速则相应降低。

2. 填料塔压降与泛点气速的计算

填料塔的压降影响动力消耗和正常操作费用,而泛点气速是填料塔操作上限。压降与泛点气速的计算对于填料塔的设计和操作十分重要。影响压降与泛点气速的因素很多,主要有填料的特性、气体和液体的流量以及气体和液体的物理性质等。埃克特(Eckert)等人提出的填料塔压降与泛点和各种因素之间的关联图如图 7-15 所示,该图计算结果的精确程度能满足工程实用的要求,目前在工程计算中应用极广。

图 7-15 中的横坐标为

$$\frac{W_L}{W_G}\left(\frac{\rho_G}{\rho_L}\right)^{0.5}, \quad \frac{G_L}{G_G}\left(\frac{\rho_G}{\rho_L}\right)^{0.5} \text{ 或 } \frac{V_L}{V_G}\left(\frac{\rho_L}{\rho_G}\right)^{0.5}$$

纵坐标为

$$\frac{u^2 \phi \psi \rho_G \mu_L^{0.2}}{g \rho_L} \text{ 或 } \frac{G_G^2 \phi \psi \mu_L^{0.2}}{g \rho_G \rho_L}$$

其中,W_G、W_L 为气体和液体的质量流量,kg/s 或 kg/h;G_G、G_L 为气体和液体的质量流速,$\text{kg/(m}^2 \cdot \text{s)}$;$V_G$、$V_L$ 为气体和液体的体积流量,$\text{m}^3\text{/h}$ 或 $\text{m}^3\text{/s}$;ρ_G、ρ_L 为气体和液体的密度,kg/m^3;μ_L 为液体的黏度,$\text{mPa} \cdot \text{s}$;$\phi$ 为填料因子,m^{-1};ψ 为液体密度校正系数,等于水的密度与液体密度之比,即 $\psi = \rho_水 / \rho_L$;u 为空塔气速,m/s;g 为重力加速度,$g \approx 9.81 \text{ m/s}^2$。

图 7-15 中最上方的三条线分别为弦栅填料、整砌拉西环及各类型乱堆填料的泛点线,泛点线之下为许多等压降线。与泛点线相对应的纵标中的空塔气速 u 应为泛点气速 u_F。该图不仅便于求泛点气速,而且还可根据规定的压降求算相应的空塔气速,或根据选定的空塔气速

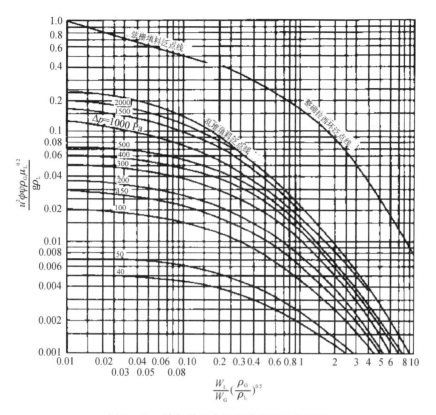

图 7-15 填料塔泛点和压降的通用关联图

注：Δp 为每米填料层压降。

求算压降,对各种乱堆填料如拉西环、鲍尔环、弧鞍、矩鞍等都适用。

▶ 7.5.4 填料塔直径的计算

填料塔直径 D 取决于气体的处理量 V_G 及所选取的空塔气速 u,即

$$D = \sqrt{\frac{4V_G}{\pi u}} \tag{7-30}$$

前已述及,泛点气速是填料塔操作气速的上限。在气体处理量一定的条件下,气速大则塔径小,传质系数相对高,可使填料层的体积减小,设备费可降低;但气速大则阻力大,使运行费增加,若气速接近泛点速度,则操作不平稳而难以控制。气速小则压降小,动力消耗小,操作弹性大,但塔径大,设备投资高而生产能力小,且低气速也不利于气液充分接触,使吸收效率降低。综合考虑这些因素,设计气速可按下列两种方法之一决定:

(1)根据生产条件,规定出允许的压降,由此压降用埃克特关联图求算出可采用的气速;

(2)根据经验,取设计气速为泛点气速的 50%~80%,即

$$u = (0.5 \sim 0.8)u_F \tag{7-31}$$

在实际设计中,应特别注意要同时考虑经济气速来确定合理的设计气速。

由式(7-30)算出的塔径还应按照国内压力容器公称直径标准(JB—1153—73)进行圆整。直径在 1 m 以下时,间隔为 100 mm,直径在 1 m 以上时,间隔为 200 mm,即圆整为 500、600、

700、…、1000、1200、1400 mm 等。

例 7 - 4 废气中含二氧化硫 2‰(摩尔分数),用清水洗涤以除去其中的二氧化硫。吸收塔的操作压力为 101.3 kPa,操作温度为 20 ℃,操作条件下气体流量为 1500 m³/h,清水流量为 32000 kg/h。试计算采用 25 mm 陶瓷拉西环时填料塔的内径和填料层的压降。

解:混合气体平均分子量

$$M_m = M_1 y_1 + M_2 y_2 = 64 \times 0.02 + 29 \times (1-0.02) = 29.7 \ (kg/kmol)$$

混合气体密度

$$\rho_G = \frac{PM_m}{RT} = \frac{101.3 \times 29.7}{8.314 \times (20+273)} = 1.235 \ (kg/m^3)$$

混合气体质量流量

$$W_G = V_G \rho_G = 1500 \times 1.235 = 1853 \ (kg/h)$$

塔底二氧化硫水溶液很稀,其密度 ρ_L 近似为水的密度,$\rho_L = 1000 \ kg/m^3$,则

$$\frac{W_L}{W_G} \left(\frac{\rho_G}{\rho_L}\right)^{0.5} = \frac{32000}{1853} \times \left(\frac{1.235}{1000}\right)^{0.5} = 0.607$$

从图 7 - 15 的横坐标 0.607 处引垂线与乱堆填料泛点线相交,读得交点的纵坐标为 0.035,即

$$\frac{u_F^2 \phi \psi \rho_G \mu_L^{0.2}}{g \rho_L} = 0.035$$

查附录 D,20 ℃水的黏度 $\mu_L = 1.004 \ mPa \cdot s$,对于水,$\psi = 1$。从表 7 - 4 查得 25 mm 陶瓷拉西环(乱堆)填料因子 $\phi = 450 \ m^{-1}$。

泛点气速

$$u_F = \sqrt{\frac{0.035 \rho_L g}{\phi \psi \rho_G \mu_L^{0.2}}} = \sqrt{\frac{0.035 \times 1000 \times 9.81}{450 \times 1 \times 1.235 \times 1.004^{0.2}}} = 0.786 \ (m/s)$$

设计气速取泛点气速的 70%,则设计气速

$$u = 0.7 \times 0.786 = 0.55 \ (m/s)$$

所需塔径

$$D = \sqrt{\frac{4V_G}{\pi u}} = \sqrt{\frac{4 \times \frac{1500}{3600}}{\pi \times 0.55}} = 0.982 \ (m)$$

圆整,则

$$D = 1.0 \ m$$

塔径 1 m 时的操作气速

$$u = \frac{V_G}{\frac{\pi}{4} D^2} = \frac{1500 \div 3600}{\frac{\pi}{4} \times 1^2} = 0.531 \ (m/s)$$

泛点百分率

$$\frac{u}{u_F} \times 100\% = \frac{0.531}{0.786} \times 100\% = 67.5\%$$

计算每米填料层压降,即

$$\frac{u^2\phi\psi\rho_G\mu_L^{0.2}}{g\rho_L}=\frac{0.531^2\times450\times1\times1.235\times1.004^{0.2}}{9.81\times1000}=0.016$$

查图 7-15,横坐标为 0.607,纵坐标为 0.016 的点落在 300 Pa/m 等压降线上,即每米填料层压降为 300 Pa。

▶ 7.5.5 填料吸收塔操作线方程

填料吸收塔操作线方程是填料吸收塔计算的基础。由于气体吸收通常采用逆流操作,因此在此重点讨论逆流吸收操作线方程。当定态连续逆流吸收时,塔内气、液流率和组成的变化情况如图 7-16 所示。塔底参数加下标"1"表示,塔顶参数加下标"2"表示。气、液流率皆以每平方米塔截面积为计算基准。图中各符号的意义如下:

G、L——通过塔任一截面的气、液摩尔流率,kmol/(m^2·s);

G_B、L_S——通过塔任一截面的惰性气体和纯溶剂的摩尔流率,kmol/(m^2·s);

y、x——通过塔任一截面的气、液组成,摩尔分数;

Y——通过塔任一截面的混合气中溶质的物质的量比浓度,kmol/kmol(溶质/惰性气体);

X——通过塔任一截面的溶液中溶质的物质的量比浓度,kmol/kmol(溶质/纯溶剂)。

混合气体通过吸收塔的过程中,溶质不断地被吸收,故气体的总量沿塔高而变。液体也因其中不断溶入溶质,故其总量亦沿塔高而变。但是通过塔的惰性气体量和纯溶剂量是不变的,因而气、液组成用溶质的物质的量比浓度表示,进行吸收计算就比较方便。各参数间换算关系如下:

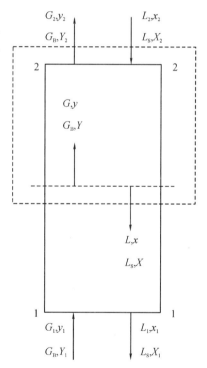

$$G_B=G(1-y)\qquad L_S=L(1-x)$$

$$Y=\frac{y}{1-y}\qquad X=\frac{x}{1-x}$$

在塔顶与任一截面之间(图 7-16 虚线所包围的范围)对溶质作物料衡算:

$$G_BY+L_SX_2=G_BY_2+L_SX$$

即

$$Y=\frac{L_S}{G_B}X+\left(Y_2-\frac{L_S}{G_B}X_2\right)\qquad(7-32)$$

式(7-32)称为填料吸收塔操作线方程式。式中,Y_2 为出塔气体残余溶质浓度,由吸收任务所规定,对大气污染物控制工程,则为排放标准或净化要求,为已知常数。X_2 为进塔吸收剂含溶质浓度,也为已知常量,对纯溶剂来说,$X_2=0$。G_B、L_S 为通过塔任一截面的惰性气体和纯溶剂的流率,皆为常量。所以,上述吸收操作线方程在 X-Y 图上为一直线,称为吸收操作线,如图 7-17 中线 AB 所示。吸收操作线斜率为 L_S/G_B,为纯溶剂摩尔流率和惰性气体摩尔流率之比,称为吸收操作的液气比。由于在吸收塔的任一截面上,气相中溶质浓度恒大于与液相成平衡的气相浓度,故吸收操作线总是位于平衡线的上方。

图 7-16 填料吸收塔内物料衡算模式图

吸收操作线方程表示吸收塔任一截面上气相组成和液相组成之间的关系。操作线上任一点代表某一截面上的气、液组成(Y,X)，塔内气相组成和液相组成均沿线 AB 变化，气相组成由 $B \rightarrow A(Y_1 \rightarrow Y_2)$，液相组成由 $A \rightarrow B$ $(X_2 \rightarrow X_1)$。

吸收操作线上任一点到平衡线的垂直距离$(Y \rightarrow Y^*)$及水平距离$(X^* \rightarrow X)$代表塔内该截面处的吸收传质推动力。操作线与平衡线距离越远，传质推动力就越大。

若混合气中的溶质浓度（摩尔分数）超过 10%，通常称为高浓度气体吸收；若进塔混合气中的溶质浓度（摩尔分数）小于 10%，通常

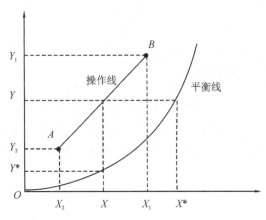

图 7 - 17　逆流吸收的操作线

称为低浓度气体吸收。大气污染吸收治理工程中，工业废气中的污染物浓度一般都较低，大多属于低浓度气体吸收，被吸收的溶质量很少，因而流经全塔的混合气体流率 G 和液体流率 L 变化不大，可视为常量。设通过塔任一截面的气液组成分别以 y、x（摩尔分数）表示，在塔顶与任一截面之间作溶质的物料衡算：

$$Gy + Lx_2 = Gy_2 + Lx$$

即

$$y = \frac{L}{G}x + \left(y_2 - \frac{L}{G}x_2\right) \tag{7-33}$$

式(7-33)称为低浓度气体吸收操作线方程，在 x-y 图上基本上也是直线，称为低浓度气体吸收操作线，操作线斜率为液气比 L/G。

▷ 7.5.6　吸收剂用量的确定

1. 最小液气比

填料吸收塔设计中，需处理的气体量、初始和残余溶质浓度（即 G、G_B、Y_1、Y_2）均已由设计任务规定，吸收剂的种类和入塔浓度 X_2 由设计者选定，而吸收剂用量 L_S 和出塔溶液浓度 X_1 需计算确定。按照图 7-16，由全塔溶质物料衡算可得

$$G_B(Y_1 - Y_2) = L_S(X_1 - X_2)$$

$$\frac{L_S}{G_B} = \frac{Y_1 - Y_2}{X_1 - X_2}$$

$$X_1 = \frac{Y_1 - Y_2}{L_S/G_B} + X_2 \tag{7-34}$$

液气比 L_S/G_B 表示吸收操作线的斜率，因 G_B、Y_1、Y_2、X_2 一定，故点 $A(X_2$、$Y_2)$ 位置一定，从点 A 按斜率 L_S/G_B 引直线并终止于纵坐标为 Y_1 的某点即为吸收操作线。当减少溶剂流量时，即(L_S/G_B)减少，则塔底溶液浓度 X_1 增大，操作线斜率变小，如图 7-18(a)中线 AC、AB、AD 所示。当塔底操作点 D 与平衡线相交时，出塔溶液浓度 X_1 和进塔气相浓度 Y_1 达成平衡，为吸收极限，这是理论上吸收液所能达到的最高浓度，以 X_1^* 表示。但此时吸收推动力

$(Y_1-Y_1^*)$ 或 $(X_1^*-X_1)$ 为零,传质速率亦为零。此时的液气比称为最小液气比,以 $(L_S/G_B)_{min}$ 表示,此为液气比在技术上的限制。若液气比低于最小液气比,则出塔气体残余溶质浓度 Y_2 必然升高,不可能达到原规定的净化指标。

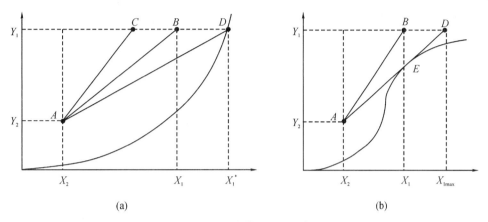

图 7-18 吸收塔的最小液气比

最小液气比可用作图法求取,如图 7-18(a) 所示。一般情况下,由 $Y=Y_1$ 作水平线与平衡线相交,读出交点的横坐标值即为 X_1^*。由全塔溶质物料衡算可得

$$\left(\frac{L_S}{G_B}\right)_{min}=\frac{Y_1-Y_2}{X_1^*-X_2} \tag{7-35}$$

若为低浓度气体吸收,且溶液为稀溶液,其气液平衡关系服从亨利定律,相平衡方程为 $y=mx$,则 $x_1^*=y_1/m$,可直接用下式计算最小液气比:

$$\left(\frac{L}{G}\right)_{min}=\frac{y_1-y_2}{x_1^*-x_2}=\frac{y_1-y_2}{\dfrac{y_1}{m}-x_2} \tag{7-36}$$

如果平衡线呈现如图 7-18(b) 所示的上凸形状,当液气比 (L_S/G_B) 减少到某个程度,塔底两相浓度(X_1、Y_1)虽未达到平衡,但操作线已与平衡线相切,切点(E 点)处气液达到平衡,此时的液气比即为最小液气比,理论上吸收液的最大浓度为该切线和 $Y=Y_1$ 水平线交点 D 的横坐标 X_{1max},这种情况下最小液气比的求法只能用作图法,从点 A 向平衡线作切线,求得切线的斜率即为最小液气比 $(L_S/G_B)_{min}$,或读出 X_{1max},值按下式计算:

$$\left(\frac{L_S}{G_B}\right)_{min}=\frac{Y_1-Y_2}{X_{1max}-X_2}$$

2. 适宜液气比与吸收剂用量

吸收剂用量取决于适宜的液气比,而适宜的液气比是由设备费和运转费两个因素决定的。液气比高则运转费用(输送溶剂与其后处理吸收液等所需的能量费用)大,液气比小则设备费用大。按总费用最少这个原则定出的适宜液气比理论上为最小液气比的 1.1 倍。但考虑到其他因素,如保证填料的充分润湿,照顾到所根据的平衡关系可能与实际有些出入等情况,实际倍数应高于 1.1,一般在 1.1~2 之间选取。故吸收剂用量,对于高浓度气体的吸收,

$$L_S=(1.1\sim2)\left(\frac{L_S}{G_B}\right)_{min}G_B$$

对于低浓度气体的吸收，

$$L=(1.1\sim2)\left(\frac{L}{G}\right)_{\min}G$$

例7-5 在一填料吸收塔中，用清水吸收混合气体中的氨，混合气体流率为300 kmol/(m²·h)，其氨含量为5%，出塔净化气含氨为0.1%（均为摩尔分数）。吸收塔操作压力为101.3 kPa，温度为30℃，操作条件下气液平衡关系服从亨利定律，相平衡方程为$y=1.2x$，实际液气比为最小液气比的2倍，试计算清水用量和出塔氨水浓度。

解： 低浓度气体吸收，且气液平衡关系服从亨利定律，最小液气比按照下式计算：

$$\left(\frac{L}{G}\right)_{\min}=\frac{y_1-y_2}{\dfrac{y_1}{m}-x_2}=\frac{0.05-0.001}{0.05/1.2-0}=1.176$$

实际液气比

$$\frac{L}{G}=2\left(\frac{L}{G}\right)_{\min}=2\times1.176=2.352$$

吸收剂（清水）用量

$$L=2.352\times G=2.352\times300=705.6\ [\text{kmol}/(\text{m}^2\cdot\text{h})]$$

出塔氨水浓度

$$x_1=\frac{y_1-y_2}{L/G}+x_2=\frac{0.05-0.001}{2.352}+0=0.0208$$

▷ 7.5.7 低浓度气体吸收填料层高度的计算

对于低浓度气体吸收，因被吸收的溶质量很少，因而具有下列特点：

① 流经全塔的气、液流率G、L变化不大，可视为常量；

② 由溶解热而引起气、液相温度的升高并不显著，故吸收在等温下进行；

③ 由于气、液两相在塔内流率几乎不变，且等温吸收，所以全塔的气、液流动状态相同，因而传质系数在全塔可当作常量处理，不随塔高变化而变化。

上述特点使低浓度气体吸收填料层高度的计算大为简化。

填料塔是连续接触式传质设备，气、液两相的浓度和传质速率沿填料层高度连续地变化，因此应用微积分的办法计算填料层高度。

1.填料层高度的基本计算式

如图7-19所示，在填料层内任意取一个微元段，其高度为$\mathrm{d}h$，经此微元段，气相溶质浓度改变$\mathrm{d}y$，液相溶质浓度改变$\mathrm{d}x$。设吸收塔截面积为S，单位体积填料层提供的传质面积为a，则微元段内的传质面积为$aS\mathrm{d}h$。因微元高度$\mathrm{d}h$极小，故可认为在此微元段内传质速率N_A为定值，

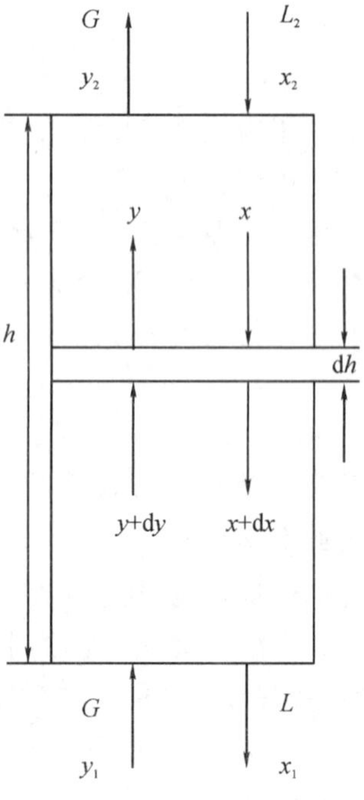

图7-19 填料层微元段内的浓度变化

则单位时间内在此微元段内溶质的传递量为 $N_A a S \mathrm{d}h$。在微元段内作溶质的物料衡算：

气相传入液相的溶质量＝气相减少的溶质量＝液相增加的溶质量

即

$$N_A a S \mathrm{d}h = G S \mathrm{d}y = L S \mathrm{d}x \tag{7-37}$$

将传质速率方程分别取 $N_A = K_y(y - y^*)$ 和 $N_A = K_x(x^* - x)$，代入式(7-37)可得

$$K_y a (y - y^*) \mathrm{d}h = G \mathrm{d}y$$

$$K_x a (x^* - x) \mathrm{d}h = L \mathrm{d}x$$

整理上两式，分别得到

$$\mathrm{d}h = \frac{G}{K_y a} \times \frac{\mathrm{d}y}{y - y^*}$$

$$\mathrm{d}h = \frac{L}{K_x a} \times \frac{\mathrm{d}x}{x^* - x}$$

对于低浓度气体吸收，G、L、K_y、K_x 及 a 在整个填料层皆为定值，和填料层高度(h)及气、液相中溶质的浓度(y、x)无关，故上两式分别沿填料层高度从填料层顶部到填料层底部积分，可得填料层高度的基本计算公式：

$$h = \int_0^h \mathrm{d}h = \frac{G}{K_y a} \int_{y_2}^{y_1} \frac{\mathrm{d}y}{y - y^*} \tag{7-38}$$

$$h = \int_0^h \mathrm{d}h = \frac{L}{K_x a} \int_{x_2}^{x_1} \frac{\mathrm{d}x}{x^* - x} \tag{7-39}$$

用类似的方法可以导出

$$h = \frac{G}{k_y a} \int_{y_2}^{y_1} \frac{\mathrm{d}y}{y - y_i} \tag{7-40}$$

$$h = \frac{G}{k_x a} \int_{x_2}^{x_1} \frac{\mathrm{d}x}{x_i - x} \tag{7-41}$$

式中，a 为单位体积填料层所提供的传质面积，不仅和填料的种类、材质、尺寸、形状及填料方式有关，而且和填料表面的湿润状况有关，还和气、液性质及流动状态有关，所以 a 值难以确定。通常把它与传质系数的乘积作为一个完整的物理量一起测定，故称体积传质系数，单位为 $\mathrm{kmol}/(\mathrm{m}^3 \cdot \mathrm{s})$，其物理意义为每秒钟每立方米填料层所能吸收溶质的千摩尔数。$K_y a$、$K_x a$、$k_y a$、$k_x a$ 都是体积传质系数。

2. 传质单元数和传质单元高度

以式(7-38)为例，填料层高度是 $\dfrac{G}{K_y a}$ 与 $\displaystyle\int_{y_2}^{y_1} \frac{\mathrm{d}y}{y - y^*}$ 两部分的乘积。$\displaystyle\int_{y_2}^{y_1} \frac{\mathrm{d}y}{y - y^*}$ 为一个无单位的数，称为传质单元数，以 N_{OG} 表示。$\dfrac{G}{K_y a}$ 的单位为 m，称为传质单元高度，以 H_{OG} 表示。所以

填料层高度＝传质单元高度×传质单元数

即

$$h = H_{OG} N_{OG}$$

1)传质单元数

在填料层中，若吸收推动力($y - y^*$)的平均值表示以($y - y^*$)$_m$ 表示，则

$$N_{\mathrm{OG}} = \int_{y_2}^{y_1} \frac{\mathrm{d}y}{y - y^*} = \frac{1}{(y - y^*)_{\mathrm{m}}} \int_{y_2}^{y_1} \mathrm{d}y = \frac{y_1 - y_2}{(y - y^*)_{\mathrm{m}}}$$

传质单元数的物理意义为：气体通过填料层溶质浓度的变化量对于平均推动力的倍数。假设有一段填料层，气体通过后溶质浓度改变了 Δy，此段内的平均吸收推动力为 $(y - y^*)_{\mathrm{m}}$，若恰好 $\Delta y = (y - y^*)_{\mathrm{m}}$，即 $\dfrac{\Delta y}{(y - y^*)_{\mathrm{m}}} = 1$，则把这段填料层称为一个传质单元。填料层进出口溶质浓度变化越大，或平均传质推动力越小，所包含的传质单元数越多。

由于传质单元数 N_{OG} 只和气体进出口浓度 y_1、y_2 及平衡浓度 y^* 有关，而和设备形式、填料性能以及操作条件等无关。因此，在选择设备形式和填料前，即可进行 N_{OG} 的计算。如果 N_{OG} 数值较大，则或表明吸收剂性能较差，y^* 较高，传质推动力 $(y - y^*)$ 较小，或表明吸收要求 $(y_1 - y_2)$ 较高，此吸收任务较难完成。

2）传质单元高度

由 $h = H_{\mathrm{OG}} N_{\mathrm{OG}}$ 可得

$$H_{\mathrm{OG}} = \frac{h}{N_{\mathrm{OG}}}$$

传质单元高度 H_{OG} 的物理意义为：一个传质单元所需填料层高度，所以称为传质单元高度。

由 $H_{\mathrm{OG}} = \dfrac{G}{K_y a}$ 可知，混合气体摩尔流率 G 越大，要求吸收的溶质量越多，吸收任务难度越大，所需 H_{OG} 越高；体积传质系数 $K_y a$ 和物系性质、设备形式、填料性能及操作条件等有关，$K_y a$ 数值小，或表明设备形式、填料性能不良，或表明操作条件较差，因而所需 H_{OG} 较高。

式（7－39）、式（7－40）、式（7－41）也可写成传质单元高度和传质单元数的乘积。现将填料层高度计算式、相应的传质单元高度与传质单元数及其相互关系列入表 7－5。

表 7－5　传质单元高度和传质单元数

填料层高度计算式	传质单元高度	传质单元数	相互换算关系
$h = H_{\mathrm{OG}} N_{\mathrm{OG}}$	$H_{\mathrm{OG}} = \dfrac{G}{K_y a}$	$N_{\mathrm{OG}} = \displaystyle\int_{y_2}^{y_1} \frac{\mathrm{d}y}{y - y^*}$	$H_{\mathrm{OG}} = H_{\mathrm{G}} + \dfrac{mG}{L} H_{\mathrm{L}}$
$h = H_{\mathrm{OL}} N_{\mathrm{OL}}$	$H_{\mathrm{OL}} = \dfrac{L}{K_x a}$	$N_{\mathrm{OL}} = \displaystyle\int_{y_2}^{y_1} \frac{\mathrm{d}x}{x^* - x}$	$H_{\mathrm{OL}} = \dfrac{L}{mG} H_{\mathrm{G}} + H_{\mathrm{L}}$
$h = H_{\mathrm{G}} N_{\mathrm{G}}$	$H_{\mathrm{G}} = \dfrac{G}{k_y a}$	$N_{\mathrm{G}} = \displaystyle\int_{y_2}^{y_1} \frac{\mathrm{d}y}{y - y_i}$	$H_{\mathrm{OG}} = \dfrac{mG}{L} H_{\mathrm{OL}}$
$h = H_{\mathrm{L}} N_{\mathrm{L}}$	$H_{\mathrm{L}} = \dfrac{L}{k_x a}$	$N_{\mathrm{L}} = \displaystyle\int_{y_2}^{y_1} \frac{\mathrm{d}x}{x_i - x}$	$N_{\mathrm{OG}} = \dfrac{L}{mG} N_{\mathrm{OL}}$

表 7－5 中，H_{OG} 和 N_{OG} 称为气相总传质单元高度和气相总传质单元数；H_{OL} 和 N_{OL} 称为液相总传质单元高度和液相总传质单元数；H_{G} 和 N_{G} 称为气相传质单元高度和气相传质单元数；H_{L} 和 N_{L} 称为液相传质单元高度和液相传质单元数。

3. 传质单元数的计算方法

当稀溶液气液平衡关系服从亨利定律时,可用相平衡方程 $y=mx$ 来描述,则平衡线为直线,可用解析法计算传质单元数。现以计算气相总传质单元数 N_{OG} 为例,讨论传质单元数的计算方法。

在填料层任意截面上的传质推动力为 $(y-y^*)$,填料层底部的传质推动力为 $(y_1-y_1^*)$,填料层顶部的传质推动力为 $(y_2-y_2^*)$。

因为

$$y-y^* = y-mx$$
$$d(y-y^*) = dy-m\,dx$$

由式(7-37)得

$$dx = \frac{G}{L}dy$$

代入上式得

$$d(y-y^*) = dy-\frac{mG}{L}dy = (1-\frac{mG}{L})dy$$

$$dy = \frac{1}{1-\dfrac{mG}{L}}d(y-y^*)$$

所以

$$N_{OG} = \int_{y_2}^{y_1} \frac{dy}{y-y^*} = \frac{1}{1-\dfrac{mG}{L}}\int_{y_2-y_2^*}^{y_1-y_1^*} \frac{d(y-y^*)}{y-y^*}$$

$$N_{OG} = \frac{1}{1-\dfrac{mG}{L}}\ln\frac{y_1-y_1^*}{y_2-y_2^*} \tag{7-42}$$

1)对数平均推动法

由全塔溶质物料衡算得

$$\frac{G}{L} = \frac{x_1-x_2}{y_1-y_2}$$

由于平衡线为直线,则

$$m = \frac{y_1^*-y_2^*}{x_1-x_2}$$

所以

$$\frac{mG}{L} = \frac{y_1^*-y_2^*}{y_1-y_2}$$

将上式代入式(7-42),整理得

$$N_{OG} = \frac{y_1-y_2}{\dfrac{(y_1-y_1^*)-(y_2-y_2^*)}{\ln\dfrac{y_1-y_1^*}{y_2-y_2^*}}} \tag{7-43}$$

和 $N_{OG} = \int_{y_2}^{y_1} \dfrac{\mathrm{d}y}{y - y^*} = \dfrac{y_1 - y_2}{(y - y^*)_m}$ 对比,则

$$(y - y^*)_m = \dfrac{(y_1 - y_1^*) - (y_2 - y_2^*)}{\ln \dfrac{y_1 - y_1^*}{y_2 - y_2^*}}$$

即平均传质推动力 $(y - y^*)_m$ 为填料层底部和顶部传质推动力的对数平均值。这和换热器对数平均温度差计算方法类似。

同理可得

$$N_{OG} = \int_{x_2}^{x_1} \dfrac{\mathrm{d}x}{x^* - x} = \dfrac{x_1 - x_2}{(x^* - x)_m}$$

$$(x^* - x)_m = \dfrac{(x_1^* - x_1) - (x_2^* - x_2)}{\ln \dfrac{x_1^* - x_1}{x_2^* - x_2}}$$

2)吸收因数法

用式(7-42)和式(7-43)计算 N_{OG},都需先计算 x_1,再算出 y_1^*,然后计算 N_{OG},而吸收因数法可不用求解 x_1,直接计算 N_{OG}。

式(7-42)中

$$\dfrac{y_1 - y_1^*}{y_2 - y_2^*} = \dfrac{y_1 - mx_1}{y_2 - mx_2}$$

因

$$x_1 = \dfrac{G}{L}(y_1 - y_2) + x_2$$

所以

$$\dfrac{y_1 - y_1^*}{y_2 - y_2^*} = \dfrac{y_1 - mx_2 - \dfrac{mG}{L}(y_1 - y_2)}{y_2 - mx_2} = \dfrac{(1 - \dfrac{mG}{L})y_1 + \dfrac{mG}{L}y_2 - mx_2}{y_2 - mx_2}$$

上式最右侧分子中加入 $\left(\dfrac{m^2 G}{L}x_2 - \dfrac{m^2 G}{L}x_2 \right)$,整理得

$$\dfrac{y_1 - y_1^*}{y_2 - y_2^*} = (1 - \dfrac{mG}{L})\dfrac{y_1 - mx_2}{y_2 - mx_2} + \dfrac{mG}{L}$$

将上式代入式(7-42),得

$$N_{OG} = \dfrac{1}{1 - \dfrac{mG}{L}} \ln \left[\left(1 - \dfrac{mG}{L} \right) \dfrac{y_1 - mx_2}{y_2 - mx_2} + \dfrac{mG}{L} \right]$$

令 $A = \dfrac{L}{mG}$,其几何意义为操作线斜率 $\dfrac{L}{G}$ 与平衡线斜率 m 之比。A 值大说明:或者 m 值小,为易溶气体吸收;或者液气比 $\dfrac{L}{G}$ 大,因而操作线和平衡线之间距离很远,传质推动力大,有利于吸收。因此,A 称为吸收因数,而 A 的倒数 $\dfrac{1}{A}$ 则称为脱吸因数,$\dfrac{1}{A}$ 大,有利于脱吸。

$$\dfrac{mG}{L} = \dfrac{1}{A}$$

则

$$N_{OG} = \frac{1}{1-\frac{1}{A}}\ln\left[\left(1-\frac{1}{A}\right)\frac{y_1-mx_2}{y_2-mx_2}+\frac{1}{A}\right] \qquad (7-44)$$

上式包含 N_{OG}、$\frac{1}{A}$ 及 $\frac{y_1-mx_2}{y_2-mx_2}$ 三个无量纲量。在半对数坐标系上,以 $\frac{1}{A}$ 为参变量,标绘出 N_{OG}

和 $\frac{y_1-mx_2}{y_2-mx_2}$ 的关系,可得到图 7-20。利用此图进行计算十分简捷,但准确性稍差。

因为

$$N_{OL} = \frac{N_{OG}}{A}$$

代入式(7-44),可得

$$N_{OL} = \frac{1}{A-1}\ln\left[\left(1-\frac{1}{A}\right)\frac{y_1-mx_2}{y_2-mx_2}+\frac{1}{A}\right] \qquad (7-45)$$

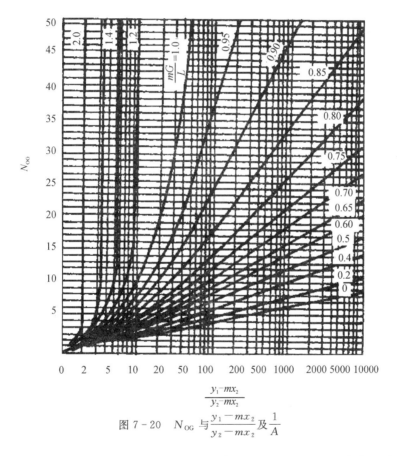

图 7-20 N_{OG} 与 $\frac{y_1-mx_2}{y_2-mx_2}$ 及 $\frac{1}{A}$

例 7-6 空气和丙酮蒸气的混合气含丙酮 3%(摩尔分数),在填料塔中用清水吸收丙酮,要求回收率 98%。已知混合气入塔流率为 0.02 kmol/(m² · s),温度为 20 ℃,操作压力为 101.3 kPa,此时气液平衡关系可以用 $y=1.75x$ 表示,体积传质系数 $K_y a$ 为 0.016 kmol/(m³ · s)。若出塔水溶液中的丙酮浓度为饱和浓度的 70%,求所需水量及填料层高度。

解: 回收率 η 定义为

$$\eta = \frac{\text{被吸收的溶质量}}{\text{进塔气体的溶质量}} = \frac{G_1 y_1 - G_2 y_2}{G_1 y_1}$$

式中,G_1 与 G_2 为气体进出口流率。对于低浓度气体吸收,$G_1 = G_2 = G$,所以

$$\eta = \frac{y_1 - y_2}{y_1} = 1 - \frac{y_2}{y_1}$$

$$y_2 = (1 - \eta) y_1$$

$$y_2 = (1 - 0.98) \times 0.03 = 6.0 \times 10^{-4}$$

$$x_1 = 0.7 x_1^* = 0.7 \times (y_1 / 1.75) = 0.7 \times \frac{0.03}{1.75} = 0.012$$

根据溶质物料衡算求清水用量 L,

$$L(x_1 - x_2) = G(y_1 - y_2)$$

所以

$$L = \frac{G(y_1 - y_2)}{x_1 - x_2} = \frac{0.02 \times (0.03 - 6 \times 10^{-4})}{0.012 - 0} = 0.049 \ [\text{kmol}/(\text{m}^2 \cdot \text{s})]$$

现应用两种方法分别计算填料层高度 h。

(1)对数平均推动力法。

塔底

$$y_1 - y_1^* = y_1 - m x_1 = 0.03 - 1.75 \times 0.012 = 9 \times 10^{-3}$$

塔顶

$$y_2 - y_2^* = y_2 - m x_2 = 6 \times 10^{-4} - 0 = 6 \times 10^{-4}$$

对数平均值

$$(y - y^*)_m = \frac{9 \times 10^{-3} - 6 \times 10^{-4}}{\ln \frac{9 \times 10^{-3}}{6 \times 10^{-4}}} = 3.102 \times 10^{-3}$$

$$N_{OG} = \frac{y_1 - y_2}{(y - y^*)_m} = \frac{0.03 - 6 \times 10^{-4}}{3.102 \times 10^{-3}} = 9.48$$

$$H_{OG} = \frac{G}{K_y a} = \frac{0.02}{0.016} = 1.25 \ (\text{m})$$

$$h = H_{OG} \times N_{OG} = 1.25 \times 9.48 = 11.85 \ (\text{m})$$

(2)吸收因数法。

液气比

$$\frac{L}{G} = \frac{0.049}{0.02} = 2.45$$

脱吸因数

$$\frac{1}{A} = \frac{mG}{L} = \frac{1.75}{2.45} = 0.7143$$

$$\frac{y_1 - m x_2}{y_2 - m x_2} = \frac{0.03}{6 \times 10^{-4}} = 50$$

代入式(7-44),得

$$N_{OG} = \frac{1}{1 - 0.7143} \ln [(1 - 0.7143) \times 50 + 0.7143] = 9.48$$

可见,吸收因数法与对数平均推动力法计算结果相同。

若查图7-20,得 $N_{OG} \approx 9.5$。

$$h = H_{OG} \times N_{OG} = 1.25 \times 9.5 = 11.88 \ (\text{m})$$

查图结果与计算也基本一致。

3)图解积分法

由于对数平均推动力法和吸收因数法计算传质单元数都是建立在稀溶液服从亨利定律(即平衡线为直线)的基础上的,因此当平衡线不为直线时,不能用上述两法。虽然操作线为直线,但两线间的距离即传质推动力处处不相等,如图7-21(a)所示,此时,气相总传质单元数积分式 $N_{OG} = \int_{y_2}^{y_1} \dfrac{\mathrm{d}y}{y - y^*}$ 的值等于图7-21(b)中曲线下的阴影面积,可用图解积分法求取。

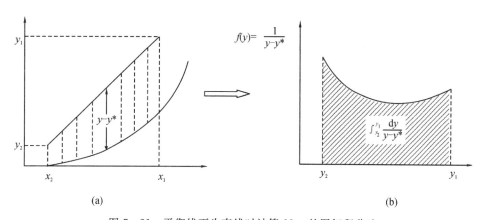

图7-21 平衡线不为直线时计算 N_{OG} 的图解积分法

如图7-21(a)所示,在 y_1 和 y_2 之间的操作线上选取若干点,每一点代表塔内某一截面上气液两相的组成。分别从每一点作垂线,与平衡线相交,求出各点的传质推动力$(y-y^*)$和$1/(y-y^*)$。以 $1/(y-y^*)$ 对 y 作图,图7-21(b)中曲线下的阴影面积即为 N_{OG} 值。

这里要注意,对于高浓度气体(溶质摩尔分数超过10%)的吸收,由于在填料吸收塔内被吸收的溶质量较多,气体和液体的摩尔流量(G,L)沿塔高将有明显变化,不能再视为常量;同时由于气体流动状况和气体浓度沿塔高变化较大,因而气相传质系数将随塔高而变,亦不能再视为常量。因此,填料层高度的计算不能再按照低浓度气体吸收的相关方法进行计算。

▷ 7.5.8 填料塔附属构件

在填料塔的设计中,除了正确进行填料层本身的计算外,一些附属构件的设计也很重要,否则容易造成气液分布不均匀,严重影响效率,或者由于附属构件的阻力过大,影响塔的处理能力。

填料塔的附属构件主要有支承板、液体分布器、液体再分布器和除沫器等。合理选用或设计这些构件,对于保证塔的正常操作及良好性能十分重要。

1. 支承板

支承板的主要作用是支承塔内的填料,安装在填料底部。对支承板的基本要求是:应有足够的机械强度,以支承上面填料及其所持液体的重量;提供足够大的自由截面积,尽量减小气液两相的流动阻力,以免首先在支承板上发生液泛,成为限制生产能力的薄弱环节;便于安装,拆卸方便。

填料不同,使用的支承装置也不一样,目前广泛应用的主要是栅板型和气液分流型两类。

对于散装填料最简单的支承装置为栅板型,如图7-22所示。栅板由扁钢条和扁钢圈焊接而成,结构简单,制造方便。塔径较小时,采用整块式栅板:塔径 $D \leqslant 350$ mm 时,栅板直接焊在塔壁上;塔径 $D = 400 \sim 500$ mm 时,栅板需搁置在焊接于塔壁的支持圈上。塔径较大时,宜采用分块式栅板:塔径 $D = 600 \sim 800$ mm 时,栅板由两块组成;塔径 $D = 900 \sim 1200$ mm 时,栅板由三块组成;塔径 $D = 1400 \sim 1600$ mm 时,栅板由四块组成。不管栅板分为几块,均需将其搁置在焊接于塔壁的支持圈或支持块上。

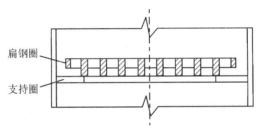

图 7-22 栅板结构简图

气液分流型支承装置是高通量低压降的支承装置,其中的升气管式支承装置如图7-23(a)所示,将位于支承板上的升气管上口封闭,管壁上开长孔,气体分布较好,液体从支承板上的孔中排出,特别适用于散装填料和塔体用法兰连接的小塔。驼峰式(梁型)支承装置如图7-23(b)所示,是目前最好的散装填料支承装置。这种类型的支承板可以提供超过 100% 的自由截面,更重要的是由于支承板凹凸的几何形状,填料装入后,仅有一小部分驼峰上的条形开孔被填料所堵塞,从而保存了足够大的有效自由截面,因此新型填料塔中广泛采用了这种结构(一般适用于直径 1.5 m 以上的大塔)。

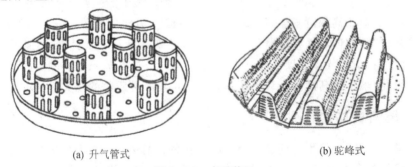

(a) 升气管式　　　　　　　　　　　　　　　　(b) 驼峰式

图 7-23 支承装置

2. 液体分布器

液体分布器的作用是把液体均匀地喷淋在填料层的顶部,使填料层内填料表面得以充分润湿,改善气液传质的基础。为此,要求液体分布器能提供足够多的均匀分布的喷淋点,且各喷淋点的喷淋液量相等,以保证液体初始分布均匀。液体分布器的安装位置一般高于填料层表面 150~300 mm,以提供足够的自由空间,让上升气流不受约束地穿过分布器。液体分布器的结构形式很多,目前常用的主要是多孔型和溢流型两类,主要根据塔径的大小选用。

1)莲蓬式喷洒器

如图 7-24 所示,喷头的下部为半球形,喷头直径 d 为塔径 D 的 1/3~1/5;球面半径为 $(0.5~1.0)d$;喷洒角 $\alpha \leqslant 80°$;喷洒外圈距塔壁 X 为 70~100 mm;喷头高度 y 为 $(0.5~1.0)D$;喷头上小孔直径为 3~10 mm,常作同心圆排列。这种喷洒器的优点是结构简单,缺点是小孔容易堵塞,因而不适于喷洒污浊液体。它一般用于直径 600 mm 以下的塔中。

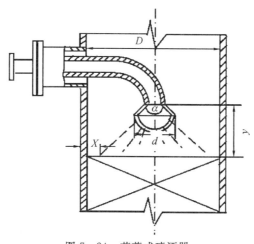

图 7-24 莲蓬式喷洒器

2)排管式喷淋器

排管式喷淋器是目前应用较为广泛的分布器,液体引入排管喷淋器的方式有两种:一种是由垂直的中心管引入液体,如图 7-25(a)所示,经水平主管通过支管上的小孔喷淋;另一种是由水平主管一侧(或两侧)引入,如图 7-25(b)所示,通过支管上的小孔向填料层喷淋。

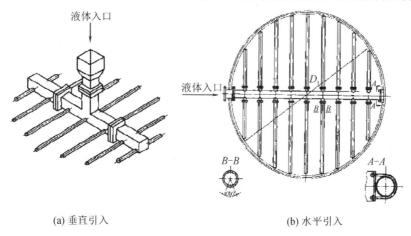

(a) 垂直引入   (b) 水平引入

图 7-25 管式布液器

3)溢流型布液装置

溢流型布液器的工作原理与多孔型不同,进入布液器的液体超过堰口高度时,依靠液体的自重通过堰口流出,并沿着溢流管(槽)壁呈膜状流下,淋洒至填料层上。溢流型布液装置是目前广泛应用的分布器,特别适用于大型填料塔。它的优点是操作弹性大、不易堵塞、操作可靠和便于分块安装等。

溢流型布液器主要有溢流槽式(齿槽式)和溢流盘式(筛孔盘式)两种结构形式,如图7-26所示。

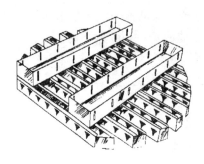

(a) 齿槽式   (b) 筛孔盘式

图 7-26　溢流型布液装置

3. 液体再分布器

实践表明,当喷淋液体沿填料层向下流动时,不能保持喷淋装置所提供的原始分布状态,液体有向塔壁流动的趋势,称为向壁偏流。这样,当填料层过高时,其下部将有大量液体沿壁流下,填料层内液体减少,不能充分润湿填料表面,降低气液传质效率。在小塔中,由于单位截面积的周边较长,向壁偏流的现象更为显著。为减轻液体向壁偏流的危害,当填料层较高时,将填料层分段,段间设置液体再分布器,将沿壁流下的液体导向中央,使液体在填料层内重新均匀分布。每段填料层的高度与填料类型及塔径有关。对于拉西环填料,因液体向壁偏流的现象严重,每段填料层的高度为塔径的2.5~3倍;而对于鲍尔环及鞍形填料,因液体向壁偏流的现象较轻,每段填料层高度可大些,为塔径的5~10倍;但通常每段填料层高度最多不超过6 m。常用液体再分布器主要有两种结构,截锥式和升气管式。

1)截锥式液体再分布器

图 7-27 所示为两种截锥式液体再分布器。其中图(a)的结构简单,它是将截锥焊在塔壁

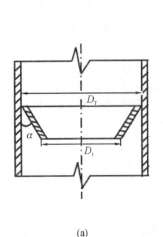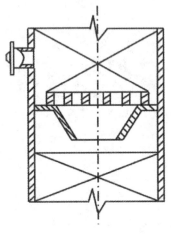

(a)   (b)

图 7-27　截锥式液体再分布器

上,截锥上、下仍能充满填料。图(b)的结构是在截锥上方加设支承板,截锥下面要隔一段距离再装填料,当考虑分段装卸填料时,可采用这种再分布器。截锥体与塔壁的夹角 α 一般为 $35°\sim45°$,截锥下口直径 D_1 约为塔径 D_T 的 $(0.7\sim0.8)$ 倍。截锥式液体再分布器结构简单,常用于小塔。

2)升气管式液体再分布器

升气管式液体再分布器结构和升气管式支承板类似,常用于大塔中。

对于整砌填料,因为液体沿竖直方向流下,没有向塔壁偏流的现象,所以整砌填料不需分段安装,也不必安装液体再分布器。但是,整砌填料也无均布液体的能力,因而要求塔顶喷淋液体必须严格均匀分布。

4.除沫器

当空塔气速较大,塔顶溅液现象严重,以及工艺过程不允许出塔气体夹带雾滴的情况下,可设置除沫器,从而减少液体的夹带损失,确保气体的纯度,保证后续设备的正常操作。

常用的除沫装置有折板除沫器、丝网除沫器,以及旋流板除沫器。丝网除沫器是广泛使用的一种除沫器,如图 7-28 所示。网用金属丝或塑料丝等编织而成,材料有镀锌铁丝网、不锈钢丝网、尼龙丝网以及聚四氟乙烯丝网等。丝的直径为 $0.1\sim0.25$ mm。丝网多层叠放,丝网层的厚度 H 一般为 $100\sim150$ mm,压降小于 250 Pa。丝网除沫器的直径 D_1 取决于气体体积流量和选定的流速,可除去大于 5 μm 的液滴,效率可达 $98\%\sim99\%$,但不宜用于液滴中含有固体物质的场合,以免产生堵塞现象。

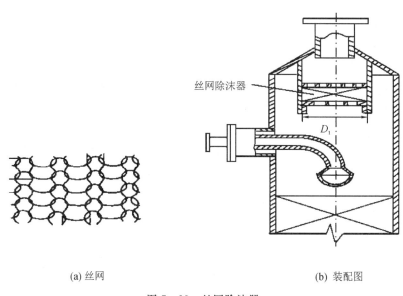

(a) 丝网　　　　　　　　　　　　(b) 装配图

图 7-28　丝网除沫器

习　　题

7-1　空气和二氧化碳的混合气中含二氧化碳 30%(体积),在 30 ℃ 及 101.3 kPa 压力下用清水吸收其中二氧化碳,试求水中二氧化碳理论上的最大浓度,分别以摩尔分数、kmol/m³ 和 kg/m³ 表示。

7-2 试求在温度为 10 ℃ 及总压力为 101.3 kPa 条件下，与空气(空气中氧的体积分数为 21%)接触的水中，氧的最大浓度为多少？分别以摩尔分数和 g/m^3 表示。

7-3 在常压 25 ℃ 下测得氨在水中平衡数据为：组成为 1 g NH_3/100 g H_2O 的氨水上方的平衡分压为 520 Pa。在该组成范围内相平衡关系符合亨利定律。试求亨利系数 E、溶解度系数 H 及相平衡常数 m。稀氨水密度可近似取 1000 kg/m^3。

7-4 二氧化硫与水在 20 ℃ 的平衡关系为：

SO_2/100 g 水	0.02	0.05	0.10	0.15	0.2	0.3	0.5	0.7	1.0
SO_2 分压力/Pa	66.7	160	427	773	1135	1185	3465	5198	7863

试换算成总压力 100 kPa 下的 x-y 关系，并在 x-y 坐标图上绘出平衡曲线。

7-5 在总压力为 101.3 kPa 下用水吸收氯气，塔内气液两相逆流接触，进入塔底的气体混合物中含氯 1%(体积)，塔底出口的水中含氯浓度为 $0.8×10^{-5}$(摩尔分数)。试求塔底温度为 20 ℃ 和 40 ℃ 两种温度下的塔底的吸收推动力，分别以 x^*-x 和 y^*-y 表示。

7-6 含二氧化碳 5.0%(体积)的空气，在总压力 1200 kPa、温度 30 ℃ 条件下，与含二氧化碳 1.0 kg/m^3 的水相遇，试判断过程是吸收还是脱吸，并计算以分压力差表示的过程推动力。

7-7 在吸收塔内用水吸收混于空气中的低浓度甲醇，所得稀甲醇水溶液的平衡关系服从亨利定律。已知塔内某截面上气相中甲醇的分压力为 5 kPa，液相中甲醇的浓度为 2.11 $kmol/m^3$，操作温度 27 ℃ 下的溶解度系数 $H=1.955$ $kmol/(m^3 \cdot kPa)$，相际传质系数 $K_G=0.041$ $kmol/(m^2 \cdot h \cdot kPa)$，计算该截面上的吸收速率。

7-8 空气中含少量氨，在 101.3 kPa 及 20 ℃ 下用水吸收，气液平衡关系服从亨利定律。已知：溶解度系数 $H=1.5$ $kmol/(m^3 \cdot kPa)$；气相传质系数 $k_G=3.15×10^{-6}$ $kmol/(m^2 \cdot s \cdot kPa)$；液相传质系数 $k_L=1.81×10^{-4}$ $kmol/[m^2 \cdot h \cdot (kmol/m^3)]$。试求相际传质系数 K_G、K_y、K_L 及 K_x。

7-9 已知某低浓度气体吸收时，平衡关系服从亨利定律，气膜传质分系数为 $3.15×10^{-7}$ $kmol/(m^2 \cdot s \cdot kPa)$，液膜传质分系数为 $5.86×10^{-5}$ m/s，溶解度系数为 1.45 $kmol/(m^3 \cdot kPa)$。试求气膜阻力、液膜阻力和总阻力，并分析该吸收过程的控制步骤。

7-10 采用填料塔用铵盐溶液吸收含有低浓度二氧化硫的空气，填料选用 25 mm 陶瓷拉西环，填料层高度 8 m。已知操作条件下，混合气流量为 3000 m^3/h，气体密度为 1.28 kg/m^3；吸收剂流量为 14000 kg/h，密度为 1230 kg/m^3，黏度为 2.5 $mN \cdot s/m^2$。试求：适合的塔径及填料层的压降。

7-11 有一填料塔，装填 50 mm 陶瓷矩鞍填料，于 101.3 kPa 及 30 ℃ 下用水吸收空气中低浓度污染物，水的质量流速为 100000 $kg/(m^2 \cdot h)$，混合气质量流速为 5000 $kg/(m^2 \cdot h)$，混合气和溶液由于含污染物浓度较稀，其气、液性质可按空气和水的性质处理。试计算说明在操作条件下，该填料塔是否发生液泛及每米填料层的压力降。

7-12 某填料塔的直径为 0.6 m，内装 25 mm 陶瓷拉西环，填料层高 4 m，用于 101.3 kPa 及 20 ℃ 下低浓度气体吸收操作。若气、液性质分别与水、空气相同，液相质量流速为 6.5 $kg/(m^2 \cdot s)$，气相质量流速为 0.5 $kg/(m^2 \cdot s)$，试求该填料塔的压降。若气量维持不变，试计算液体体积流量增加至多大时开始发生液泛现象。

7-13 空气和氨气的混合气中含氨2%(体积),拟用逆流吸收以回收其中95%的氨,混合气流率为0.0139 kmol/(m²·s),塔顶淋入浓度为0.04%(摩尔分数)的稀氨水溶液,设计采用的液气比为最小液气比的1.5倍,操作条件下气液平衡关系为 $y^* = 1.2x$,体积传质系数 $K_y a = 0.052$ kmol/(m³·s)。试求:(1)吸收剂摩尔流率;(2)吸收液出塔浓度;(3)全塔的平均推动力 Δy_m;(4)填料层高度。

7-14 用纯溶剂对低浓度混合气作逆流吸收,以回收其中的溶质,物系的平衡关系服从亨利定律,吸收剂用量为最小用量的1.2倍。已知传质单元高度 $H_{OG} = 1.0$ m,试求回收率为0.90和0.99两种情况下所需填料层高度。

7-15 采用填料吸收塔逆流操作,用煤油吸收含苯废气中的苯,要求回收率98%。已知入塔混合气流率为0.015 kmol/(m²·s),含苯2%,入塔的煤油中含苯0.02%(均为摩尔分数),吸收剂用量为最小量的1.5倍,操作条件下平衡关系为 $y^* = 0.36x$,体积传质系数 $K_y a = 0.015$ kmol/(m³·s),试求所需填料层高度。

7-16 气体混合物中溶质的浓度为2%(体积),要求回收率为95%,气液平衡关系为 $y^* = 1.0x$,求下列情况下的传质单元数 N_{OG}:

(1)入塔液体为纯溶剂,液气比 $L/G = 2.0$;

(2)入塔液体为纯溶剂,液气比 $L/G = 1.25$;

(3)入塔液体中含溶质的浓度 $x_2 = 0.0001$(摩尔分数),液气比 $L/G = 1.25$。

7-17 某厂吸收塔的填料层高度3 m,用纯溶剂逆流等温吸收尾气中的有害组分。入塔气体中有害组分的含量为0.04(摩尔分数,下同),出塔气体中有害组分含量为0.008,出塔液体中有害组分含量为0.03。已知操作范围内相平衡关系为 $y = 0.8x$。

(1)填料塔的气相总传质单元高度 H_{OG} 为多少?

(2)原塔操作液气比为最小液气比的多少倍?

(3)现要求排放气体中有害组分含量为0.04,拟通过增加塔高以使出口气体达标,若液气比不变,填料层总高应为多少?

7-18 某填料塔填料层高2.7 m,在101.3 kPa压力下,用清水逆流吸收混合气中的氨,混合气入塔流率为0.04 kmol/(m²·s),含氨2%(体积),清水的喷淋密度为0.02 kmol/(m²·s),操作条件下气液平衡关系服从亨利定律,亨利系数为60 kPa,体积传质系数 $K_y a = 0.1$ kmol/(m³·s),试求排出气体中氨的浓度。

7-19 某填料吸收塔逆流吸收混合气中的溶质,采用的液气比为3,吸收剂入塔时含溶质浓度为0.02%(摩尔分数,下同),气体入塔浓度为1%,溶质回收率可达90%。今因脱吸不良,使吸收剂入塔浓度升至0.035%,则溶质回收率下降至多少?已知操作条件下,物系的平衡关系为 $y^* = 2x$。

7-20 某厂有一填料吸收塔,塔径1.2 m,所用填料为50 mm陶瓷拉西环,填料层高度5 m,用清水吸收混合气中的丙酮,混合气含丙酮4%(体积),塔顶排出的气体含丙酮0.3%(体积),塔底吸收液每千克含丙酮60 g。塔内压力为101.3 kPa,温度为25 ℃,操作条件下,混合气量为2250 m³/h,气液平衡关系为 $y^* = 2x$。试求:(1)该塔传质单元高度 H_{OG} 及体积传质系数 $K_y a$;(2)每小时回收的丙酮量 W。

本章主要符号说明

a——比表面积,m^2/m^3;

C——液相摩尔浓度,$kmol/m^3$;

C_T——液相总摩尔浓度,$kmol/m^3$;

D——填料塔内径,m;

E——亨利系数,kPa;

G——气相摩尔流率,$kmol/(m^2 \cdot s)$;

g——重力加速度,9.81 m/s^2;

H——溶解度系数,$kmol/(Pa \cdot m^3)$;

H'——亨利系数,$(Pa \cdot m^3)/kmol$;

H_{OG}——气相总传质单元高度,m;

H_{OL}——液相总传质单元高度,m;

H_G——气相传质单元高度,m;

H_L——液相传质单元高度,m;

K_G——以$(p-p^*)$为推动力的总传质系数,$kmol/(m^2 \cdot s \cdot kPa)$;

K_y——以$(y-y^*)$为推动力的总传质系数,$kmol/(m^2 \cdot s)$;

K_L——以液相摩尔浓度差(C^*-C)为推动力的总传质系数,m/s;

K_x——以液相摩尔分率差(x^*-x)为推动力的总传质系数,$kmol/(m^2 \cdot s)$;

k_G——以$(p-p_i)$为推动力的气相传质分系数,$kmol/(m^2 \cdot s \cdot kPa)$;

k_y——以$(y-y_i)$为推动力的气相传质分系数,$kmol/(m^2 \cdot s)$;

k_L——以(C_i-C)为推动力的液相传质分系数,m/s;

k_x——以(x_i-x)为推动力的液相传质分系数,$kmol/(m^2 \cdot s)$;

L——液相摩尔流率,$kmol/(m^2 \cdot s)$;

M——摩尔质量,kg/kmol;

m——相平衡常数,无量纲;

N——传质(吸收)速率,$kmol/(m^2 \cdot s)$;

N_{OG}——气相总传质单元数,无量纲;

N_{OL}——液相总传质单元数,无量纲;

N_G——气相传质单元数,无量纲;

N_L——液相传质单元数,无量纲;

p——溶质在气相的分压,kPa;

S——空塔横截面积,m^2;

u——空塔气速,m/s;

u_F——泛点气速,m/s;

V——气体和液体的体积流量,m^3/h 或 m^3/s;

W——质量流量,kg/s 或 kg/h;

X——液相摩尔比浓度,kmol/kmol;

x——液相摩尔分率;

Y——气相摩尔比浓度,kmol/kmol;

y——气相摩尔分率;

ε——空隙率;

ρ——密度,kg/m^3;

μ_L——黏度,$mPa \cdot s$;

ϕ——填料因子,m^{-1};

ψ——液体密度校正系数;

通用性上下标:

A——可溶组分;

B——惰性组分;

*——平衡状态;

i——气液界面;

min——最小;

max——最大;

s——溶剂;

m——平均;

G——气相;

L——液相。

第8章

干 燥

第7章从传质过程的角度分析了过程速率和过程计算,但并未涉及传热速率对过程的影响。生产实践中的某些过程,热、质传递同时进行,热、质传递的速率相互影响。本章以干燥为例,学习热、质同时传递过程的分析、计算。

8.1 概述

环境工程中,常需要从湿的固体物料中除去水或其他液体湿分(有机溶剂),例如活性炭吸附法处理废水脱附后废活性炭的脱水、干燥;废水处理中活性污泥的脱水、干燥;废触媒的干燥、再生;以及环境工程中回收产品的干燥等。这种单元操作过程通常称为"去湿"。

去除固体物料中湿分的方法可分为以下几种:

①机械去湿:当物料水分含量较大时,可先用过滤或离心分离的方法去除大部分湿分。

②吸附去湿:用某种平衡水气分压很低的干燥剂(如 $CaCl_2$、硅胶等)与湿物料并存,使湿物料中水分经气相而转入干燥剂内。

③供热干燥:利用热能使湿物料的水或其他湿分汽化从而去除。通常湿物料为固体,干燥一般指固体物料的干燥。干燥过程中产生的湿分蒸气通常由气流带走,带走湿分的气体称为干燥介质。固体干燥是一种典型的气-固相传质过程。

按照干燥操作过程中压强的不同,干燥可分为常压干燥与真空干燥。按照操作方式不同,干燥可分为连续式干燥和间歇式干燥。按照供给热能的方式,可将干燥分为以下几种:

①对流干燥:使干燥介质直接与湿物料接触,热能以对流的方式加进物料,产生的蒸气被干燥介质所带走。

②传导干燥:热能通过传热壁面以传导方式加热物料,产生的蒸气被干燥介质带走,或用真空泵排出,如滚筒干燥。

③辐射干燥:辐射器产生的辐射能以电磁波形式到达湿物料表面,被湿物料吸收而转变为热能,从而使湿分汽化,如红外线干燥。

④介电加热干燥:将需要干燥的湿物料置于高频电场内,依靠电能加热物料并使湿分汽化,如微波干燥等。

此外,还有由上述两种或三种方式组成的联合干燥过程。

在环境工程中常见的为常压下的对流干燥,故本章以对流干燥为讨论重点。

干燥过程的机理较复杂,因为它是一个同时进行传热与传质的过程。图8-1为对流干燥过程的机理示意图。

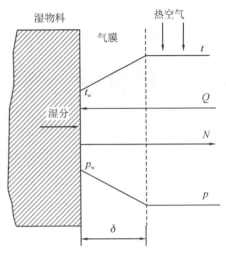

被预热的空气以一定流速通过湿物料的表面,热空气与湿物料表面之间存在温度差($t-t_w$),热量自热空气传递给湿物料,湿物料被加热。

湿物料表面湿分与热空气中的湿分之间存在压力差(p_w-p),湿分自湿物料表面通过气膜(厚度为δ)向气流主体扩散;由于湿物料受热,表面水分汽化后,物料内部与表面间产生湿分差,又发生物料内部湿分向表面扩散的过程,直至物料中的湿分减少到一定程度,即物料被干燥。热空气在该过程中不仅是一个载热体,而且是一个载湿体。

图8-1 热空气与湿物料间的传热和传质

通常用作干燥介质的气体主要是空气,其次是烟道气。烟道气常用于高温及物料对清洁度要求不高的干燥过程。本章主要讨论以热空气为干燥介质、湿分为水分的对流干燥过程。

8.2 湿空气的性质与湿度图

在我们周围的大气是干空气与水分的混合,称为湿空气。在对流干燥过程中,通常用的干燥介质是预热后的湿空气,在干燥过程的设计计算中,空气耗量、预热器耗热量、干燥时间等都涉及干燥介质的性质,因而须先了解湿空气的各种物理性质以及这些物性之间的互相关系。

➢ 8.2.1 湿空气的性质

在干燥过程中,湿空气的含水量是不断变化的,而绝对干燥空气的质量不变,因此描述湿空气性质的物理参数大都以绝干空气为基准。

1. 水蒸气分压 p_w

空气中水蒸气含量愈大,水蒸气在空气中的分压力愈大。空气中水蒸气的含量可以水蒸气的分压力表示,记做 p_w。在温度不高及低压情况下,可将湿空气作为理想气体对待。根据理想气体状态方程,有

$$\frac{n_w}{n_a}=\frac{p_w}{p_a}=\frac{p_w}{P-p_w} \tag{8-1}$$

式中,n_w 为空气的物质的量,mol;n_a 为水气与绝干空气的物质的量,mol;p_w 为水蒸气分压力,Pa;p_a 为绝干空气的分压力,Pa;P 为湿空气总压力,Pa。

2. 湿度(湿含量) H

湿空气中水蒸气质量与绝干空气质量之比称作湿空气的湿度或湿含量,记做 H,单位为 kg 水蒸气/kg 绝干空气,或简写为 kg/kg。

$$H=\frac{湿空气所含水蒸气质量}{湿空气所含绝干空气质量}=\frac{M_w n_w}{M_a n_a}=0.622\frac{p_w}{P-p_w} \tag{8-2}$$

式中,M_w为水蒸气的分子量,kg/kmol;M_a为绝干空气的平均分子量,kg/kmol。

3. 相对湿度 φ

作为载湿体的湿空气,湿度和水蒸气分压力仅能反映其中水蒸气的绝对含量,而不能表示继续容纳水分的能力,为此引入相对湿度的概念。

一定温度下,空气容纳水分的能力是有限的,这个限度就是该温度下水的饱和蒸气压力。在一定总压下,湿空气中水蒸气分压力与同温度下水的饱和蒸气压力的百分比称为相对湿度,记做 φ,即

$$\varphi = \frac{p_w}{p_s} \times 100\% \tag{8-3}$$

式中,p_s为与湿空气同温度的水的饱和蒸气压力,Pa。

显然,φ愈小,湿空气的载湿能力愈大;φ愈大,湿空气的载湿能力愈小;当$\varphi = 1$时,湿空气不能用作载湿体。

由式(8-2)、式(8-3)可得

$$H = 0.622 \frac{\varphi p_s}{P - \varphi p_s} \tag{8-4}$$

由式(8-4)可知,在一定总压力下,只要知道湿空气的相对湿度与温度,就可以求得空气的湿度。

若湿空气中水蒸气分压力等于同温度下水的饱和蒸气压力,则该湿空气呈饱和状态,其湿度称饱和湿度,记做 H_s。由式(8-4)可知:

$$H_s = 0.622 \frac{p_s}{P - p_s} \tag{8-5}$$

式(8-5)说明空气的饱和湿度是湿空气总压力与温度的函数。

例8-1 湿空气中水蒸气分压力 $p_w = 2.335$ kPa,总压力 $P = 100$ kPa。求 $t = 293$ K 时的相对湿度 φ。若空气分别加热到 323 K 和 393 K,求该两温度下的 φ 与湿度 H。

解:(1)查附录 D 得,$t = 293$ K 时,水的饱和蒸气压力 p_s 为 2.335 kPa,因而此时

$$\varphi = \frac{2.335}{2.335} \times 100\% = 100\%$$

即空气已被水蒸气饱和,不能用作载湿体。

(2)查附录 D 得,$t = 323$ K 时,水的饱和蒸气压力 $p_s = 12.34$ kPa,此时

$$\varphi = \frac{2.335}{12.34} \times 100\% = 18.9\%$$

$$H = 0.622 \frac{p_w}{P - p_w} = 0.622 \times \frac{2.335}{100 - 2.335} = 0.0149 \, (\text{kg/kg})$$

计算表明,空气温度升高后,φ值减小,这时空气可用来作为载湿体。

(3)当温度升高到 393 K,而外界总压为 100 kPa 时,水开始沸腾,此时它的最大蒸气压力为 100 kPa(等于外界总压)。在本题情形下,空气中水蒸气温度已超过水的沸点,使水蒸气处于过热状态,但其蒸气压仍为 100 kPa,不能被超过。因此,空气温度提高到 393 K 时,

$$\varphi = \frac{2.335}{100} \times 100\% = 2.33\%$$

$$H = 0.622 \frac{p_w}{P - p_w} = 0.622 \times \frac{2.335}{100 - 2.335} = 0.0149 \, (\text{kg/kg})$$

4. 湿空气的焓 I 和湿比热 C_H

湿空气的焓等于其中干空气的焓与所带水蒸气的焓之和,记做 I。以 1 kg 干空气做基准,干气体的焓以 0 ℃ 为基准,水汽的焓以 0 ℃ 液态水为基准,则湿空气的焓 I 表示为

$$I = C_g t + i_w H \tag{8-6}$$

式中,I 为湿空气的焓,kJ/kg 干空气(简写为 kJ/kg);C_g 为干空气的比热,其值为 1.01 kJ/(kg·℃);i_w 为水蒸气的焓,kJ/kg 水蒸气。

其中

$$i_w = C_w t + r_0 \tag{8-7}$$

式中,C_w 为水蒸气的比热,其值约为 1.88 kJ/(kg·℃);r_0 为水在 0 ℃ 时的汽化潜热,约为 2491 kJ/kg。

将式(8-7)代入式(8-6)中得

$$I = C_g t + (C_w t + r_0) H$$

整理后可得

$$I = (C_g + C_w H) t + r_0 H \tag{8-8}$$

式中,$(C_g + C_w H)$ 为含 1 kg 干空气的湿空气每升高 1 ℃ 所需要的热量,称为湿空气的比热(简称湿比热),记做 C_H,单位为 kJ/(kg·℃)。则式(8-8)可写作

$$I = C_H t + r_0 H \tag{8-9}$$

将相应的数值代入式(8-9),得

$$I = (1.01 + 1.88H) t + 2491H \tag{8-10}$$

此式表明,湿空气的焓分为显热和潜热两部分,在干燥过程中,只有显热部分可以利用,所以提高温度可以改善湿空气作为干燥介质的品质。

5. 湿空气的比容 υ_H

单位质量的绝干空气以及所携带水蒸气的体积之和,称作湿空气的比容(湿比容),记做 υ_H,单位为 m^3/kg 绝干空气,在 101 kPa 下,干空气的比容 υ_a 和水蒸气的比容 υ_w 分别为

$$\upsilon_a = \frac{22.4}{29} \times \frac{t}{273} = 0.773 \frac{t}{273}$$

$$\upsilon_w = \frac{22.4}{18} \times \frac{t}{273} = 1.244 \frac{t}{273}$$

式中,t 为湿空气的温度,K。

由湿空气比容 υ_H 的定义得

$$\upsilon_H = (0.773 + 1.244H) \frac{t}{273} \tag{8-11}$$

由上式可知,湿空气的比容是温度与湿度的函数,温度和湿度增加,湿比容增大。湿比容的大小将影响输送设备的尺寸和能耗的大小。显然,湿比容增大,能耗增大。

6. 绝热饱和温度 t_{as}

湿空气在绝热条件下达到饱和时所具有的温度称作该湿空气的绝热饱和温度,记做 t_{as}。

现以图 8-2 所示空气增湿塔为例予以说明。

具有初始湿度 H 和温度 t 的未饱和空气由塔底引入，若设备保温良好，与外界的热交换可以忽略，该过程可认为是在绝热条件下进行。水自塔底经循环泵送往塔顶喷淋而下，与空气逆流接触后，到达塔底再循环使用。空气在与水接触过程中，水分逐渐汽化，所需的汽化潜热只能取自空气的显热。因而空气温度逐渐下降，湿度增大，并逐渐为水汽所饱和。当此空气达到饱和时，温度不再下降，最终达到一稳定温度，这就是初始状态湿空气的绝热饱和温度，记做 t_{as}。如果气液两相在塔内充分接触，使得空气和水在塔顶达到平衡（饱和）状态，这时，空气的出口温度即为 t_{as}，湿度为 H_{as}。塔内所用循环水温度为 t_{as}，且水量很大，可认为该过程中温度不变，但需不断补充汽化的损失，补充水温度也应为 t_{as}。

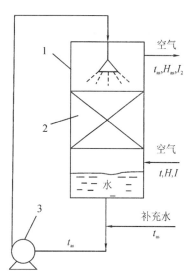

1—冷却塔；2—填料；3—循环泵。

图 8-2　绝热饱和冷却塔示意图

应当指出，在上述绝热增湿过程中，虽然空气将其部分显热传给了水分，但水分吸收了显热汽化后又进入空气，即以等量的潜热形式又带回空气中，所以尽管空气的温度和湿度在该过程中发生了变化，但焓值基本不变，这种绝热增湿过程可视为一个等焓过程（严格说来，湿空气在绝热增湿过程终了，焓略有增加，其增量为所加入水分在 t_{as} 温度下的显热）。据以上分析可知，达到稳定状态时，空气释放出的显热恰好用于水分汽化所需的潜热，故

$$C_H t - C_{Has} t_{as} = (H_{as} - H) r_{as} \qquad (8-12)$$

式中，C_{Has} 为湿空气在 H_{as} 时的比热容，kJ/(kg·℃)；r_{as} 为水分在 t_{as} 温度下的汽化潜热，kJ/kg。

因为 $H \ll 1$、$H_{as} \ll 1$，所以湿比热 C_H 与 C_{Has} 可视为不随湿度而变，二者近似相等，则式（8-12）可写为

$$C_H(t - t_{as}) = (H_{as} - H) r_{as} \qquad (8-13)$$

式（8-13）左端为湿空气放出的显热，右端为水分汽化所需而带回空气的潜热，二者近似相等。整理式（8-13）可得

$$t_{as} = t - \frac{r_{as}}{C_H}(H_{as} - H) \qquad (8-14)$$

由（8-14）式可知，绝热饱和温度是湿空气初始状态时温度与湿度的函数，即空气的 t、H 一定时，必有一对应的 t_{as} 值。反之，若知道空气的 t_{as} 与初始温度 t，则可求得 t 温度下的湿度 H。

7. 空气的干球温度 t

用普通温度计测得的湿空气温度是其真实温度，为避免与下面出现的湿球温度相混，称这样测得的温度为干球温度，简称温度，记为 t。

8. 湿球温度 t_w

如图 8-3(a)所示，用始终保持湿润的纱布包裹普通温度计的感温球，这种温度计称为湿

球温度计。若将湿球温度计置于一定温度和湿度的空气流中,达到平衡或稳定时的温度称为该空气的湿球温度。

1)湿球温度的测定机理

当湿球温度计开始与湿度为 H 的大量未饱和空气接触时,假定该气流与湿纱布中水分的温度相同,均为 t。紧贴湿纱布表面的一薄层空气可认为被水蒸气所饱和,其湿度为 t 温度下的饱和湿度 H_s,这样在此层空气与气流主体间存在浓度差,便发生水蒸气向气流主体扩散的过程,如图 8-3(b)所示。

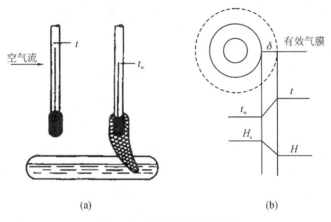

图 8-3　湿球温度计的原理

因为扩散,湿纱布表面薄层空气的湿度降低,湿纱布中的水分便继续汽化。因湿空气流量大,汽化水分对其影响可忽略不计,湿空气流的湿度 H 与温度 t 基本不变,这样将继续发生水气自湿纱布表面向空气流的扩散过程与水分的汽化过程。水分汽化的热量只能来自水分本身,因而使水温下降。这样在气流与湿纱布间有了湿度差,便会发生自气流向湿纱布的热量传递。随着湿纱布中水分的不断汽化,水温不断降低,传热推动力便不断增大,传热速率也不断增加;另外,随着水温的不断降低,湿纱布表面薄层空气的饱和湿度也逐渐降低,使传质推动力逐渐减小,传质速度逐渐减低。这样,湿纱布表面水分的汽化速度也逐渐变慢,单位时间内水分汽化所需的热量也逐渐减少,水温的下降速度也逐渐降低。直到某一时刻,单位时间内水分汽化所需的热量与气流在单位时间内传递给水分的热量相等时,水分的温度便不再下降,湿纱布包着的感温球的温度就保持恒定,此时湿球温度计指示的平衡温度就是该空气的湿球温度,记做 t_w。

达到湿球温度时的状态是质量传递和热量传递同时达到平衡的状态,也是质量传递过程中所需热量(汽化)与热量传递过程中供给的热量达到平衡的状态,有人称之为质热平衡。

当达到质热平衡时,有如下的传热方程和传质方程:

$$Q = qA = \alpha(t - t_w)A \qquad (8-15)$$

式中,Q 为传热量,kW;q 为传热速率,W/m²;α 为对流传热系数,kW/(m²·K);A 为空气与湿纱布接触的表面积,m²。

$$M = NA = K_H(H_{ws} - H)A \qquad (8-16)$$

式中,M 为传质量,kg/s;N 为传质速率 kg/(m²·s);K_H 为以湿度差为推动力的传质系数,

$kg/(m^2 \cdot s \cdot \Delta H)$；$H_{ws}$ 为湿球温度时紧邻湿纱布表面薄层空气的饱和湿度，kg/kg 绝干空气。

在达到上述动态平衡时，质量传递与热量传递又有如下关系：

$$Q = M r_w \tag{8-17}$$

式中，r_w 为湿球温度下水分的汽化潜热，kJ/kg。

将式(8-15)、式(8-16)代入式(8-17)，整理后得

$$t_w = t - \frac{K_H r_w}{\alpha}(H_{ws} - H) \tag{8-18}$$

实验证明，α 与 K_H 都与 Re 的 0.8 次方成正比，所以 α/K_H 值与流速无关，只与物质性质有关。对于空气-水系统，$\alpha/K_H \approx 1.09$。可见，湿球温度是空气的温度和湿度的函数。在一定压强下，只要测出湿空气的 t 和 t_w，就可根据式(8-18)确定湿度 H。测湿球温度时，空气的流速应大于 5 m/s，以减少热辐射和导热的影响，使测量结果精确。

2) 空气-水系统湿球温度与绝热饱和温度的关系

比较式(8-14)与式(8-18)，二式形式基本相同。实验证明，对于空气-水系统，当空气速度较高，约在 3.8～10.2 m/s 范围内时，湿空气比热 C_H 与 α/K_H 数值甚为接近，即 $C_H \approx \alpha/K_H$。在这种情况下，二式形式完全相同，t_{as} 与 t_w 都只是湿空气 H 与 t 的函数，所以湿空气的绝热饱和温度与湿球温度数值近似相等，有

$$t_{as} \approx t_w$$

这样便给空气-含水湿物料物系的干燥计算带来很大的方便，因为空气的干、湿球温度很容易测定，利用绝热饱和过程可视为等熵过程的特点，便可较容易地确定空气的其他参数。需要注意，对于其他物系，如空气-甲苯等系统，$\alpha/K_H \neq C_H$，$t_{as} \neq t_w$。

9. 露点 t_d

清晨草地上出现露珠，说明周围环境里的空气曾达到过饱和状态，这是由于夜间气温下降造成的。将不饱和空气在湿含量不变的情况下冷却至饱和状态，此时的温度称为该空气的露点，记做 t_d。空气的湿度就是露点温度下的饱和湿度，记做 H_{ds}，此时相对湿度 $\varphi = 1$。由式(8-5)可得

$$H_{ds} = 0.622 \frac{p_{ds}}{P - p_{ds}} \tag{8-19}$$

或

$$p_{ds} = \frac{H_{ds} P}{0.622 + H_{ds}} \tag{8-20}$$

式中，p_{ds} 为露点温度下水的饱和蒸气压力，Pa。

由式(8-19)可知，湿空气的湿度是总压力与露点时水的饱和蒸气压力的函数。只要知道露点温度和总压力，便可求得湿空气的湿度。反之，知道空气的总压力与湿度，也可由式(8-20)求出露点下的饱和蒸气压力 p_{ds}，从而查得湿空气的露点。

总结以上描述湿空气性质的九个参数，可知水气分压力 p_w、湿度 H、相对湿度 φ 都是描述湿空气中水气含量多少的物理量，其中 p_w、H 表示的是绝对含量，而 φ 表示的是相对含量；干球温度 t 是描述湿空气携带热量多少的物理量，可以反映其作为载热体的品质；其余参数均为同时反映湿空气湿、热两方面性质的物理量，其中湿球温度 t_w 在测量空气的湿度方面最为

方便实用。比较 t、t_w(或 t_{as})、t_d 的值,可知存在如下关系:

对于不饱和空气

$$t > t_w > t_d$$

对于饱和空气

$$t = t_w = t_d$$

t_w、t_{as}、t_d 与 t 相差越小,空气湿度越大。

例 8-2 已知湿空气的总压力为 101.3 kPa,温度为 303 K,湿度为 0.024 kg/kg 绝干空气,试计算湿空气的焓、绝热饱和温度、湿球温度与露点。

解: (1)湿空气的焓。由式(8-10)
$$I = (1.01 + 1.88H)(t - 273) + 2491H$$

将 $t = 303$ K,$H = 0.024$ kg/kg(绝干空气)代入上式,得
$$I = (1.01 + 1.88 \times 0.024) \times (303 - 273) + 2491 \times 0.024 = 91.4 \text{ (kJ/kg)}$$

(2)湿空气的绝热饱和温度 t_{as}。利用式(8-14)求取 t_{as} 需要试差。假设 t_{as} 为 301.4 K,查附录 D,内插得相应温度下水的饱和蒸气压力为 3.90 kPa,$r_{as} = 2438.52$ kJ·kg^{-1}。再由式(8-5)求得 t_{as} 下湿空气的饱和湿度为
$$H_{as} = 0.622 \frac{p_{as}}{P - p_{as}} = 0.622 \times \frac{3.90}{101.3 - 3.90} = 0.0249 \text{ (kg/kg 绝干空气)}$$

湿空气的比热为
$$C_H = 1.01 + 1.88H = 1.01 + 1.88 \times 0.0249 = 1.06 \text{ (kg/kg 绝干空气)}$$

所以绝热饱和温度为
$$t_{as} = t - \frac{r_{as}}{C_H}(H_{as} - H) = 303 - \frac{2438.52}{1.06} \times (0.0249 - 0.024) \approx 301 \text{ (K)}$$

若计算结果与假设不符,应再重新假设求取,反复试差。

(3)空气的湿球温度 t_w。因为该系统为空气-水系统,故可认为
$$t_w \approx t_{as} = 301.4 \text{ K}$$

(4)湿空气的露点 t_d。根据露点的定义,自湿空气的干球温度 t 降到露点是一个等湿过程,因此空气的湿度就是露点时的饱和湿度。因此,据式(8-5)求取此时的水蒸气分压力:
$$H_s = 0.622 \frac{p_s}{P - p_s}$$

代入数据,有
$$0.024 = 0.622 \frac{p_s}{101.3 - p_s}$$

解得
$$p_s = 3.76 \text{ (kPa)}$$

查附录 D,内插得 $t_d = 299$ K。

➤ 8.2.2 湿空气的湿度图

1. 湿度图的意义及绘制

在生产实际中,利用上述数学式计算湿空气的性质比较麻烦。考察式(8-1)至式(8-20)

后可知,在一定的总压力下,只要规定其中两个相互独立的参数,即可确定湿空气的状态。工程上为了使用方便,将各参数之间的关系标绘在坐标图上,只要知道湿空气任意两个独立参数,就可通过图查取到其他参数,这种图通常称为湿度图。下面介绍工程上常用的焓-湿度图(I-H 图,见图 8-4)。

图 8-4 所示为常压下($P = 100$ kPa)湿空气的焓-湿度图(I-H 图)。图中横坐标为空气的湿度 H,纵坐标为焓 I。图上任何一点都代表一定温度 t 和湿度 H 的湿空气状态。图中共有五种关系曲线,各种曲线分述如下:

(1)等湿线(等 H 线) 等湿线是一组与纵轴平行的直线,在同一根等 H 线上不同的点都具有相同的湿度值,其值在水平轴上读出。

露点 t_d 是湿空气在等 H 条件下冷却到饱和状态(相对湿度 $\varphi = 100\%$)时的温度。因此,状态不同而湿度 H 相同的湿空气具有相同的露点。

(2)等焓线(等 I 线) 等焓线是一系列与水平线呈 45° 的斜线。在同一条等 I 线上不同的点所代表的湿空气的状态不同,但都具有相同的焓值,其值可以在纵轴上读出。

空气的绝热冷却增湿过程近似为等焓过程,因此,等焓线也是绝热冷却增湿过程中空气状态点变化的轨迹线。

(3)等温线(等 t 线)。将式(8-10)变形,有

$$I = 1.01t + (1.88t + 2490)H \tag{8-21}$$

由上式可知,当空气的干球温度 t 不变时,I 与 H 成直线关系,因此在 I-H 图中对应不同的 H,可作出许多条等 t 线。

式(8-21)为线性方程,等温线的斜率为($1.88t + 2490$),是温度的函数,故各等温线相互是不平行的。

(4)等相对湿度线(等 φ 线) 等相对湿度线是根据 $H = 0.622 \dfrac{\varphi p_s}{P - \varphi p_s}$ 绘制的曲线。由式(8-4)可知,当总压力 P 一定时,对于任意规定的 φ 值,上式可简化为 H 和 p_s 的关系式,而 p_s 又是温度的函数,因此对应一个温度 t,就可根据水蒸气表查到相应的 p_s 值,再根据式(8-4)计算出相应的湿度 H。将上述各点(H, t)连接起来,就构成等相对湿度 φ 线。根据上述方法,可绘出一系列的等 φ 线群(图中有 11 条等相对湿度线),如图 8-4 所示。

$\varphi = 100\%$ 的等 φ 线为饱和空气线,此时空气完全被水汽所饱和。饱和空气线以上($\varphi <$ 100%)为不饱和空气区域。当空气的湿度 H 为一定值时,其温度 t 越高,则相对湿度 φ 值就越低,其吸收水汽的能力就越强。故湿空气进入干燥器之前,必须先经预热以提高其温度 t。这样做的目的除了为提高湿空气的焓值,使其作为载热体外,也是为了降低其相对湿度而提高吸湿力。

注意,图 8-4 是以常压 $P = 100$ kPa 为前提的,当空气温度大于 99.7 ℃时,水的饱和蒸气压力超过 100 kPa,但空气中可能达到的水汽分压力的最大值为总压力 100 kPa。按相对湿度的定义,在温度大于 99.7 ℃时,等相对湿度线为一垂直向上的直线(H 不变)。

(5)水汽分压线 该线是表示空气的湿度 H 与空气中水汽分压力 p 之间关系的曲线,可按式(8-3)作出。式(8-3)可改写为

$$p_w = \frac{PH}{0.622 + H}$$

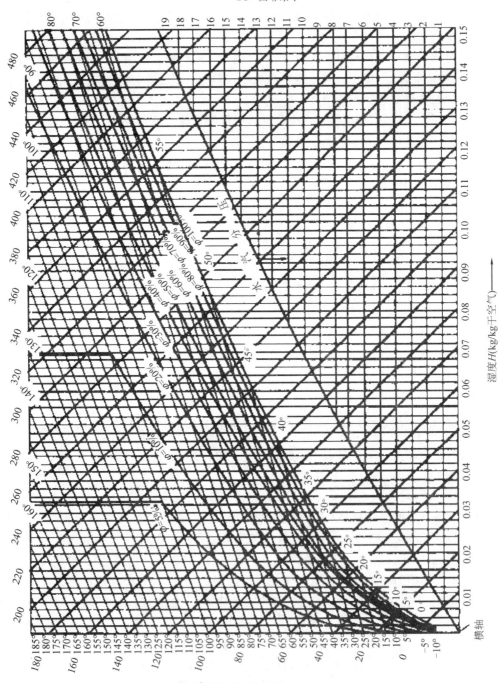

图8-4 空气-水系统的焓-湿图(总压100 kPa)

由上式可知,当湿空气的总压力 P 不变时,水汽分压力 p_w 随湿度 H 而变化。水汽分压力标于右端纵轴上,其单位为 kPa。

2. 湿度图的用法

为了确定湿空气的性质,在已知其中任何两个独立参数(总压力在作图时已固定)时,便可从图中查得其他参数或性质。

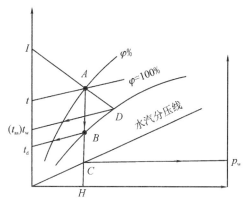

图 8-5 I-H 图的用法

已知湿空气的某一状态点 A 的位置,如图 8-5 所示。可直接读出通过点 A 的四条参数线的数值,它们是相互独立的参数 t、φ、H 及 I。进而可由 H 值读出与其相关但互不独立的参数 p、t_d 的数值;由 I 值读出与其相关但互不独立的参数 $t_{as} \approx t_w$ 的数值。

例如,图 8-5 中点 A 代表一定状态的湿空气,则

(1)湿度 H 由点 A 沿等湿线向下与水平辅助轴的交点 H,即可读出点 A 的湿度值。

(2)焓值 I 通过点 A 作等焓线的平行线,与纵轴交于点 I,即可读出点 A 的焓值。

(3)水汽分压力 p_w 由点 A 沿等湿度线向下交水汽分压线于点 C,在图右端纵轴上读出水汽分压力值。

(4)露点 t_d 由点 A 沿等湿度线向下与 $\varphi = 100\%$ 饱和线相交于点 B,再由过点 B 的等温线读出露点 t_d 值。

(5)湿球温度 t_w(绝热饱和温度 t_{as}) 由点 A 沿着等焓线与 $\varphi = 100\%$ 饱和线相交于点 D,再由过点 D 的等温线读出湿球温度 t_w(即绝热饱和温度 t_{as} 值)。

通过上述查图可知,首先必须确定代表湿空气状态的点(例如图 8-5 中的点 A),然后才能查得各项参数。

通常根据下述已知条件之一来确定湿空气的状态点(A):
(1)湿空气的干球温度 t 和湿球温度 t_w;
(2)湿空气的干球温度 t 和露点 t_d;
(3)湿空气的干球温度 t 和相对湿度 φ。

上述 3 种情况下确定湿空气状态点 A 的具体过程分别见图 8-6(a)、图 8-6(b)及图 8-6(c)。

例 8-3 已知湿空气的总压力为 100 kPa,相对湿度为 50%,干球温度为 20 ℃。试用 I-H 图求解:(1)水汽分压力 p_w;(2)湿度 H;(3)焓 I;(4)露点 t_d;(5)湿球温度 t_w;(6)将含 500 kg/h 干空气的湿空气预热至 117 ℃,所需的热量 Q。

解:根据知条件:$P = 100$ kPa,$\varphi_0 = 50\%$,$t_0 = 20$ ℃,在 I-H 图上首先确定出湿空气状态点 A,如图 8-7 所示。

(1)水汽分压:由图中点 A 沿等 H 线向下交水汽分压线于 C,在图右端纵坐标上读得水汽分压 $p_w = 1.2$ kPa。

(2)湿度 H:由点 A 沿等 H 线交水平轴于一点,读得湿度 $H = 0.0075$ kg 水/kg 绝干空气。

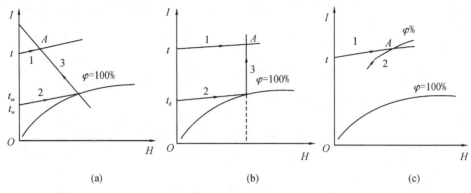

图 8-6 在 I-H 图中确定湿空气的状态点

(3)焓 I:通过点 A 作斜轴的平行线,读得 $I_0 = 39$ kJ/kg(绝干空气)。

(4)露点 t_d:由点 A 沿等 H 线与 $\varphi = 100\%$饱和线相交于点 B,由通过点 B 的等 t 线读得 $t_d = 10$ ℃。

(5)湿球温度 t_w(绝热饱和温度 t_{as}):由点 A 沿等 I 线与 $\varphi = 100\%$饱和线相交于点 D,由通过点 D 的等 t 线读得 $t_w = 14$ ℃($t_{as} = 14$ ℃)。

(6)热量 Q:因湿空气通过预热器加热时其湿度不变,所以可由点 A 沿等 H 线向上与 $t_1 = 117$ ℃线相交于点 G,读得 $I_1 = 138$ kJ/kg 绝干空气(即湿空气离开预热器时的焓值)。

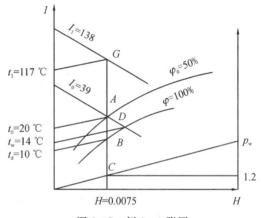

图 8-7 例 8-3附图

含 1 kg 绝干空气的湿空气通过预热器所获得的热量为

$$Q' = I_1 - I_0 = 138 - 39 = 99 \text{ (kJ/kg)}$$

则每小时含有 500 kg 干空气的湿空气通过预热器所获得的热量为

$$Q = 500Q' = 500 \times 99 \text{ kJ/h} = 49500 \text{ kJ/h} = 13.75 \text{ kW}$$

通过上例的计算过程可以看出,采用焓-湿图求取湿空气的各项参数,与用数学式计算相比,不仅计算迅速简便,而且物理意义也较明确。

8.3 物料平衡与热量平衡

干燥过程中,为了提供充分的干燥介质,设计或选择预热器、干燥器的类型和尺寸,选择输送设备等,都需要以干燥过程的物料衡算与热量衡算为基础。下面就物料衡算与热量衡算在对流干燥过程中的应用加以说明。

➤ 8.3.1 物料衡算

干燥过程的物料衡算主要解决的问题是干燥过程除去的水分量及干燥介质空气的用量。

1. 物料的含水率

工业生产中习惯用含水百分率来表示产品含水量的多少。湿物料中含水量通常有两种表示方法：

(1)湿基含水率 w　湿基含水率以湿物料为计算基准，即

$$w = \frac{湿物料中水分的质量}{湿物料的总量} \times 100\% \tag{8-22}$$

(2)干基含水率 X　干基含水率以绝干物料为计算基准，即

$$X = \frac{湿物料中水分的质量}{湿物料中绝干物料的质量} \times 100\% \tag{8-23}$$

两种含水率的换算关系为

$$X = \frac{w}{1-w} \tag{8-24}$$

$$w = \frac{X}{1+X} \tag{8-25}$$

2. 干燥后的产品量 G_2 与水分蒸发量 W

图 8-8 为一对流干燥过程的物料与热量的流向图。图中进入干燥器的湿物料量为 G_1（kg/h）、物料的湿基含水率为 w_1、温度为 T_1（K）；干燥器出口处物料相应的各参数为 G_2、w_2、T_2。

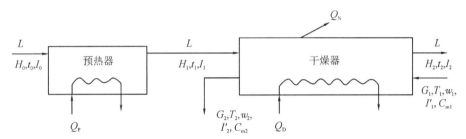

图 8-8　对流干燥过程的物料与热量流向图

设湿物料中绝干物料的质量为 G_c（kg/h），干燥器进出口处 G_c 保持不变，有

$$G_c = G_1(1-w_1) = G_2(1-w_2) \tag{8-26}$$

则干燥后的产品量 G_2 为

$$G_2 = G_1 \frac{1-w_1}{1-w_2} \tag{8-27}$$

干燥过程中水分的蒸发量 W（kg/h）可由下式计算：

$$W = G_1 - G_2 \tag{8-28}$$

或

$$W = G_1 \frac{w_1-w_2}{1-w_2} = G_2 \frac{w_1-w_2}{1-w_1} \tag{8-29}$$

3. 绝干空气用量 L 与比干空气用量 l

设进、出干燥器的空气湿度分别为 H_1、H_2，其中绝干空气的量为 L（kg/h），则通过干燥

器带走的水分 W 为

$$W=L(H_2-H_1)$$

得

$$L=\frac{W}{H_2-H_1} \tag{8-30}$$

每蒸发 1 kg 水分所需的干空气量为

$$l=\frac{1}{H_2-H_1} \tag{8-31}$$

l 称为比干空气用量,是衡量干燥器性能的一项指标。由于湿空气含有水分,实际的空气(湿)用量为 $L(1+H_1)$。

在图 8-8 中,空气进入预热器时的湿度为 H_0,因空气通过预热器仅增加了温度,未改变湿度,所以式(8-30)、式(8-31)中的 H_1 可用 H_0 代入计算。

在进行风机选择,设备、管道尺寸计算时,还需知道湿空气的体积流量 $V(\mathrm{m^3/h})$。由式(8-11),常压下,空气的湿比容为

$$\upsilon_{\mathrm{H}}=(0.773+1.244H)\frac{t}{273}$$

所以

$$V=L\upsilon_{\mathrm{H}}=L(0.773+1.244H)\frac{t}{273} \tag{8-32}$$

例 8-4 某连续操作干燥器每小时处理湿物料 1000 kg,湿物料的湿基含水率干燥前、后分别为 40% 和 5%,干燥介质为空气,初温为 293 K,湿度为 0.009 kg/kg 干空气,经预热器加热到 393 K 后进入干燥器。设空气离开干燥器时温度为 313 K,湿度为 0.039 kg/kg 干空气。试求:(1)水分蒸发量(kg/h);(2)绝干空气用量(kg/h);(3)干燥收率为 95% 时的产品量(kg/h);(4)如鼓风机装在预热器前的风机风量($\mathrm{m^3/h}$)。

解:(1)水分蒸发量 W。由式(8-29)

$$W=G_1\frac{w_1-w_2}{1-w_2}$$

代入数据有

$$W=1000\times\frac{0.40-0.05}{1-0.05}\approx368\ (\mathrm{kg/h})$$

(2)空气用量。由式(8-30)

$$L=\frac{W}{H_2-H_1}$$

代入数据有

$$L=\frac{368}{0.039-0.009}=12267\ (\mathrm{kg/h})$$

(3)产品质量 $G_2{}'$。当产品无损失时,理论产品量 G_2 为

$$G_2=G_1-W=1000-368=632\ (\mathrm{kg/h})$$

$$干燥收率=\frac{实际获得产品量}{理论获得产品量}\times100\%$$

因干燥收率为 95%，所以实际产品产量 G_2' 为

$$G_2' = G_2 \times 95\% = 632 \times 95\% = 600 \text{ (kg/h)}$$

（4）风机风量。由式（8-32）

$$V = L(0.773 + 1.244H)\frac{t}{273}$$

按照题意，鼓风机在预热器前，因此 $t = t_0 = 293$ K，$H = H_0 = 0.009$ kg/kg 干空气，代入数据得

$$V = 12267 \times (0.773 + 1.244 \times 0.009) \times \frac{293}{273} = 10324 \text{ (m}^3\text{/h)}$$

▶ 8.3.2 热量衡算

1. 干燥系统的热量衡算

热量衡算主要是求取干燥过程所需的热量，以便于进行热量、换热设备及干燥器的设计计算。

在如图 8-8 所示的连续对流干燥系统中，干燥介质空气的流量为 L，温度为 t_0，焓为 I_0，湿度为 H_0；经预热器预热后，其状态变为 t_1、I_1、H_1（$H_1 = H_0$），而后进入干燥器与湿物料逆流接触。当空气离开干燥器时湿度增加而温度下降，状态变为 t_2、I_2、H_2。进入干燥器的湿物料流量为 G_1，湿基含水率为 w_1，温度为 T_1，湿物料比热容为 C_{m1}，焓为 I_1'；出干燥器时物料的含水率降低而温度升高，流量为 G_2，湿基含水率为 w_2，温度为 T_2，湿物料比热容为 C_{m2}，焓为 I_2'。给预热器的供热量为 Q_P(kJ/h)，向干燥器的供热量为 Q_D(kJ/h)，干燥器的热损失为 Q_N(kJ/h)。

1）预热器的热量衡算

若忽略预热器的热损失，则预热器的热量衡算为

$$LI_0 + Q_P = LI_1$$
$$Q_P = L(I_1 - I_0) \tag{8-33}$$

或

$$Q_P = L(1.01 + 1.88H_0)(t_1 - t_0) \tag{8-34}$$

根据 Q_P 可计算预热器的传热面积和加热剂用量。

2）干燥器的热量衡算

干燥器的热量衡算为

$$LI_1 + G_c I_1' + Q_D = LI_2 + G_c I_2' + Q_N$$
$$Q_D = L(I_2 - I_1) + G_c(I_2' - I_1') + Q_N \tag{8-35}$$

式中，I' 是指以 0 ℃为基准温度时 1 kg 绝干物料及其所含水分两者焓值之和，以 kJ/kg 绝干物料表示；若物料的温度为 T，则以 1 kg 绝干物料为基准的湿物料焓 I' 为

$$I' = C_s T + X C_L T = (C_s + X C_L)T = C_m T \tag{8-36}$$

式中，C_s 为绝干物料的比热容，kJ/(kg 绝干物料·℃)；C_L 为水的比热容，约为 4.187 kJ/(kg 水·℃)；C_m 为湿物料的比热容，kJ/(kg 绝干物料·℃)。

将式（8-33）和式（8-35）相加，得整个干燥系统所需的供热量 Q 为

$$Q = Q_P + Q_D = L(I_2 - I_0) + G_c(I_2' - I_1') + Q_N \tag{8-37}$$

分析后可知,加热干燥器的热量 Q_D 被用于:①加热空气,将湿空气(湿度为 H_0)由 t_1 加热至 t_2,所需热量为 $L(1.01+1.88H_0)(t_2-t_1)$。②加热原湿物料 $G_1=G_2+W$,其中干燥产品 G_2 从 T_1 被加热到 T_2 后离开干燥器,所耗热量为 $G_cC_{m2}(T_2-T_1)$;水分 W 由液态温度 T_1 被加热并汽化,至气态温度 t_2 后随气流离开干燥系统,所需热量为 $W(2491+1.88t_2-4.187T_1)$。③干燥系统损失的热量 Q_N。

根据上述分析,干燥器的供热量 Q_D 计算式(8-35)可简化为

$$Q_D = L(1.01+1.88H_0)(t_2-t_1)+G_cC_{m2}(T_2-T_1)+$$
$$W(2491+1.88t_2-4.187T_1)+Q_N \tag{8-38}$$

式(8-37)可简化为

$$Q = Q_P+Q_D = L(1.01+1.88H_1)(t_2-t_0)+$$
$$W(2491+1.88t_2-4.187T_1)+G_cC_{m2}(T_2-T_1)+Q_N \tag{8-39}$$

由式(8-39)可知,干燥系统所需热量为湿空气的升温热、蒸发水分所需热、湿物料的升温热及干燥系统热损失四项热量之和。

2. 干燥器热效率

为衡量干燥器或干燥系统中热能利用的程度,引入干燥器热效率的概念,以 η 表示,其定义为

$$\eta = \frac{\text{干燥系统中蒸发水分所消耗的热量}}{\text{对干燥系统加入的总热量}} \times 100\% \tag{8-40}$$

由热效率定义可知,热效率值愈高,表明干燥器利用热能的性能愈好。若热空气离开干燥器时温度低而湿度高,则可充分利用空气带入的热量、降低空气的耗量,从而提高干燥器的热效率。但空气湿度增加,会降低湿物料与空气之间传质过程的推动力(H_w-H),影响传质速率与产品干燥的程度。H_w 表示紧贴湿物料表面薄层空气的饱和湿度。

一般而言,对于吸水性物料的干燥,空气出口温度应高些而湿度要低些。在实际生产中,通常采用空气出口温度 t_2 高于进入干燥器时的绝热饱和温度 20~50 K 的办法,以保证空气在干燥器后的设备中不致析出水滴而致产品返潮,并避免造成设备锈蚀及堵塞管路等。

为提高干燥系统的热效率,应当充分利用废气余热,如用来预热冷空气、冷物料等。此外,还须加强干燥系统中设备与管道的保温,尽量减少向周围环境散失的热量。

例 8-5 某工厂一对流干燥器的生产能力为 4000 kg/h,需干燥的湿物料的含水率为 1.25%,进、出干燥器的温度分别为 304 K、310 K,成品要求含水率为 0.15%,此时物料的比热容为 1.26 kJ/(kg·K)。干燥介质为 293 K 的空气,其湿球温度为 290 K,预热至 370 K 后进入干燥器,排出干燥器时温度降为 313 K,湿球温度为 305 K。试求:

(1)蒸发的水分量(kg/h);

(2)空气用量(kg/h);

(3)预热器需加入的热量 Q_P(kJ/h);

(4)干燥系统的热损失 Q_N(kJ/h)(干燥器中不补充热量);

(5)干燥器的热效率(假定干燥器的热损失可忽略)。

解:首先绘制本题所述干燥系统的流程示意图,如图 8-9 所示,以方便进行物料衡算和热量衡算。

(1)蒸发水分量 W。由式(8-29)

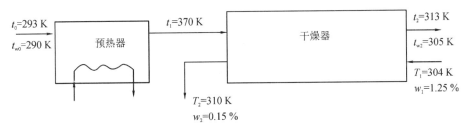

图 8-9 例题 8-5 干燥系统流程示意图

$$W = G_2 \frac{w_1 - w_2}{1 - w_1}$$

代入数据有

$$W = 4000 \times \frac{1.25 - 0.15}{100 - 1.25} = 44.6 \ (\text{kg/h})$$

(2)空气用量 L。由式(8-30)

$$L = \frac{W}{H_2 - H_1}$$

已知空气的 $t_0 = 293$ K, $t_{w0} = 290$ K; $t_2 = 313$ K, $t_{w2} = 305$ K。由图 8-4 查得 $H_0 = 0.012$ kg/kg 干空气, $I_0 = 48$ kJ/kg 干空气; $H_2 = 0.0265$ kg/kg 干空气, $I_2 = 110$ kJ/kg 干空气。代入数据有

$$L = \frac{44.6}{0.0265 - 0.012} = 3076 \ (\text{kg/h})$$

(3)预热器需加入的热量。

$$Q_P = L(I_1 - I_0)$$

已知 $t_1 = 370$ K, $H_1 = 0.012$ kJ/kg 干空气。由图 8-4 查得 $I_1 = 128$ kJ/kg 干空气,代入数据有

$$Q_P = 3076 \times (128 - 48) \text{kJ/h} = 246080 \ \text{kJ/h} = 68.4 \ \text{kW}$$

(4)干燥系统的热损失 Q_N。输入干燥系统的热量有

$$L I_0 + G_2 C_{m2} T_1 + W C_L T_1 + Q_P + Q_D$$

输出干燥系统的热量有

$$L I_2 + G_2 C_m T_2 + Q_N$$

所以

$$\begin{aligned}
Q_N &= Q_P + Q_D + L(I_0 - I_2) + G_2 C_{m2}(T_1 - T_2) + W C_L T_1 \\
&= 246080 + 0 - 3076 \times (110 - 48) - 4000 \times 1.26 \times (310 - 304) + \\
&\quad 44.6 \times 4.187 \times (304 - 273) \\
&= 30917 \ (\text{kJ/h})
\end{aligned}$$

(5)干燥系统的热效率。干燥器中蒸发水分所需热量为

$$W(2491 + 1.88 t_2 - 4.187 T_1)$$

对干燥系统加入的总热量为

$$L(I_1 - I_0)$$

因此,干燥系统热效率

$$\eta = \frac{W(2491 + 1.88t_2 - 4.187T_1)}{L(I_1 - I_0)} \times 100\%$$

$$= \frac{44.6 \times (2491 + 1.88 \times 40 - 4.187 \times 31)}{3186 \times (128 - 48)} \times 100\%$$

$$= 42.6\%$$

8.4 干燥速率与干燥时间

为了提高干燥过程的传质速率与确定干燥器的尺寸,必须研究影响干燥速率的因素,并进行干燥时间的计算。干燥速率不仅和操作条件、干燥器的构造及干燥介质的性质有关,而且和水分与物料的结合方式、性质及物料本身的结构有关。

▶8.4.1 物料中所含水分的性质

按照湿物料中所含水分能否用干燥的方法去除,可将所含水分区分为平衡水分与自由水分;按照水分与物料结合力的性质及在干燥过程中去除的难易,又可将物料中的水分区分为结合水和非结合水。

1.平衡水分与自由水分

当湿物料与一定温度、湿度的空气接触时,物料便将失去或吸收水分,直到物料表面所产生的水蒸气分压力与空气中水蒸气分压力相等时为止。这时,物料中的水分与空气中的水分处于动态平衡状态,物料中的含水量不再发生变化,称之为该空气状态下物料的平衡水分或平衡含水量,常记做 X^*(kg 水/kg 绝干料)。如图 8 - 10 中所示,图中曲线 $0AB$ 为物料中水分与空气中水蒸气的相平衡关系曲线,点 A 表示含水量为 0.085(kg 水/kg 绝干料)的湿物料与相对湿度为 50% 的空气处于相平衡状态,0.085 kg/kg 就是湿物料在该空气状况下的平衡水

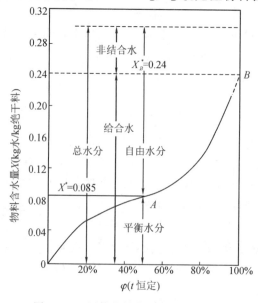

图 8 - 10　固体物料中所含水分的性质

分。同一物料在同一空气温度下,若改变空气的相对湿度,便可测得该物料的平衡含水量曲线。X^* 随 φ 增大而增大,当 $\varphi=0$ 时,$X^*=0$,即只有当物料与绝干空气接触,才可能获得绝干物料。

平衡水分是干燥过程的传质极限,即当物料与一定温度、湿度的空气接触时,物料中总有一部分水分(平衡水分)不能除去。平衡水分的含量与物料的性质、结构及空气的状态有关。温度升高、湿度降低时,物料的平衡水分均相应降低。

湿物料含水量中大于平衡水分的那一部分,称作自由水分,它表示的是干燥过程中可以除去的水分。如以 X 表示物料的总含水量,自由水分以 X_w 表示,则 $X_w=X-X^*$。如图 8-10 中所示,湿物料的总含水量约为 0.30 kg 水/kg 绝干料,因此自由水分为 0.30-0.085 = 0.215 kg 水/kg 绝干料。

2. 结合水分与非结合水分

以某种物理或者化学的作用力与物料结合在一起的水分称为结合水,它主要包括物料中直径小于 1 μm 的细小毛细管内的水分,以及物料细胞壁或纤维皮壁内的水分(后者又称为溶膨胀水分)。结合水分的主要特点是与物料之间的结合力较强,其产生的水蒸气压力小于同温度下水的饱和蒸气压力,使干燥过程中的传质推动力下降,与同温度下纯水相比较,去除较难。在工业干燥过程中,使用一般的方法往往只能去除物料中的一部分结合水分。

以机械方式附着在固体物料表面或较大毛细管中的水分称为非结合水分。其特点是与物料的结合力较弱,产生的水蒸气压力与同温度下纯水的饱和蒸气压力相同。因此,非结合水分的汽化与纯水相同,在干燥过程中很容易除去。

物料中结合水分与非结合水分很难用实验方法直接测得,通常是根据其蒸气压的特点,由相平衡关系外推得到。如图 8-10 所示,将由实验测得的某湿物料的平衡曲线延长(图中虚线部分),与相对湿度为 100% 的轴相交于 B,在点 B 以下的水分即是该物料的结合水分。这是由于结合水分产生的蒸气压力低于纯水的饱和蒸气压力,而与 $\varphi<100\%$ 的空气中水蒸气压力相平衡之故。该图中,结合水分为 0.24 kg/kg,非结合水分为交点 B 以上的部分,非结合水分=总水分-结合水分,该图中非结合水分为 0.30-0.24 = 0.06 kg 水/kg 绝干料。

物料中结合水分与非结合水分的划分与其平衡水分和自由水分的划分不同,前者只与物料本身的性质及结构有关,而与空气的状态无关。

▷ 8.4.2　恒定干燥条件下的干燥速率

在一个干燥过程中,如果干燥介质(热空气)的温度、湿度、流速及与物料接触的方式都不发生改变,那么就可称之为恒定干燥过程,如用大量的空气干燥少量物质的情况。下面就讨论这种简化了的典型干燥过程的速率。

1. 干燥曲线

在恒定干燥条件下,湿物料中的水分将逐渐减少。由实验测定不同时刻物料的干基含水率与表面温度,在直角坐标图中绘出的物料含水率或表面温度与干燥时间之间的关系曲线,称作干燥曲线,如图 8-11 所示。

在图 8-11 中,点 A 表示物料干燥过程的初始状态。物料在 AB 段处于预热阶段,温度逐渐上升,含水率不断降低,但降低速度不快,所以该段斜率 $\dfrac{\mathrm{d}X}{\mathrm{d}\tau}$($\theta$ 为湿物料表面温度)不大;

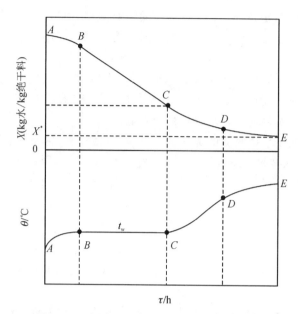

图 8-11   恒定干燥条件下某物料的干燥曲线

在 BC 段时,湿物料与热空气的质热交换过程和测定空气流湿球温度时的情况相类似,单位时间里,热空气供给湿物料的热量恰好等于物料中水分汽化所需的热量,达到了干燥过程的质热平衡,湿物料的表面温度不变,等于热空气的湿球温度 t_w,物料中水分减少的速度也基本保持恒定,所以此段斜率 $\dfrac{\mathrm{d}X}{\mathrm{d}\tau}$ 不变,但比 AB 段大;在 CDE 段,随着物料中水分的减少,其去除开始变得困难,部分热量用于物料的升温,物料中水分减少的速度开始变慢,因此该段曲线斜率 $\dfrac{\mathrm{d}X}{\mathrm{d}\tau}$ 逐渐变得平坦,直到物料中所含水分降至平衡水分 X^* 为止,干燥过程结束。

2. 干燥速率曲线

单位时间内,在单位干燥面积上汽化的水分量称为干燥速率。

在间歇干燥过程中,不同瞬间的干燥速率不同,用微分式可表示为

$$N = \frac{\mathrm{d}W'}{A\,\mathrm{d}\tau} \tag{8-41}$$

式中,N 为干燥速率, $\mathrm{kg/(m^2 \cdot h)}$; W' 为汽化水分总量,kg ;A 为干燥面积,$\mathrm{m^2}$;τ 为干燥时间,h 。

因

$$W' = G_c{}'(X_1 - X_2) = -G_c{}'(X_2 - X_1)$$

$$\mathrm{d}W' = -G_c{}'\mathrm{d}X \tag{8-42}$$

将式(8-42)代入式(8-41),可以得到干燥速率的另一微分表达式

$$N = -\frac{G_c{}'}{A}\frac{\mathrm{d}X}{\mathrm{d}\tau} \tag{8-43}$$

式中,X 为物料中的瞬间干基含水率,kg 水/kg 绝干料;$G_c{}'$ 为绝干物料的总量,kg 。

$\dfrac{\mathrm{d}X}{\mathrm{d}\tau}$ 即图 8-11 中曲线的斜率,因此可将干燥曲线图中的数据换算成干燥速率 N 与物料含水率 X 之间的关系并进行标绘,即得图 8-12 所示的干燥速率曲线。

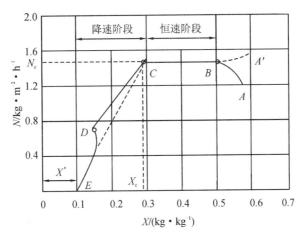

图 8-12 恒定干燥条件下的典型干燥速率曲线

干燥速率曲线的形状可因物料种类的不同、干燥条件的差异而有所变化,但都可按干燥速率明显地区分为两个阶段,如图 8-12 所示。图中 BC 段干燥速率保持恒定,基本不随物料含水率改变,故称为恒速干燥阶段。AB 段需时很短,有的甚至短到可忽略,一般并入 BC 段考虑。若物料初始温度高于气流的湿球温度,则为 $A'B$ 段,如图中右上部分的虚线所示,物料先有一短暂的降温阶段(降至湿球温度 t_w)。ABC 或 $A'BC$ 段为干燥的第一阶段。CDE 段为干燥的第二阶段,其干燥速率随物料含水率的减少不断下降,故称为降速干燥阶段。两个阶段的交点 C 称为临界点,所对应的物料含水率 X_c 称为临界含水率,该点干燥速率仍等于恒速段的速率,以符号 N_c 表示。点 E 的物料含水率为操作条件下的平衡水分,所以干燥速率为零。

因恒速阶段与降速阶段的干燥机理与影响因素不同,下面则分别予以讨论。

1)恒速干燥阶段

在这一阶段,干燥过程刚开始不久,湿物料中含水分尚多,表面每汽化一部分水分,内部便有足够的水分迁移至表面予以补充,使物料表面始终保持湿润,表面始终有非结合水分存在。如前述,这时湿物料在热气流中的干燥状况类似于湿球温度计测定气流湿球温度时的状况,湿物料表面的温度等于气流的湿球温度 t_w。气流状况不变,湿物料表面的温度也不变,即湿物料表面所含水分的温度也保持在气流的湿球温度 t_w。所以,空气向物料的传热推动力 $(t-t_\mathrm{w})$ 以及水分从物料表面向空气汽化(此时空气的湿度为 t_w 下的饱和湿度 H_w)的推动力 $(H_\mathrm{w}-H)$ 均恒定不变,水分汽化速率保持恒定,干燥速率亦为常数,故此阶段称为干燥的第一阶段。在 $N\text{-}X$ 图中,BC 段为水平线段。

在这一阶段内,干燥速率与物料性质、含水率无关,而仅取决于物料表面水分的汽化速率,亦即决定于物料外部的干燥条件,主要是干燥器的结构、物料与热气流的接触方式、气体的流速与性质等。因此,恒速干燥阶段又称作表面汽化控制阶段。此阶段汽化的水分全部为非结合水。

2)降速干燥阶段

如图 8-12 所示的干燥过程,降速干燥阶段又分为 CD 与 DE 两个阶段。在 CD 段,物料含水率已降至临界含水率以下,其中除一部分为非结合水外,其余全是结合水。由于物料含水率的降低,内部水分向表面迁移的速度逐渐降低,小于表面水分汽化的速度,使得物料的润湿表面不断减少,部分表面成为"干区",即物料的汽化表面积不断减少,因而干燥速率逐渐下降。当到达点 D 时,物料中水分更少,表面已全部干燥,水分汽化面由物料表面向内部不断移动,干燥的质、热传递均需经过固体物料内层,由于经过路径增加且传递情况复杂,因而传质阻力增加;而且,当非结合水分全部去除后,结合水的蒸气压力低于纯水蒸气压力,又使传质推动力下降,因而干燥速率更慢,故 DE 段干燥速率较 CD 段下降更快。

在降速干燥阶段,干燥速率主要取决于水分在物料内部的迁移速度,而与外部的干燥条件关系不大,所以该阶段又称作物料内部迁移控制阶段。内部迁移的速度主要与物体本身的结构、形状和尺寸有关。减薄物料层的厚度或减小其粒度可以有效地提高干燥速率。

对于性质、结构尤其是内部水分存在方式不同的物料,其降速段干燥速率的变化规律不同,干燥速率曲线的形状也会有差异,但是总的干燥速率都呈不断下降状态,物料的温度都逐渐上升。

3)临界含水率

干燥过程中,恒速干燥阶段与降速干燥阶段是以物料的临界含水率来区分的。若临界含水率值偏高,干燥过程会较早地转入降速阶段,在相同干燥要求下,则会使整个干燥过程的时间延长。因而应尽量降低物料的临界含水率,以提高生产速率。通常,降低物料层厚度,加强对物料层的翻动,可以降低物料的临界含水率,并增加干燥面积。物料的临界含水率通常由实验测得。若无实测数据时,可查有关手册。

➤ 8.4.3　恒定干燥条件下干燥时间的计算

为了问题的简化,以下讨论以间歇干燥过程为例进行。

1. 恒速阶段干燥时间的计算

在恒速干燥阶段,干燥速率为常量且等于临界干燥速率 N_c,故该阶段干燥时间可由式(8-43)积分得到:

$$\tau_1 = \int_0^{\tau_1} d\tau = -\frac{G_c{}'}{AN_c} \int_{X_1}^{X_c} dX$$

即

$$\tau_1 = \frac{G_c{}'}{AN_c}(X_1 - X_c) \tag{8-44}$$

式中,τ_1 为恒速干燥阶段所需时间,h;X_1 为物料初始含水率,kg 水/kg 绝干料。

由实验测得 $\dfrac{G_c{}'}{A}$ 值并绘出干燥速率曲线,查得 X_c、N_c 后,则可由式(8-44)求得恒速段的干燥时间。此外,也可由干燥曲线直接查得 τ_1。

通常,利用上述方法求取干燥时间结果较为准确,但是实验条件应尽量与设计的干燥条件接近,否则将会导致较大误差。

2. 降速阶段干燥时间的计算

在降速干燥阶段,因为干燥速率随物料含水率的减少而降低,所以干燥时间的计算通常采用图解积分法或解析法进行。

1)图解积分法

当干燥速率随物料含水率的减少呈非线性变化时,可采用图解积分法计算干燥时间。计算式由积分式(8-43)得到:

$$\tau_2 = \int_0^{\tau_2} \mathrm{d}\tau = -\frac{G_c}{A} \int_{X_c}^{X_2} \frac{\mathrm{d}X}{N}$$

即

$$\tau_2 = \frac{G_c}{A} \int_{X_2}^{X_c} \frac{\mathrm{d}X}{N} \tag{8-45}$$

式中,τ_2 为降速干燥阶段所需的时间,h;X_2 为干燥结束时物料的含水率,kg 水/kg 绝干料。

图解积分的方法和由此法求取填料层高度类同。先由干燥速率曲线查取与不同 X 值相对应的 N 值,再以 X 为横坐标、$\frac{1}{N}$ 为纵坐标,在直角坐标图上绘出 $\frac{1}{N}$-X 关系曲线,在 $X = X_c$,$X = X_2$、$\frac{1}{N} = 0$ 及关系曲线间围成的面积便是式(8-45)中积分项的值。

2)解析法

在降速阶段,当干燥速率随物料含水率的减少呈线性变化,或者可以近似认为是线性变化时,可采用解析法计算干燥时间。

如图 8-12 中虚线 CE 所示,干燥速率与物料含水率的关系可以写为

$$N = kX + b \tag{8-46}$$

式中,k 为干燥速率曲线降速段的斜率,$k = \frac{N_c}{X_c - X^*}$;$b$ 为干燥速率曲线的截距。

对式(8-46)微分,得

$$\mathrm{d}X = \frac{\mathrm{d}N}{k} \tag{8-47}$$

将式(8-47)代入式(8-45),得

$$\tau_2 = \frac{G_c}{A} \int_{N_2}^{N_c} \frac{1}{N} \frac{\mathrm{d}N}{k} = \frac{G_c}{kA} \ln \frac{N_c}{N_2} \tag{8-48}$$

由图 8-12 可知

$$\frac{N_c}{N_2} = \frac{X_c - X^*}{X_2 - X^*} \tag{8-49}$$

将式(8-49)与 k 值代入式(8-48),得

$$\tau_2 = \frac{G_c(X_c - X^*)}{AN_c} \ln \frac{X_c - X^*}{X_2 - X^*} \tag{8-50}$$

若在某些情况下,干燥速率曲线可近似为通过原点的直线,则式(8-50)可简化为

$$\tau_2 = \frac{G_c X_c}{AN_c} \ln \frac{X_c}{X_2} \tag{8-51}$$

由以上计算可知,降低物料的临界含水率与增加干燥面积,可以提高降速阶段的干燥

速率。

物料经恒速与降速两个干燥阶段所需的总干燥时间为

$$\tau = \tau_1 + \tau_2 \qquad (8-52)$$

例 8-6　某间歇操作干燥器,在恒定干燥条件下,测得某物料的干燥速率曲线如图 8-12 所示。若该物料经过干燥后,含水率自 0.46 kg 水/kg 绝干料降至 0.25 kg 水/kg 绝干料,已知单位干燥面积的绝干物料量 $G_c'/A = 21.5$ kg 绝干料/m^2,假定装卸等辅助时间为 1 h,试估算每批物料的干燥周期。

解:查图 8-12 中的干燥速率曲线知,该物料临界含水率为 0.295 kg 水/kg 绝干料,则物料含水率自 0.46 kg 水/kg 绝干料降至 0.25 kg 水/kg 绝干料的干燥过程经历了恒速阶段和降速阶段两个过程。

(1)恒速阶段所需时间。查图得 $N_c \approx 1.5$ kg 水/$(m^2 \cdot h)$,由式(8-44)可知

$$\tau_1 = \frac{G_c'}{AN_c}(X_1 - X_c) = \frac{21.5}{1.5} \times (0.46 - 0.295) \approx 2.37 \text{ (h)}$$

(2)降速阶段所需时间。根据式(8-50),降速阶段所需时间为

$$\tau_2 = \frac{G_c(X_c - X^*)}{AN_c} \ln \frac{(X_c - X^*)}{(X_2 - X^*)} = \frac{21.5 \times (0.295 - 0.1)}{1.5} \ln \frac{(0.295 - 0.1)}{(0.25 - 0.1)} = 0.73 \text{ (h)}$$

(3)干燥周期。整个干燥过程所需的时间为

$$\tau = \tau_1 + \tau_2 + \tau_{辅助} = 2.37 + 0.73 + 1 = 4.10 \text{ (h)}$$

8.5　干燥器

▷ 8.5.1　干燥器的基本要求

为适应干物料的多样性及对干燥产品要求的不同,对干燥器的要求主要有以下三方面:
①能保证干燥产品的质量要求,如含水率、强度、形状等。
②干燥器设备费用及操作费用少,即经济性好。为此,要求干燥器的干燥速率快、尺寸小、结构简单,并且能耗低、辅助设备成本低、占地面积小等。其中能耗是指每蒸发 1 kg 水或干燥 1 t 成品的耗能量。因为干燥是一种能耗较多的操作过程,所以能耗的高低是干燥器一项很重要的指标。因此,设法提高干燥过程的热效率是至关重要的。在对流干燥中,提高热效率的主要途径是减少废气带出热。为此,干燥器结构应能提供有效的气-固相接触。
(3)操作、维修方便,劳动条件好。

▷ 8.5.2　常用干燥器

1. 厢式干燥器

厢式干燥器结构如图 8-13 所示,其外壁由覆有绝热材料的砖墙或其他材料构成,内部支架上放有多层盛放湿物料的浅盘,厢内多处设有翅片式空气预热器,利用风机使厢内空气循环流动,以干燥湿物料。此外,厢上还装有调节风门,在恒速干燥阶段时,多排出一些湿度大的废气,以利于提高干燥速率;在降速阶段时,风门关小一些,使更多的废气循环以充分利用热能。

厢式干燥器一般用于间歇操作,当用于连续操作时,物料盘置于可移动的小车上,或将物

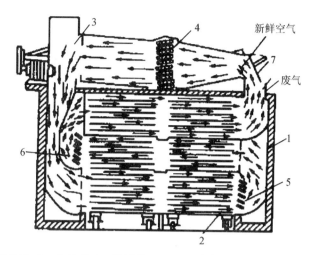

1—干燥室；2—小板车；3—送风机；4,5,6—空气预热器；7—调节风门。

图 8-13　厢式干燥器

料直接铺在缓慢移动的传送带上等。

　　厢式干燥器的主要优点是构造简单,设备费用低,对各种物料的适应性强。其主要缺点是物料的分散度差,干燥不均匀,翻动困难,干燥时间长;完成同样干燥任务所需设备容积大,翻动与装卸物料的劳动强度大。因此,厢式干燥器主要应用于产量不大而品种常需更换的干燥过程。

2. 转筒干燥器

　　转筒干燥器的结构如图 8-14 所示。其主要由一个与水平面略成倾斜的可旋转圆筒组成,物料与热空气流在筒内呈逆流或并流接触,物料依靠重力自转筒的高端移向低端,筒内壁上装有若干不同形状的抄板,在旋转过程中将物料不断抄起、撒下,以增大干燥面积,并帮助物料向低处移动。

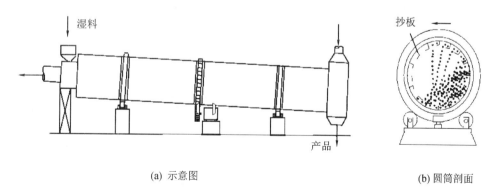

(a) 示意图　　　　　　　　　　　　　　(b) 圆筒剖面

图 8-14　转筒干燥器

　　转筒干燥器的主要优点是可连续操作,生产能力大;与气流干燥器、流化床干燥器相比,对物料含水量、粒度等变动的适应性强,产品质量均匀;流体阻力小,操作控制方便。其主要缺点是设备笨重,热效率低,结构复杂,需经常维修等。

3. 喷雾干燥器

喷雾干燥器的构造与流程如图 8-15 所示。

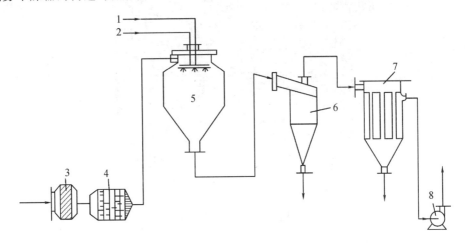

1—料液;2—压缩空气;3—空气过滤器;4—翅片加热器;
5—喷雾干燥器;6—旋风分离器;7—袋滤器;8—风机。

图 8-15 喷雾干燥流程

喷雾干燥的机理是:利用喷雾干燥器将液状湿物料喷成雾滴分散于热气流中,使料液所含水分快速蒸发,从而获得干燥的物料。喷雾干燥器适用于溶液、悬浮液,甚至糊状、凝胶状物料的干燥。

喷雾干燥器主要由中空的容器及其内部上方安装的喷雾器组成。喷雾器的类型有喷嘴状的压力式与气流式喷雾器、圆盘状的离心式喷雾器三类,分别依靠高压泵、压缩空气与圆盘旋转时的离心力,将液状物料在热气流中分散成 10～60 μm 的细小液滴。由于液滴很小,物料的临界含水量非常低,即使达到完全干燥时,物料温度也不超过干燥介质的湿球温度,并且汽化表面积很大,可以达到 100～600 m²/L,因而水分蒸发迅速,物料在干燥器内停留时间很短,一般仅需 3～10 s。

喷雾干燥器的主要优点是:由于液滴直径小,气液接触面积大,扰动剧烈,所以干燥速率快、干燥时间短;恒速干燥阶段(即液滴水分多的阶段),其温度接近湿球温度(当热风温度为 180 ℃时,其温度约为 45 ℃),因为温度较低,因此适用于热敏性物料的干燥。喷雾干燥器的主要不足是为了减小产品的含水量需要增大空气用量和提高排气温度,导致设备体积相对较大,操作要求较高,热效率较低。

4. 流化床干燥器(沸腾床干燥器)

流化床干燥,是运用流态化技术对颗粒状物料进行干燥的一种方法。流化床干燥器的结构如图 8-16 所示。它的操作机理是:进入干燥器的热气流保持一定的气速,使粒状的固体物料在热气流中呈现如液体沸腾的状态,并在干燥室内获得足够的停留时间,以蒸发掉足够的水分。

流化床干燥器的类型有单层流化床、多层流化床及卧式多室流化床等,可适用于未受潮结

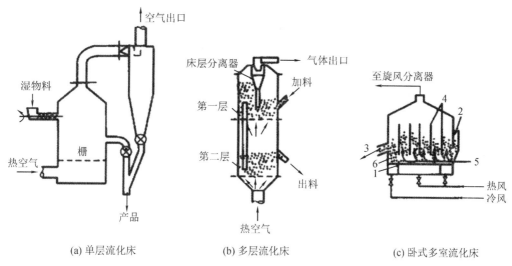

(a) 单层流化床   (b) 多层流化床   (c) 卧式多室流化床

1—多孔分布板;2—加料口;3—出料口;4—挡板;5—物料通道(间隙);6—出口堰板。

图 8-16   流化床干燥器

构的颗粒或粉状物料的干燥。其要求物料粒径最好在 0.03~6 mm 之间,粒径过细,流化干燥时易产生沟流;粒径过大,则需增高气速,使能耗增加。

流化床干燥器的应用较为广泛。其主要优点是:气固相接触充分,热效率高;设备结构简单,造价低,维修方便;物料在干燥室的停留时间可任意调节。它的主要不足是对操作控制技术要求较高。

除以上干燥器外,还有气流干燥器、滚筒干燥器、真空耙式干燥器等,因在环境治理及综合利用方面应用较少,此处不再进行介绍。

习   题

8-1   已知 101 kPa 下空气的干球温度为 323 K,湿球温度为 303 K,求此空气的湿含量、焓、相对湿度、露点、湿比热及湿比容。

8-2   空气的总压力为 101.3 kPa,干球温度为 303 K,相对湿度为 60%,试用计算式求空气的下列各参数:(1) 湿度 H;(2) 饱和湿度 H_s;(3) 露点 t_d;(4) 焓 I;(5) 空气中的水汽分压力 p_w。

8-3   新鲜空气温度为 20 ℃,湿度为 0.01 kg/kg 绝干空气,与离开干燥器的废气按照 2:3 混合,废气温度为 50 ℃,湿度为 0.04 kg/kg 绝干空气,计算混合后空气的温度和湿度。

8-4   某除湿设备中,将空气中的部分水分除去,操作压力为 101.3 kPa,空气进口温度为 25 ℃,空气中水汽分压力为 6.9 kPa,出口处水汽分压力为 1.21 kPa,试计算 1000 m³ 湿空气所除去的水分。

8-5   某干燥器的湿物料处理量为 200 kg 湿料/h,其湿基含水量为 10%(质量分数,下同),干燥产品湿基含水量为 1%。进干燥器的干燥介质为流量 800 kg 湿空气/h、温度 90 ℃,相对湿度 10% 的空气,操作压力为 101.3 kPa。试求:(1)水分蒸发量;(2)空气出干燥器时的

湿度 H_2。

8-6　用连续式干燥器干燥含水 1.5％ 的物料 9200 kg/h，物料进口温度为 298 K，产品出口温度 307.4 K、含水 0.2％（均为湿基），其比热容为 1.84 kJ/(kg·K)。空气的干球温度为 299 K，湿球温度为 296 K，在预热器内加热到 368 K 后进入干燥器。空气离开干燥器时干球温度为 338 K，湿球温度为 309 K，干燥器的热损失为 598 kJ/kg 水。试求：(1) 产品量；(2) 空气用量；(3) 预热器所需热量。

8-7　某批物料的干燥速率曲线如图 8-12 所示。将该物料由含水率 36％ 干燥至 14％（均为湿基）。湿物料的初质量为 200 kg，干燥表面积为 0.025 m²/ kg 绝干料，设装卸物料时间为 1 h，试确定每批物料的干燥周期。

8-8　在恒定干燥条件下进行干燥实验，已测得干球温度为 50 ℃，湿球温度为 43.7 ℃，气体的质量流量为 2.5 (kg·m^{-2}·s^{-1})，气体平行流过物料表面，水分只从物料表面汽化，物料含湿量由 X_1 变到 X_2，干燥处于恒速阶段，所需干燥时间为 1 h。试问：(1) 如其他条件不变，且干燥仍处于恒速阶段，但干球温度变为 80 ℃，湿球温度变为 48.3 ℃，所需干燥时间为多少？(2) 如其他条件不变，且干燥仍处于恒速阶段，只是物料厚度增加 1 倍，所需干燥时间为多少？

8-9　在恒定干燥条件下，将物料从 $X_1 = 0.35$ kg 水/kg 绝干料，干燥至 $X_2 = 0.08$ kg 水/kg 绝干料，共需 8 h。试计算，若继续干燥至 $X_2 = 0.06$ kg 水/kg 绝干料，再需多少时间？已知物料的临界含水量为 0.10 kg 水/kg 绝干料，平衡含水量为 0.05 kg 水/kg 绝干料（以上均为干基含水量），且降速阶段的干燥速率与物料的含水量近似呈线性关系。

本章主要符号说明

A——干燥面积，m²；

C_g——干空气的比热，其值为 1.01 kJ/(kg·℃)；

C_w——水蒸气的比热，kJ/(kg·℃)；

C_H——湿空气的比热，kJ/(kg·℃)；

C_m——湿物料的比热，kJ/(kg·K)；

C_s——绝干物料的比热，kJ/(kg·K)；

C_L——水的比热，kJ/(kg·K)；

G_c——绝干物料的质量，kg/h；

G_c'——绝干物料的总量，kg；

H——空气的湿度，kg 水蒸气/ kg 绝干空气；

H_w——t_w 时空气的饱和湿度，kg 水蒸气/kg 绝干空气；

H_{as}——t_{as} 时空气的湿度，kg 水蒸气/kg 绝干空气；

I——湿空气的焓，kJ/kg；

i_w——水蒸气的焓，kJ/kg 水蒸气；

K_H——以湿度差为推动力的传质系数，kg/(m²·s·ΔH)；

L——绝干空气用量，kg/h；

l——比干空气用量，kg 干空气/kg 水分；

M——传质量，kg/s；

M_w——水蒸气的分子量，kg/kmol；

M_a——绝干空气的平均分子量，kg/kmol；

N——干燥速率，kg/(m²·h)；

N_c——临界干燥速率，kg/(m²·s)；

n_w——空气的物质的量，mol；

n_a——绝干空气的物质的量，mol；

P——湿空气总压力，Pa；

p_a——绝干空气的分压力，Pa；

p_w——水蒸气分压力，Pa；

p_s——与湿空气同温度的水的饱和蒸气压力，Pa；

p_{ds}——露点温度下水的饱和蒸气压力，Pa；

Q_P——预热器的供热量，kJ/h；

Q_D——干燥器的供热量，kJ/h；

Q_w——蒸发水分所需热量，kJ/h；

Q_N——干燥系统的热损失，kJ/h；

r_0——水在 0 ℃时的汽化潜热，kJ/kg；

t——空气的干球温度，℃；

t_{as}——空气的绝热饱和温度，℃；

t_w——空气的湿球温度，℃；

t_d——空气的露点温度，℃；

v_H——湿空气的比容，m^3/kg 绝干空气；

W——水分蒸发量，kg/h；

W'——汽化水分含量，kg/h；

w——湿基含水率；

X——干基含水率；

a——对流传热系统，$kW/(m^2 \cdot K)$；

φ——相对湿度；

η——干燥器的热效率；

θ——湿物料表面温度，℃；

τ——干燥时间，h。

第9章
化学反应工程原理

环境工程领域很多污染物的控制就是利用化学或生物反应,使污染物转化成无毒无害或易于分离的物质,从而使污染物得到净化。将化学和生物反应原理应用于污染物控制工程需借助适宜的装置,即反应器。因此,化学反应工程学的内容可概括为化学反应动力学和反应器两个方面。本章在介绍化学反应动力学基础及动力学方程建立的基础上,分别介绍均相反应器和非均相反应器。

9.1　化学反应及反应器分类

▷ 9.1.1　化学反应分类

在化学反应工程研究中,都是针对具体的化学反应。反应性质不同势必影响反应器的设计与放大,而化学反应的复杂程度直接影响到其反应动力学规律,也影响数学模型的复杂程度与应用。我们可以根据反应的特性不同进行分类。若按相态来分,反应可分为均相反应和非均相反应。在均相反应中,有气相均相和液相均相。在非均相反应中,有气固相、气液相、液固相和气液固相反应。若按是否有催化作用来分,反应可分为催化反应和非催化反应。如可燃气体的直接燃烧属于气相均相非催化反应;硝化反应属于液相均相反应;微生物反应属均相催化反应;煤的燃烧和矿石高温煅烧属气固非催化反应;挥发性有机气体(VOCs)在固体催化剂上的氧化、NO_x在固体催化剂上的还原等都属于气固相催化反应。

若把反应按其自身的特征和途径来区分,可分为简单反应和复杂反应。若按反应的机理来分,可分为基元反应和非基元反应。另外,按反应过程是否处于稳态,可分为稳态反应和非稳态反应;按反应是否吸放热,又可分为吸热反应和放热反应;按体系容积是否改变,又可分为恒容过程和变容过程等。

在反应器的设计放大中最常使用的,也最能反映出反应特征和动力学规律的划分是简单反应和复杂反应。凡是由一个动力学方程式能表达的反应都称为简单反应,不管该方程式是否代表了它的反应机理,其中包括自催化反应和均相催化反应。复杂反应由两个及以上的动力学方程来表达,无论它是否为基元反应和非基元反应,只要在宏观上给出简单可用的动力学方程,能用于反应器的设计与放大即可。

▷ 9.1.2 反应器的分类

反应器可按不同方式来分类：

(1)**按反应系统涉及的相态** 可分为：①均相反应器，常见的均相反应器有气相均相反应器和液相均相反应器；②非均相反应器，常见的非均相反应器有气固相、气液相、液固相和气液固相反应器。

(2)**按反应器与外界换热方式** 可分为：①等温反应器，整个反应器维持恒温操作；②绝热反应器，反应器与外界没有热量交换；③非等温非绝热反应器，反应器与外界有热量交换，但不等温。

(3)**按流动状态** 可分为理想流动反应器和非理想流动反应器。

(4)**按操作方式** 可分为：①间歇操作，是指一批物料投入反应器后，经过一定时间的反应再取出的操作；②连续流动反应器，指反应物料连续地通过反应器的操作方式；③半连续操作，指在反应器中的物料，有些分批地加入或取出，而另一些则半连续地流动通过反应器。

(5)**按反应器结构** 可分为：①管式反应器，一般高径比大于30；②槽式反应器，一般高径比为1～3；③塔式反应器，一般高径比为3～30。

9.2 反应动力学基础

▷ 9.2.1 化学反应式与计量方程

1. 化学反应式

反应物经化学反应生成产物的过程用定量关系式予以描述时，该定量关系式称为化学反应式：

$$aA + bB + \cdots \longrightarrow rR + sS + \cdots \tag{9-1}$$

式中，$A,B,\cdots$为反应物；$R,S,\cdots$为生成物，即产物；$a,b,\cdots,r,s,\cdots$为参与反应的各组分的分子数，恒大于零，称为计量系数。

式(9-1)表示 a mol 的 A 组分与 b mol 的 B 组分等经化学反应后将生成 r mol 的 R 组分和 s mol 的 S 组分等。箭头表示了反应进行的方向，如果箭头为双向，则表示反应为可逆反应，即反应可以向相反的方向进行。

2. 化学反应计量式(化学反应计量方程)

$$aA + bB + \cdots = rR + sS + \cdots \tag{9-2}$$

式(9-2)是一个方程式，允许按照方程式的运算规则进行运算，如将各项移至等号的同一侧。

$$(-a)A + (-b)B + rR + sS + \cdots = 0$$

写成普遍形式：

$$\alpha_A A + \alpha_B B + \alpha_R R + \alpha_S S + \cdots = \sum \alpha_I I = 0$$

式中，α_I 为 I 组分的计量系数。

化学反应计量式只表示参与化学反应的各组分之间的计量关系，与反应历程及反应进行的程度无关。化学反应计量式不得含有除 1 以外的任何公因子。具体写法依习惯而定，

$2SO_2 + O_2 \Longrightarrow 2SO_3$ 或者 $SO_2 + 1/2O_2 \Longrightarrow SO_3$ 均被认可。但通常将关键组分写在第一位，而且使其计量系数为1。

▷ 9.2.2 反应程度

对于任一化学反应

$$(-a)A + (-b)B + rR + sS \Longrightarrow 0$$

反应程度定义为

$$\xi = \frac{n_I - n_{I0}}{a_I} \tag{9-3}$$

式中，n_I 为体系中参与反应的任意组分 I 的物质的量；a_I 为组分 I 的计量系数；n_{I0} 为起始时刻组分 I 的物质的量。反应程度用来描述反应进行的深度。

对于反应物，$n_I < n_{I0}$，$a_I < 0$；对反应产物，$n_I > n_{I0}$，$a_I > 0$，并且由化学反应的计量关系决定，各组分生成或消耗的量与其计量系数的比值均相同，即

$$\frac{n_A - n_{A0}}{a_A} = \frac{n_B - n_{B0}}{a_B} = \frac{n_R - n_{R0}}{a_R} = \frac{n_S - n_{S0}}{a_S}$$

因此，反应程度 ξ 可以作为化学反应进行程度的度量。ξ 恒为正值，具有广度性质，单位为 mol。

反应进行到某时刻，体系中各组分的物质的量与反应程度的关系为

$$n_I = n_{I0} + a_I \xi \tag{9-4}$$

▷ 9.2.3 转化率

目前普遍使用关键组分 A 的转化率来描述一个化学反应进行的程度，其定义为

$$x_A = \frac{转化了的 A 组分的量}{A 组分的起始量} = \frac{n_{A0} - n_A}{n_{A0}} \tag{9-5}$$

将式(9-4)与式(9-5)结合起来，可得转化率与反应程度的关系为

$$x_A = \frac{-a_A}{n_{A0}} \xi \tag{9-6}$$

同样也可得到任意组分在某一时刻的物质的量：

$$n_I = n_{I0} + \frac{a_I}{(-a_A)} n_{A0} x_A \tag{9-7}$$

对于 A 组分本身，上式可变为

$$n_A = n_{A0}(1 - x_A) \tag{9-8}$$

▷ 9.2.4 化学反应速率

反应速率是表征化学反应快慢的一个量。反应速率定义为单位反应体系内反应程度随时间的变化率，对不同反应过程可以取不同的单位反应体系。例如，气液反应可以取单位气液界面积，气固相催化反应可以取单位催化剂质量等。对于均相反应过程，单位反应体系是指单位反应体积，即

$$r = \frac{1}{V} \frac{d\xi}{dt} \tag{9-9}$$

式(9-9)为化学反应速率的严格定义。在一个均相的反应体系中,任意瞬时只有一个反应速率,就是由式(9-9)表示的反应速率。

以反应程度定义的反应速率虽然严格,但不够直观,习惯上使用以反应体系中各个组分生成或消耗速率来表示反应速率。

对于反应 A+2B===3C+4D,反应物 A 的生成速率为

$$r_A = \frac{1}{V} \frac{dn_A}{dt}$$

而

$$r = \frac{1}{V} \frac{d\xi}{dt} = \frac{1}{a_A} \frac{1}{V} \frac{dn_A}{dt} = \frac{r_A}{a_A}$$

A 组分为反应物,所以其消耗速率为

$$-r_A = -\frac{1}{V} \frac{dn_A}{dt} \tag{9-10}$$

同理,B 的消耗速率为

$$-r_B = -\frac{1}{V} \frac{dn_B}{dt} \tag{9-11}$$

反应产物 C 的生成速率为

$$r_C = \frac{1}{V} \frac{dn_C}{dt} \tag{9-12}$$

反应产物 D 的生成速率为

$$r_D = \frac{1}{V} \frac{dn_D}{dt} \tag{9-13}$$

化学反应计量关系决定了

$$-r_A = \frac{1}{2}(-r_B) = \frac{1}{3}r_C = \frac{1}{4}r_D$$

对于恒容体系,有

$$-r_A = -\frac{1}{V} \frac{dn_A}{dt} = -\frac{d(\frac{n_A}{V})}{dt} = -\frac{dC_A}{dt} \tag{9-14}$$

▷ 9.2.5 化学反应动力学方程

定量描述反应速率与影响反应速率因素之间的关系式称为反应动力学方程。大量实验表明,均相反应的速率是反应物系组成、温度和压力的函数,而反应压力通常可由反应物系的组成和温度通过状态方程来确定,不是独立变量。所以,主要考虑反应物系组成和温度对反应速率的影响。

化学反应动力学方程有多种形式。对于均相反应,方程多数可以写为幂函数形式,反应速率与反应物浓度的某一方次呈正比。

对于体系中只进行一个不可逆反应的过程,有

$$a A + b B \longrightarrow r R + s S$$
$$r = -r_A = kC_A^m C_B^n \tag{9-15}$$

式中，k 为以浓度表示的反应速率常数，随反应级数的不同有不同的量纲；C_A、C_B 为 A、B 组分的浓度，$mol \cdot m^{-3}$；m、n 为 A、B 组分的反应级数，$m+n$ 为此反应的总级数。

如果反应级数与反应组分的化学计量系数相同，即 $m=a$ 并且 $n=b$，那么此反应可能是基元反应。基元反应的总级数一般为 1 或 2，极个别有 3，没有大于 3 级的基元反应。对于非基元反应，m、n 多数为实验测得的经验值，可以是整数、小数，甚至是负数。

k 是温度的函数，在一般工业精度上符合阿伦尼乌斯关系：

$$k = k_0 e^{\frac{-E}{RT}} \tag{9-16}$$

式中，k_0 为指前因子，又称频率因子，与温度无关，具有和反应速率常数相同的量纲；E 为活化能，$J \cdot mol^{-1}$，活化能反映了反应速率对温度变化的敏感程度。

把化学反应定义式和化学反应动力学方程相结合，可以得到

$$r = -r_A = -\frac{1}{V}\frac{dn_A}{dt} = kC_A^m C_B^n$$

对上式直接积分，可获得化学反应动力学方程的积分形式。例如，对一级不可逆反应，恒容过程，有

$$-r_A = -\frac{dC_A}{dt} = kC_A \quad (\text{一级不可逆反应动力学方程的微分形式})$$

$$kt = \ln\frac{C_{A0}}{C_A} = \ln\frac{1}{1-x_A} \quad (\text{一级不可逆反应动力学方程的积分形式})$$

由上式可以看出，对于一级不可逆反应，达到一定转化率所需的时间与反应物的初始浓度 C_{A0} 无关。

在等温恒容条件下，常见的简单级数不可逆反应动力学积分式见表 9-1。

表 9-1　常见的简单级数不可逆反应动力学积分式

反应	速率方程	速率方程积分式
零级反应 A $\longrightarrow$ P	$-\frac{dC_A}{dt} = k$	$kt = C_{A0} - C_A = C_{A0}x_A$
一级反应 A $\longrightarrow$ P	$-\frac{dC_A}{dt} = kC_A$	$kt = \ln\frac{C_{A0}}{C_A} = \ln\frac{1}{1-x_A}$
二级反应 2A $\longrightarrow$ P 或 A+B $\longrightarrow$ P $(C_{A0}=C_{B0})$	$-\frac{dC_A}{dt} = kC_A^2$	$kt = \frac{1}{C_A} - \frac{1}{C_{A0}} = \frac{1}{C_{A0}}\ln\frac{x_A}{1-x_A}$
二级反应 A+B $\longrightarrow$ P $(C_{A0} \neq C_{B0})$	$-\frac{dC_A}{dt} = kC_A C_B$	$kt = \frac{1}{C_{B0}-C_{A0}}\ln\frac{C_B C_{A0}}{C_A C_{B0}}$ $= \frac{1}{C_{B0}-C_{A0}}\ln\frac{1-x_B}{1-x_A}$
n 级反应 A $\longrightarrow$ P $n \neq 1$	$-\frac{dC_A}{dt} = kC_A^n$	$kt = \frac{1}{n-1}(C_A^{1-n} - C_{A0}^{1-n})$ $kt = \frac{1}{C_{A0}^{n-1}(n-1)}[(1-x_A)^{1-n}-1]$

9.3 动力学方程的建立方法

动力学方程表现的是化学反应速率与反应物温度、浓度之间的关系,而建立一个动力学方程,就是要通过实验数据回归出上述关系。

对于一些相对简单的动力学关系,如简单级数反应,在等温条件下,回归可以由简单计算进行。这种回归,可以由物料在间歇反应器中的浓度与时间的变化关系间接得到,称为积分法;也可以通过在一定温度浓度下求得化学反应速率,直接回归,称为微分法。然后再改变温度,求得反应的活化能和指前因子。接下来我们重点学习积分法和微分法建立动力学方程的方法。对于某些复杂的动力学关系,回归过程相当复杂,在此不做介绍。

▷ 9.3.1 积分法

积分法建立动力学方程的步骤如下:

①根据对该反应的初步认识,先假设一个不可逆反应动力学方程,如$(-r_A) = kf'(C_A)$,经过积分运算后得到$f(C_A) = kt$的关系式。如上一节中积分得到的:

零级反应

$$C_{A0} - C_A = kt \tag{9-17}$$

一级反应

$$\ln(\frac{C_{A0}}{C_A}) = kt \tag{9-18}$$

二级反应

$$\frac{1}{C_A} - \frac{1}{C_{A0}} = kt \tag{9-19}$$

(2)将实验中得到的t_i下的C_i的数据代入$f(C_i)$函数中,得到各t_i下的$f(C_i)$数据。

(3)以时间t为横坐标,$f(C_i)$为纵坐标,将$t_i - f(C_i)$数据标绘出来,如图9-1所示。如果得到过原点的直线,则表明所假设的动力学方程是可取的(即假设的级数是正确的),其直线的斜率即为反应速率常数k。否则重新假设另一动力学方程,再重复上述步骤,直到得到直线为止。如果简单级数反应都假设完(通常是零级、一级和二级反应)还得不到直线,则说明这个反应不是整数级的简单级数反应,不宜用积分法进行动力学数据处理。

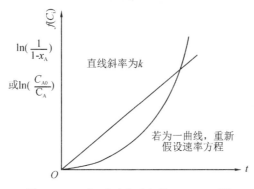

图9-1 一级不可逆反应的$t \sim f(C_i)$图

为了求取活化能 E,可再选若干温度,做同样的实验,得到各温度下的等温、恒容均相反应的实验数据,并据此求出相应的 k 值。

由于

$$k = k_0 e^{\frac{-E}{RT}}, \ln k = \ln k_0 - \frac{E}{R}\left(\frac{1}{T}\right) \tag{9-20}$$

因此,以 $\ln k$ 对 $1/T$ 作图,将得到如图 9-2 所示的一条直线,其斜率即为 $-E/R$,可求得 E。可将 n 次实验所求得 k 和与之相对应的 $1/T$ 代入式(9-20)中,求得 n 个 k_0,取平均值作为最后结果。

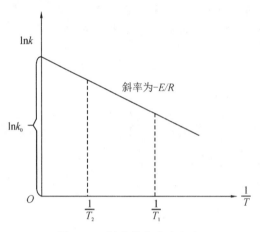

图 9-2 活化能的求取方法

▶ 9.3.2 微分法

微分法是根据不同实验条件下在间歇反应器中测得的数据 C_A-t 直接进行处理得到动力学关系的方法。在等温下实验,得到反应器中不同时间反应物浓度的数据。将这组数据以时间 t 为横坐标,反应物浓度 C_A 为纵坐标,直接作图。将图上的实验点连成光滑曲线(要求反映出动力学规律,而不必通过每一个点),用测量各点斜率的方法进行数值或图解微分,得到若干对不同 t 时刻的反应速率($-\dfrac{dC_A}{dt}$)数据。再将不可逆反应速率方程如 $-\dfrac{dC_A}{dt} = kC_A^n$ 线性化,两边取对数,得

$$\ln\left(-\frac{dC_A}{dt}\right) = \ln k + n\ln C_A \tag{9-21}$$

以 $\ln C_A$ 为横坐标,$\ln\left(-\dfrac{dC_A}{dt}\right)$ 为纵坐标将实验数据绘图,所得直线的斜率为反应级数 n,截距为 $\ln k$,以此求得 n 和 k 值。

速率仅是一个反应物浓度的函数时,采用上述方法是有效的。然而,用过量法也可以判定反应速率($-r_A$)与其他反应物浓度的关系。如下反应:

$$A + B \longrightarrow P$$

相应的速率方程是

$$-r_A = kC_A^m C_B^n$$

式中的 k、m 和 n 都是未知的。首先让反应在 B 大大过量的情况下进行，反应过程中 C_B 基本保持不变，则

$$-r_A = k'C_A^m$$

$$k' = kC_B^n \approx kC_{B0}^n$$

在确定出 m 和 k' 后，让反应在 A 大大过量的情况下进行，这时速率方程可表示为

$$-r_A = k''C_B^n$$

$$k'' = kC_A^m \approx kC_{A0}^m$$

在确定出 n 和 k'' 后，结合 C_{A0} 和 C_{B0} 可求得 k。

微分法的优点在于可以得到非整数的反应级数，缺点在于在图上微分时可能出现的人为误差比较大。

9.3.3 化学反应器设计基础

反应器的开发大致有下述三个任务：①根据化学反应动力学特性来选择合适的反应器形式；②结合动力学和反应器两方面特性来确定操作方式和优化操作条件；③根据给定的产量对反应装置进行设计计算，确定反应器的几何尺寸并进行评价。

1. 反应器分类

在工业上，化学反应必然要在某种设备内进行，这种设备就是反应器。根据各种化学反应的不同特性，反应器的形式和操作方式有很大差异。

从本质上讲，反应器的形式并不会影响化学反应动力学特性。但是物料在不同类型反应器中的流动情况是不同的，物料在反应器中的流动必然会引起物料之间的混合。若相互混合的物料是在相同的时间进入反应器的，具有相同的反应程度，则混合后的物料必然与混合前的物料完全相同。这种发生在停留时间相同的物料之间的均匀化过程，称为简单混合。如果发生混合前的物料在反应器内停留时间不同，则反应程度就不同，组成也不会相同。混合之后的物料组成与混合前必然不同，反应速率也会随之发生变化，这种发生在停留时间不同的物料之间的均匀化过程，称为返混。存在返混现象时，反应器内物料的组成将受到返混的影响。尽管反应的动力学特性没有发生变化，但返混引起的物料组成变化影响了反应速率，进而影响了反应器内的反应情况。

因此，把物料在反应器内返混情况作为反应器分类的依据能更好地反映出其本质上的差异。按返混情况不同，反应器被分为以下四种类型。

(1)间歇操作的充分搅拌槽式反应器(简称间歇反应器)　在反应器中物料被充分混合，但由于间歇操作，所有物料均为同一时间进入，物料之间的混合过程属于简单混合，不存在返混。

(2)平推流反应器(又称理想置换反应器或活塞流反应器)　在连续流动的反应器内物料不存在轴向混合(即无返混)。典型例子是物料在管内流速较快的管式反应器。

(3)连续操作的充分搅拌槽式反应器(简称全混流反应器)　在这类反应器中，进入的物料在瞬间与反应器内原有物料达到完全混合，物料返混达最大程度。

(4)非理想流动反应器　物料在这类反应器中存在一定的返混，即物料返混程度介于平推流反应器与全混流反应器之间。

第(1)、(2)、(3)类反应器被称为理想反应器,是我们重点讲解的内容;第(4)类为非理想流动反应器,在处理上比较复杂,首先要确定返混程度,然后结合反应过程的特性进行计算,在这里不做讨论。

2.反应器设计的基础方程

反应器设计所涉及的基础方程式就是动力学方程式、物料衡算方程式及热量衡算方程式。动力学方程式描述反应器内体系的温度、浓度(或压力)与反应速率的关系,前面已阐述,下面主要讨论物料衡算方程、热量衡算方程的建立。

1)物料衡算方程

物料衡算所针对的具体体系称为体积元。体积元有确定的边界,由这些边界围住的体积称为系统体积。在这个体积元中,物料温度、浓度必须是均匀的。在满足这个条件的前提下,要尽可能使这个体积元体积更大。在这个体积元中,对关键组分 A 进行物料衡算,有下式:

$$\begin{bmatrix} 单位时间进入 \\ 体积元的物料 \\ A 的量\ F_{in}(\text{mol}\cdot\text{s}^{-1}) \end{bmatrix} - \begin{bmatrix} 单位时间排出 \\ 体积元的物料 \\ A 的量\ F_{out}(\text{mol}\cdot\text{s}^{-1}) \end{bmatrix} - \begin{bmatrix} 单位时间内体积 \\ 元中反应消失的 \\ 物料 A 的量\ F_{r}(\text{mol}\cdot\text{s}^{-1}) \end{bmatrix}$$

$$= \begin{bmatrix} 单位时间内体积 \\ 元中物料 A 的积累 \\ 量\ F_{b}(\text{mol}\cdot\text{s}^{-1}) \end{bmatrix}$$

用符号表示为

$$F_{in} - F_{out} - F_{r} = F_{b} \qquad (9-22)$$

即对于体积元内的任何物料,进入、排出、反应、积累量的代数和为 0。

对于不同的反应器和操作方式,式(9-22)中某些项可能为 0。

2)热量衡算方程

温度对化学反应速率有显著影响。为了正确应用式(9-22),必须知道反应器内每一点的温度。而要确定某一时间每一点温度和组成,必须将物料衡算方程与热量衡算方程结合处理。

对反应器中的体积元进行热量衡算,可写出下式:

$$\begin{bmatrix} 单位时间随物料流 \\ 入体积元的热量 \\ Q_{in}(\text{kJ}\cdot\text{s}^{-1}) \end{bmatrix} - \begin{bmatrix} 单位时间随物料流 \\ 出体积元的热量 \\ Q_{out}(\text{kJ}\cdot\text{s}^{-1}) \end{bmatrix} + \begin{bmatrix} 单位时间内体积 \\ 元与周围环境交换 \\ 的热量\ Q_{u}(\text{kJ}\cdot\text{s}^{-1}) \end{bmatrix} +$$

$$\begin{bmatrix} 单位时间内体积 \\ 元中化学反应的 \\ 热效应\ Q_{r}(\text{kJ}\cdot\text{s}^{-1}) \end{bmatrix} = \begin{bmatrix} 单位时间内体积 \\ 元中积累的热量 \\ Q_{b}(\text{kJ}\cdot\text{s}^{-1}) \end{bmatrix} \qquad (9-23)$$

用符号表示为

$$Q_{in} - Q_{out} + Q_{u} + Q_{r} = Q_{b}$$

热量衡算从体积元角度看,收到热量为正,散失热量为负。不同的反应器和操作方式,式(9-23)中某些项可能为 0。

3.反应器操作的几个时间概念

反应器设计和分析,经常涉及以下几个时间概念:

（1）反应持续时间 t_r（reaction time） 简称为反应时间，用于间歇反应器，指反应物料进行反应达到所要求的反应程度或转化率所需时间，其中不包括装料、卸料、升温、降温等非反应的辅助时间。

（2）停留时间 t/平均停留时间 $\bar{t}$（rentention time/average rentention time） 停留时间又称接触时间，用于连续流动反应器，指流体微元从反应器入口到出口经历的时间。在反应器中，由于流体流动状况的不同，物料微元体在反应器中的停留时间可能是各不相同的，存在一个分布，称为停留时间分布。各流体微元从反应器入口到出口所经历的平均时间称为平均停留时间。

（3）空间时间 τ（space time） 简称空时，它表示处理在进口条件下一个反应器体积的流体所需要的时间，即

$$\tau = \frac{V_R}{Q_0} \tag{9-24}$$

式中，V_R、Q_0 分别代表反应器体积和反应器入口条件下流体的体积流量。空间时间虽然具有时间的单位，但它既不是反应时间也不是接触时间。例如，$\tau = 2\ h$ 表示每 2 h 可处理与反应器有效容积相等的物料量，反映了连续流动反应器的生产强度。

（4）空间速度（space velocity） 简称空速，是指单位反应器有效体积所能处理的体积流量，单位为时间的倒数。空间速度表示单位时间内能处理几倍于反应器体积的物料，反映了设备的生产能力的大小。空速越大，表明反应器的生产能力越大。空速有运行空速（S_V）和标准空速（S_{VN}）之分。

运行空速定义式为

$$S_V = \frac{Q_0}{V_R} \tag{9-25}$$

标准空速定义式为

$$S_{VN} = \frac{Q_{N0}}{V_R} \tag{9-26}$$

式中，Q_{N0} 代表流体在反应器入口标准状态下的体积流量。标准空速常用于比较设备生产能力的大小。

9.4 均相反应器

本节讨论均相理想反应器，即间歇反应器、全混流反应器及平推流反应器，并进行设计分析。这些讨论是研究工业反应器的基础，不仅对正确选择反应器的类型和操作方式有用，而且还可以帮助我们思考处理和解决以后涉及的较复杂的化学反应工程问题。

对于等温过程，由于反应器处于等温条件，动力学方程中的反应速率常数是定值，根据动力学方程结合物料衡算关系即可确定反应器的大小。对于非等温过程，热量衡算在设计计算中则是不可缺少的。这里，我们重点讲述等温条件下理想反应器的计算。

➤ 9.4.1 间歇操作的充分搅拌槽式反应器

间歇操作的充分搅拌槽式反应器又称为间歇反应器（batch reactor，BR），图 9-3 为常见

的带有搅拌器的釜式反应器,通常都设有夹套或盘管以加热或冷却釜内物料,控制温度。间歇操作是指反应物料一次投入反应器内,在反应过程中不再向反应器内投料,也不向外排出,待反应达到要求的转化率后,再全部放出反应物料。充分混合是指反应器内的物料在机械搅拌的作用下参数(温度、浓度)各处均一。这种反应器被广泛用于液相反应,在液-固反应中也有采用。

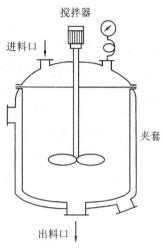

图 9-3　间歇反应器

1. 间歇反应器特性

间歇反应器的主要特点为:

①由于剧烈搅拌、混合,反应器内有效空间中各位置的物料温度、浓度都相同;

②由于一次加料,一次出料,反应过程中没有加料、出料,所有物料在反应器中停留时间相同,不存在不同停留时间物料的混合,即无返混现象;

③出料组成与反应器内物料的最终组成相同;

④为间歇操作,有辅助生产时间。一个生产周期应包括反应时间、加料时间、出料时间、清洗时间、加热(或冷却)时间等。

2. 间歇反应器设计方程

由以上特点可知,反应器有效容积中物料温度、浓度相同,故选择整个有效容积 V_R' 作为衡算体系。在单位时间内,对组分 A 作物料衡算。

根据式(9-22)

$$F_{in} - F_{out} - F_r = F_b$$

有

$$0 - 0 - (-r_A)V_R' = \frac{dn_A}{dt} \tag{9-27}$$

由于

$$n_A = n_{A0}(1 - x_A)$$

因此

$$dn_A = -n_{A0} dx_A$$

代入式(9-27),有

$$(-r_A)V_R' = n_{A0}\frac{dx_A}{dt}$$

当进口转化率为 0 时,分离变量并积分,得

$$t_r = \int_0^{t_r} dt = n_{A0}\int_0^{x_A}\frac{dx_A}{(-r_A)V_R'} \tag{9-28}$$

式(9-28)为间歇反应器设计计算的通式,它表达了在一定操作条件下,为达到所要求的转化率 x_A 所需的反应时间 t_r。

在间歇反应器中,无论是液相或气相反应,绝大多数是恒容。在恒容条件下,有

$$C_A = C_{A0}(1 - x_A)$$

式(9-28)可简化为

$$t_r = C_{A0} \int_0^{x_A} \frac{dx_A}{(-r_A)} = -\int_{C_{A0}}^{C_A} \frac{dC_A}{(-r_A)} \qquad (9-29)$$

从式(9-29)可以看出,间歇反应器内为达到一定转化率所需反应时间 t_r,只是动力学方程式的直接积分,与反应器大小及物料投入量无关。这就是为什么动力学方程通常在间歇反应器内测定的原因。

对于给定的生产任务,即单位时间处理的原料量 F_A(kmol/h)以及原料组成 C_{A0}(kmol/m³)、达到的产品要求 x_{Af} 及辅助生产时间 t'、动力学方程等,均作为给定的条件,设计计算出间歇反应器的体积。其步骤如下:

① 由式 $t_r = C_{A0} \int_0^{x_A} \frac{dx_A}{(-r_A)}$ 计算反应时间 t_r。

②计算一批料所需时间 t_t,有

$$t_t = t_r + t' \qquad (9-30)$$

式中,t' 为辅助生产时间。

③计算每批投放物料总量 F_A',有

$$F_A' = F_A t_t \qquad (9-31)$$

④计算反应器有效容积 V_R',有

$$V_R' = \frac{F_A'}{C_{A0}} \quad 或 \quad V_R' = V_0(t_r + t') \qquad (9-32)$$

⑤计算反应器总体积 V_R。反应器总体积应包括有效容积、分离空间、辅助部件占有体积。通常有效容积占总体积分率为 $60\% \sim 85\%$,该分率称为反应器装填系数 φ,由生产实际决定。

$$V_R = \frac{V_R'}{\varphi} \qquad (9-33)$$

9.4.2 平推流反应器

平推流反应器(piston flow reactor,PFR)是指通过反应器的物料沿同一方向以相同速度向前流动,像活塞一样在反应器中向前平推,故又称为活塞流反应器。

1. 平推流反应器的特性

平推流反应器具有以下特性:

①由于流体沿同一方向,以相同速度向前推进,在反应器内没有物料的返混,所有物料在反应器中的停留时间都是相同的;

②在垂直于流动方向上的同一截面,不同径向位置的流体特性(组成、温度等)是一致的;

③在定常态下操作,反应器内状态只随轴向位置改变,不随时间改变。

实际生产中,对于管径较小、长度较长、流速较大的管式反应器、列管式固定床反应器等,常可按平推流反应器处理。

2. 平推流反应器设计方程

如图9-4所示,在等温平推流反应器内,物料的组成沿反应器流动方向,从一个截面到另一个截面不断变化,现在反应器流动方向上任意位置取长度为 dl、体积为 dV_R 的微元体系(其中,$dV_R = S_t dl$,S_t 为截面积)对关键组分 A 作物料衡算。

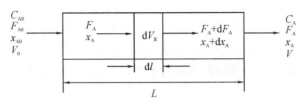

图 9-4 平推流反应器的物料衡算示意图

根据式(9-22)

$$F_{in} - F_{out} - F_r = F_b$$

故

$$F_A - (F_A + dF_A) - (-r_A)dV_R = 0 \qquad (9-34)$$

由于

$$F_A = F_{A0}(1 - x_A)$$

微分,得

$$dF_A = -F_{A0}dx_A$$

代入式(9-34),有

$$F_{A0}dx_A = (-r_A)dV_R \qquad (9-35)$$

式(9-35)为平推流反应器物料平衡方程的微分式。

对整个反应器而言,将上式积分,有

$$\int_0^{V_R} \frac{dV_R}{F_{A0}} = \int_0^{x_A} \frac{dx_A}{(-r_A)}$$

有

$$\frac{V_R}{F_{A0}} = \frac{V_R/V_0}{F_{A0}/V_0} = \frac{\tau}{C_{A0}} = \int_0^{x_A} \frac{dx_A}{(-r_A)}$$

得到

$$\tau = \frac{V_R}{V_0} = C_{A0}\int_0^{x_A} \frac{dx_A}{(-r_A)} \qquad (9-36)$$

式(9-36)即为平推流反应器的设计积分方程。

对于恒容过程,有

$$C_A = C_{A0}(1 - x_A)$$

$$dC_A = -C_{A0}dx_A$$

将其代入式(9-36),有

$$\tau = \frac{V_R}{V_0} = -\int_{C_{A0}}^{C_A} \frac{dC_A}{(-r_A)} \qquad (9-37)$$

以上方程关联了反应速率、转化率、反应器体积及进料量四个参数,可以根据给定条件从三个已知量求得另一个未知量。在作计算时,式中的$(-r_A)$要代入具体动力学方程式。当动力学方程式较简单时,可解析积分。对较复杂的动力学方程式,一般可用图解积分或数值积分。

注意,对于变容系统,在进行反应器设计时,由于有些反应前后物质的量不同,在系统压力不变的情况下,会引起系统物流体积发生变化。在使用基础设计式进行计算时,对于涉及的反应物浓度、体积应考虑由于反应物系体积变化给反应速率带来的影响,如引入膨胀因子、膨胀率等。

➢ 9.4.3 全混流反应器

全混流反应器(continuous stirred-tank reactor,CSTR),又称全混釜或连续流动充分搅拌槽式反应器,其结构如图 9-5 所示。

1. 全混流反应器的特性

全混流反应器具有以下特性:

①物料在反应器内充分返混;

②反应器内各处物料参数均一;

③反应器的出口组成与器内物料组成相同;

④连续、稳定流动,是一定态过程。

2. 全混流反应器的设计方程

由于全混流反应器中各处物料参数均一,故选整个反应器有效容积 V_R 为物料衡算体系,对组分 A 作物料衡算(下标 f 表示出口参数),根据式(9-22)

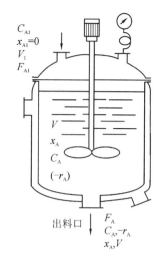

图 9-5 全混流反应器示意图

$$F_{\text{in}} - F_{\text{out}} - F_{\text{r}} = F_{\text{b}}$$

即

$$F_{A1} - F_{Af} - (-r_A)_f V_R = 0 \tag{9-38}$$

其中,

$$F_{A1} = F_{A0}(1 - x_{A1})$$

$$F_{Af} = F_{A0}(1 - x_{Af})$$

整理得到

$$F_{A0}(x_{Af} - x_{A1}) = (-r_A)_f V_R$$

$$\frac{V_R}{F_{A0}} = \frac{x_{Af} - x_{A1}}{(-r_A)_f} \tag{9-39}$$

因为

$$F_{A0} = V_0 C_{A0}$$

用空间时间表示:

$$\tau = \frac{V_R}{V_0} = C_{A0} \frac{x_{Af} - x_{A1}}{(-r_A)_f} \tag{9-40}$$

当进口转化率为 0 时,有

$$\tau = C_{A0} \frac{x_{Af}}{(-r_A)_f} \tag{9-41}$$

当体系恒容时,又可再进一步简化为

$$\tau = \frac{C_{A1} - C_{Af}}{(-r_{Af})} \tag{9-42}$$

式(9-39)~式(9-42)都是全混流反应器的基础设计式,它们比平推流反应器更简单,仅关联了 x_A、$(-r_A)$、V_R、F_{A0} 四个参数,只要知道其中任意三个参数,就可解代数方程求得第四个参数值。

例 9-1 某恒容一级反应 A $\longrightarrow$ P,反应速率常数为 0.20 h^{-1},要使 A 的转化率达到 90%,对于间歇反应器、平推流反应器及全混流反应器,反应物 A 在反应器中所需要的时间分别为多少?

解：
$$C_A = C_{A0}(1-x_A) = C_{A0}(1-0.90) = 0.10C_{A0}$$

对于一级反应：
$$(-r_A) = kC_A$$

对于间歇反应器，根据设计方程
$$t_r = C_{A0}\int_0^{x_A}\frac{\mathrm{d}x_A}{(-r_A)} = C_{A0}\int_0^{0.9}\frac{\mathrm{d}x_A}{kC_{A0}(1-x_A)}$$

有
$$t_r = -\frac{1}{k}\ln(1-x_A)\Big|_0^{0.9}\ \mathrm{h} = 11.5\ \mathrm{h}$$

对于平推流反应器，其设计方程与间歇反应器相似，空时的计算结果相同，即
$$\tau = \frac{V_R}{V_0} = C_{A0}\int_0^{x_A}\frac{\mathrm{d}x_A}{(-r_A)} = 11.5\ (\mathrm{h})$$

对于全混流反应器，其设计方程为
$$\tau = \frac{C_{A1}-C_{Af}}{(-r_A)_f}$$

有
$$\tau = \frac{C_{A0}-0.10C_{A0}}{0.2\times0.10C_{A0}}\ \mathrm{h} = 45\ \mathrm{h}$$

根据计算结果可以看出，要达到同样转化率，间歇反应器与平推流反应器所需反应时间相等，而全混流反应器所需时间远大于间歇反应器和平推流反应器，说明全混流反应器的反应效率低于前两者。要完成同样的任务，间歇反应器和平推流反应器所需体积相差不大，但由于间歇过程需辅助工作时间使得间歇反应器的体积将大于平推流反应器，而全混流反应器则比平推流反应器、间歇反应器所需反应体积要大得多，这是由于全混流反应器的返混造成反应速率下降所致。

9.5　非均相反应器

▶9.5.1　气固相催化反应器

在环境工程领域，气固相催化反应被广泛用于气态污染物的控制，如烟气 SCR 脱硝、高浓度 SO_2 的催化氧化制酸、有机废气的催化净化、汽车尾气的三元催化等。当催化剂与原料形成的混合物是同一相时，该反应过程称为均相催化反应过程。而对于气态污染物控制，由于反应物为气体，所用催化剂为固体，因此气固相催化为非均相催化，发生反应的气固相催化反应器为非均相反应器。工业上常用的气固相催化反应器分为固定床和流动床两大类，以颗粒状固定床的应用最为广泛。固定床的优点是催化剂不易磨损，可长期使用，又因为它的流动模型最接近理想平推流，停留时间可以严格控制，能可靠地预测反应进行的情况，容易从设计上保证高转化率。另外，反应气体与催化剂接触紧密，没有返混，从而有利于提高反应速率和减少催化剂装填量。固定床的主要缺点是床内温度分布不均匀，由于催化剂颗粒静止不动，颗粒本身又是导热性差的多孔物体，活塞流的流动又限制了流体径向换热的能力，且化学反应总伴随着一定的热效应，这些因素加在一起，使固定床的温度控制问题成为其应用技术的难点和关键。各种床型的反应器都是为解决这一问题而设计的。

(1)单层绝热反应器 单层绝热反应器的结构如图9-6所示,反应器中只装一段催化剂层即可达到要求的转化率。反应体系除了通过器壁的散热外,不与外界进行热交换。因而其结构最简单,造价最低,反应器对气流的阻力也最小,但催化床内温度分布不均,在放热反应中,容易造成反应热的积累,使床层升温。因此,单层绝热反应器通常用在化学反应热效应小和反应物浓度低等反应热不大的场合。在净化气态污染物的催化工程中,由于污染物浓度低而风量大,温度已降为次要因素,而多从气流分布的均匀性和床层阻力等方面来权衡选择床层的截面积和高度。

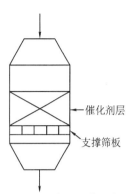

图9-6 单层绝热反应器
结构示意图

(2)多段绝热反应器 把多段催化剂层串联起来,在相邻的两个催化剂层之间引出(或加入)热量就成为多段绝热反应器。多段绝热反应器与单层绝热反应器的本质区别在于它能有效地控制反应的温度。

段间的热交换有直接换热和间接换热两种方式。间接换热就是通过设在段间的热交换器,将热量从反应过程中及时地取出(或加入),如图9-7(a)所示。这种换热方式适用性广,能够回收反应热,对催化反应没有影响,但设备复杂,费用大。直接换热方式则是在段间通入冷气流(冷激气,可以是原料气也可以是非原料气),直接与前一段反应后的热气流混合而降温,如图9-7(b)所示。这种换热方式虽然由于不需要换热设备而节省了设备费用,但流程与操作较复杂,要调节控制各段冷气流进气口的气压和流量,若冷却气采用原料气会降低净化效率,还会使得催化剂的用量增加。它适用于催化反应的反应热不大,而采用间接换热代价太大的场合。

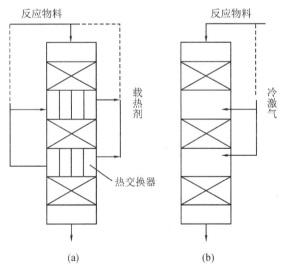

图9-7 多段绝热反应器结构示意图

(3)列管式反应器 列管式反应器如图9-8所示。它适用于对催化床的温度分布要求很高或反应热特别大的催化反应。列管式反应器通常在管内装催化剂,而在管外装载热体。载热体可以是水或其他介质,在放热反应中也常用原料气作载热体以降低温度,同时预热原料气。管式反应器的轴向温差通过调节载热体的流量来控制,径向温差通过选择管径来控制。管径越小,径向温度分布越均匀,但设备费用和阻力也就越大。一般管径应在 20 mm 以上,最小不小于 15 mm。为使气流分布均匀,每根管子的阻力特性必须相同,且有一定长度,以减少进口气流分布不均匀的影响。

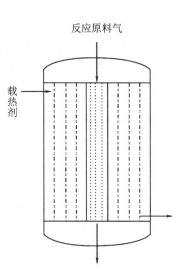

图 9-8　列管式反应器示意图

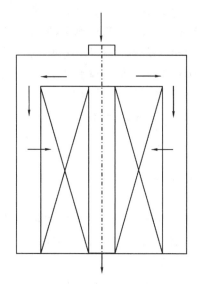

图 9-9　径向反应器示意图

(4)其他反应器　除了以上三种结构类型外,固定床反应器还有径向反应器和薄层床反应器等类型。如图 9-9 所示,径向反应器把催化剂装在两个半径不同的同心圆多孔板之间,反应气流沿径向通过催化床。因而它的气体流通截面积大,压降小,而这正是气态污染物净化所要求的。

对反应速度极快而所需接触时间很短的催化反应,可采用薄层床反应器。薄层床是一种温度分布最均匀的绝热式固定床。当所用催化剂价格昂贵时,它具有明显的经济意义。

上述各类反应器一般都离不开辅助设备——预热器。预热器是专门用来预热反应气体的,通常也通过预热气体来预热催化床(管式反应器的情况不完全如此)。预热器可以设在反应器的外部,也可以设在反应器的内部,其热源一般是电能、可燃气体或蒸气。在放热反应中,当反应器正常运行之后,则可以通过换热器利用反应热部分或全部代替外部能源。

在催化反应器的设计中,可以在上述各种类型的基础上进行变化。工程设计中有时会碰到几种可行的方案,这时必须根据实际情况做出选择。一般的选择原则如下:

①根据催化反应热的大小、反应对温度的敏感程度及催化剂的活性温度范围,选择反应器的结构类型,把床温分布控制在一个适合的范围内;

②反应器的气流压降要小,这对气态污染物的净化尤为重要;

③反应器操作容易、安全可靠,并力求结构简单、造价低廉、运行与维修费用低。

由于污染气体量大、污染物浓度低,因而催化反应的热效应小。要想使污染物浓度达到排放标准,必须有较高的催化反应转化率。因此,选用单层绝热反应器,对实现气态污染物的催化转化有着绝对的优势。例如,国内的氮氧化物转化、有机蒸气催化燃烧和汽车尾气净化,都采用了单层绝热反应技术。

9.5.2 气液反应器

气液反应过程是指气相中的组分必须进入液相中才能进行反应的过程。该反应发生在液相中,气相不发生反应。气-液相反应是一类重要的非均相反应,在环境工程中主要用于有害气体的化学吸收(烟气脱硫、酸雾气体净化等)、污水的臭氧氧化处理、印染废水的臭氧脱色等。

吸收设备的分类及结构已在7.4节进行了详细介绍。对于有化学反应的气液反应过程,反应器的选择应该根据气液组分的性质、结合气液反应器的特点和吸收过程的宏观动力学特点进行。所谓吸收反应器的特点是指气液分散和接触形式。为了增加气液接触面积,要求气体和液体分散,分散形式有三种:气相连续液相分散(如喷淋塔、填料塔、湍球塔等),液相连续气相分散(如板式塔、鼓泡塔等),气液同时分散(如文丘里吸收器)。就气液接触形式来讲,除板式塔为逐级接触式外,其他类型均为连续接触。

吸收过程的宏观动力学特点是指在有化学反应的吸收中,吸收速率是由扩散控制还是由动力学(化学反应)控制,还是两个因素共同控制。对于低浓度气量大的气态污染物,一般都是选择极快反应或快速反应,过程主要受扩散控制,因而选用气相连续液相分散的形式较多,这种形式相界面大,气相湍动程度高,有利于吸收,常用的设备有填料塔、喷淋塔。

填料塔是广泛应用的吸收设备,以填料作为气液接触的基本构件。在塔内气、液两相并流或逆流过程中,液体将填料表面充分润湿,气体在填料空隙间的不规则通道中流动,气液两相在填料表面连续接触,塔内气液两相的浓度呈连续变化。在填料塔中,气体为连续相,液体沿填料表面流下,在填料表面形成液膜。该反应器具有气体压降小、液体返混小的特点,但由于液相主体量较少,适用于极快或快速反应。

喷淋塔是用于气体吸收最简单的设备,是目前烟气脱硫工艺中吸收塔的主流塔形。在喷淋塔内,液体被分散成小液滴,呈分散相,气体为连续相。喷淋塔的持液量小,适用于快速反应或生成固体的吸收过程。

板式塔是逐级接触式设备,气相通过塔板分散成小气泡与板上液体接触进行反应,气体为分散相,液体为连续相。该反应器的特点是持液量较多,适于中速及慢速反应。

鼓泡塔是反应器内充满液体,气体从底部进入,分散成气泡与液相接触进行反应的一类反应器,污水耗氧生物处理可以认为是广义上的鼓泡塔。该类反应器的特点是结构简单、造价低,但返混严重,气泡易产生聚并,传质效率较低。由于反应器内存液较多,即液相主体量较多,因此适用于主体相内进行主要反应的中速及慢速反应的过程。

习 题

9-1 化学反应式与化学计量方程有何异同? 化学反应式中计量系数与化学计量方程中的计量系数有何关系?

9-2 将反应速率写成 $(-r_A) = -\dfrac{dC_A}{dt}$ 有什么条件?

9-3 为什么均相液相反应过程的动力学方程实验测定通常采用间歇反应器?

9-4 现有如下基元反应过程,请写出各组分生成速率与浓度之间的关系:

(1) A+2B↔C

　　A+C↔D

(2) A+2B↔C

　　B+C↔D

　　C+D→E

9-5 气相基元反应 A+2B⟶2P 在 30 ℃和常压下的反应速率常数 $k_c=2.65\times10^4$ m^6·$kmol^{-2}$·s^{-1}。现以气相分压力来表示速率方程,即$(-r_A)=k_P p_A p_B{}^2$,求 k_P。(假定气体为理想气体)

9-6 有一反应在间歇反应器中进行,经过 8 min 后,反应物转化了 80%,经过 18 min 后,转化了 90%,求表达此反应的动力学方程式。

9-7 在 550 K 及 0.3 MPa 下,在平推流反应器中进行气相反应,反应式为 A⟶P。已知进料中含 A 40%(摩尔分数),其余为惰性物料,气体流量为 6.2 mol/s,动力学方程式为 $(-r_A)=0.3C_A$ mol·m^{-3}·s^{-1}。为了达到 95%的转化率,试计算所需反应器的体积。

9-8 反应 A+B⟶R+S,已知 $V_R=0.001$ m^3,物料进料速率 $V_0=0.5\times10^{-3}$ m^3/min,$C_{A0}=C_{B0}=5$ mol/m^3,反应的动力学方程式为$(-r_A)=kC_AC_B$,其中 $k=100$ m^3·$kmol^{-1}$·min^{-1}。试计算:(1)反应在平推流反应器中进行时出口的转化率;(2)若采用全混流反应器要达到同样的出口转化率,求需要的反应器体积;(3)若全混流反应器 $V_R=0.001$ m^3,求可达到的转化率。

9-9 某间歇操作的液相反应 A⟶R,反应速率测定结果如下表。欲使反应物浓度由 $C_{A0}=1.0$ kmol/m^3 降到 0.4 kmol/m^3,需要多少时间?

C_A/(kmol/m^3)	0.1	0.2	0.3	0.4	0.5	0.6	0.7	0.8	1.0	1.2
$(-r_A)$/(kmol·m^{-3}·min^{-1})	0.1	0.3	0.5	0.6	0.5	0.25	0.10	0.07	0.05	0.045

本章主要符号说明

a——计量系数,无量纲;

n——物质的量,mol;反应级数,无量纲;

x——转化率,无量纲;

L——长度,m;

k——反应速率常数,量纲随反应级数变化;

E——活化能,J/mol;

r——反应速率,mol/(m^3·s);

S_V——运行空速,h 或 s;

C——物质的量浓度,mol/m^3;

t_r——反应持续时间,h 或 s;

t'——辅助生产时间,h 或 s;

F——摩尔流量,mol/s 或 kmol/h;

Q——热量,kJ/s;

V——体积,m^3;

R——气体常数,8.314 J/mol·K;

τ——空间时间,h 或 s;

ξ——反应程度,mol;

φ——反应器装填系数,无量纲;

通用性上下标:

0——初始状态;

in——进入;

out——流出;

r——反应;

b——积累;

f——出口。

第10章
生物反应工程原理

10.1 环境工程微生物

▷ 10.1.1 微生物在环境工程领域中的应用概况

微生物是对需要借助显微镜才能看清的微小生物的总称,可分为原核微生物(如细菌、放线菌)、真核微生物(真菌、藻类、原生动物及后生动物)、古细菌(如极端嗜热菌)和病毒等。微生物在生态系统中分布极为广泛,它们对维持生态平衡起到了至关重要的作用。

在环境工程领域,针对不同的目标污染物,可以充分利用不同微生物特性在不同环境条件下对这些目标污染物进行转化、降解,从而实现水体净化、臭气消除、固体废物分解及资源化。如在水处理领域,活性污泥法是依赖微生物对目标污染物进行去除的最为典型的案例。所谓的活性污泥即是由不同细菌、古细菌、真核微生物组成的菌胶团,其在充分利用污水中氮、磷、有机物作为基质的同时,实现了对上述污染物的转化降解,从而很大程度上消除了此类污染物对环境的危害。对于大气污染控制而言,污水处理厂所配置的生物除臭滤池也是充分利用相关微生物在滤池中可以充分利用臭气中含硫和含氮物质作为基质进行生长增殖,从而实现臭味气体的去除。在固体废物堆肥处理处置中,也是充分利用细菌及真菌,从而实现对有机物质进行充分的分解转化,从而产生高附加值的生物质肥。因此,在环境工程领域,利用微生物实现目标污染物分解转化是一类十分常规且有效的处理方式。但是,由于不同微生物均有特定的生存环境要求,因此,环境条件的改变将明显影响微生物对目标污染物的分解转化效率。

▷ 10.1.2 微生物反应

微生物作为生物,其反应可归为酶参与的催化反应,一般分为基质利用、细胞生长、细胞死亡/溶化和产物生成四类反应。基质利用是微生物反应的开始和核心,在环境工程领域,环境污染的微生物控制技术主要是基于微生物的基质(即污染物)利用反应。与化学反应类似,环境因素对微生物反应的影响较大,同时微生物种类也直接决定了相关反应过程及产物类型。对微生物反应影响较大的环境因素包括:基质(种类及浓度)、温度、pH、盐度、产物浓度、微生物种类及浓度等。在一些情况下,共存物质会对微生物产生抑制作用,从而降低微生物的活性和微生物反应速率。因此,在环境工程领域,为了有效利用微生物反应,以实现污染物的高效转化降解,在工程实践中一般需要对外部条件进行人为干预。如在活性污泥法污水处理过程中,需要控制系统不同阶段的溶解氧浓度、pH、盐度、碱度、有机物负荷、污泥浓度等,以维持系统的高效运行。

10.2 微生物反应动力学

➤ 10.2.1 微生物生长速率

1. 微生物生长速率的定义

微生物的生长速率 r_X 指的是单位时间微生物活细胞质量或数量浓度的变化量:

$$r_X = \frac{\mathrm{d}X}{\mathrm{d}t} = \mu X \tag{10-1}$$

式中,X 为活细胞浓度,kg(细胞)$/\mathrm{m}^3$ 或者个(细胞)$/\mathrm{m}^3$;μ 为比生长速率(specific growth rate),h^{-1}。

$$\mu = \frac{\mathrm{d}X}{\mathrm{d}t} \frac{1}{X} \tag{10-2}$$

在间歇培养条件下,μ 与倍增时间 t_d(doubling time,数量或质量加倍的时间)的关系为

$$\mu = \frac{\ln 2}{t_d} = \frac{0.693}{t_d} \tag{10-3}$$

式中,t_d 为倍增时间,h。

例 10-1 用 100 mL 的培养液培养大肠杆菌,大肠杆菌细胞的初期总数为 2×10^6 个,培养开始后即进入对数生长期(无诱导期)。在 315 min 后达到稳定期(细胞浓度 4×10^9 个/mL),试求大肠杆菌的 μ 和 t_d(设在培养过程中 μ 保持不变)。

解: 开始时的细胞浓度为

$$X_0 = \frac{2\times10^6}{100} \text{ 个/mL} = 2\times10^4 \text{个/mL}$$

根据细胞增长方程,有

$$\mu = \frac{\mathrm{d}X}{\mathrm{d}t} \frac{1}{X}$$

$$\mu\mathrm{d}t = \frac{\mathrm{d}X}{X}$$

设培养过程中 μ 保持不变,则

$$\mu = \frac{\ln \dfrac{X}{X_0}}{t} = \frac{\ln \dfrac{4\times10^9}{2\times10^4}}{\dfrac{315}{60}} \text{ h}^{-1} = 2.3 \text{ h}^{-1}$$

$$t_d = \frac{0.693}{\mu} = \frac{0.693\times60}{2.3} \text{ min} = 18.1 \text{ min}$$

2. 微生物生长速率与基质浓度的关系

对于某一特定微生物而言,当温度、pH 等环境条件一定,同时不存在基质抑制和代谢产

物抑制的情况下,微生物比生长速率是基质浓度的函数:

$$\mu = f(S)$$

式中,S 为微生物生长限制性基质(growth-limiting substrate)的浓度。最常用的 $f(S)$ 的函数关系式为莫诺(Monod)方程,其形式为

$$\mu = \frac{\mu_{max}S}{K_S + S} \tag{10-4}$$

式中,μ_{max} 为最大比生长速率,h^{-1};S 为限制性基质浓度,kg/m^3;K_S 为饱和系数,kg/m^3,K_S 与 $\mu = \mu_{max}/2$ 时的 S 值相等。

莫诺方程成立的假设条件如下:

①细胞内各组分含量比例在生长过程中保持不变,这种生长称为协调型生长(balanced growth);

②不考虑细胞间的差异,用平均性质和量来描述;

③生长限制性基质仅为一种;

④在培养过程中,细胞产率系数为一常数。

莫诺方程中的最大比生长速率 μ_{max} 表示细胞的最大生长能力;饱和系数 K_S 反映生长速率随基质浓度变化的快慢程度。K_S 值越大,表明生长速率随基质浓度变化的程度越小。一般情况下,富营养细胞(eutroph)的 K_S 值较大,在低基质浓度条件下生长速率低。相反,贫营养细胞(oligotrophy)的 K_S 值较小,在低基质浓度条件下亦能快速地生长。也就是说,贫营养细胞能使基质消耗到很低的浓度水平,这在环境治理中非常有利。

当两种基质 S_1 和 S_2 均为生长限制性基质时,微生物的比生长速率可表示为

$$\mu = \mu_{max} \frac{S_1}{K_{S_1} + S_1} \frac{S_2}{K_{S_2} + S_2} \tag{10-5}$$

式中,K_{S_1}、K_{S_2} 分别为基质 S_1 和 S_2 的饱和系数,kg/m^3;S_1、S_2 分别为基质 S_1 和 S_2 的浓度,kg/m^3。

从莫诺方程可以看出,只要 $S>0$,$\mu>0$,即微生物就可以生长。但事实上,当基质浓度低于某一浓度 S_{min} 时,观察不到微生物的生长。这种现象是由于维持代谢(maintenance metabolism)引起的。也就是说,即使仅仅要维持细胞活性而不发生增长,也需要消耗一定的基质。另外,在细胞生长的同时,也有一部分活细胞死亡或进行自我分解,从而降低反应系统的微生物宏观生长率,这种现象称为自呼吸(亦称内源呼吸,endogenous metabolism)。考虑以上减少细胞宏观生长速率的各种因素,微生物生长速率方程可表示为

$$\mu = \frac{\mu_{max}S}{K_S + S} - b \tag{10-6}$$

式中,b 为自衰减系数,h^{-1}。

3. 抑制性因子共存时的生长速率方程

1)基质抑制

对于苯酚、氨、醇类等对微生物生长有毒害作用的基质,在低浓度范围内,生长速率随基质浓度的增加而增加,但当其浓度增加到某一数值 S_i 时,生长速率反而随基质浓度的增加而降低,这种现象称基质抑制作用(见图 10-1)。基质抑制情况下的 μ 与 S 的关系有多种形式,其中较为常用的关系式为 Haldane 方程:

$$\mu = \frac{\mu_{\max} S}{K_S + S + S^2/K_i} \tag{10-7}$$

式中,K_i 为基质抑制系数,kg/m^3。

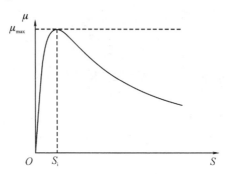

图 10-1　存在基质抑制作用时的生长曲线

2)代谢产物抑制

在某些情况下,代谢产物 P 会影响微生物的生长,这种现象称代谢产物抑制现象。表达代谢产物抑制作用的 μ 与 S 的关系式较多,其中简单的关系式为

$$\mu = \frac{\mu_{\max} S}{(K_S + S)(1 + P/K_p)} \tag{10-8}$$

式中,P 为代谢产物浓度,kg/m^3;K_p 为代谢产物抑制系数,kg/m^3。

▷ 10.2.2　基质消耗速率

1.基质消耗速率的表达式

由于微生物反应系统中存在着大量的细胞,而且各个细胞之间都存在着一定的差异,关注系统中单个细胞的基质消耗过程,对深入理解基质消耗机制有重要的意义,但是在实际应用中,不可能掌握每个细胞的基质消耗速率,故常不考虑细胞内的差异,而把细胞看作一个组分稳定的化学物质,对该系统的宏观消耗速率进行分析、讨论。

生物反应系统中单位混合物体积的基质消耗速率[volumetric substrate consumption rate,$-r_S$,$kg/(m^3 \cdot h)$]与细胞表观产率系数[$Y_{X/S}$,kg(细胞)$/kg$]和生长速率的关系为

$$-r_S = \frac{1}{Y_{X/S}} r_X = \frac{1}{Y_{X/S}} \mu X \tag{10-9}$$

在实际应用和科研工作中,经常使用单位细胞质量的基质消耗速率,即比基质消耗速率(specific substrate consumption rate,$-v_S$,h^{-1})来表示:

$$-v_S = -\frac{r_S}{X} \tag{10-10}$$

$$-v_S = \frac{\mu}{Y_{X/S}} \tag{10-11}$$

在污水生物处理中,常采用 BOD(即生物需氧量,biochemical oxygen demand)表示基质群,此时 $-r_S$ 称为 BOD 去除速率,$-v_S$ 称为 BOD 比去除速率。

当 μ 可以用莫诺方程表达时,式(10-11)可改写为

$$-v_{\mathrm{S}}=\frac{\mu_{\mathrm{max}}}{Y_{\mathrm{X/S}}}\frac{S}{K_{\mathrm{S}}+S}=v_{\mathrm{max}}\frac{S}{K_{\mathrm{S}}+S} \qquad (10-12)$$

式中，v_{max} 为最大比基质消耗速率，kg/[kg(细胞)·h]。

2. 考虑维持代谢的基质消耗速率表达式

在微生物反应中，被消耗的基质一部分用于微生物的生长，另一部分用于维持细胞的活性，即作为碳源和能源的基质的消耗速率有以下关系：

$$-r_{\mathrm{S}}=\frac{1}{Y_{\mathrm{X/S}}^*}r_{\mathrm{X}}+m_{\mathrm{X}}X \qquad (10-13)$$

式中，$Y_{\mathrm{X/S}}^*$ 为细胞真实产率系数(true growth yield)，kg(细胞)/kg；m_{X} 为维持系数(maintenance coefficient)，kg(基质)/[kg(细胞)·h]。

$Y_{\mathrm{X/S}}^*$ 是从能源物质所能获取的最大细胞产率系数。m_{X} 值一般为 $0.1\sim4$，与环境条件有很大的关系。维持能的大部分用于渗透功，增加培养液的盐浓度会大大增加 m_{X} 值。

式(10-13)两边同除以 X，得

$$-v_{\mathrm{S}}=\frac{1}{Y_{\mathrm{X/S}}^*}\mu+m_{\mathrm{X}} \qquad (10-14)$$

将式(10-11)代入式(10-14)，可得

$$\frac{\mu}{Y_{\mathrm{X/S}}}=\frac{1}{Y_{\mathrm{X/S}}^*}\mu+m_{\mathrm{X}} \qquad (10-15)$$

$$\frac{1}{Y_{\mathrm{X/S}}}=\frac{1}{Y_{\mathrm{X/S}}^*}+\frac{1}{\mu}m_{\mathrm{X}} \qquad (10-16)$$

由式(10-16)可知，$1/Y_{\mathrm{X/S}}$ 与 $1/\mu$ 成直线关系，直线的斜率为 m_{X}，截距为 $1/Y_{\mathrm{X/S}}^*$。因此可以根据实验求得的 $Y_{\mathrm{X/S}}$ 与 μ 值，用作图法得到 m_{X} 和 $Y_{\mathrm{X/S}}^*$（见图10-2）。

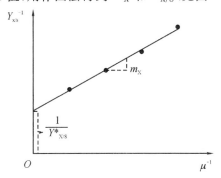

图 10-2　维持系数 m_{X} 与细胞真实产率系数 $Y_{\mathrm{X/S}}^*$ 的求法

3. 氧摄取速率

在好氧生物反应中，营养物质的消耗都伴随着氧的消耗。氧的摄取速率(oxygen uptake rate，OUR)或氧的消耗速率(oxygen consumption rate，OCR)$r_{\mathrm{O_2}}$ 与以氧消耗量为基准的细胞产率系数 $Y_{\mathrm{X/O}}^*$ 之间存在以下关系：

$$-r_{\mathrm{O_2}}=\frac{1}{Y_{\mathrm{X/O}}^*}r_{\mathrm{X}}+m_{\mathrm{X,O_2}}X \qquad (10-17)$$

$$-v_{O_2} = \frac{1}{Y_{X/O}^*}\mu + m_{X,O_2} \qquad (10-18)$$

式中，m_{X,O_2} 为以氧消耗量为基准的维持系数，kg/[kg(细胞)·h]；$-v_{O_2}$ 为比氧消耗速率，kg/[kg(细胞)·h]。

例 10-2 以葡萄糖为碳源，在好氧条件下（30 ℃，pH＝7.0），用连续培养槽培养固氮菌 *Azotobacter vinelandii*，通过改变稀释率，测定不同 μ 时的 $Y_{X/S}$ 的数据如下表所示。

表 10-1　例 10-2 附表

μ/h^{-1}	$Y_{X/S}/[g(细胞)·g(葡萄糖)^{-1}]$
0.303	0.053
0.270	0.049
0.250	0.047
0.167	0.034
0.137	0.029
0.11	0.024

试求出该固氮菌的细胞真实产率系数 $Y_{X/S}^*$ 和维持系数 m_X。

解：根据 $\dfrac{1}{Y_{X/S}} = \dfrac{1}{Y_{X/S}^*} + \dfrac{1}{\mu}m_X$，作 $\dfrac{1}{Y_{X/S}} - \dfrac{1}{\mu}$ 图，得一直线，如图 10-3 所示。

该直线在 y 轴上的截距为 2.1，故 $Y_{X/S}^*＝1/2.1＝0.48$ g(细胞)/g(葡萄糖)；直线的斜率为 4.7，故 $m_X＝4.7$ g(葡萄糖)/[(细胞)g·h]。

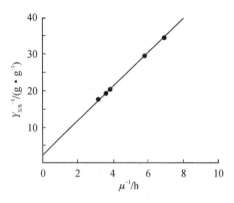

图 10-3　例 10-2 附图

▶10.2.3　微生物生长速率与基质消耗速率的关系

将式(10-13)变形可得

$$r_X = Y_{X/S}^*(-r_S) - m_X Y_{X/S}^* X \qquad (10-19)$$

即

$$\frac{dX}{dt} = Y_{X/S}^*\left(-\frac{dS}{dt}\right) - m_X Y_{X/S}^* X \qquad (10-20)$$

对于同一个系统,$Y_{x/s}^*$ 和 m_x 均为常数。令 $Y_{x/s}^* m_x = b$,则式(10-20)变形为

$$\frac{\mathrm{d}X}{\mathrm{d}t} = -Y_{x/s}^* \frac{\mathrm{d}S}{\mathrm{d}t} - bX \tag{10-21}$$

式(10-21)是在污水生物处理领域中常用的污泥增长速率方程,在污水生物处理中 $Y_{x/s}^*$ 称为污泥真实转化率或污泥真实产率,b 称为活性污泥微生物的自身氧化率,也称衰减系数。污水的活性污泥法处理系统的 b 值为 $0.003 \sim 0.008\ \mathrm{h}^{-1}$。

10.3 环境工程微生物反应器

在环境工程领域,尤其是水污染控制工程中,采用微生物对目标污染物进行降解转化是一种十分成熟的常规手段,而容纳各类微生物进行代谢活动的容器统称为微生物反应器,如活性污泥法中的厌氧池、缺氧池、好氧池,耦合微生物和膜分离的膜生物反应器等。与化学反应器相比,微生物反应器的特点在于微生物既是反应的产物,同时又参与反应,从而影响反应速度(类似于化学反应中的自催化反应)。

根据微生物存在状态不同,可以将环境工程微生物反应器分为三类:悬浮微生物反应器(如活性污泥法中的好氧池)、附着微生物反应器(如生物过滤池)和附着-悬浮混合微生物反应器(如生物接触氧化池)。微生物反应器在环境领域主要用于污染物的转化和分解,反应器操作和设计优化的目标是尽可能提高基质,即污染物的利用速率和去除率。

▷ 10.3.1 悬浮微生物反应器

1.间歇悬浮微生物反应器

间歇操作是微生物培养的最基本的操作方式,它广泛应用于实验室内的微生物生长特性、生理生化特性、污染物的生物降解研究,以及污水的序批式生物处理、有机废弃物的堆肥(固相培养)等。污水中 BOD 的测定过程也可以视为微生物的间歇培养过程。

1)微生物的生长曲线

在微生物的间歇培养中,微生物浓度 X 随时间的变化曲线称为生长曲线(growth curve)。典型的微生物生长曲线可以分为六个阶段(见图 10-4),达到稳定期时微生物量达到最大值,此值称为最大收获量(maximum crop)。

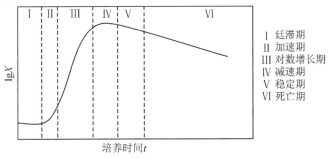

图 10-4　间歇培养时典型的微生物生长曲线

2)间歇操作的设计方程

间歇培养操作设计的关键是利用细胞生长速率方程、基质消耗速率方程、细胞以及基质的

物料平衡式,确定细胞浓度和基质浓度随时间的变化方程。间歇培养过程是一个非稳态过程,细胞浓度和基质浓度随时间变化而变化,给设计计算带来了困难。间歇培养的微生物生长过程复杂,很难用一个简单的模型描述整个生长过程。在只有一种限制性基质的条件下,利用莫诺方程可以较好地描述对数增长期、减速期和稳定期三个生长阶段。

假设微生物的生长符合莫诺方程,且细胞产率系数 $Y_{x/s}$ 为一常数,则微生物细胞生长和基质 S 的物料衡算式为

$$\frac{\mathrm{d}X}{\mathrm{d}t} = r_X = \mu X = \frac{\mu_{\max} S}{K_s + S} X - bX \qquad (10-22)$$

$$-\frac{\mathrm{d}S}{\mathrm{d}t} = -r_s = \frac{r_X}{Y_{x/s}^*} + m_X X \qquad (10-23)$$

在 $t=0, X=X_0, S=S_0$ 的条件下,解式(10-22)和式(10-23)的联立方程,即可求出 X 和 S 随时间的变化。由于上述微分方程难以求解,一般需要用数值解析的方法求解。为了便于解析,在实际应用中常作一定的简化。

一般在对数增长期,维持系数 m_X 的值很小,$m_X X$ 项可以忽略不计,以 $Y_{x/s}$ 代替 $Y_{x/s}^*$,则式(10-23)可以简化为

$$-\frac{\mathrm{d}S}{\mathrm{d}t} = \frac{r_X}{Y_{x/s}} \qquad (10-24)$$

由式(10-22)和式(10-24)可得

$$-\frac{\mathrm{d}S}{\mathrm{d}t} = \frac{1}{Y_{x/s}} \frac{\mathrm{d}X}{\mathrm{d}t} \qquad (10-25)$$

$$-\mathrm{d}S = \frac{1}{Y_{x/s}} \mathrm{d}X \qquad (10-26)$$

假设在培养过程中 $Y_{x/s}$ 不随时间变化而变化,则对式(10-26)积分,可得

$$S_0 - S = \frac{1}{Y_{x/s}}(X - X_0) \qquad (10-27)$$

$$S = \frac{S_0 Y_{x/s} - X + X_0}{Y_{x/s}} \qquad (10-28)$$

令 $X' = X_0 + S_0 Y_{x/s}$,则式(10-28)可改写为

$$S = \frac{X' - X}{Y_{x/s}} \qquad (10-29)$$

将式(10-29)代入式(10-22)并忽略 bX,在 $t=0, X=X_0$ 的条件下积分,可得

$$\left(1 + \frac{K_s Y_{x/s}}{X'}\right) \ln \frac{X}{X_0} - \frac{K_s Y_{x/s}}{X'} \ln \frac{X' - X}{X' - X_0} = \mu_{\max} t \qquad (10-30a)$$

当 $K_s \ll S_0$,且 $X' \approx X_0$ 时,式(10-30a)简化为

$$\ln \frac{X}{X_0} = \mu_{\max} t \qquad (10-30b)$$

由式(10-30)可以计算出不同时间 t 的 X 值,将 X 代入式(10-28)或式(10-29),即可求出对应的 S 值。

2. 半连续悬浮微生物反应器

微生物的半连续培养操作(semi-batch culture)又称流加操作或分批补料操作(fed-batch

culture)。在培养过程中,基质连续加入反应器,微生物和产物等均不取出。半连续培养主要用于以下几种情况:

①研究微生物生长动力学、生理特性等;

②微生物的高浓度培养;

③高浓度基质对微生物有毒害作用时,可通过流加培养,控制反应器中基质的浓度始终处于低浓度水平;

④反应系统需要较长的反应时间时的微生物培养。

基质的加入方式有定量添加法、指数添加法、间歇添加法等。无论哪种添加方式,在操作过程中反应混合物的体积均随时间变化而变化。图10-5所示为微生物半连续培养反应器的物料平衡,假设反应器内流体完全混合,只有一种生长限制性基质,微生物均衡生长,细胞产率系数恒定,则微生物和基质的物料衡算式可分别表示为

$$\frac{\mathrm{d}(VX)}{\mathrm{d}t} = \mu XV \tag{10-31}$$

$$\frac{\mathrm{d}(VS)}{\mathrm{d}t} = q_V S_{\mathrm{in}} + (-r_S)V = q_V S_{\mathrm{in}} - \frac{1}{Y_{X/S}}\mu XV \tag{10-32}$$

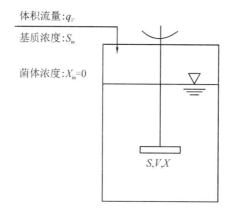

图10-5 微生物半连续培养反应器的物料平衡

将式(10-31)代入式(10-32),等式两边同乘以$Y_{X/S}$,可得

$$Y_{X/S}\frac{\mathrm{d}(VS)}{\mathrm{d}t} = q_V S_{\mathrm{in}} Y_{X/S} - \frac{\mathrm{d}(VX)}{\mathrm{d}t} \tag{10-33}$$

将式(10-33)积分,整理可得

$$VX = V_0(X_0 + Y_{X/S}S_0) + Y_{X/S}q_V S_{\mathrm{in}}t - Y_{X/S}VS \tag{10-34}$$

式中,V_0、V分别为初始时和t时刻反应器有效体积,m^3;S_0、S分别为初始时和t时刻基质浓度,kg(基质)/m^3;X_0、X分别为初始时和t时刻微生物浓度,kg(细胞)/m^3。

在微生物的生长符合莫诺方程的情况下,若K_S值很小,则在培养初期,微生物浓度非常低,基质易于积累,故基质的浓度远大于K_S,即$K_S \ll S_0$。此时,可以近似地视为μ与$\mu_{\max}$相等,即

$$\mu \approx \mu_{\max} \tag{10-35}$$

将式(10-35)代入式(10-31),积分可得

$$VX = V_0 X_0 e^{\mu_{max} t} \tag{10-36}$$

从式(10-36)可以看出,在基质大量存在的情况下,培养器内的微生物量将随时间呈指数形式单调增长(对数增长)。但是,随着微生物浓度的增加,基质消耗速率增大,因此当微生物量增加到一定程度后,其增长速率将受到基质供应速率的限制。

将式(10-36)代入式(10-34),整理得

$$VS = V_0 \left(S_0 + \frac{X_0}{Y_{X/S}} \right) + q_V S_{in} t - \frac{V_0 X_0 e^{\mu_{max} t}}{Y_{X/S}} \tag{10-37}$$

由式(10-37)可以看出,反应器内基质总量 VS 在培养开始后一段时间内随时间增加而增大,达到最大值后随时间增加而逐渐减少,最终趋近于零,此时式(10-34)可变为

$$VX = V_0 (X_0 + Y_{X/S} S_0) + Y_{X/S} q_V S_{in} t \tag{10-38}$$

式(10-38)说明,当反应器内基质浓度趋于零后,微生物总量随时间呈直线增加。也就是说,在半连续培养操作中,反应器内的细胞总量 VX 在反应初期可用式(10-36)表示,在培养段时间后可以用式(10-38)来表示。

图10-6为一半连续培养反应器中微生物和基质浓度随时间变化的曲线。

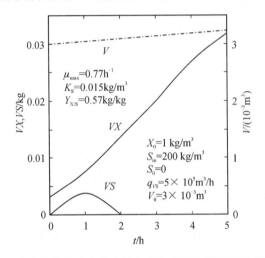

图10-6 半连续培养反应器中微生物和基质浓度随时间变化的曲线

3.连续悬浮微生物反应器

在微生物的连续培养操作中,通常将不含有菌体和产物的物料(培养液、污水等)连续加入反应器,同时连续将含有微生物细胞和产物的反应混合液取出。该操作方式具有转化率易于控制、反应稳定、劳动强度低等优点,目前已经广泛应用于污水处理等领域。在实验室的研究工作中,如活性污泥的培养、污水生物处理试验等经常采用连续培养方式。

微生物的连续培养有以下特点:

①可以对微生物施加一定的环境条件,进行长期稳定的培养。

②可以对微生物进行筛选培养。如选择一个比生长速率,使得只有最大比生长速率大于稀释率的微生物才能生长;通过缓慢增加稀释率,改变温度、pH 或培养基的组成等条件,为微生物提供一个特殊的生长条件,从而筛选出特定条件下能生长的微生物。

③连续培养中可以独立改变的参数多,适用于微生物生理生化特性的研究。

④微生物连续培养中最大的困难是染菌，因此连续操作适用于对纯培养要求不高的情况。

微生物反应的连续操作通常以间歇操作开始，即开始时先将培养液加入反应器，将微生物接种后进行间歇培养，当限制性基质被基本耗尽或微生物生长达到预期浓度时开始连续加入培养液，同时排出反应后的培养液。

在实际应用中，微生物的连续培养通常采用全混流槽式反应器（continuous-low stirred-tank reactor，CSTR 或 completely mixed reactor，CMR）。由于微生物的培养是在恒温、恒化学组成的环境条件下进行的，故在生物工程中，连续操作的微生物反应器也称为"恒化器（che-mostate）。

1）不带循环的完全混合微生物反应器

①基本方程。

图 10-7 为微生物连续培养反应器的物料平衡图。假设反应器内流体完全混合，只有一种生长限制性基质，微生物均衡生长，细胞产率系数恒定，则微生物细胞的物料衡算式可表示为

$$q_V X_0 - q_V X + r_X V = 0 \qquad (10-39)$$

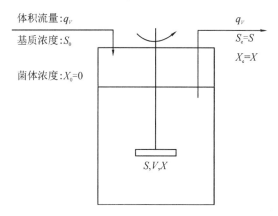

图 10-7　微生物连续培养反应器的物料平衡

当 $X_0 = 0$ 时，式（10-39）可改写为

$$r_X V = q_V X \qquad (10-40)$$

将 $r_X = \mu X$ 代入式（10-40），可得

$$\mu X V = q_V X \qquad (10-41)$$

$$\mu = \frac{q_V}{V} \qquad (10-42)$$

q_V / V 为反应器的空塔速率，在微生物反应器中称稀释率（dilution rate），通常用 D 来表示，单位为 h^{-1}，即

$$D = \frac{q_V}{V} \qquad (10-43)$$

故

$$\mu = D \qquad (10-44)$$

式（10-44）成立的条件是 $X_0 = 0$。从式（10-44）可以看出，在微生物的连续培养中，微生物的比生长速率与稀释率相等，因此可以通过改变稀释率调节反应器内的微生物的生长速率。

②反应器内基质浓度的计算方程。

当微生物的生长符合莫诺方程时,稀释率和基质浓度之间的关系为

$$D = \mu = \frac{\mu_{\max} S}{K_S + S} \qquad (10-45)$$

对上式进行整理,可得反应器内基质浓度的计算式

$$S = \frac{K_S D}{\mu_{\max} - D} \qquad (10-46)$$

由式(10-46)可以计算出不同 D 时的反应器中的基质浓度。

③反应器内细胞浓度的计算方程。

生长限制性基质的物料衡算式可表示为

$$q_V S_0 = q_V S + (-r_S) V \qquad (10-47)$$

故

$$-r_S = \frac{q_V (S_0 - S)}{V} \qquad (10-48)$$

将 $-r_S = -v_S X$ 代入式(10-48),可得

$$-v_S X = \frac{q_V (S_0 - S)}{V} \qquad (10-49)$$

$$X = \frac{q_V (S_0 - S)}{-v_S V} \qquad (10-50)$$

$$X = \frac{D(S_0 - S)}{-v_S} \qquad (10-51)$$

根据 μ 与 $-v_S$ 之间的关系($\mu = -v_S Y_{X/S}$),可得

$$D = -v_S Y_{X/S} \qquad (10-52)$$

$$-\frac{D}{v_S} = Y_{X/S} \qquad (10-53)$$

将式(10-53)代入式(10-51),可得反应器内细胞浓度的计算式:

$$X = Y_{X/S}(S_0 - S) \qquad (10-54)$$

式(10-54)成立的条件是 $X_0 = 0$。将式(10-46)代入式(10-54),得

$$X = Y_{X/S}\left(S_0 - \frac{K_S D}{\mu_{\max} - D}\right) \qquad (10-55)$$

根据式(10-55)可以计算反应器内的微生物浓度。另外,若已知 X,则可由式(10-54)求得 $Y_{X/S}$。

④反应器稳定运行的必要条件。

要保证反应器的稳定运行,反应器内的细胞浓度必须保持在一定数值以上,即 $X > 0$。从式(10-55)可以看出,要保证反应器的稳定运行,必须满足的条件为

$$S_0 - \frac{K_S D}{\mu_{\max} - D} > 0 \qquad (10-56)$$

即

$$D < \frac{\mu_{\max} S_0}{K_S + S_0} \qquad (10-57)$$

令

$$\frac{\mu_{\max}S_0}{K_S+S_0}=D_c \tag{10-58}$$

式中,D_c 称为临界稀释速率(critical dilution rate)。所以,反应器稳定运行的条件为

$$D<D_c \tag{10-59}$$

一般情况下,$S_0\gg K_S$,故 $K_S+S_0\approx S_0$,则式(10-58)可简化为

$$D_c\approx\mu_{\max} \tag{10-60}$$

所以,在一般情况下反应器稳定运行的条件为 $D<\mu_{\max}$。如果 $D>\mu_{\max}$,则 X 变为负值,显然,反应器不能稳定运行。在这种条件下,反应器操作从启动初期等情况下的间歇操作切换到连续操作时,反应器内微生物浓度将逐渐减少,这种现象称"洗脱现象"(wash out)。利用这种现象,可以对微生物进行筛选培养。

反应器单位体积单位时间内的微生物生长量可表示为

$$\frac{q_V X}{V}=DX \tag{10-61}$$

由式(10-61)可知,稀释率与反应器内微生物浓度的积 DX 表示了微生物的收获量,称之为"细胞生产速率"。

连续培养反应器中微生物浓度、基质浓度及微生物生产速率与稀释率的关系如图 10-8 所示。

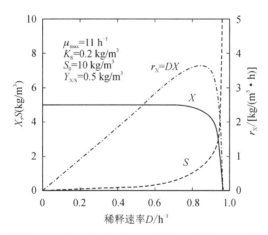

图 10-8 连续培养反应器中微生物浓度、基质浓度及微生物生产速率与稀释率的关系

例 10-3 某细菌连续培养的生长速率 r_X 与基质浓度 S 和细胞浓度 X 的关系符合莫诺方程,已知 $\mu_{\max}=0.6\ h^{-1}$,$K_S=4.5\ g/L$,$Y_{X/S}=0.5\ g(细胞)/g(基质)$,$S_0=45.5\ g/L$。试计算在一连续培养器中培养时的最大细胞生产速率和此时的基质分解率。

解:细胞生产速率$=DX$,由式(10-55)可得

$$DX=DY_{X/S}\left(S_0-\frac{K_S D}{\mu_{\max}-D}\right)$$

设细胞生产速率达到最大时的稀释率和细胞浓度分别为 $D_{\max}$ 和 $X_{\max}$,对上式求导 $\mathrm{d}(DX)/\mathrm{d}D$,并令其为 0,可得

$$D_{\max}=\mu_{\max}\left(1-\sqrt{\frac{K_S}{S_0+K_S}}\right)$$

将 $\mu_{\max}$、K_S 和 S_0 代入,可求得 $D_{\max}=0.42\ \mathrm{h^{-1}}$。

由式(10-55)可求得 $X_{\max}=17.5\ \mathrm{g/L}$。

所以细胞最大生产速率为

$$D_{\max}X_{\max}=0.42\times17.5\ \mathrm{g/(L\cdot h)}=7.35\ \mathrm{g/(L\cdot h)}$$

由式(10-46)可知

$$S=\frac{K_S D_{\max}}{\mu_{\max}-D_{\max}}=\frac{4.5\times0.42}{0.6-0.42}\ \mathrm{g/L}=10.5\ \mathrm{g/L}$$

所以

$$基质分解率=\frac{S_0-S}{S_0}\times100\%=\frac{45.5-10.5}{45.5}\times100\%=76.9\%$$

例 10-4 细菌 A 和 B 利用同一基质 S 时的生长速率均符合莫诺方程。A 和 B 的生长曲线如图 10-9 所示。当以 S 为唯一基质用连续培养器对 A 和 B 进行混合培养时,试讨论不同稀释率时培养器内 A 和 B 的分布情况。假设细胞之间相互独立,不相互黏附形成絮体(实际上,在一定条件下会产生絮体)。

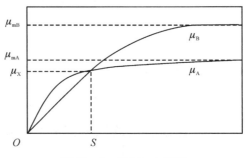

图 10-9 例 10-4 附图

解: 设 μ_A 和 μ_B 的交点为 μ_X,则 $D<\mu_X$ 时,$\mu_A>\mu_B$,培养器内只存在 A,B 将被洗脱;$D=\mu_X$ 时,$\mu_A=\mu_B=\mu_X$,培养器内 A、B 可以共存;$\mu_{mB}>D>\mu_X$ 时,$\mu_B>\mu_A$,培养器内只存在 B,A 将被洗脱;$D>\mu_{mB}$ 时,A、B 均被洗脱。

⑤稀释率对 $Y_{X/S}$ 值的影响。

根据式(10-16),$Y_{X/S}$ 与 D 的关系为

$$\frac{1}{Y_{X/S}}=\frac{1}{Y_{X/S}^*}+\frac{1}{D}m_X \tag{10-62}$$

由式(10-62)可知,利用微生物的连续培养反应器测得的 $Y_{X/S}$ 将随 D 的变化而变化。D 越大,m_X/D 项越小,测得的 $Y_{X/S}$ 值越接近 $Y_{X/S}^*$,表明细胞在反应器内的停留时间越短,维持能越小,甚至可以小到忽略不计的程度;反之,D 越小,m_X/D 项越大,测得的 $Y_{X/S}$ 值越小,表明细胞在反应器内的停留时间越长,微生物的自我衰减越多。

2)带沉淀和循环的完全混合微生物反应器

在不带细胞循环的反应器的操作中,为了防止微生物的洗脱,必须在 $D<\mu_{\max}$ 的条件下运行,这样很难实现微生物的高浓度培养。因此在一些情况下,特别是在不以生产微生物细胞

为目的的工程中,常把从反应器排出的反应液中的微生物浓缩,将浓缩液返回反应器,这种操作称为带细胞循环的连续反应器。这种操作方式被广泛地应用于污水的生物处理中。微生物的浓缩方法有重力沉降法、离心分离法、膜分离法等。

①基本方程。

对于图10-10所示的带细胞循环的微生物反应器系统,假设在细胞分离器的前、后,基质浓度和代谢产物浓度不发生变化,从反应器排出的反应液经分离器浓缩后得到细胞浓缩相和上清液。浓缩相中的微生物浓度是反应器内的 β 倍($\beta>1$)。将细胞浓缩相分为两部分:一部分循环到反应器入口,其体积流量为 q_V 的 γ 倍(γ 称为循环比),即体积流量为 γq_V;另一部分排出。上清液中的微生物浓度为 X_e,流量为 q_{Ve},基质浓度为 S_e。

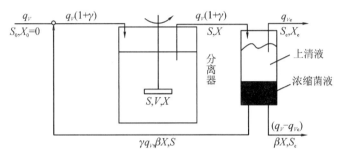

图10-10　带细胞循环的微生物反应器系统

以反应器为对象,对微生物细胞进行物料衡算,可得

$$V \frac{\mathrm{d}X}{\mathrm{d}t} = \beta X \gamma q_V - (1+\gamma) q_V X + V r_X \qquad (10-63)$$

在稳态条件下,$\mathrm{d}X/\mathrm{d}t=0$,故

$$V r_X = (1+\gamma) q_V X - \beta X \gamma q_V \qquad (10-64)$$

$$\frac{r_X}{X} = \frac{(1+\gamma) q_V}{V} - \frac{\beta \gamma q_V}{V} \qquad (10-65)$$

$$\mu = (1+\gamma) D - \beta \gamma D \qquad (10-66)$$

$$\mu = D[1 - \gamma(\beta-1)] \qquad (10-67)$$

令

$$\omega = 1 - \gamma(\beta-1) \qquad (0 < \omega < 1) \qquad (10-68)$$

则

$$\mu = \omega D \qquad (10-69)$$

式(10-69)为细胞循环反应器的基本方程。

②反应器内基质和细胞浓度的计算。

若微生物的生长符合莫诺方程,参照不带细胞循环的连续反应器的解析方法,可得到反应器内 X 和 S 的计算式为

$$S = \frac{K_S \omega D}{\mu_{\max} - \omega D} \qquad (10-70)$$

$$X = \frac{T_{X/S}}{\omega} \left(S_0 - \frac{K_S \omega D}{\mu_{\max} - \omega D} \right) \qquad (10-71)$$

保持稳定运行的临界稀释率 D_c 为

$$D_c = \frac{1}{\omega} \frac{\mu_{max} S_0}{K_S + S_0} \qquad (10-72)$$

在 $S_0 \gg K_S$ 的情况下,上式可简化为

$$D_c = \frac{\mu_{max}}{\omega} \qquad (10-73)$$

因 $0 < \omega < 1$,由式(10-73)可知,反应器可以在大于 μ_{max} 的条件下稳定运行。

③微生物比增长速率的计算。

以分离器为对象,对微生物进行物料衡算,可得

$$(1+\gamma)q_V X = q_{Ve} X_e + \beta X \gamma q_V + \beta X (q_V - q_{Ve}) \qquad (10-74)$$

$$\beta = \frac{1+\gamma - (q_{Ve}/q_V)(X_e/X)}{1+\gamma - q_{Ve}/q_V} \qquad (10-75)$$

将式(10-75)代入式(10-67),可得

$$\mu = D \left[1 - \gamma \left(\frac{1+\gamma - (q_{Ve}/q_V)(X_e/X)}{1+\gamma - q_{Ve}/q_V} - 1 \right) \right] \qquad (10-76)$$

在不同的条件下,式(10-76)可以简化:

①当 $X_e = 0$,即上清液不含微生物细胞时,式(10-76)可简化为

$$\mu = \frac{D(1+\gamma)(1-q_{Ve}/q_V)}{1+\gamma - q_{Ve}/q_V} \qquad (10-77)$$

②当 $X_e/X = 1$,即分离器对细胞没有浓缩作用时,式(10-76)可简化为

$$\mu = D \qquad (10-78)$$

这种情况与不带细胞循环的连续培养反应器相同,即不改变反应器的操作特性。

③当 $q_{Ve} = q_V$ 时,即不排出微生物细胞浓缩液时,式(10-76)可简化为

$$\mu = D \frac{X_e}{X} \qquad (10-79)$$

▶ 10.3.2　生物膜反应器

完全混合生物膜反应器(completely mixed biofilm reactor,CMBR),也称完全混合附着微生物反应器,如图 10-11 所示。

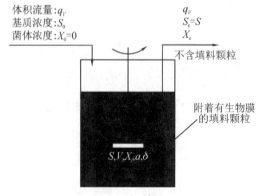

图 10-11　完全混合生物膜反应器

在运行时,向反应器中加入密度接近于水的微小固体颗粒(粒径通常为 $1\sim5$ mm)作为固体填料,比如颗粒活性炭、陶粒、塑料微球等。微生物在固体表面上生长,形成微生物膜。附着有微生物膜的固体填料均匀地悬浮在培养液中,从微观上看,微生物细胞集中在固体表面,细胞分布不均匀。但是,从宏观上看,单位体积培养液中的微生物平均浓度处处相等,可以视为完全混合反应器。

假设反应器内培养液为完全混合流,同时,由于生物膜脱附形成的悬浮微生物浓度(X_e)一般较小,这部分微生物对生物反应的贡献可以忽略,且生物膜反应器内活性微生物主要以生物膜的形式附着在固体填料表面,所有生物反应均发生在生物内,且符合一级反应。另外,由于微生物膜厚度 δ 通常很薄($200\sim500$ μm),故反应器中微生物膜的面积可视为和固体填料的表面积相等。

当培养液体积占生物反应区总体积 V(包括培养液、生物膜和固体填料)的比例(又称填料层空隙率)为 ε,生物膜比表面积为 a,生物膜密度(即膜中的微生物浓度)为 X_f,生物膜厚度为 δ 时,CMBR 中基质的物质平衡式为

$$\varepsilon V \frac{\mathrm{d}S}{\mathrm{d}t} = q_V S_0 - q_V S_e - (-r_{SS}) aV \tag{10-80}$$

式中,$-r_{SS}$ 为以微生物膜表面积为基准的基质消耗速率,$kg/(m^2 \cdot h)$;S 为基质(BOD_5)浓度,kg/m^3。

基质转化达到稳态时,$\mathrm{d}S/\mathrm{d}t=0$,代入式(10-80)并整理,得到

$$(-r_{SS}) aV = q_V (S_0 - S_e) \tag{10-81}$$

代入 $-r_{SS} = k_s S^* = (D_{sf} k X_f)^{1/2} S^* \tanh\varphi_m$,整理可得到($S_e$ 与生物膜表面基质浓度 S^* 相等)

$$S_e = \frac{S_0}{1 + (D_{sf} k X_f)^{1/2} a \cdot \tanh\varphi_m \cdot V/q_V} \tag{10-82}$$

式中,D_{sf} 为基质在微生物膜内的有效扩散系数,m^2/s;k 为基质反应速率常数;φ_m 为修正蒂勒模数,量纲为 1。

根据 $\varphi_m = \delta\sqrt{\dfrac{kX_f}{D_{sf}}}$,当微生物膜厚度 $\delta \gg (D_{sf}/kX_f)^{1/2}$ 时,$\tanh\varphi_m$ 趋近于 1,式(10-82)可简化为

$$S_e = \frac{S_0}{1 + (D_{sf} k X_f)^{1/2} aV/q_V} \tag{10-83}$$

式(10-83)表明,以下措施均可以降低 CMBR 出口的基质浓度(即提高反应器对基质的去除率):增大基质在生物膜中的反应速率常数和扩散速度、提高培养液中生物膜的比表面积以及物料(培养液)在反应器中的空塔停留时间 $\tau(\tau = V/q_V)$。

当 CMBR 内微生物生长达到稳态,且忽略自身衰减时,微生物细胞的物料衡算式可表示为

$$(-r_{SS}) aV \cdot Y_{X/S}^* - q_V X_e = 0 \tag{10-84}$$

式中:$Y_{X/S}^*$ 为细胞真实产率系数(true growth yield),kg(细胞)$/kg$。

代入 $-r_{SS} = k_s S^* = (D_{sf} k X_f)^{1/2} S^* \tanh\varphi_m$,整理可得到

$$X_e = \frac{(D_{sf} k X_f)^{1/2} S_e aV Y_{X/S}^* \tanh\varphi_m}{q_V} \tag{10-85}$$

当微生物膜厚度 $\delta \gg (D_{Sf}/kX_f)^{1/2}$ 时，$\tanh\varphi_m$ 趋近于 1，式（10-85）简化为

$$X_e = \frac{(D_{Sf}kX_f)^{1/2}S_e aVY^*_{X/S}}{q_V} \tag{10-86}$$

例 10-5 某处理污水的完全混合生物膜反应器，污水中基质（BOD_5）的降解符合一级反应，且 BOD_5 降解和生物膜生长达到稳态。已知进水中 BOD_5 浓度 $S_0 = 600$ mg/L，$D_{Sf} = 0.5$ cm²/d，$X_f = 30$ mg/cm³，$k = 4.2 \times 10^2$ m³/(g·h)，生物膜比表面积 $a = 400$ m²/m³，厚度 $\delta = 360$ μm，$Y^*_{X/S} = 0.55$。试求不同空塔停留时间下的出口 BOD_5 浓度及微生物浓度。

解： 根据已知条件，可得

$$(D_{Sf}/kX_f)^{1/2} = \left(\frac{0.5/24}{4.2 \times 10^{-2} \times 30 \times 10^3}\right)^{1/2} \text{cm} \approx 0.00407 \text{ cm} = 40.7 \text{ μm}$$

$\delta = 360$ μm，符合 $\delta \gg (D_{Sf}/kX_f)^{1/2}$ 的条件，因此 $\tanh\varphi_m$ 近似为 1。根据式（10-83）和式（10-86），可得

$$S_e = \frac{S_0}{1 + (D_{Sf}kX_f)^{1/2}aV/q_V}$$

$$= \frac{600}{1 + \left(\frac{0.5}{24} \times 4.2 \times 10^{-2} \times 30 \times 10^3\right)^{1/2} \times 10^{-2} \times 400 \times \tau} \text{ mg/L}$$

$$= \frac{600}{1 + 20.49\tau} \text{ mg/L}$$

$$X_e = \frac{(D_{Sf}kX_f)^{1/2}S_e aVY^*_{X/S}}{q_V}$$

$$= \left(\frac{0.5}{24} \times 4.2 \times 10^{-2} \times 30 \times 10^3\right)^{1/2} \times 10^{-2} \times \frac{600 \times 10^{-3}}{1 + 20.49\tau} \times 400 \times 0.55\tau \text{ g/L}$$

$$= \frac{6.76\tau}{1 + 20.49\tau} \text{ g/L}$$

根据以上两式做 S_e-τ 和 X_e-τ 的曲线，结果如图 10-12 所示。

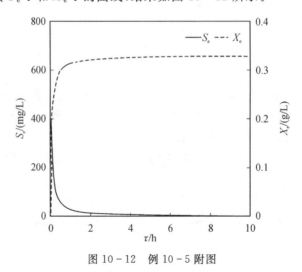

图 10-12 例 10-5 附图

从图 10-12 中可以看出,在空塔停留时间 $\tau<2$ h 时,出水 BOD_5 浓度随 τ 增加快速降低,而当 τ 超过 2 h 后,出水 BOD_5 浓度降低的幅度越来越小。

例 10-6　已知某处理污水的好氧生物流化床可近似看作 CMBR,污水原水中可降解基质 BOD_5 浓度 $S_0=600$ mg/L,$D_{Sf}=0.8$ cm²/d,$X_f=20$ mg/cm³,$k=1.5\times10^{-2}$ m³/(g·h),反应器单位体积微生物膜比表面积 $a=150$ m²/m³,生物膜厚度 $\delta=90$ μm。为了使处理后出水中基质浓度低于 60 mg/L,流化床的空塔停留时间最小需要多少?

解:根据已知条件,可得

$$(D_{Sf}/kX_f)^{1/2}=\left(\frac{0.8/24}{1.5\times10^{-2}\times20\times10^3}\right)^{1/2}\text{cm}\approx0.0105\text{ cm}=105\ \mu\text{m}$$

$\delta=90$ μm,不符合 $\delta\gg(D_{Sf}/kX_f)^{1/2}$ 的条件,因此需要考虑生物膜厚度的影响。根据

$$\varphi_m=\delta\sqrt{\frac{kX_f}{D_{Sf}}}$$

可得

$$\begin{aligned}\tanh\varphi_m&=\tanh\left(\delta\sqrt{\frac{kX_f}{D_{Sf}}}\right)\\&=\tanh\left(90\times10^{-4}\times\sqrt{\frac{1.5\times10^{-2}\times20\times10^3}{0.8/24}}\right)\\&=0.69\end{aligned}$$

根据式(10-82),整理可得

$$\begin{aligned}\tau=\frac{V}{q_v}&=\frac{\dfrac{S_0}{S}-1}{(D_{Sf}kX_f)^{1/2}a\tanh\varphi_m}\\&=\frac{\dfrac{600}{60}-1}{\left(\dfrac{0.8}{24}\times1.5\times10^{-2}\times20\times10^3\right)^{1/2}\times10^{-2}\times150\times0.69}\text{ h}\\&=2.75\text{ h}\end{aligned}$$

因此,为了使出水 BOD_5 浓度低于 60 mg/L,流化床的空塔停留时间不能低于 2.75 h。

习　题

10-1　以葡萄糖为碳源,NH_3 为氮源,在好氧条件下培养某细菌时,葡萄糖中的碳的 2/3 转化为细菌细胞中的碳元素。已知细胞组成为 $C_{4.4}H_{7.3}N_{0.86}O_{1.2}$,设反应产物只有 CO_2 和 H_2O。试求出 $Y_{X/S}$ 和 $Y_{X/O}$。

10-2　某细菌的 $Y_{X/C}$ 与基质的种类无关,在好氧条件下为 0.9,已知以葡萄糖为基质时的 $Y_{X/S}=0.75$ kg/kg,试计算以乙醇为基质时的 $Y_{X/S}$。

10-3　试证明微生物的倍增时间 t_d 与比生长速率 μ 之间的关系为

$$\mu=\frac{\ln2}{t_d}=\frac{0.693}{t_d}$$

10-4　在一培养器内利用间歇操作将某细菌培养到对数增长期,细胞浓度达到 1.0 g/L

时改为连续操作,将培养液连续供入培养器(稀释率 $D=1.0$ h),测得不同时间时的细胞浓度如下表所示。试用作图法求出该细菌的 μ_{max}(假设在该实验条件下细菌的生长符合莫诺方程,且 $S \gg K_S$)。

t/h	0	0.5	1.0	1.5	2.0	2.5	3.0	3.5
$X/(g \cdot L^{-1})$	1.00	0.96	0.67	0.50	0.43	0.33	0.26	0.20

10-5　某细菌利用苯酚为基质时的生长速率 r_X 与苯酚浓度 S 和细胞浓度 X 的关系为

$$r_X = \frac{\mu_m S X}{K_S + S + S^2/K_i}$$

式中,μ_m 为最大比生长速率;K_S 为基质饱和常数,g/L;K_i 为基质抑制系数。

在一连续培养器内利用苯酚浓度为 15.0 g/L 的培养液对该细菌进行培养,已知 $\mu_m = 0.6$ h^{-1},$K_S = 1.2$ g/L,$K_i = 4.5$ g/L。

(1)画出培养器内的基质浓度 S 与 D 的关系曲线,即 D-S 曲线(以 D 为横坐标);

(2)试求出临界稀释率 D_e 及其相对应的 S 值。

10-6　用间歇培养器将某细菌从 0.3 g/L 培养到 18 g/L 需要 24 h,设培养过程为对数增长期,已知 $Y_{X/S} = 0.6$,$m_X = 0$,$S_0 = 15$ g/L。试计算培养开始 8 h 的基质浓度。

10-7　以葡萄糖为基质在一连续培养器中培养大肠杆菌,培养液的基质浓度为 4.5 g/L,当 $D = 0.2$ h^{-1} 时,出口处的基质浓度为 0.15 g/L,细胞浓度为 3.0 g/L。若大肠杆菌的生长符合莫诺方程,且 $K_S = 0.3$ g/L,试求 μ_{max} 和 $Y_{X/S}$。

10-8　在 10 L 的全混流式反应器中,于 30 ℃下培养大肠杆菌。其动力学方程符合莫诺方程,其中 $\mu_{max} = 2.0$ h^{-1},$K_S = 0.4$ g/L。葡萄糖的进料浓度为 10 g/L,进料流量为 3.2 L/h,$Y_{X/S} = 0.55$。

(1)试计算在反应器中的细胞浓度及细胞生产速率;

(2)为使反应器中细胞生产速率最大,试计算最佳进料速率和细胞的最大生产速率。

10-9　某好氧生物流化床可近似为 CMBR,污水原水 BOD$_5$ 浓度 $S_0 = 500$ mg/L,$D_{sf} = 0.75$ cm^2/d,$X_f = 25$ mg/cm^3,$k = 1.5 \times 10^{-2}$ m^3/(g·h),污水在流化床中的停留时间为 2.5 h,反应达到稳态后生物膜厚度对反应速率没有影响。为了使流化床对污水 BOD$_5$ 去除率分别达到 90% 和 95%,求流化床中填料的最小比表面积。

10-10　以甘油为基质进行大肠杆菌分批培养。时间 $\tau_0 = 0$ 时,$X_f = 0.2$ g/L,$S_0 = 60$ kg/m^3。反应方程式可以莫诺方程表示,$\mu_{max} = 0.85$ h^{-1},$K_S = 1.23 \times 10^{-2}$ kg/m^3,$Y_{X/S} = 0.53$ kg/kg(细胞/葡萄糖),假设细菌培养过程中无诱导期和死亡期,试求经过 8 h 的培育后,培养基中大肠杆菌的浓度。

10-11　采用 1 cm^3 的生物反应器进行产气肠杆菌分批培养,假设菌体的生长繁殖与底物利用规律符合莫诺方程,已知 $\mu_{max} = 0.935$ h^{-1},$K_S = 0.71$ kg/m^3,限制性底物的初始浓度为 60 kg/m^3,产气肠杆菌的接种浓度 $X_f = 0.1$ kg/m^3,$Y_{X/S} = 0.6$ kg/kg(以细胞/基质计),试求经过多长时间,底物浓度下降至初始值的五分之一。

本章主要符号说明

D——稀释率，h^{-1}；

D_{Sf}——基质在微生物膜内的有效扩散系数，m^2/s；

k——反应速率常数；

K_p——代谢产物抑制系数，kg/m^3；

K_S——饱和系数，kg/m^3；

m_X——维持系数，kg(基质)/[kg(细胞)·h]；

M_S——基质的相对分子质量，量纲为1；

$-r_{SS}$——以微生物膜表面积为基准的基质消耗速率，$kg/(m^2 \cdot h)$；

$-r_S$——基质消耗速率，kg(基质)/($m^3 \cdot h$)；

r_X——质量基准的生长速率，kg(细胞)/($m^3 \cdot h$)；

P——代谢产物浓度，kg/m^3；

S——基质浓度，kg/m^3；

S^*——微生物膜表面的基质浓度，kg/m^3；

t_d——倍增时间，h；

V——反应器有效体积，m^3；

X——微生物浓度，kg(细胞)/m^3；

Y——产率系数；

$Y_{X/S}^*$——细胞真实产率系数，kg(细胞)/kg；

δ——微生物膜的厚度，m；

μ——比生长速率，h^{-1}；

$-v_S$——比基质消耗速率，$kg/(kg \cdot h)$；

η_s——微生物膜有效系数，量纲为1；

γ——循环比，量纲为1；

φ_m——修正蒂勒模数，量纲为1。

附　录

附录A　部分物理量的单位、量纲及单位换算系数

1. 质量

千克(kg)	吨(t)	磅(lb)
1	0.001	2.20462
1000	1	2204.62
0.4536	4.536×10^{-4}	1

2. 长度

米(m)	英寸(in)	英尺(ft)	码(yd)
1	39.3701	3.2808	1.09361
0.025400	1	0.073333	0.02778
0.30480	12	1	0.33333
0.9144	36	3	1

3. 力

牛顿(N)	千克(力)(kgf)	磅(力)(lbf)	达因(dyn)
1	0.102	0.2248	1×10^{5}
9.80665	1	2.2046	9.80665×10^{5}
4.448	0.4536	1	4.448×10^{5}
1×10^{-5}	1.02×10^{-6}	2.243×10^{-6}	1

4. 压强

牛顿/米²(Pa)	巴(bar)	工程大气压(kgf/cm²)	标准大气压(atm)	水银柱(mmHg)
1	1×10^{-5}	1.02×10^{-5}	0.99×10^{-5}	0.0075
1×10^{5}	1	1.02	0.9869	750.1
98.07×10^{3}	0.9807	1	0.9678	735.56
1.013×10^{5}	1.013	1.0332	1	760

牛顿/米²(Pa)	巴(bar)	工程大气压(kgf/cm²)	标准大气压(atm)	水银柱(mmHg)
13.32	$1.333×10^{-3}$	$0.136×10^{-4}$	0.00132	1
6894.8	0.06895	0.0703	0.068	51.71

5. 动力黏度(简称黏度)

Pa·s	泊(P)	厘泊(cP)	kgf·s/m²	lb/ft·s
1	10	$1×10^3$	0.102	0.672
$1×10^{-1}$	1	$1×10^2$	0.0102	0.06720
$1×10^{-3}$	0.01	1	$1.02×10^{-4}$	$6.720×10^{-4}$
1.4881	14.881	1488.1	0.1519	1
9.81	98.1	9810	1	6.59

6. 运动黏度、扩散系数

m²/s	cm²/s	ft²/s
1	$1×10^4$	10.76
10^{-4}	1	$1.076×10^{-3}$
$9.29×10^{-2}$	929	1

7. 能量、功、热量

焦耳(J)	kgf·m	千瓦·时(kW·h)	马力·时	千卡(kcal)	英热单位(Btu)
1	0.102	$2.778×10^{-7}$	$3.725×10^{-7}$	$2.39×10^{-4}$	$9.485×10^{-4}$
9.8067	1	$2.724×10^{-6}$	$3.653×10^{-6}$	$2.342×10^{-3}$	$9.296×10^{-3}$
$3.6×10^6$	$3.671×10^5$	1	1.3410	860.0	3413
$2.685×10^6$	$2.738×10^5$	$1.1622×10^{-3}$	1	641.33	2544
$4.1868×10^3$	426.9	$2.778×10^{-7}$	$1.5576×10^{-3}$	1	3.963
$1.055×10^3$	107.58	$2.930×10^{-4}$	$2.926×10^{-4}$	0.2520	11

8. 功率、传热速率

瓦(W)	kgf·m/s	马力	kcal/s	Btu/s
1	0.10197	$1.341×10^{-3}$	$0.2389×10^{-3}$	$0.9485×10^{-3}$
9.8067	1	0.01315	0.002342	0.009293
745.69	76.0375	1	0.17803	0.70675
4186.8	426.35	5.6135	1	3.9683
1055	107.58	1.4148	0.251996	1

9. 比热容

kJ/(kg·K)	kcal/(kg·℃)	Btu/(lb·℉)
1	0.2389	0.2389
4.1868	1	1

10. 导热系数

W/(m·K)	kcal/(m·h·℃)	cal/(cm·s·℃)	Btu/(ft·h·℉)
1	0.86	2.389×10^{-3}	0.579
1.163	1	2.778×10^{-3}	0.6720
418.7	360	1	241.9
1.73	1.488	4.134×10^{-3}	1

11. 传热系数

W/(m²·K)	kcal/(m²·h·℃)	cal/(cm²·s·℃)	Btu/(ft²·h·℉)
1	0.86	2.389×10^{-5}	0.176
1.163	1	2.778×10^{-5}	0.2048
4.186×10^{4}	3.6×10^{4}	1	7374
5.678	4.882	1.356×10^{-4}	1

12. 表面张力

N/m	达因/厘米(dyn/cm)	克/厘米(g/cm)	公斤(力)/米(dyn)	磅/英尺(lb/ft)
1	10^{3}	1.02	0.102	6.854×10^{-2}
10^{-3}	1	0.001020	1.020×10^{-4}	6.854×10^{-5}
0.9807	980.7	1	0.1	0.06720
9.807	9807	10	1	0.6720
14.592	14592	14.88	1.488	1

13. 温度

$$t(\text{K}) = 273.2 + t(\text{℃})$$

$$t(\text{℃}) = [t(\text{℉}) - 32] \times \frac{5}{9}$$

14. 气体状态常数 R

$R = 8.314 \text{ kJ/(kmol·K)} = 1.987 \text{ kcal/(kmol·K)} = 848 \text{ kgf·m/(kmol·K)}$
$= 82.06 \text{ atm·cm}^3/(\text{mol·℃})$

附录 B　某些气体的重要物理性质

名称	化学式	摩尔质量 /(kg·kmol⁻¹)	密度 (0℃) /(kg·m⁻³)	沸点 /℃	汽化潜热 /(kJ·kg⁻¹)	比定压热容 (20℃) /(kJ·kg⁻¹·℃⁻¹)	$K=\dfrac{c_p}{c_v}$	黏度 (0℃) /(10⁻⁵ Pa·s)	导热系数 (0℃) /(W·m⁻¹·℃⁻¹)	临界点 温度/℃	临界点 绝对压强/kPa
空气	—	28.95	1.293	−195	197	1.009	1.40	1.73	0.0244	−140.7	3768.4
氧	O_2	32	1.429	−132.98	213	0.653	1.40	2.03	0.0240	−118.82	5036.6
氮	N_2	28.02	1.251	−195.78	199.2	0.745	1.40	1.70	0.0228	−147.13	3392.5
氢	H_2	2.016	0.0899	−252.75	454.2	10.13	1.407	0.842	0.1630	−239.9	1296.6
氦	He	4.00	0.1785	−268.95	19.5	3.18	166	1.88	0.1440	−267.96	228.94
氩	Ar	39.94	1.7820	−185.87	163	0.322	1.66	2.09	0.0173	−122.44	4862.4
氯	Cl_2	70.91	3.217	−33.8	305	0.355	136	1.29(16℃)	0.0072	144.0	7708.9
氨	NH_3	17.03	0.771	−33.4	1373	0.67	1.29	0.918	0.0215	132.4	11295
一氧化碳	CO	28.01	1.250	−191.48	211	0.754	1.40	1.66	0.0226	−140.2	3497.9
二氧化碳	CO_2	44.01	1.976	−78.2	574	0.653	1.30	1.37	0.0137	31.1	7384.8
二氧化硫	SO_2	64.07	2.927	−10.8	394	0.502	1.25	1.17	0.0077	157.5	7879.1
二氧化氮	NO_2	46.01	—	21.2	712	0.615	1.31	—	0.0400	158.2	10130
硫化氢	H_2S	34.08	1.539	−60.2	548	0.804	1.30	1.166	0.0131	100.4	19136

名称	化学式	摩尔质量 /(kg·kmol⁻¹)	密度(0℃) /(kg·m⁻³)	沸点/℃	汽化潜热 /(kJ·kg⁻¹)	比定压热容(20℃) /(kJ·kg⁻¹·℃⁻¹)	$K=\dfrac{c_p}{c_v}$	黏度(0℃) /(10⁻⁵ Pa·s)	导热系数(0℃) /(W·m⁻¹·℃⁻¹)	临界点 温度/℃	临界点 绝对压强/kPa
甲烷	CH_4	16.04	0.717	-161.58	511	1.70	1.31	1.03	0.0300	-82.15	4619.3
乙烷	C_2H_6	30.07	1.357	-88.50	486	1.44	1.20	0.850	0.0180	32.1	4948.5
丙烷	C_3H_8	44.1	2.020	-42.1	427	1.65	1.13	0.795(18℃)	0.0148	95.6	4355.9
正丁烷	C_4H_{10}	58.12	2.673	-0.5	386	1.73	1.108	0.810	0.0135	152	3798.8
正戊烷	C_5H_{12}	72.15	—	-36.08	151	1.57	1.09	0.874	0.0128	197.1	3342.9
乙烯	C_2H_4	28.05	1.261	103.7	481	1.222	1.25	0.98	0.0164	9.7	5135.9
丙烯	C_3H_6	42.08	1.914	-47.7	440	1.436	1.17	0.835(20℃)	—	97.4	4599.0
乙炔	C_2H_2	26.04	1.171	-83.66(升华)	829	1.352	1.24	0.935	0.0184	35.7	6240.0
氯甲烷	CH_3Cl	50.49	2.308	-24.1	406	0.582	1.28	0.989	0.0085	148	6685.8
苯	C_6H_6	78.11	—	80.2	394	1.139	1.1	0.72	0.0088	288.5	4832.0

附录 C 某些液体的重要物理性质

名称	化学式	密度 (20 ℃) /(kg·m⁻³)	沸点 (101.3 kPa) /℃	汽化热 /(kJ·kg⁻¹)	比定压热容 (20 ℃) /(kJ·kg⁻¹·℃⁻¹)	黏度 (20 ℃) /(mPa·s)	导热系数 (20 ℃) /(W·m⁻¹·℃⁻¹)	体膨胀系数 (20 ℃) /(10⁻⁴℃⁻¹)	表面张力 (20 ℃) /(10⁻³N·m⁻¹)
水	H_2O	998	100	2258	4.183	1.004	0.599	1.82	72.8
氯化钠盐水 (25%)	—	1186(25 ℃)	107	—	3.39	2.3	0.57(30 ℃)	(4.4)	—
氯化钙盐水 (25%)	—	1228	107	—	2.89	2.5	0.57	(3.4)	—
硫酸	H_2SO_4	1831	340	—	1.47(98%)	—	0.38	5.7	—
硝酸	HNO_3	1513	86	481.1	—	1.17(10 ℃)	0.42	—	—
盐酸(30%)	HCl	1149	—	—	2.55	2(31.5%)	0.16	—	—
二硫化碳	CS_2	1262	46.3	352	1.005	0.38	0.113	12.1	32
戊烷	C_5H_{12}	626	36.07	357.4	2.24(15.6 ℃)	0.229	0.119	15.9	16.2
己烷	C_6H_{14}	659	68.74	335.1	2.31(15.6 ℃)	0.313	0.123	—	18.2
庚烷	C_7H_{16}	684	98.43	316.5	2.21(15.6 ℃)	0.411	0.131	—	20.1
辛烷	C_8H_{18}	763	125.67	306.4	2.19(15.6 ℃)	0.540			21.8

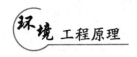

名称	化学式	密度(20℃)/(kg·m⁻³)	沸点(101.3 kPa)/℃	汽化热/(kJ·kg⁻¹)	比定压热容(20℃)/(kJ·kg⁻¹·℃⁻¹)	黏度(20℃)/(mPa·s)	导热系数(20℃)/(W·m⁻¹·℃⁻¹)	体膨胀系数(20℃)/(10⁻⁴℃⁻¹)	表面张力(20℃)/(10⁻³N·m⁻¹)
三氯甲烷	$CHCl_3$	1489	61.2	253.7	0.992	0.58	0.133(30℃)	12.6	28.5(10℃)
四氯化碳	CCl_4	1594	76.8	195	0.850	1.0	0.12	—	26.8
1,2-二氯乙烷	$C_2H_4Cl_2$	1253	83.6	324	1.260	0.83	0.14(50℃)	—	30.8
苯	C_6H_6	879	80.10	393.9	1.704	0.737	0.148	12.4	28.6
甲苯	C_7H_8	867	110.63	363	1.70	0.675	0.138	10.9	27.9
邻二甲苯	C_8H_{10}	880	144.42	347	1.74	0.811	0.142	—	30.2
间二甲苯	C_8H_{10}	864	139.10	343	1.70	0.611	0.167	0.1	29.0
对二甲苯	C_8H_{10}	861	138.35	340	1.704	0.643	0.129	—	28.0
苯乙烯	C_8H_8	911(15.6℃)	145.2	(352)	1.733	0.72	—	—	—
氯苯	C_6H_5Cl	1106	131.8	325	1.298	0.85	0.14	—	32
硝基苯	$C_6H_5NO_2$	1203	210.9	396	396	2.1	0.15	—	41
苯胺	$C_6H_5NH_2$	1022	184.4	448	2.07	4.3	0.17	8.5	42.9
酚	C_6H_5OH	1050(50℃)	181.8	511	—	3.4	—	—	—
萘	$C_{10}H_8$	1145(固体)	217.9	314	1.80	0.59	—	—	—
甲醇	CH_3OH	791	64.7	1101	2.48	0.6	0.212	12.2	22.6
乙醇	C_2H_5OH	789	78.3	846	2.9	1.15	0.172	11.6	22.8

续表

名称	化学式	密度 (20 ℃) /(kg·m⁻³)	沸点 (101.3 kPa) /℃	汽化热 /(kJ·kg⁻¹)	比定压热容 (20 ℃) /(kJ·kg⁻¹·℃⁻¹)	黏度(20 ℃) /(mPa·s)	导热系数 (20 ℃) /(W·m⁻¹·℃⁻¹)	体膨胀系数 (20 ℃) /(10⁻⁴℃⁻¹)	表面张力 (20 ℃) /(10⁻³N·m⁻¹)
乙醇(95%)	—	804	78.2	—	—	1.4	—	—	—
乙二醇	$C_2H_4(OH)_2$	1113	197.6	780	2.35	23	—	—	47.7
甘油	$C_3H_5(OH)_3$	1261	290(分解)	—	—	1499	0.59	53	63
乙醚	$(C_2H_5)_2O$	714	34.6	360	2.34	0.24	0.140	16.3	18
乙醛	CH_3CHO	783(18 ℃)	20.2	574	1.9	1.3(18 ℃)	—	—	21.2
糠醛	$C_5H_4O_2$	1168	161.7	452	1.6	1.15(50 ℃)	—	—	48.5
丙酮	CH_3COCH_3	792	56.2	523	2.35	0.32	—	—	23.7
甲酸	$HCOOH$	1220	100.7	494	2.17	1.9	—	—	27.8
乙酸	CH_3COOH	1049	118.1	406	1.99	1.3	0.17	10.7	23.9
乙酸乙酯	$CH_3COOC_2H_5$	901	77.1	368	1.92	0.48	0.14(10 ℃)	—	—
煤油	—	780~820	—	—	—	3	0.15	10.0	—
汽油	—	680~800	—	—	—	0.7~0.8	0.19(30 ℃)	12.5	—

附录 D 水与蒸气的物理性质

1. 水的物理性质

温度 /℃	压力 P /kPa	密度 ρ /(kg·m⁻³)	焓 i /(J·kg)	比热容 c_p /(kJ·kg⁻¹·K⁻¹)	热导率 λ /(W·m⁻¹·K⁻¹)	黏度 μ /(μPa·s)	体积膨胀系数 $\beta \times 10^3$ /K	表面张力 σ /(mN·m⁻¹)	普朗特数 Pr
0	101	999.9	0	4.212	0.5508	1788	−0.0063	75.61	13.67
10	101	999.7	42.04	4.191	0.5741	1305	+0.070	74.14	9.52
20	101	998.2	83.90	4.183	0.5985	1004	0.182	72.67	7.02
30	101	995.7	125.69	4.174	0.6171	801.2	0.321	71.20	5.42
40	101	992.2	165.71	4.174	0.6333	653.2	0.387	69.63	4.31
50	101	988.1	209.3	4.174	0.6473	549.2	0.449	67.67	3.54
60	101	983.2	211.12	4.178	0.6589	469.8	0.511	66.20	2.98
70	101	977.8	292.99	4.167	0.6670	406.0	0.570	64.33	2.55
80	101	971.8	334.94	4.195	0.6740	355	0.632	62.57	2.21
90	101	965.3	376.98	4.208	0.6798	314.8	0.695	60.71	1.95
100	101	958.4	419.19	4.220	0.6821	282.4	0.752	58.84	1.75
110	143	951.0	461.34	4.233	0.6844	258.9	0.808	56.88	1.60
120	199	943.1	503.67	4.250	0.6856	237.3	0.864	54.82	1.47
130	270	934.8	546.38	4.266	0.6856	217.7	0.917	52.86	1.36
140	362	926.1	589.08	4.287	0.6844	201.0	0.972	50.70	1.26
150	476	917.0	632.20	4.312	0.6833	186.3	1.03	48.64	1.17
160	618	907.4	675.33	4.346	0.6821	173.6	1.07	46.58	1.10
170	792	897.3	719.29	4.379	0.6786	162.8	1.13	44.33	1.05
180	1003	886.9	763.25	4.417	0.6740	153.0	1.19	42.27	1.00
190	1552	876.0	807.63	4.460	0.6693	144.2	1.26	40.01	0.96
200	1555	863.0	852.43	4.505	0.6624	136.3	1.33	37.66	0.93
210	1908	852.8	897.65	4.555	0.6548	130.4	1.41	35.40	0.91
220	2320	840.3	943.71	4.614	0.6649	124.6	1.48	33.15	0.89
230	2798	827.3	990.81	4.681	0.6368	119.7	1.59	30.99	0.88
240	3348	813.6	1037.49	4.756	0.6275	114.7	1.68	28.54	0.87
250	3978	799.0	1085.64	4.844	0.6271	109.8	1.81	26.19	0.86

温度 /℃	压力 P /kPa	密度 ρ /(kg·m^{-3})	焓 i /(J·kg)	比热容 c_p /(kJ·kg^{-1}·K^{-1})	热导率 λ /(W·m^{-1}·K^{-1})	黏度 μ /(μPa·s)	体积膨胀系数 $\beta\times10^3$ /K	表面张力 σ /(mN·m^{-1})	普朗特数 Pr
260	4695	784.0	1135.04	4.949	0.6043	105.9	1.97	23.73	0.87
270	5506	767.9	1185.28	5.070	0.5892	102.0	2.16	21.48	0.88
280	6420	750.7	1236.28	5.229	0.5741	98.1	2.37	19.12	0.90
290	7446	732.3	1289.95	5.485	0.5578	94.2	2.62	16.87	0.93
300	8592	712.5	1344.80	5.736	0.5392	91.2	2.92	14.42	0.97
310	9870	691.1	1402.16	6.071	0.5229	88.3	3.29	12.06	1.03
320	11290	667.1	1462.03	6.573	0.5055	85.3	3.82	9.81	1.11
330	12865	640.2	1526.19	7.243	0.4834	81.4	4.33	7.67	1.22
340	14609	610.1	1594.75	8.164	0.4567	77.5	5.34	5.67	1.39
350	16538	574.4	1671.37	9.504	0.4300	72.6	6.68	3.82	1.60
360	18675	528.0	1761.39	13.984	0.3951	66.7	10.9	2.02	2.35
370	21054	450.5	1892.43	40.319	0.3370	56.9	26.4	0.47	6.79

2. 饱和水蒸气的物理性质(按温度)

温度 /℃	绝对压力 /kPa	蒸气密度 /(kg·m^{-3})	焓/(kJ·kg^{-1})		汽化热 /(kJ·kg^{-1})
			液体	蒸气	
0	0.6082	0.00484	0	2491.3	2491
5	0.873	0.0068	20.9	2500.8	2480
10	1.226	0.0094	41.9	2510.4	2469
15	1.707	0.01283	62.8	2520.5	2458
20	2.335	0.01719	83.7	2530.1	2446
25	3.168	0.02304	104.7	2539.7	2435
30	4.247	0.03036	125.6	2549.5	2424
35	5.621	0.03960	146.5	2559.0	2412
40	7.377	0.05114	167.5	2568.6	2401
45	9.584	0.06543	188.4	2577.8	2389
50	12.34	0.083	209.3	2587.4	2378
55	15.74	0.1043	230.3	2596.7	2366
60	19.92	0.1301	251.2	2606.3	2355
65	25.01	0.1611	272.1	2615.5	2343

温度 /℃	绝对压力 /kPa	蒸气密度 /(kg·m⁻³)	焓/(kJ·kg⁻¹)		汽化热 /(kJ·kg⁻¹)
			液体	蒸气	
70	31.16	0.1979	293.1	2624.3	2331
75	38.55	0.2416	314.0	2633.5	2320
80	47.38	0.2929	334.9	2642.3	2307
85	57.88	0.3531	355.9	2651.1	2295
90	70.14	0.4229	376.8	2659.9	2283
95	84.56	0.5039	397.8	2668.7	2271
100	101.33	0.5970	418.7	2677.0	2258
105	120.85	0.7036	440.0	2685.0	2245
110	143.31	0.8524	461.0	2693.4	2232
115	169.11	0.9635	482.3	2701.3	2219
120	198.64	1.1199	503.7	2708.9	2205
125	232.19	1.296	525	2716.4	2191
130	270.25	1.494	546.4	2723.9	2178
135	313.11	1.715	567.7	2731.0	2163
140	361.47	1.962	589.1	2737.7	2149
145	415.72	2.238	610.9	2744.4	2134
150	476.24	2.543	632.2	2750.7	2119
160	618.28	3.252	675.8	2762.9	2087
170	792.59	4.113	719.3	2773.3	2054
180	1003.5	5.145	763.3	2782.5	2019
190	1255.6	6.378	807.6	2790.1	1982
200	1554.8	7.840	852.0	2795.5	1944
210	1917.7	9.567	879.2	299.3	1902
220	2320.9	11.60	942.4	2801.0	1859
230	2798.6	13.98	988.5	2800.1	1812
240	3347.9	16.76	1034.6	2796.8	1762
250	3977.7	20.01	1081.4	2790.1	1709
260	4693.8	23.82	1128.8	2780.9	1652
270	5504.0	28.27	1176.9	2768.3	1591
280	6417.2	33.47	1225.5	2752.0	1526
290	7443.3	39.60	1274.5	2732.3	1457
300	8592.9	46.93	1325.5	2708.0	1382

3. 饱和水蒸气的物理性质(按压力)

绝对压力 /kPa	温度 /℃	蒸气密度 /(kg·m⁻³)	焓/(kJ·kg⁻¹)		汽化热 /(kJ·kg⁻¹)
			液体	蒸气	
1.0	6.3	0.00773	26.5	2503.1	2477
1.5	12.5	0.01133	53.3	2513.3	2463
2.0	17.0	0.01486	71.2	2524.2	2453
2.5	20.9	0.01836	87.5	2531.8	2444
3.0	23.5	0.02179	98.4	2536.8	2438
3.5	26.1	0.02523	109.3	2541.8	2433
4.0	28.7	0.02867	120.2	2546.8	2427
4.5	30.8	0.03205	129	2550.9	2422
5.0	32.4	0.03537	135.7	2554	2418
6.0	35.6	0.042	149.1	2560.1	2411
7.0	38.8	0.04864	162.4	2566.3	2404
8.0	41.3	0.05514	172.7	2571	2398
9.0	43.3	0.06156	181.2	2574.8	2394
10.0	45.3	0.06798	189.6	2578.5	2389
15.0	53.5	0.09956	224.0	2594.0	2370
20.0	60.1	0.1307	251.5	2606.4	2355
30.0	66.5	0.1909	288.8	2622.4	2334
40.0	75.0	0.2498	315.9	2634.1	2312
50.0	81.2	0.308	339.8	2644.3	2304
60.0	85.6	0.3651	358.2	2652.1	2394
70.0	89.9	0.4223	376.6	2659.8	2283
80.0	93.2	0.4781	390.1	2655.3	2275
90.0	96.4	0.5338	403.5	2670.8	2267
100.0	99.6	0.5896	416.9	2676.3	2259
120.0	104.5	0.6987	437.5	2684.3	2247
140.0	109.2	0.8076	457.7	2692.1	2234
160.0	113.0	0.8298	473.9	2698.1	2224
180.0	116.6	1.021	489.3	2703.7	2214
200.0	120.2	1.127	493.7	2709.2	2205

绝对压力 /kPa	温度 /℃	蒸气密度 /(kg·m^{-3})	焓/(kJ·kg^{-1})		汽化热 /(kJ·kg^{-1})
			液体	蒸气	
250.0	127.2	1.390	534.4	2719.7	2185
300.0	133.3	1.650	560.4	2728.5	2168
350.0	138.8	1.907	583.8	2736.1	2152
400.0	143.4	2.162	603.6	2742.1	2138
450.0	147.7	2.415	622.4	2747.8	2125
500.0	151.7	2.667	639.6	2752.8	2113
600.0	158.7	3.169	676.2	2761.4	2091
700.0	164.7	3.666	696.3	2767.8	2072
800.0	170.4	4.161	721.0	2773.7	2053
900.0	175.1	4.652	741.8	2778.1	2036
1×10^3	179.9	5.143	762.7	2782.5	2020
1.1×10^3	180.2	5.633	780.3	2785.5	2005
1.2×10^3	187.8	6.124	797.9	2788.5	1991
1.3×10^3	191.5	6.614	814.2	2790.9	1977
1.4×10^3	194.8	7.103	829.1	2792.4	1964
1.5×10^3	198.2	7.594	843.9	2794.5	1951
1.6×10^3	201.3	8.081	857.8	2796.0	1938
1.7×10^3	204.1	8.567	870.6	2797.1	1926
1.8×10^3	206.9	9.053	883.4	2798.1	1915
1.9×10^3	209.8	9.539	896.2	2799.2	1903
2×10^3	212.2	10.03	907.3	2799.7	1892
3×10^3	233.7	15.01	1005.4	2798.9	1794
4×10^3	250.3	20.1	1082.9	2789.8	1707
5×10^3	263.8	25.37	1146.9	2776.2	1629
6×10^3	275.4	30.85	1203.2	2759.5	1556
7×10^3	285.7	36.57	1253.2	2740.8	1488
8×10^3	294.8	42.58	1299.2	2720.5	1404
9×10^3	303.2	49.89	1343.5	2699.1	1357

附录 E 干空气的物理性质表
($p = 1.01325 \times 10^5$ Pa)

温度 /℃	密度 ρ /(kg·m^{-3})	比热容 c_p /(kJ·kg^{-1}·K^{-1})	热导率 λ /(mW·m^{-1}·K^{-1})	黏度 μ /(μPa·s)	普朗特数 Pr
-50	1.584	1.013	20.34	14.6	0.728
-40	1.515	1.013	21.15	15.2	0.728
-30	1.453	1.013	21.96	15.7	0.723
-20	1.395	1.009	22.78	16.2	0.716
-10	1.342	1.009	23.59	16.7	0.712
0	1.293	1.005	24.40	17.2	0.707
10	1.247	1.005	25.10	17.7	0.705
20	1.205	1.005	25.91	18.1	0.703
30	1.165	1.005	26.73	18.6	0.701
40	1.128	1.005	27.54	19.1	0.699
50	1.093	1.005	28.24	19.6	0.698
60	1.060	1.005	28.93	20.1	0.696
70	1.029	1.009	29.63	20.6	0.694
80	1.000	1.009	30.44	21.1	0.692
90	0.972	1.009	31.26	21.5	0.690
100	0.946	1.009	32.07	21.9	0.688
120	0.898	1.009	33.35	22.9	0.686
140	0.854	1.013	31.86	23.7	0.684
160	0.815	1.017	36.37	24.5	0.682
180	0.779	1.022	37.77	25.3	0.681
200	0.746	1.026	39.28	26.0	0.680
250	0.674	1.038	46.25	27.4	0.677
300	0.615	1.047	46.02	29.7	0.674
350	0.566	1.059	49.04	31.4	0.676
400	0.524	1.068	52.06	33.1	0.678
500	0.456	1.093	57.40	36.2	0.687

温度 /℃	密度 ρ /(kg·m^{-3})	比热容 c_p /(kJ·kg^{-1}·K^{-1})	热导率 λ /(mW·m^{-1}·K^{-1})	黏度 μ /(μPa·s)	普朗特数 Pr
600	0.404	1.114	62.17	39.1	0.699
700	0.362	1.135	67.0	41.8	0.706
800	0.329	1.156	71.70	44.3	0.713
900	0.301	1.172	76.23	46.7	0.717
1000	0.277	1.185	80.64	49.0	0.719
1100	0.257	1.197	84.94	51.2	0.722
1200	0.239	1.210	91.45	53.5	0.724

附录 F 常用固体材料的密度和比定压热容

名称	密度/(kg·m^{-3})	比定压热容/(J·kg^{-1}·℃$^{-1}$)
钢	7850	0.4605
不锈钢	7900	0.5024
铸铁	7220	0.5024
铜	8800	0.4062
青铜	8009	0.3810
黄铜	8600	0.378
铝	2670	0.9211
镍	9000	0.4605
铅	11400	0.1298
酚醛	1250～1300	1.2560～1.6747
脲醛	1400～1500	1.2560～1.6747
聚氯乙烯	1380～1400	1.8422
聚苯乙烯	1050～1070	1.3398
低压聚氯乙烯	940	2.5539
高压聚氯乙烯	320	2.2190
干砂	1500～1700	0.7955
黏土	1600～1800	0.7536(−20～20 ℃)
黏土砖	1600～1900	0.9211
耐火砖	1840	0.8792～1.0048
混凝土	2000～2400	0.8374
松木	500～600	2.7214(0～100 ℃)
软木	100～300	0.9630
石棉板	70	0.8164
玻璃	2500	0.669
耐酸砖和板	2100～2400	0.7536～0.7955
耐酸搪瓷	2300～2700	0.8374～1.2560
有机玻璃	1180～1190	
多孔绝热砖	600～1400	

附录G　物质的导热系数

1. 某些气体和蒸气的导热系数

物质	温度/℃	导热系数/(W·m⁻¹·℃⁻¹)	物质	温度/℃	导热系数/(W·m⁻¹·℃⁻¹)
丙酮	0	0.0098	氨	−100	0.0164
	46	0.0128		0	0.0242
	100	0.0171		50	0.0277
	184	0.0254		100	0.0312
空气	0	0.0242	三氯甲烷	0	0.0066
	100	0.0317		46	0.0080
	200	0.0391		100	0.0100
	300	0.0459		184	0.0133
氯	0	0.0074	硫化氢	0	0.0132
氨	−60	0.0164	水银	200	0.0341
	0	0.0222	甲烷	−100	0.0173
	50	0.0272		−50	0.0251
	100	0.0320		0	0.0302
苯	0	0.0090		50	0.0372
	46	0.0126	甲醇	0	0.0144
	100	0.0178		100	0.0222
	184	0.0263	氯甲烷	0	0.0067
	212	0.0305		46	0.0085
正丁烷	0	0.0135		100	0.0109
	100	0.0234		212	0.0164
异丁烷	0	0.0138	乙烷	−70	0.0114
	100	0.0241		−34	0.0149
二氧化碳	−50	0.0118		0	0.0183
	0	0.0147		100	0.0303
	100	0.0230	乙醇	20	0.0154
	200	0.0313		100	0.0215

物质	温度/℃	导热系数 /(W·m^{-1}·℃$^{-1}$)	物质	温度/℃	导热系数 /(W·m^{-1}·℃$^{-1}$)
二氧化碳	300	0.0396	乙醚	0	0.0133
二硫化物	0	0.0069		46	0.0171
	−73	0.0073		100	0.0227
一氧化碳	−189	0.0071		184	0.0327
	−179	0.0080		212	0.0362
	−60	0.0234	氧	−100	0.0164
乙烯	−71	0.0111		−50	0.0206
	0	0.0175		0	0.0246
	50	0.0267		50	0.0284
	100	0.0279		100	0.0321
正庚烷	200	0.0194	丙烷	0	0.0151
	100	0.0178		100	0.0261
正己烷	0	0.0125	二氧化硫	0	0.0087
	20	0.0138		100	0.0119
	−100	0.0113	水蒸气	46	0.0208
	−50	0.0144		100	0.0237
	0	0.0173		200	0.0324
	50	0.0199		300	0.0429
	100	0.0223		400	0.0545
	300	0.0308		500	0.0763
四氯化碳	46	0.0071			
	100	0.0090			
	184	0.01112			

注：表中所列出的极限温度数值是实验范围的数值。若外推到其他温度时，建议将所列出的数据按 lgλ 对 lgT(λ——导热系数，W·m^{-1}·℃$^{-1}$；T——温度，K) 作图，或者假定导热系数与温度(或压强，在适当范围内)无关。

2. 某些液体的导热系数

液体	温度/℃	导热系数 /(W·m⁻¹·℃⁻¹)	液体	温度/℃	导热系数 /(W·m⁻¹·℃⁻¹)
石油	20	0.180	二硫化碳	30	0.161
汽油	30	0.135		75	0.152
煤油	20	0.149	乙苯	30	0.149
	75	0.140		60	0.142
正戊烷	30	0.135	氯苯	10	0.144
	75	0.128	硝基苯	30	0.164
正己烷	30	0.138		100	0.152
	60	0.137	硝基甲苯	30	0.216
正庚烷	30	0.140		60	0.208
	60	0.137	橄榄油	100	0.164
正辛烷	60	0.140	松节油	15	0.128
丁醇(100%)	20	0.182	氯化钙盐水(30%)	30	0.55
丁醇(80%)	30	0.237	氯化钙盐水(15%)	30	0.59
正丙醇	30	0.171	氯化钙盐水(25%)	30	0.57
	75	0.164	氯化钙盐水(12.5%)	30	0.59
正戊醇	30	0.163	硫酸(90%)	30	0.36
	100	0.154	硫酸(60%)	30	0.43
异戊醇	30	0.152	硫酸(30%)	30	0.52
	75	0.151	盐酸(12.5%)	32	0.52
正己醇	30	0.163	盐酸(25%)	32	0.48
	75	0.156	盐酸(38%)	32	0.44
正庚醇	30	0.163	氢氧化钾(21%)	32	0.58
	75	0.157	氢氧化钾(42%)	32	0.55
丙烯醇	25～30	0.180	氨	25～30	0.180
乙醚	30	0.138	氨水溶液	20	0.45
	75	0.135		60	0.50
乙酸乙酯	20	0.175	水银	28	0.36
氯甲烷	−15	0.192	四氯化碳	0	0.185
	30	0.154		68	0.163
三氯甲烷	30	0.138			

3.某些固体材料的导热系数

1)常用金属材料

材料	导热系数/(W·m⁻¹·℃⁻¹)				
	0 ℃	100 ℃	200 ℃	300 ℃	400 ℃
铝	227.95	227.95	227.95	227.95	227.95
铜	383.79	379.14	372.16	367.51	362.86
铁	73.27	67.45	61.64	54.66	48.85
铅	35.12	33.38	31.40	29.77	—
镁	172.12	167.47	162.82	158.17	—
镍	93.04	82.57	73.27	63.97	59.31
银	414.03	409.38	373.32	361.69	359.37
锌	112.81	109.90	105.83	401.18	93.04
碳钢	52.34	48.85	44.19	41.87	34.89
不锈钢	16.28	17.45	17.45	18.49	—

2)常用非金属材料

材料	温度/℃	导热系数/(W·m⁻¹·℃⁻¹)
软木	30	0.04303
玻璃棉	—	0.03489~0.06978
保温灰	—	0.06978
锯屑	20	0.04652~0.05815
棉花	100	0.06978
厚纸	20	0.1369~0.3489
玻璃	30	1.0932
	−20	0.7560
搪瓷	—	0.8723~1.163
云母	50	0.4303
泥土	20	0.6978~0.9304
冰	0	2.326
软橡胶	—	0.1291~0.1593
硬橡胶	0	0.1500
聚四氟乙烯	—	0.2419

材料	温度/℃	导热系数/(W·m⁻¹·℃⁻¹)
泡沫玻璃	−15	0.004885
	−80	0.003489
泡沫塑料	—	0.04652
木材(横向)	—	0.1396～0.1745
(纵向)	—	0.3838
耐火砖	230	0.8723
	1200	1.6398
混凝土	—	1.2793
绒毛毡	—	0.0465
85%氧化镁粉	0～100	0.06978
聚氯乙烯	—	0.1163～0.1745
酚醛加玻璃纤维	—	0.2593
酚醛加石棉纤维	—	0.2942
聚酯加玻璃纤维	—	0.2594
聚碳酸酯	—	0.1907
聚苯乙烯泡沫	25	0.04187
	−150	0.001745
聚乙烯	—	0.3291
石墨	—	139.56

附录 H　壁面污垢热阻

1. 冷却水的热阻

加热流体的温度/℃		<115		115～205	
水的温度/℃		<25		>25	
水的流速/(m·s⁻¹)		<1	>1	<1	>1
冷却水的热阻 /(m²·K·W⁻¹)	海水	0.8598×10^{-4}	0.8598×10^{-4}	1.7197×10^{-4}	1.7197×10^{-4}
	自来水、井水、湖水、软化锅炉水	1.7197×10^{-4}	1.719×10^{-4}	3.4394×10^{-4}	3.4394×10^{-4}
	蒸馏水	0.8598×10^{-4}	0.858×10^{-4}	0.8598×10^{-4}	0.8598×10^{-4}
	硬水	5.1590×10^{-4}	5.1590×10^{-4}	8.598×10^{-4}	8.598×10^{-4}
	河水	5.1590×10^{-4}	3.4394×10^{-4}	6.8788×10^{-4}	5.1590×10^{-4}

2. 工业用气体的热阻

气体	热阻/(m²·K/W)	气体	热阻/(m²·K/W)
有机化合物	0.8598×10^{-4}	溶剂蒸气	1.7197×10^{-4}
水蒸气	0.8598×10^{-4}	天然气	1.7197×10^{-4}
空气	3.4394×10^{-4}	焦炉气	1.7197×10^{-4}

3. 工业用液体的热阻

液体	热阻/(m²·K/W)	液体	热阻/(m²·K/W)
有机化合物	1.7197×10^{-4}	熔盐	0.8598×10^{-4}
盐水	1.7197×10^{-4}	植物油	6.1590×10^{-4}

4. 石油馏出物的热阻

馏出物	热阻/(m²·K/W)	馏出物	热阻/(m²·K/W)
重油	8.598×10^{-4}	原油	$3.4394 \times 10^{-4} \sim 12.098 \times 10^{-4}$
汽油	1.7197×10^{-4}	柴油	$3.4394 \times 10^{-4} \sim 5.1590 \times 10^{-4}$
石脑油	1.7197×10^{-4}	沥青油	17.197×10^{-4}
煤油	1.7197×10^{-4}		

附录 I 不同材料的辐射黑度

材料类别和表面状况	温度/℃	黑度
磨光的钢铸件	770~1035	0.52~0.56
碾压的钢板	21	0.657
具有非常粗糙的氧化层的钢板	24	0.80
磨光的铬	150	0.58
粗糙的铝板	20~25	0.06~0.07
基体为铜的镀铝表面	190~600	0.18~0.19
在磨光的铁上电镀一层镍,但不再磨光	38	0.11
铬镍合金	52~1034	0.64~0.76
粗糙的铅	38	0.43
灰色、氧化的铝	38	0.28
磨光的铸铁	200	0.21
生锈的铁板	20	0.685
粗糙的铁锭	926~1120	0.87~0.95
经过车床加工的铸铁	882~987	0.60~0.70
稍加磨光的黄铜	38~260	0.12
无光泽的黄铜	38	0.22
粗糙的黄铜	38	0.74
磨光的黄铜	20	0.03
氧化了的紫铜	20	0.78
镀了锡且发亮的铁片	25	0.043~0.064
镀锌的铁皮	38	0.23
镀锌的铁片被氧化呈灰色	24	0.276
磨光的或电镀层的银	38~1090	0.01~0.03
白大理石	38~538	0.93~0.95
石灰泥	38~260	0.92
磨光的玻璃	38	0.90
平滑的玻璃	38	0.94
白瓷釉	51	0.92

材料类别和表面状况	温度/℃	黑度
石棉板	38	0.96
石棉纸	38	0.93
耐火砖	500~1000	0.8~0.9
红砖	20	0.93
油毛毡	20	0.93
抹灰的墙	20	0.94
灯黑	20~400	0.95~0.97
平木板	20	0.78
硬橡胶	20	0.92
木料	20	0.80~0.92
各种颜色的油漆	100	0.92~0.96
雪	0	0.8
水(厚度大于 0.1 mm)	0~100	0.96

注:绝大部分非金属材料的黑度为 0.85~0.95,在缺乏资料时,可近似取 0.9。

附录 J　列管换热器的传热系数

1. 在无相变的情况下

管内流体	管间流体	传热系数/(W·m⁻²·K⁻¹)
水(管内流速,0.9~1.5 m/s)	净水(流速,0.3~0.6 m/s)	600~700
水	水(流速较高时)	800~1200
冷水	轻有机物 $\mu<0.5$ cP	400~800
冷水	中有机物 $\mu=0.5\sim1$ cP	300~700
冷水	重有机物 $\mu>1$ cP	120~400
盐水	轻有机物 $\mu<0.5$ cP	250~600
轻有机物	轻有机物	250~500
中有机物	中有机物	120~350
重有机物	重有机物	60~250
重有机物	轻有机物	250~500

2. 在一侧被蒸发，另一侧被冷却的情况下

管内流体	管间流体	传热系数/(W·m⁻²·K⁻¹)
水	冷冻剂(蒸发)	400~800
热的轻柴油	氯(蒸发)	230~350

3. 在一侧冷凝，另一侧被加热的情况下

管内流体	管间流体	传热系数/(W·m⁻²·K⁻¹)
水(流速约 1 m/s)	水蒸气(有压强)	2500~4500
水	水蒸气(常压或负压)	1750~3500
水溶液 $\mu<2$ cP	饱和水蒸气	1200~4000
水溶液 $\mu>2$ cP	饱和水蒸气	600~3000
轻有机物	饱和水蒸气	600~1200
中有机物	饱和水蒸气	300~600
重有机物	饱和水蒸气	120~350
水	有机物蒸气及水蒸气	600~1200
水	重有机物蒸气(常压)	120~350

管内流体	管间流体	传热系数/(W·m⁻²·K⁻¹)
水	重有机物蒸气(负压)	60~180
水	饱和有机溶剂蒸气(常压)	600~1200
水或盐水	有不凝气的饱和有机溶剂蒸气(常压)	250~460
水或盐水	不凝气较多的饱和有机溶剂蒸气(常压)	60~250
水	含饱和水蒸气的氯(293~323 K)	180~350
水	二氧化硫(冷凝)	800~1200
水	氨(冷凝)	700~950
水	氟利昂(冷凝)	750

4. 在一侧蒸发，另一侧冷凝的情况下

管内流体	管间流体	传热系数/(W·m⁻²·K⁻¹)
饱和水蒸气	水(沸腾)	1400~2500
饱和水蒸气	氨或氯(蒸发)	800~1600
油(沸腾)	饱和蒸气	300~900
饱和水蒸气	油(沸腾)	300~900
氯(冷凝)	氟利昂(蒸气)	600~750

附录 K　管子规格

1. 低压流体输送用焊接钢管

用于输送水、空气、采暖蒸气、燃气等低压流体。摘自 GB/T 3091—2008。其尺寸、外形和重量在 GB/T 21835 中详细列表。长度通常为 3000～12000 mm。外径共分为三个尺寸：系列 1 为通用系列，属推荐使用的系列；系列 2 为非通用系列，不推荐使用；系列 3 为少数特殊、专用系列。以下表格摘自系列 1，单位为 mm。

名义口径 D_N（公称直径）	外径	钢管壁厚		名义口径 D_N（公称直径）	外径	钢管壁厚	
		普通管	加厚管			普通管	加厚管
6	10.2	—	—	40	48.3	3.5	4.5
8	13.5	2.5	2.8	50	60.3	3.8	4.5
10	17.2	2.5	2.8	65	76.1	4.0	4.5
15	21.3	2.8	3.5	80	88.9	4.0	5.0
20	26.9	2.8	3.5	100	114.3	4.0	5.0
25	33.7	3.2	4.0	125	139.7	4.0	5.5
32	42.4	3.25	4.0	150	168.3	4.5	6.0

2. 输送流体用无缝钢管

摘自 GB/T 8163—2008。其尺寸、外形和重量在 GB/T 17395 中详细列表。长度通常为 3000～12500 mm。外径也如上述分为 3 个系列，以下表格摘自系列 1，单位皆为 mm。

外径	壁厚		外径	壁厚		外径	壁厚	
	从	到		从	到		从	到
10	0.25	3.5	60	1.0	16	325	7.5	100
13.5	0.25	4.0	76	1.0	20	356	9.0	100
17	0.25	5.00	89	1.4	24	406	9.0	100
21	0.40	6.0	114	1.5	30	457	9.0	100
27	0.40	7.0	140	3.0	36	508	9.0	110
34	0.40	8.0	168	3.5	45	610	9.0	120
42	1.0	10	219	6.0	55	711	12	120
48	1.0	12	273	6.5	85	1016	25	120

3. 连续铸铁管(连续法铸成)

摘自 GB/T 8163—2008。有效长度 3000～6000 mm;壁厚分为 LA(最薄)、A、B 三级。下表中列出的为 A 级,单位皆为 mm。

公称直径	外径	壁厚	公称直径	外径	壁厚	公称直径	外径	壁厚
75	93.0	9.0	350	374.0	12.8	800	833.0	21.1
100	118.0	9.0	400	425.6	13.8	900	939.0	22.9
150	169.0	9.2	450	476.8	14.7	1000	1041.0	24.8
200	220.6	10.1	500	528.0	15.6	1100	1144.0	26.6
250	271.6	11.0	600	630.8	17.4	1200	1246.0	28.4
300	322.8	11.9	700	733.0	19.3			

附录L IS型单级单吸离心泵性能表(摘录)

泵型号	流量 /(m³/h)	扬程 /m	转速 /(r/min)	汽蚀余量 /m	泵效率 /%	功率/kW 轴功率	功率/kW 配带功率	泵外形尺寸 (长×宽×高) /mm³	泵口径/mm 吸入	泵口径/mm 排出
IS50-32-125	7.5	22	2900		47	0.96	2.2	465×190×252	50	32
	12.5	20	2900	2.0	60	1.13	2.2			
	15	18.5	2900		60	1.26	2.2			
	3.75		1450				0.55			
	6.3	5	1450	2.0	54	0.16	0.55			
	7.5		1450				0.55			
IS50-32-160	7.5	34.3	2900		44	1.59	3	465×240×292	50	32
	12.5	32	2900	2.0	54	2.02	3			
	15	29.6	2900		56	2.16	3			
	3.75		1450				0.55			
	6.3	8	1450	2.0	48	0.28	0.55			
	7.5		1450				0.55			
IS50-32-200	7.5	525	2900	2.0	38	2.82	5.5	465×240×340	50	32
	12.5	50	2900	2.0	48	3.54	5.5			
	15	48	2900	2.5	51	3.84	5.5			
	3.75	13.1	1450	2.0	33	0.41	0.75			
	6.3	12.5	1450	2.0	42	0.51	0.75			
	7.5	12	1450	2.5	44	0.56	0.75			
IS50-32-250	7.5	82	2900	2.0	28.5	5.67	11	600×320×405	50	32
	12.5	80	2900	2.0	38	7.16	11			
	15	78.5	2900	2.5	41	7.83	11			
	3.75	20.5	1450	2.0	23	0.91	15			
	6.3	20	1450	2.0	32	1.07	15			
	7.5	19.5	1450	2.5	35	1.14	15			

泵型号	流量 /(m³/h)	扬程 /m	转速 /(r/min)	汽蚀余量 /m	泵效率 /%	功率 /kW 轴功率	功率 /kW 配带功率	泵外形尺寸（长×宽×高）/mm³	泵口径/mm 吸入	泵口径/mm 排出
IS65-50-125	15	21.8	2900		58	1.54	3	465×210×252	65	50
	25	20	2900	2.0	69	1.97	3			
	30	18.5	2900		68	2.22	3			
	7.5		1450				0.55			
	12.5	5	1450	2.0	64	0.27	0.55			
	15		1450				0.55			
IS65-50-160	15	35	2900	2.0	54	2.65	5.5	465×240×292	65	50
	25	32	2900	2.0	65	3.35	5.5			
	30	30	2900	2.5	66	3.71	5.5			
	7.5	8.8	1450	2.0	50	0.36	0.75			
	12.5	8.0	1450	2.0	60	0.45	0.75			
	15	7.2	1450	2.5	60	0.49	0.75			
IS65-40-200	15	63	2900	2.0	40	4.42	7.5	485×265×340	65	50
	25	50	2900	2.0	60	5.67	7.5			
	30	47	2900	2.5	61	6.29	7.5			
	7.5	13.2	1450	2.0	43	0.63	1.1			
	12.5	12.5	1450	2.0	66	0.77	1.1			
	15	11.8	1450	2.5	57	0.85	1.1			
IS65-40-200	15		2900				15	600×320×405	65	40
	25	80	2900	2.0	53	10.3	15			
	30		2900				15			
	7.5		1450				2.2			
	12.5	20	1450	2.0	48	1.42	2.2			
	15		1450							
IS65-40-315	15	127	2900	2.5	28	18.5	5.5	625×345×450	65	40
	25	125	2900	2.5	40	21.3	5.5			
	30	123	2900	3.0	44	22.8	5.5			
	7.5	32.0	1450	2.5	25	2.63	0.75			
	12.5	32.0	1450	2.5	37	2.94	0.75			
	15	31.7	1450	3.0	41	3.16	0.75			

泵型号	流量 /(m³/h)	扬程 /m	转速 /(r/min)	汽蚀余量 /m	泵效率 /%	功率 /kW 轴功率	功率 /kW 配带功率	泵外形尺寸（长×宽×高）/mm³	泵口径/mm 吸入	泵口径/mm 排出
IS80-65-125	30	22.5	2900	3.0	64	2.87	11	485×240×292	80	65
	50	20	2900	3.0	75	3.63	11			
	60	18	2900	3.5	74	3.93	11			
	15	5.6	1450	2.5	55	0.42	15			
	25	5	1450	2.5	71	0.48	15			
	30	4.5	1450	3.0	72	0.51	15			
IS80-65-160	30	36	2900	2.5	61	4.82	7.5	485×265×340	80	65
	50	32	2900	2.5	73	5.97	7.5			
	60	29	2900	3.0	72	6.59	7.5			
	15	9	1450	2.5	55	0.67	1.5			
	25	8	1450	2.5	69	0.75	1.5			
	30	7.2	1450	3.0	68	0.86	1.5			
IS80-50-200	30	53	2900	2.5	55	7.87	15	485×265×360	80	50
	50	50	2900	2.5	69	9.87	15			
	60	47	2900	3.0	71	10.8	15			
	15	13.2	1450	2.5	51	1.06	2.2			
	25	12.5	1450	2.5	65	1.31	2.2			
	30	11.8	1450	3.0	67	1.44	2.2			
IS80-50-160	30	84	2900	2.5	52	13.2	22	1370×540×565	80	50
	50	80	2900	2.5	63	17.3				
	60	75	2900	3.0	64	19.2				
IS80-50-250	30	84	2900	2.5	52	13.2	22	625×320×405	80	50
	50	80	2900	2.5	63	17.3	22			
	60	75	2900	3.0	64	19.2	22			
	15	21	1450	2.5	49	1.75	3			
	25	20	1450	2.5	60	2.27	3			
	30	18.8	1450	3.0	61	2.52	3			
IS100-80-125	60	24	2900	4.0	67	5.86	11	485×280×340	100	80
	100	20	2900	4.5	78	7.00	11			
	120	16.5	2900	5.0	74	7.28	11			

参考文献

[1] 胡洪营,张旭,黄霞,等.环境工程原理[M].3版.北京:高等教育出版社,2015.

[2] 贺文智,李光明.环境工程原理[M].北京:高等教育出版社,2014.

[3] 郝吉明,马广大,王书肖.大气污染控制工程[M].4版.北京:化学工业出版社,2021.

[4] 彭党聪.水污染控制工程[M].3版.北京:冶金工业出版社,2010.

[5] 宁平.固体废物处理与处置[M].北京:高等教育出版社,2007.

[6] 李永锋,陈红.现代环境工程原理[M].北京:机械工业出版社,2012.

[7] 王志魁.化工原理[M].北京:化学工业出版社,2017.

[8] 陈敏恒,潘鹤林,齐鸣斋.化工原理:少学时[M].3版.上海:华东理工大学出版社,2019.

[9] 管国锋,赵汝溥.化工原理[M].4版.北京:化学工业出版社,2015.

[10] 姚玉英,陈常贵,柴诚敬.化工原理(上册)[M].天津:天津大学出版社,2010.

[11] 吴兰艳,王勇.环境工程原理[M].天津:天津科学技术出版社,2019.

[12] 黄婕,刘玉兰,熊丹柳.化工原理学习指导与习题精解[M].北京:化学工业出版社,2015.

[13] 陈礼辉.化工原理学习指导及习题精解[M].北京:中国林业出版社,2015.

[14] 丁中伟.化工原理学习指导[M].2版.北京:化学工业出版社,2014.

[15] 柴诚敬,夏清,张国亮,等.化工原理学习指南[M].3版.北京:高等教育出版社,2019.

[16] 陈敏恒,从德滋,方图南,等.化工原理(上册)[M].4版.北京:化学工业出版社,2015.

[17] FOUST A S. Principles of Unit Operations[M]. 2nd ed. New York:John Wiley and Sons Inc,1980.

[18] 斯瓦洛夫斯基,等.固液分离[M].王梦剑,等译.北京:原子能出版社,1982.

[19] 上海化工学院,等.化学工程(第一册)[M].北京:化学工业出版社,1980.

[20] 奥尔.过滤理论与实践[M].邵启祥,译.北京:国防工业出版社,1982.

[21] 时钧,汪家鼎,余国琮,等.化学工程手册[M].2版.北京:化学工业出版社,1996.

[22] 康勇,罗茜.液体过滤与过滤介质[M].北京:化学工业出版社,2008.

[23] 王维一,丁启胜.过滤介质及其选用[M].北京:中国纺织出版社,2008.

[24] GEANKOPLIS C J. Transport Processes and Unit Operations[M]. New York:Allyn and Bacon Inc,1978.

[25] PERRY R H, CHILTON C H. Chemical Engineer's Handbook[M]. 5th ed. New York:McGraw-Hill Inc,1973.

[26] 国井大藏,列文斯比尔.流态化工程[M].华东石油学院,等译.北京:石油化学工业出版社,1977.

[27] DAVIDSON J F, HARRISON D. Fluidization[M]. New York:Academic Press Inc,1971.

[28] 尾花英朗.热交换设计[M].东京:工学图书株式会社,1973.

[29] KERN D L. Process Heat Transfer[M]. New York:McGraw-Hill,1950.

［30］米海耶夫. 传热学基础［M］. 王补宣，译. 北京：高等教育出版社，1954.

［31］JAKOB M. Heat Transfer：Vol Ⅰ［M］. New York：John Wiley and Sons Inc，1949.

［32］杨世铭. 传热学［M］. 北京：高等教育出版社，1987.

［33］COULSON J M，RICHARDSON J F. Chemical Engineering：Vol Ⅰ［M］. 3rd ed. Oxford：Pergamon Press，1977.

［34］钱伯章. 无相变液：液换热设备的优化设计和强化技术［J］. 化工机械，1996，23（2）：5-8.

［35］曾作祥. 传递过程原理［M］. 上海：华东理工大学出版社，2013.

［36］王运东，骆广生，刘谦. 传递过程原理［M］. 北京：清华大学出版社，2002.

［37］谭天恩. 化工原理（下册）［M］. 4 版. 北京：化学工业出版社，2018.

［38］陈涛，张国亮. 化工传递过程［M］. 北京：化学工业出版社，1985.

［39］天津大学. 化工传递过程［M］. 北京：化学工业出版，2000.

［40］杨昌竹. 环境工程原理［M］. 北京：冶金工业出版社，1994.

［41］路秀林，王者相. 塔设备［M］. 北京：化学工业出版社，2004.

［42］天津大学化工原理教研室. 化工原理（下）［M］. 天津：天津科学技术出版社，1998.

［43］陈敏恒，丛德滋，方图南，等. 化工原理（下册）［M］. 4 版. 北京：化学工业出版社，2015.

［44］郭铠，唐小恒，周绪美. 化学反应工程［M］. 2 版. 北京：化学工业出版社，2007.

［45］周群英，王仕芬. 环境工程微生物学［M］. 3 版. 北京：高等教育出版社，2013.

［46］刘燕，李亮. 环境工程原理［M］. 北京：科学出版社，2018.